21 世纪能源与动力工程类创新型应用人才培养规划教材

太阳能光伏发电技术及应用

赵明智　张晓明　宋士金　编著

内 容 简 介

本书系统地讲述了化石能源及新能源相关知识，讨论了太阳能相关计算理论，重点分析了半导体，太阳电池工作的原理及特性，制作太阳能常规电池的工艺方法，太阳电池测试的相关理论，太阳能光伏发电系统的组成及其设计、安装、维护方法，并在最后给出了几个实际的安装实例以加深对光伏系统设计安装的相关知识理解。

本书可作为高等院校相关专业学生的太阳能光伏利用课程教材，也可作为太阳能利用、能源与工程、动力机械、建筑等部门的科研工作人员的参考用书。

图书在版编目(CIP)数据

太阳能光伏发电技术及应用/赵明智，张晓明，宋士金编著. —北京：北京大学出版社，2014.11
(21世纪能源与动力工程类创新型应用人才培养规划教材)
ISBN 978-7-301-25127-0

Ⅰ. ①太… Ⅱ. ①赵…②张…③宋… Ⅲ. ①太阳能发电—高等学校—教材 Ⅳ. ①TM615

中国版本图书馆CIP数据核字(2014)第272122号

书 名：太阳能光伏发电技术及应用
著作责任者：赵明智 张晓明 宋士金 编著
策 划 编 辑：童君鑫
责 任 编 辑：宋亚玲
标 准 书 号：ISBN 978-7-301-25127-0/TK·0009
出 版 发 行：北京大学出版社
地 址：北京市海淀区成府路205号 100871
网 址：http://www.pup.cn 新浪官方微博：@北京大学出版社
电 子 信 箱：pup_6@163.com
电 话：邮购部62752015 发行部62750672 编辑部62750667 出版部62754962
印 刷 者：北京虎彩文化传播有限公司
经 销 者：新华书店
720毫米×1020毫米 16开本 18.25印张 428千字
2014年11月第1版 2023年2月第4次印刷
定 价：52.00元

前　　言

进入 21 世纪，随着全球经济增长带来的能源消耗的不断增加，常规化石能源不仅在满足人类经济发展上捉襟见肘，而且使用化石燃料过程中带来的全球变暖、环境污染等生态问题也进一步为人们所认识。因此，能源与环境的可持续发展问题越来越受到世人的关注。在寻求探索的各种可再生能源利用技术中，太阳能光伏发电具有资源丰富、清洁、可持续性等特点，成为可再生能源利用发展的一大着力点，也是一大亮点。

太阳能光伏发电自 20 世纪 90 年代后半段进入快速发展时期，最近 10 年太阳电池的年平均增长率超过 40%，成为发展最迅速的高新产业之一，其应用的规模和领域也在不断扩大。根据 Frost & Sullivan 公司公布的《2013 年度可再生能源展望》显示，2010 年太阳能光伏在全球整个安装的发电量的份额为 0.7%，预计到 2015 年将达 2.4%，到 2020 年将达 3.6%。

为促进太阳能光伏发电的发展，近年来，欧洲、美国、日本等都在大规模推广光伏并网发电的“屋顶计划”。人们也在不断地发现与研究新材料、新工艺，使太阳电池向着高效、低价方向发展。

我国的光伏产业是在世界光伏市场的快速拉动下发展起来的。2006 年我国太阳电池产量已占世界产量的 17%，仅次于日本、欧洲，成为太阳电池的生产大国。2007 年，我国太阳电池产量达到 1088MW，占世界总产量的 27.2%，成为全球最大的太阳电池生产国。

为了推动西部大开发，改善西部的生存条件和投资环境，促进西部的发展，我国已在进行西部太阳能发电工程，并制定了一系列措施来推动西部太阳能光伏发电的发展，主要包括西藏阿里地区的专项光伏工程、GEF 项目、“光明工程”项目、西部 7 省无电乡通电工程、“金太阳”示范工程等。

“十二五”规划指出，到 2015 年，太阳能年利用量相当于替代化石燃料 50 万吨标准煤，太阳能发电装机达到 21000MW，其中光伏电站装机 10000MW。

为适应国内外光伏发电产业的蓬勃发展，编写一本较为系统全面的光伏发电方面的书籍变得十分必要。

本书编写分工为：张晓明编写第 2 章和第 3 章，宋士金编写第 4 章，其余章节均由赵明智编写，赵明智负责全书的统稿工作，李惠娟和李亚楠对全书进行了校核工作。本书是编者在长期从事光伏发电方面工作的经验积累及参考大量资料的基础上编写的，由于参考了大量的著作和文献，可能无法全部列出，在此谨向有关作者致谢。

作为一本应用技术类书籍，本书的主要特点为知识性、实用性。所谓知识性，是指本书包含了太阳能光伏技术方面的各种基本知识；实用性是指本书在基本知识的基础上，更深入地阐述了光伏发电系统设计安装维护的相关知识，与实际有很强的联系性。

由于编者水平有限，书中难免会有疏漏之处，还望读者批评指正。

编 者
2014 年 8 月

目　　录

第1章 能源概述

知识要点	掌握程度	相关知识
能源、化石能源	掌握能源的分类； 熟悉目前能源的形式	三种主要的化石能源的分布及储量
可再生能源	掌握可再生能源的分类及其利用方式； 熟悉可再生能源的分布及储量	可再生能源的分类； 可再生能源的利用方式； 可再生能源的储量
能源与环境问题	掌握能源带来的环境问题	能源与环境的关系

导入案例

近十年中国新能源和可再生能源发展迅速

党的第十六次代表大会以来，我国坚持绿色、低碳的发展理念，大力发展非化石能源，着力调整能源结构，努力实现可持续发展。

(1) 水电装机规模居世界第一。2011 年，水电投产装机达到 2.3 亿 kW，10 年间新增机组接近我国水电有史以来前 95 年的总和。三峡电站全部建成，装机总量达到 2250 万 kW，是世界上装机容量最大的水电站。

(2) 风电装机快速增长。目前我国并网装机容量已经超过 5500 万 kW，在较短时间内，成为世界第一风电大国。

(3) 太阳能产业迅速发展。光伏发电装机容量快速达到 300 万 kW，国内光伏市场有序启动，光伏电池组件生产形成了完整的产业链，年产量占世界的 60%，太阳能热水器集热面积超过 2 亿平方米。

截至 2011 年年底，我国非化石能源占一次能源消费的比重已经达到 9%左右，相当于节约标准煤 3.2 亿 t、减排二氧化碳 8 亿 t 以上。

（资料来源：http：//newenergy. in - en. com/html/newenergy - 13341334621628374. html.）

1.1 化石能源

能源也称能量资源或能源资源，是指可产生各种能量(如热量、电能、光能和机械能等)或可做功的物质的统称，包括能够直接取得或者通过加工、转换而取得有用能的各种资源，如煤炭、原油、天然气、煤层气、水能、核能、风能、太阳能、地热能、生物质能等一次能源和电力、热力、成品油等二次能源，以及其他新能源和可再生能源。

化石能源是一种碳氢化合物或其衍生物。它由古代生物的化石沉积而来，是一次能源。化石燃料不完全燃烧后，都会散发出有毒的气体，却是人类必不可少的燃料。化石能源所包含的天然资源有煤炭、石油和天然气。

化石能源是目前全球消耗的最主要能源，根据近年来的统计显示，全球消耗的能源中化石能源占比高达 87.9%，我国的比例高达 93.8%。可再生能源的份额继续有所提高，但目前仅占全球能源消费量的 2%。同时，化石燃料消费结构也在发生变化。尽管石油仍是主导性燃料，其所占份额已连续 12 年出现下降。煤炭再次成为增长最快的化石燃料，这对碳排放会产生可以预料的不利影响。但随着人类的不断开采，化石能源的枯竭是不可避免的，大部分化石能源在 21 世纪将被开采殆尽。从另一方面看，由于化石能源在使用过程中会新增大量温室气体 CO_2，同时可能产生一些有污染的烟气，威胁全球生态。因而，开发更清洁的可再生能源是今后发展的方向。

1.1.1 化石能源储量

1. 煤

煤炭是世界上储量最多、分布最广的常规能源，也是重要的战略资源。它广泛应用于钢铁、电力、化工等工业生产及居民生活领域。在未来100年内，煤炭不可避免地仍将是一种主要能源。积极寻求更有效的、环境可接受的途径，最大限度地提高煤炭的能源效率，减少污染物的排放总量，并大力推广煤炭的综合利用技术，是社会、经济、能源、环境可持续协调发展的必然要求。因此，了解和分析煤炭资源的现状及结构，对于进一步合理配置煤炭资源、提高煤炭资源使用效率、进一步落实科学发展观具有重要的意义。

世界煤炭资源分布很广，但其储量分布极不平衡，且从地区分布看，欧洲和欧亚大陆、亚洲太平洋地区、北美洲的煤炭储量较为集中，非洲、中南美洲、中东的储量很少。世界煤炭资源的地理分布，以两条巨大的聚煤带最为突出，一条横亘欧亚大陆，西起英国，向东经德国、波兰、俄罗斯，直到我国的华北地区；另一条呈东西向绵延于北美洲的中部，包括美国和加拿大的煤田。南半球的煤炭资源也主要分布在温带地区，比较丰富的有澳大利亚、南非和博茨瓦纳。

世界煤炭资源地理分布的特点，直接影响世界煤炭生产的地理分布。一般，煤炭资源比较丰富而经济又比较发达的地区，也是煤炭产量较高的地区。从各大洲来看，欧洲、亚洲和北美洲三洲的煤炭产量占世界煤炭总量的90%以上，其中仅欧洲就几乎占了一半。

从煤炭资源储量看，全世界的煤炭资源主要分布在北半球北纬30°～70°，约占世界煤炭资源总量的70%。2011年年底，世界煤炭探明可采储量为8609.38亿t，其中无烟煤和烟煤的可采储量为4047.62亿t，占总储量的47.01%；褐煤和次烟煤的可采储量为4561.76亿t，占总储量的52.99%。

2. *石油*

石油是非常重要的能源资源和化工原料。石油作为战略物资，其在国民经济、社会生活、国家安全乃至国际关系力一面，都具有不可替代的作用。可以推测，至少在未来相当长一段时间内，石油被完全取代的可能性不大。即使其他可替代能源的开发技术与应用发展较快，但是石油的地位在未来许多年内仍然难以动摇且具有不可替代性。

据BP 2011年最新统计资料(表1-1)，2011年年底，全球已探明的石油储量为2343亿t。其中，大部分集中在中东地区，探明的储量为1080亿t，占总含量的48.1%；而其他地区的石油储量占总储量的51.9%，主要分布在北美洲地区(储量为335亿t，占世界总储量的13.2%)、中南美洲地区(储量为505亿t，占世界总储量的19.7%)、欧亚地区(储量为190亿t，占世界总储量的8.5%)、非洲地区(储量为176亿t，占世界总储量的8%)、亚太地区(储量为55亿t，占世界总储量的2.5%)。

表1-1 已探明世界石油储量分布

	1992年底	2002年底	2011年底	2012年底			
	储量/10亿桶	储量/10亿桶	储量/10亿桶	储量/10亿t	储量/10亿桶	占总量比例/(%)	储产比
美国	31.2	30.7	35.0	4.2	35.0	2.1	10.7
加拿大	39.6	180.4	174.6	28.0	173.9	10.4	*
墨西哥	51.2	17.2	11.4	1.6	11.4	1.6	10.7
北美洲总计	122.1	228.3	2121.0	33.8	220.2	13.2	38.7
阿根廷	2.0	2.8	2.5	0.3	2.5	0.1	10.2
巴西	5.0	9.8	15.0	2.2	15.3	0.9	19.5
哥伦比亚	3.2	1.6	2.0	0.3	2.2	0.1	6.4

（续）

	1992年底	2002年底	2011年底	2012年底			
	储量/10亿桶	储量/10亿桶	储量/10亿桶	储量/10亿t	储量/10亿桶	占总量比例/(%)	储产比
厄瓜多尔	3.2	5.1	7.2	1.2	8.2	0.5	44.6
秘鲁	0.8	1.0	1.2	0.2	1.2	0.1	31.5
特立尼达和多巴哥	0.5	1.1	0.8	0.1	0.8	◆	18.8
委内瑞拉	63.3	77.3	297.6	46.5	297.6	17.8	*
其他中南美洲国家	0.6	1.6	0.5	0.1	0.5	◆	9.7
中南美洲总计	78.8	100.3	326.9	50.9	328.4	19.7	*
阿塞拜疆	n/a	7.0	7.0	1.0	7.0	0.4	21.9
丹麦	0.7	1.3	0.8	0.1	0.7	◆	9.7
意大利	0.6	0.8	1.4	0.2	1.4	0.1	33.7
哈萨克斯坦	n/a	5.4	30.0	3.9	30.0	1.8	47.4
挪威	937	10.4	6.9	0.9	7.5	0.4	10.7
罗马尼亚	1.2	0.5	0.6	0.1	0.6	◆	19.1
俄罗斯	n/a	76.1	87.1	11.9	87.2	5.2	22.4
土库曼斯坦	n/a	0.5	0.6	0.1	0.6	◆	7.4
英国	4.6	4.5	3.1	0.4	3.1	0.2	8.8
其他欧洲及欧亚大陆国家	61.3	2.8	2.8	0.4	2.7	0.1	14.8
欧洲及欧亚大陆总计	78.3	109.3	140.3	19.0	140.8	8.4	22.4
伊朗	92.9	130.7	154.6	21.6	157.0	9.4	*
伊拉克	100.0	115.0	143.1	20.2	150.0	9.0	*
科威特	96.5	96.5	101.5	14.0	101.5	6.1	88.7
阿曼	4.7	5.7	5.5	0.7	5.5	0.3	16.3
卡塔尔	3.1	27.6	23.9	2.5	23.9	1.4	33.2
沙特阿拉伯	261.2	262.8	265.4	38.5	265.9	15.9	63.0
叙利亚	3.0	2.3	2.5	0.3	2.5	0.1	41.7
阿联酋	98.1	98.7	97.8	13.0	97.8	5.9	79.1
也门	2.0	2.9	3.0	0.4	3.0	0.2	45.4
其他中东国家	0.1	0.1	0.7	0.1	0.6	◆	8.4
中东国家总计	661.6	741.3	797.9	109.3	807.7	48.4	78.1
阿尔及利亚	9.2	11.3	12.2	1.5	12.2	0.7	20.0
安哥拉	1.3	8.9	10.5	1.7	12.7	0.8	19.4
乍得		0.9	1.5	0.2	1.5	0.1	0.7
刚果共和国	0.7	1.5	1.6	0.2	1.6	0.1	14.8
埃及	3.4	3.5	4.3	0.6	4.3	0.3	16.1
赤道几内亚	0.3	1.1	1.7	0.2	1.7	0.1	16.5
加蓬	0.8	2.4	2.0	0.3	2.0	0.1	22.3
利比亚	22.8	36.0	48.0	6.3	48.0	2.9	86.9
尼日利亚	22.1	34.3	37.3	5.0	37.2	2.2	42.1
其他非洲国家	1.6	1.7	7.6	1.3	9.1	0.5	43.0
非洲总计	61.1	101.6	126.6	17.3	130.3	7.8	37.7

（续）

	1992年底储量/10亿桶	2002年底储量/10亿桶	2011年底储量/10亿桶	2012年底			
				储量/10亿t	储量/10亿桶	占总量比例/(%)	储产比
澳大利亚	3.2	4.6	3.9	0.4	3.9	0.2	23.4
文莱	1.1	1.1	1.1	0.1	1.1	0.1	19.0
中国	15.2	15.5	17.3	2.4	17.3	1.0	11.4
印度	5.9	5.6	5.7	0.8	5.7	0.3	17.5
印度尼西亚	5.6	4.7	3.7	0.5	3.7	0.2	11.1
马来西亚	5.1	4.5	3.7	0.5	3.7	0.2	15.6
泰国	0.2	0.7	0.4	0.1	0.4	◆	2.7
越南	0.3	2.8	4.4	0.6	4.4	0.3	34.5
其他亚太地区国家	0.9	1.1	1.1	0.1	1.1	0.1	10.5
亚太地区总计	37.5	40.6	41.4	5.5	41.5	2.5	13.6
世界总计	1039.3	1321.5	1654.1	235.8	1668.9	100	52.9
其中：经合组织	142.7	251.2	238.5	36.0	238.3	14.3	33.4
非经合组织	896.6	1070.3	1415.6	199.7	1430.7	85.7	58.6
石油输出国组织	772.7	903.3	1199.0	169.6	1211.9	72.6	88.5
非石油输出国组织≠	207.1	327.9	329.4	48.8	331.0	19.8	25.8
欧盟#	8.3	6.9	6.9	0.9	6.8	0.4	12.1
苏联	59.6	90.3	125.8	17.1	126.0	7.5	25.2
加拿大油砂：总计	32.4	174.4	168.6	27.3	167.8		
其中正在积极开发的储量	3.0	11.6	25.5	4.2	25.9		
委内瑞拉：奥里诺科重油带			220.0	35.3	220.0		

注：* 超过100年。

◆低于0.05。

≠不包括苏联。

#不包括爱沙尼亚、拉脱维亚和立陶宛1992年的数据。

备注：石油的探明储量——通常是指：通过地质与工程信息以合理的确定性表明，在现有的经济与作业条件下，将来可从已知储藏采出的石油储量。

储量/产量(储产比)比率——用任何一年年底所剩余的储量除以该年度的产量，所得出的计算结果即表明如果产量继续保持在该年度的水平，这些剩余储量可供开采的年限。

储量数据包括天然气凝析油、天然气液体产品(NGL)以及原油。

本表格在计算各组成部分在总量中所占比例及储产比时，使用以10亿桶为单位的数据。

石油的分布从总体上来看极端不平衡：从东西半球来看，约3/4的石油资源集中于东半球，西半球占1/4；从南北半球看，石油资源主要集中于北半球；从纬度分布看，主要集中在北纬20°～40°和50°～70°两个纬度带内。波斯湾及墨西哥湾两大油区和北非油田均处于北纬20°～40°内，该带集中了约50%的世界石油储量；50°～70°纬度带内有著名的北海油田、俄罗斯伏尔加及西伯利亚油田和阿拉斯加湾油区。而包括中国、印度在内的亚太地区的石油探明储量却很少(约2.5%)，显著少于其他地区；并且由于亚太地区人口相对较多，人均占有石油资源量就更少了。

3. 天然气

随着对天然气的深入研究与纯气田，特别是大气田的不断发现，天然气不再只被视为石油的伴生物，其能源地位也显著提高。

截至 2011 年年底，全球天然气探明储量为 $208\times10^{12}\text{m}^3$。全球探明天然气储量主要集中在中东地区和欧亚地区。中东地区天然气探明储量为 $80\times10^{12}\text{m}^3$，欧亚地区天然气探明储量为 $78.7\times10^{12}\text{m}^3$，这两个天然气的探明储量占世界天然气探明储量的 76.2%。而其他地区的天然气探明储量只占总量的 23.8%，依次为：亚太地区为 $16.8\times10^{12}\text{m}^3$，占全球总量的 8.0%；非洲地区为 $14.5\times10^{12}\text{m}^3$，占总量的 7.0%；北美地区为 $10.8\times10^{12}\text{m}^3$，占总量的 5.2%；中南美地区为 $7.5\times10^{12}\text{m}^3$，占总量的 3.6%。

1.1.2 化石能源消耗

目前，世界对能源的需求主要依赖化石能源。甚至在未来很长一段时间内，化石能源依然是整个能源消耗中的主要部分。然而作为非可再生能源，随着世界经济的迅速发展，化石能源储量的消耗速度逐年增加，化石能源终将在未来某一天消耗殆尽。

据 BP 2011 年最新统计资料显示，2011 年，全球一次能源消费较 2010 年增长 2.5%，与过去十年的平均水平基本持平。全球所有区域和所有燃料类型的消费量增速放缓。石油仍然是世界主导燃料，占全球能源消费量的 33.1%，煤炭的份额为 30.3%，达到 1969 年以来最高的水平。2011 年，世界石油的产出量为 40 亿 t，比 2010 年增长了 1.3%。照此计算，可以满足 54.2 年的全球生产需求；世界天然气的产出量为 29.54 亿 t 石油当量，较 2010 年增长了 3.1%。按此计算，全球天然气探明储量可以保证 63.6 年的生产需求；世界煤炭的产出量为 39.56 亿 t 石油当量，相比 2010 年增长了 6.1%。以此产出水平，世界煤炭探明储量可以满足 112 年的全球生产需求，是目前为止化石燃料储产比最高的燃料。

近 30 年来，中国能源结构以煤炭为主导，以石油为支撑，以水电、天然气和核电为补充的格局难以改变。具体而言，煤炭在中国能源生产中的份额稳步上升，从 1980 年的 69.4%上升至 2010 年的 76.6%；与此相对，原油产能则持续萎缩，从 1980 年的 23.3%下降至 2010 年的 9.8%；天然气产量虽然持续上升，截至 2010 年仍不足 5%；水电持续增长，成为中国能源生产结构中仅次于煤、油的第三大能源资源。截至 2010 年，中国能源生产结构中煤、油、气、水电、核电的比例分别为 76.6%、9.8%、4.2%、7.8%和 0.8%。

从化石能源基础储量上看，2010 年中国煤炭、石油、天热气基础储量分别为 2793.9 亿 t、317435.3 万 t 和 37793.2 亿 m^3。从能源资源量及其区际分布上看，中国 72%的煤炭资源集中分布在晋、蒙、新、陕、黔五省；71%的石油资源分布在黑、新、鲁、冀和陕五省；86%的天然气资源分布在新、蒙、川、陕和渝五省。

1.2 可再生能源

1.2.1 可再生能源分类

新能源与可再生能源是指除常规化石能源(如煤、石油和天然气)、大中型水力发电和核裂变发电之外的生物质能、太阳能、风能、地热能、海洋能、小水电等一次性能源。这些能源资源丰富，可以再生，清洁干净。

(1) 生物质能。蕴藏在生物质中的能量，是绿色植物通过叶绿素将太阳能转化为化学能而储存在生物质内部的能量。通常包括木材及森林废弃物、农业废弃物、水生植物、油科植物、城市和工业有机废弃物及动物粪便等。

(2) 太阳能。太阳内部连续不断的核聚变反应过程产生的能量。狭义的太阳能仅指太阳的辐射能及其光热、光电及光化学的直接转换。

(3) 风能。太阳辐射造成地球各部分受热不均匀、引起各地温差和气压不同、导致空气运动而产生的能量。

(4) 地热能。来自地球深处的可再生热能，起源于地球的熔融岩浆和放射性物质的衰变。

(5) 海洋能。蕴藏在海洋中的可再生能源，包括潮汐能、波浪能、海流能、潮流能、海水温差能和海水盐差能等不同的能源形态。

(6) 小水电。小水电站及与其相配套的小电网的统称。1980 年联合国第二次国际小水电会议上确定了三种小水电站容的范围：小型水电站(small)，1001～12000kW；小小型水电站(mini)，101～1000 kW；微型水电站(micro)，100kW 以下。

在国际上，新能源的研究和开发经历了三个发展阶段。20 世纪 70 年代以来，鉴于常规能源供给的有限性和 1973 年 10 月中东战争的爆发，出现了“能源危机”，世界上许多国家掀起了开发利用新能源的热潮，新能源的开发利用成为各国制定可持续发展战略的重要内容。到了 80 年代，自在内罗毕召开联合国新能源和可再生能源会议以来，许多国家进一步认识到，过于依赖化石能源将造成严重的环境污染、资源与生态破坏，因而又进一步转向开发可再生能源及其综合利用。可再生能源在 21 世纪将会以前所未有的速度发展，逐步成为人类的基础能源之一。据预测，到 21 世纪中叶，可再生能源在世界能源结构中将占到 50%以上。我国拥有丰富的可用于替代矿物燃料的可再生能源资源。经过多年的发展，我国可再生能源的开发利用已取得了很大进展，其中，小水电、太阳能热利用和沼气等开发规模和技术发展水平均处于国际领先地位。经过多方面的工作和广泛征求意见，《中华人民共和国可再生能源法》于 2005 年 2 月 28 日经第十届全国人民代表大会常务委员会第十四次会议正式通过，并于 2006 年 1 月 1 日起施行，使可再生能源的发展具有了法律保障。

1. 生物质能

生物质是指通过光合作用而形成的各种有机体，包括所有的动植物和微生物。生物质能是太阳能以化学能形式储存在生物质中的能量形式，是以生物质作为载体的能量。它直接或间接地来源于绿色植物的光合作用，可转化为常规的固态、液态和气态燃料，取之不尽，用之不竭，是一种可再生能源。生物质能的原始能量来源于太阳，所以从广义上讲，生物质能是太阳能的一种表现形式。

生物质能具有以下特点。

① 燃烧过程对环境污染小。生物质中有害物质含量低，灰分、氮远低于矿物质能源。生物质含硫一般不高于 0.2%，燃烧过程放出 CO_2 又被等量的生物质吸收，因而是 CO_2 零排放能源。

② 储量大，可再生。只要有阳光照射的地方，光合作用就不会停止。

③ 具有普遍性、易取性，不分国家和地区，价廉，易取。

④ 是唯一可以运输和储存的可再生能源。

⑤ 挥发性组分高，炭活性高。容易着火，燃烧后灰渣少且不易黏结。

⑥ 能量密度低，体积大，运输困难。

⑦ 气候条件对生物质能的性能影响较大。

⑧ 生物质燃料都含有较多水分，而水分对燃料热值有巨大的影响。表 1－2 所示为生物质燃料水分含量与低位热值之间的关系，表 1－3 是一些生物质燃料在自然风干后的低位热值，表 1－4 是一些生物质燃料的成分分析。

表 1－2　生物质燃料的低位热值和水分含量的关系

低位热值/(kJ/kg)　　生物质燃料 水分含量/(%)	玉米秆	高粱秆	棉花秆	豆秸	麦秸	稻秸	谷秸	柳树枝	杨树枝	牛粪	马尾松	桦木	橙木
5	15422	15744	15845	15836	15439	14184	14795	16322	13996	15380	18372	16970	16652
7	15042	15360	15552	15313	15058	13832	14426	15929	13606	14958	17933	16422	16251
9	14661	14970	15167	14949	14682	13481	14062	15519	13259	14585	17489	16125	15841
11	14280	14585	14774	14568	14301	13129	13694	15129	12912	14209	17050	15715	15439
12	14092	14393	14577	14372	14155	12954	13514	14933	12736	14016	16828	15506	15238
14	13710	14008	14192	13991	13732	12602	13146	14535	12389	13640	16385	15069	14738
16	13330	13623	13803	13606	13355	12251	12782	14134	12042	13263	15937	14686	14426
18	12950	13233	13414	13221	12975	11899	12460	13740	11694	12391	15493	14276	14021
20	12569	12853	13021	12837	12598	11348	12054	13343	11347	12431	15054	13870	13621
22	12192	12464	12636	12452	12222	11194	11690	12945	10996	12134	14611	13460	13213

表 1－3　自然风干后生物质低位热值

生物质	低位热值/(kJ/kg)	生物质	低位热值/(kJ/kg)	生物质	低位热值/(kJ/kg)
人粪	18841	薪柴	16747	树叶	14654
猪粪	12560	麻秆	15491	蔗渣	15491
牛粪	13861	薯类秧	14235	青草	13816
羊粪	15491	杂糖秆	14235	水生植物	12561
兔粪	15491	油料作物秸秆	15491	绿肥	12560
鸡粪	18841	蔗叶	13816		

表 1-4 一些生物质燃料的成分分析

种类	工业分析/(%)				元素分析/(%)						低位热值/(kJ/kg)
	水分	灰分	挥发分	固定碳	H	C	S	N	P	K_2O	
杂草	5.43	9.40	68.27	16.40	5.24	41.00	0.22	1.59	1.68	13.60	16203
豆秸	5.10	3.13	74.65	17.12	5.81	44.79	0.11	5.85	2.86	16.33	16157
稻草	4.97	13.86	65.11	16.06	5.05	38.32	0.11	0.63	0.15	11.28	13980
玉米秸	4.87	5.93	71.45	17.75	5.45	42.17	0.12	0.74	2.60	13.80	15550
麦秸	4.39	8.90	67.36	19.35	5.31	41.28	0.18	0.65	0.33	20.40	15374
马粪	6.34	21.85	58.99	12.82	5.35	37.25	0.17	1.40	1.02	3.14	14022
牛粪	6.46	32.4	48.72	12.52	5.46	32.07	0.22	1.41	1.71	3.84	11627
杂树叶	11.82	10.12	61.73	16.83	4.68	41.14	0.14	0.74	0.52	3.84	14851
针叶木					6.20	50.50					18700
阔叶木					6.20	49.60					18400
烟煤	8.85	21.37	38.48	31.30	3.81	57.42	0.46	0.93			24300
无烟煤	8.00	19.02	7.85	65.13	2.64	65.65	0.51	0.99			24430

地球上的生物质能资源极其丰富，是仅次于煤炭、石油、天然气的第四大能源，在整个能源系统占有重要地位。

生物质能是来源于太阳能的一种可再生能源，具有含碳量低的特点，加之在其生长过程中吸收大气中的CO_2，因而用新技术开发利用生物质能，不仅有助于减轻温室效应和实现生态良性循环，而且可替代部分石油、煤炭等化石燃料，成为解决能源与环境问题的重要途径之一。

1）生物质资源的分类

根据来源的不同，将适合于能源利用的生物质分为以下几种。

(1) 林业资源。

林业生物质能资源是指森林生长和林业生产过程提供的生物质能源，包括薪炭林、在森林抚育和间伐作业中的零散木材、残留的树枝、树叶和木屑等；木材采运和加工过程中的树枝、锯末、木屑、梢头、板皮和截头等；林业副产品的废弃物，如果壳和果核等。

(2) 农业资源。

农业生物质能资源是指农作物(包括能源植物)；农业生产过程中的废弃物，如农作物收获时残留在农田内的农作物秸秆(玉米秸、高粱秸、麦秸、稻草、豆秸和棉秆等)；农业加工业的废弃物，如农业生产过程中剩余的稻壳等。能源植物泛指各种用以提供能源的植物，通常包括草本能源作物、油料作物、制取碳氢化合物植物和水生植物等几类。

(3) 生活污水和工业有机废水。

生活污水主要由城镇居民生活、商业、服务业的各种排水组成，如冷却水、洗浴排水、洗衣排水、厨房排水、粪便污水等。工业有机废水主要是酒精、酿酒、制糖、食品、制药、造纸及屠宰等行业生产过程中排出的废水等，其中都富含有机物。

(4) 城市固体废物。

城市固体废物主要是由城镇居民生活垃圾，商业、服务业垃圾和少量建筑业垃圾等固体废物构成。其组成成分比较复杂，受当地居民的平均生活水平、能源消费结构、城镇建设、自然条件、传统习惯及季节变化等因素影响。

(5) 畜禽粪便。

畜禽粪便是畜禽排泄物的总称。它是其他形态生物质(主要是粮食、农作物秸秆和牧草等)的转化形式，包括畜禽排出的粪便、尿及其与垫草的混合物。我国主要的畜禽包括鸡、猪和牛等，其资源量与畜牧业生产有关。根据这些畜禽的品种、体重、粪便排泄量等因素，可估算出某一年我国畜禽粪便可获得的资源的实物量。

图 1.1 所示为常见的生物质燃料。

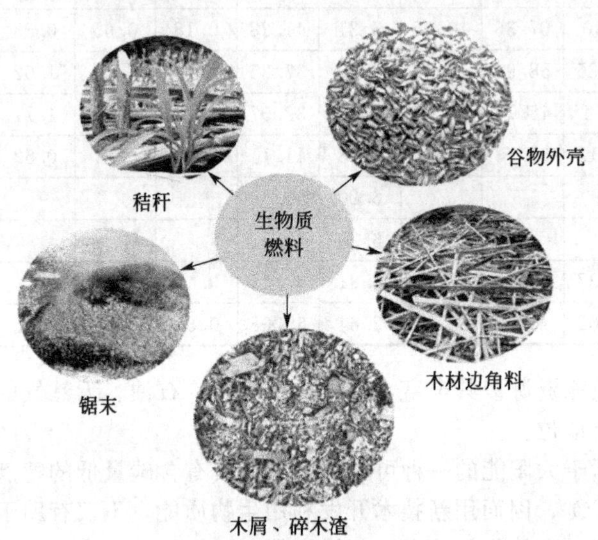

图 1.1 常见的生物质燃料

2) 生物质能转化利用技术

(1) 生物质能转化利用途径。

生物质能转化利用途径主要包括燃烧、热化学法、生化法、化学法和物理化学法等，可转化为二次能源，分别为热量或电力、固体燃料(木炭或成型燃料)、液体燃料(生物柴油、生物原油、甲醇、乙醇和植物油等)和气体燃料(氢气、生物质燃气和沼气等)。

生物质燃烧技术是传统的能源转化形式，是人类对能源的最早利用。生物质燃烧所产生的能源可应用于炊事、室内取暖、工业过程、区域供热、发电及热电联产等领域。

压缩成型是利用木质素充当黏合剂将农业和林业生产的废弃物压缩为成型燃料，提高其能源密度，是生物质预处理的一种方式。

热化学法包括热解、气化和直接液化。

气化是将固体生物质转化为气体燃料。其转化原理是含碳物质在不充分氧化(燃烧)的情况下，会产生可燃的 CO 气体，即煤气。制造煤气的设备称为气化炉，人为地不给足氧气，让含碳物质在没有足够的空气的情况下燃烧，“焖”出 CO 来。

液化是把固体状态的生物质经过一系列化学加工过程，使其转化成液体燃料(主要是指汽油、柴油、液化石油气等液体烃类产品，有时也包括甲醇、乙醇等醇类燃料)的清洁利用技术。根据化学加工过程的不同技术路线，液化可分为直接液化和间接液化。间接液化是指将生物质气化得到的合成气($CO+H_2$)，经催化合成为液体燃料(甲醇或二甲醚等)。合成气是指不同比例的 CO 和 H_2 组成的气体混合物。

生化法是依靠微生物或酶的作用，对生物质能进行生物转化，生产出如乙醇、氢、甲烷等液体或气体燃料。

酯化是指将植物油与甲醇或乙醇在催化剂和一定的温度压力下进行酯化反应，生成生物柴油，并获得副产品——甘油。

(2) 沼气利用技术。

人类发现并利用沼气已有悠久的历史。1776 年，意大利科学家沃尔塔发现沼泽地里腐烂的生物质发酵，从水底冒出一连串的气泡，分析其主要成分为甲烷和 CO_2 等气体。由于这种气体产生于沼泽地，故称“沼气”。1781 年，法国科学家穆拉发明人工沼气发生器。200 多年过去了，如今全世界约有农村家用沼气池 530 万个，中国就占了 92%。农村沼气池的主要填料是猪粪、秸秆、污泥和水等。随着农村沼气使用的日益推广和大型厌氧工程技术的进步，20 世纪 90 年代以来，世界范围内的一些大型沼气工程有了迅速发展。

(3) 能源农场。

建立以获取能源为目的的生物质生产基地，以能源农场的形式大规模培育生物质，并加工成可利用的能源，要对土地进行合理规划，尽可能利用山地、非耕荒地和水域，选择适合土地生长条件的生物质品种进行培育、繁殖，以获得足够数量的高产能植物；在海洋、水域，要充分利用海藻和水生物提取能源，建立海洋能源农场或江河能源农场；同时，将基因工程和现代生物技术广泛应用于能源农场中，以提高能源转化率。

在我国生物质能是仅次于煤炭、石油和天然气的第四大能源资源。生物质能是我国许多农村的重要生活能源，但大部分是传统的低效利用方式。而我国通过现代化技术利用生物质能发展最成功的是沼气技术，特别是农村户用沼气技术。此外，还建成了生物质能发电厂，装机容量 200 多万 kW，主要为蔗渣和垃圾发电。利用陈化粮生产乙醇燃料的项目正在全面推进，能源农作物生产乙醇燃料和生物柴油的技术也在进行试点和示范。

2. 太阳能

太阳能是一种清洁的、可再生的能源，取之不尽，用之不竭。据历史记载，人类大约在 3000 多年以前就开始利用太阳能，但是对太阳能进行大规模的开发利用，并引起国际上的普遍重视，不过是近 60 多年的事。人们从科学技术上研究太阳能的收集、转换、储存及输送，正在取得显著的进展，这对人类的文明无疑具有重大而深远的意义。

人们已经认识到，所有已知的其他能源如风能、海洋能、地热能等都直接或间接来自太阳能。太阳辐射是地球上各种能源的主要来源。图 1.2 表示地球上的能流图。从图中看出，从太阳辐射到地面的能量为 173×10^{11} MW，是第一类的，是主要的，它衍生出风能、波浪能和生物质能。第二类是由于万有引力的关系，地球上海洋受太阳和月亮引力的影响而产生的潮汐能。潮汐能与太阳辐射能相比是微不足道的。第三种能量是地球本身内部积蓄的能量，主要是地球中的物质自然衰变而释放出来的能量，通过传导、火山爆发和温泉喷流而传到地面上来的，这种能量不足太阳辐射能的万分之二。我们目前大量利用的矿物能源，如石油、天然气、煤及泥炭、油页岩等，若追本溯源，也都是长年累月蓄积的太阳能。

人类对太阳能的利用有着悠久的历史。我们的祖先在修建房屋时，就懂得充分利用太阳的光和热。无论庙宇、宫殿，还是官邸、民宅，都尽可能坐北朝南布局，以增加采光和充分利用可得热量，这些传统建筑可以说是最原型、最朴素的太阳房。在 2000 多年前的

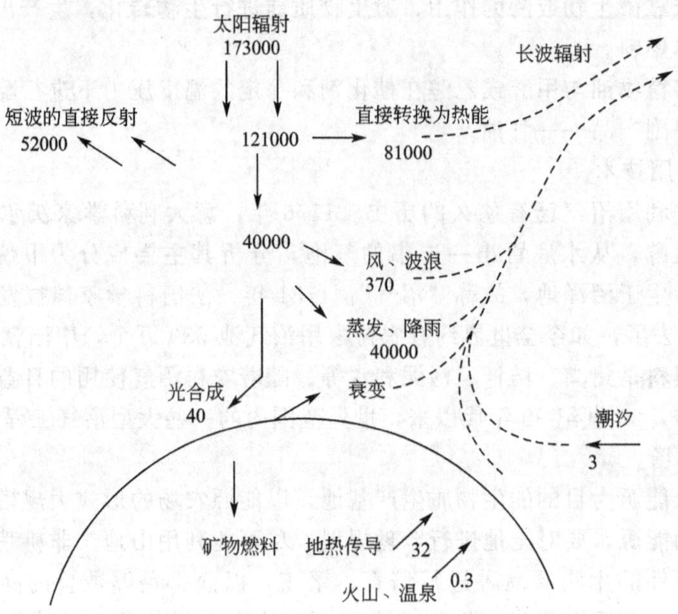

图 1.2　地球能流图(单位 10^6MW)

战国时期，人们就知道利用钢制四面镜聚焦太阳光来点火，利用太阳能来干燥农副产品等，这些对太阳能的利用还仅仅是感性、自发的，处于低级的阶段。随着生产力的发展及煤、石油、天然气等非再生能源的大量开发，人们对太阳能的依赖相应减少，使得在相当长的历史时期，太阳能在建筑中的利用技术发展缓慢。只是到了近代，人们逐渐意识到非再生能源将会枯竭，太阳能才重新受到人们的重视。特别是 20 世纪 70 年代以来，世界各国将太阳能建筑的研究、应用、开发推向了新阶段。发展到现代，太阳能的利用已日益广泛。

1）光热利用

光热利用的基本原理是将太阳辐射能集中起来，通过与物质的相互作用转换成热能加以利用。目前使用最多的太阳能收集装置主要有平板型集热器、真空管集热器和聚焦型集热器三种。通常根据所能达到的温度和用途不同，而把太阳能光热利用分为低温利用(小于等于 200℃)、中温利用(200～800℃)、高温利用(大于 800℃)。目前低温利用主要有太阳能热水器、太阳能干燥器、太阳能蒸馏器、太阳房、太阳能温室、太阳能空调制冷系统等，中温利用主要有太阳灶、太阳能热发电聚光集热装置等，高温利用主要有高温太阳炉等。

2）太阳能发电

未来太阳能的大规模利用是用来发电。利用太阳能发电的方式有很多种，目前已得到实用的主要有以下两种。

(1) 光-热-电转换。利用太阳辐射所产生的热能发电。一般使用太阳集热器将所吸收的热能转换为工作介质(以下简称工质)的蒸气，然后由蒸气驱动汽轮机带动发电机发电。前一过程为光-热转换，后一过程为热-电转换。

(2) 光-电转换。其基本原理是利用光生伏特效应(以下简称光伏效应)将太阳短时能直接转换为电能，它的基本装置是太阳电池。

3）光化利用

光化利用是一种利用太阳辐射能直接分解水成氢的光-化学转换方式。

4）光生物利用

通过植物的光合作用来实现将太阳能转换成为生物质能的过程。目前主要有速生植物（如薪炭林）、油料作物和巨型海藻等。

3．风能

1）风能的形成

风是人类最熟悉的自然现象之一，它是由太阳辐射热引起的。太阳照射到地球表面，地球表面各处受热不同而产生温差，从而引起大气的对流运动而形成风。地球南北两极接受太阳辐射能少，所以温度低，气压高；而赤道接受热量多，温度高，气压低。另外地球昼夜温度、气压都在变化，这样由于地球表面各处的温度、气压变化，气流就会从压力高处向压力低处运动，形成不同方向的风，并伴随不同的气象条件而变化。图 1.3 表示了地球上风运动方向。地球上各处的地形、地貌也会影响风的形成，如海水由于热容量大，接受太阳辐射能后，表面升温慢，而陆地热容量小，升温比较快，于是在白天由于陆地空气温度高，空气上升而形成海面吹向陆地的海陆风；反之在夜晚，海水降温慢，海面空气温度高，空气上升而形成陆地吹向海面的陆海风，如图 1.4 所示。

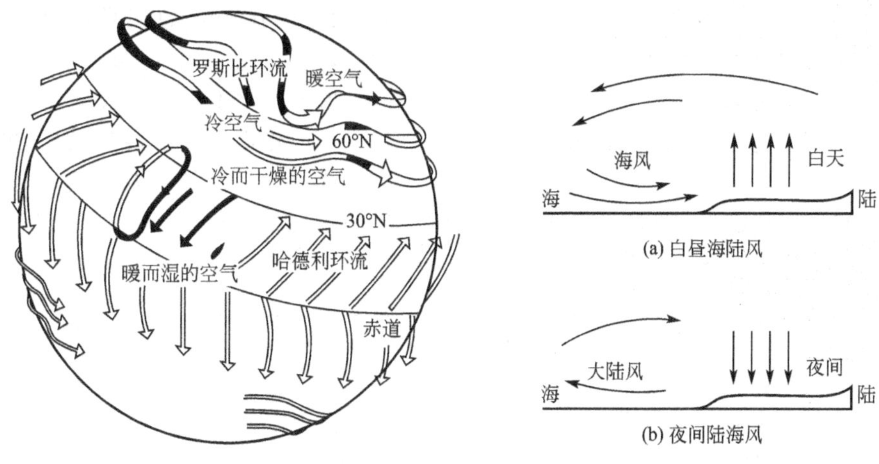

图 1.3　地球上风的运动方向　　图 1.4　海陆风的形成

同样，在山区，白天太阳使山上空气温度升高，随热空气上升，山谷冷空气向上运动，形成“谷风”；相反到夜间，由于空气中的热量向高处散发，气体密度增加，空气沿山坡向下移动，又形成所谓的“山风”，如图 1.5 所示。

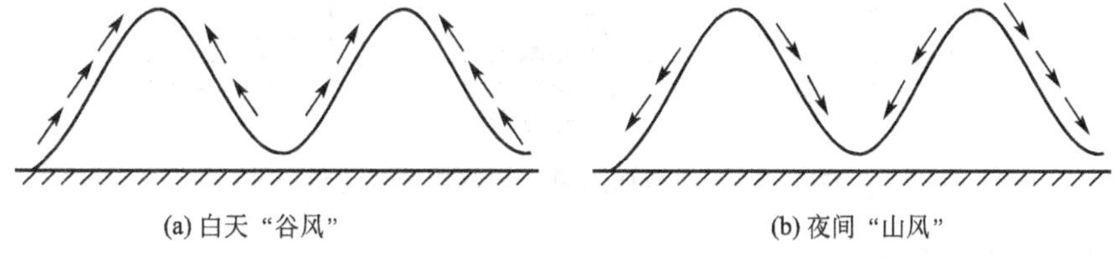

图 1.5　山谷风

2）风的变化

风向和风速是两个描述风的重要参数。风向是指风吹来的方向，如果风是从北方吹来，就称为北风。风速是表示风移动的速度，即单位时间内空气流动所经过的距离。风向和风速这两个参数都是在变化的。

(1) 风随时间的变化。

风随时间的变化，包括每日的变化和季节的变化。通常一天之中风的强弱在某种程度上可以看作周期性的。例如，地面上夜间风弱，白天风强；高空中正相反，是夜里风强，白天风弱。这个逆转的临界高度为100～150m。由于季节的变化，太阳和地球的相对位置也发生变化，使地球上存在季节性的温差。因此风向和风的强弱也会发生季节性的变化。

我国大部分地区风的季节性的变化情况是春季最强，冬季次之，夏季最弱。当然也有部分地区例外，如温州沿海地区，夏季季风最强，春季季风最弱。

(2) 风随高度的变化。

从空气运动的角度，通常将不同高度的大气层分为3个区域，如图1.6所示。离地2m以内的区域称为底层，2～100m的区域称为下部摩擦层，二者总称为地面境界层；100～1000m的区段称为上部摩擦层。以上3个区域总称为摩擦层。摩擦层之上是自由大气。

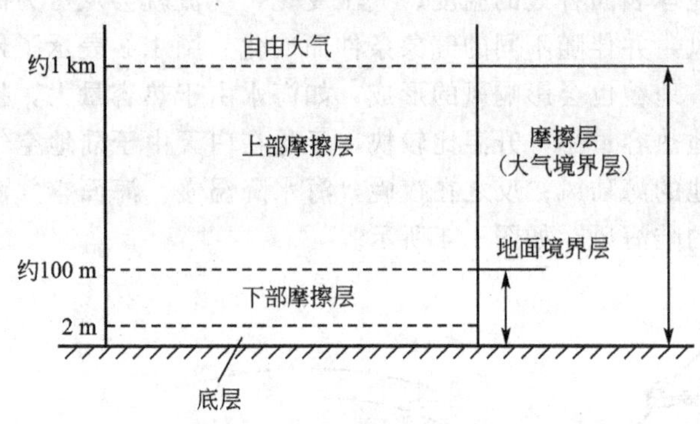

图1.6 大气层的构成

地面境界层内空气流动受涡流、黏性和地面植物及建筑物等的影响，风向基本不变，但越往高处风速越大。各种地面不同情况下，如城市、乡村和海边平地，其风速随高度的变化情况如图1.7所示。

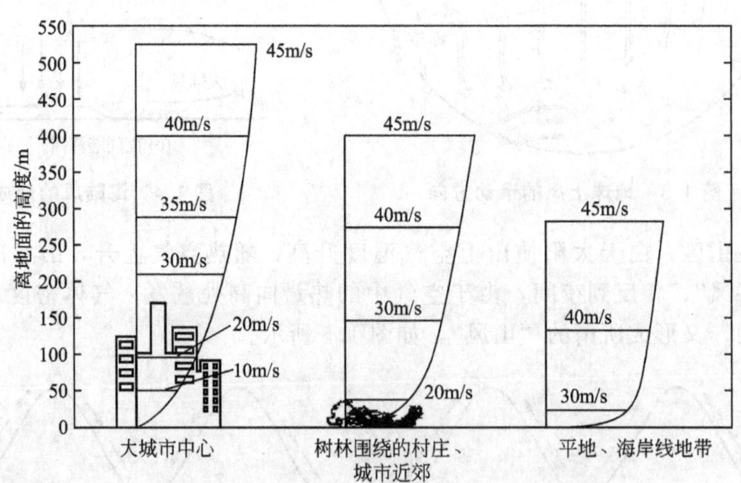

图1.7 不同地面上风速随高度的变化情况

(3) 风的随机性变化。

如果用自动记录仪来记录风速，就会发现风速是不断变化的，一般所说的风速是指平均风速。通常自然风是一种平均风速与瞬间激烈变动的紊乱气流相重合的风。紊乱气流所产生的瞬时高峰风速也称阵风风速。图1.8表示了阵风和平均风速的关系。

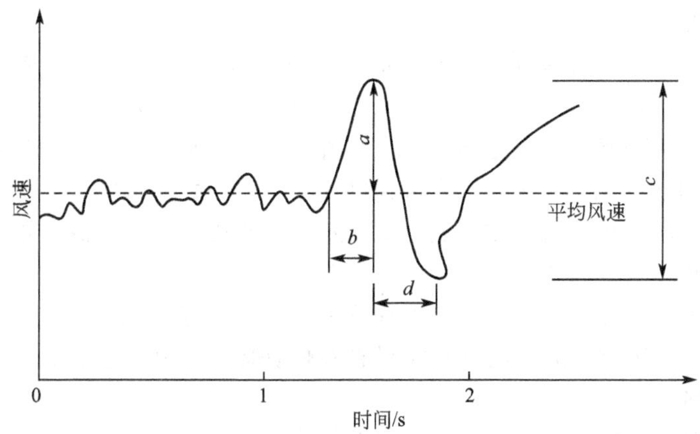

图 1.8 阵风和平均风速的关系

a—阵风振幅；b—阵风形成时间；c—阵风的最大偏移量变；d—阵风消失时间

3）风能的利用发展情况

风能的利用历史悠久，已有数千年的时间。在蒸气机发明以前，风能曾经作为重要的动力用于船舶航行、提水饮用和灌溉、排水造田、磨面和锯木等。埃及被认为可能是最早利用风能的国家，约在几千年前，他们的风帆船就在尼罗河上航行。

我国是最早使用帆船和风车的国家之一，至少在3000年前的商代就出现了帆船。唐代有“乘风破浪会有时，直挂云帆济沧海”的诗句，可见那时风帆船已广泛用于江河航运。最辉煌的风帆时代是中国的明代。14世纪初，中国航海家郑和七下西洋，庞大的风帆船队气势宏伟，功不可没。明代以后，风车得到了广泛的应用：宋应星的《天工开物》一书中记载有“扬郡以风帆数扇，俟风转车，风息则止。”这是对风车一个比较完善的描述。中国沿海沿江地区的风帆船和用风力提水或制盐的做法，一直延续到20世纪50年代，仅在江苏沿海利用风力提水的设备曾达20万台。

风能发电具有巨大的优越性：首先，风力是一种洁净的自然能源、没有环境污染问题；其次，建造风力发电场的费用低廉；第三，不需火力发电所需的煤、油等燃料或核电站所需的核材料即可产生电力，除常规保养外，没有其他任何消耗。

目前风能主要用于以下几个方面。

(1) 风力发电。

利用风力发电已越来越成为风能利用的主要形式，受到世界各国的高度重视，而且发展速度最快。风力发电通常有三种运行方式：一是独立运行方式，通常是一台小型风力发电机向一户或几户提供电力，它用蓄电池蓄能，以保证无风时的用电；二是风力发电与其他发电方式(如柴油机发电)相结合，向一个单位或一个村庄或一个海岛供电；三是风力发电并入常规电网运行，向大电网提供电力，常常是一处风场安装几十台甚至几百台风力发电机，这是风力发电的主要发展方向。如图1.9所示为某风力发电设备。

图 1.9 风力发电设备

(2) 风力泵水。

风力泵水从古至今一直得到较普遍的应用。至 20 世纪下半叶，为解决农村、牧场的生活、灌溉和牲畜用水，以及为了节约能源，风力泵水机有了很大的发展。现代风力泵水机根据用途可以分为两类：一类是高扬程、小流量的风力泵水机，它与活塞泵相配提取深井地下水，主要用于草原、牧区，为人畜提供饮水；另一类是低扬程、大流量的风力泵水机，它与螺旋泵相配，可提取河水、湖水或海水，主要用于农田灌溉、水产养殖或制盐。

(3) 风帆助航。

在机动船舶发展的今天，为节约燃油和提高航速，古老的风帆助航也得到了发展。航运大国日本已在万 t 级货船上采用电脑控制的风帆助航，节油率达 15%。

(4) 风力致热。

随着人民生活水平的提高，家庭用能中对热能的需求越来越大，特别是在高纬度的欧洲和北美洲，家庭取暖、煮水等的能耗占有极大的比例。为解决家庭及低品位工业热能的需要，风力致热有了较大的发展。"风力致热"是将风能转换成热能，目前有三种转换方法：一是风力机发电，再将电能通过电阻丝发热，变成热能，虽然电能转换成热能的效率是 100%，但风能转换成电能的效率很低，因此从能量利用的角度看，这种方法是不可取的；二是由风力机将风能转换成空气压缩能，再转换成热能，即由风力机带动离心压缩机，对空气进行绝热压缩而放出热能；三是将风力机直接转换成热能，这种方法致热效率最高。

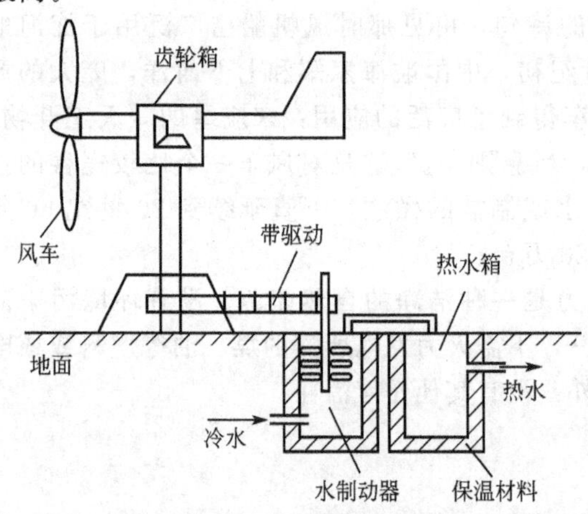

图 1.10　风力热水装置示意图

风力机直接转换成热能也有多种方法。最简单的是搅拌液体致热，即风力机带动搅拌器转动，从而使液体(水或油)变热，如图 1.10 所示。"液体挤压致热"是用风力机带动液压泵，使液体加压后再从狭小的阻尼小孔中高速喷出而使工作液体加热。此外还有固体摩擦致热和涡电流致热等方法。

风能是继水电之后技术最成熟、最具商业化发展前景的新能源技术。

风力发电的技术状况及实际运行情况表明它是一种安全可靠的发电方式，随着大型机组的技术成熟和产品商品化的进程，风力发电成本降低，已经具备了与其他发电手段相竞争的能力。风力发电不消耗资源，不污染环境，具有广阔的发展前景，与其他发电方式相比，它的建设周期一般很短，一台风机的运输安装时间不超过三个月，万 kW 级风力发电场建设期不到一年，而且安装一台可投产一台；装机规模灵活，可根据资金多少来确定，为筹集资金带来便利；运行简单，可完全做到无人值守；实际占地少，机组与监控、变电等建筑仅占风力发电场约 1% 的土地，其余场地仍可供农、牧、渔使用；对土地要求低，在山丘、海边、河堤、荒漠等地形条件下均可建设。此外，在发电方式上还有多样化的特点，既可联网运行，也可与柴油发电机等形成互补系统或独立运行，这对于解决边远无电地区的用电问题提供了现实可能性，这些既是风电的特点，也是其优势。

虽然现在的风能发电虽不足全世界发电总量的1%，但随着风力发电技术的不断进步，预计到2020年，它将可提供世界电力需求的10%，风电装机容量会达到12.31亿kW，并在全球范围减少100多亿t二氧化碳废气，风电会向满足世界20%电力需求的方向发展，相当于今天的水电。因此，业内人士认为，在建设资源节约型社会的国度里，风力发电已不再是无足轻重的补充能源，而是最具商业化发展前景的新兴能源产业。

4. 地热能

1）地热能的概念

地热能是储存于地球内部的一种巨大的能源。地球内部的放射性元素不断进行着热核反应，产生非常高的温度，估计地球中心的温度达6000℃。高温的热量透过厚厚的地层，时时刻刻向太空释放，这种“大地热流”产生的能量称为地热能。它也是一种很有前景的能源。据计算，地球陆地以下5km内，15℃以上岩石和地下水总含热量达14.5×10^{5}J，相当于4948万亿t标准煤。按世界年耗100亿t标准煤计算，可满足人类几万年能源之需要。

2）地热能的分类

地热资源是指能被经济而合理地取出并加以利用的那部分地下热能，只占地热能总量中很小一部分。地热资源表现方式有多种，按其属性可分为以下四种类型。

① 水热型地热能。地球浅处(地下100～4500m)所见到地下水蒸气或热水。

② 地压地热能。存在于某些大型含油气盆地深处(3～5km)的高温高压热流体，其中含有大量甲烷气体。

③ 干热岩地热能。由于特殊地质构造条件导致高温但少水甚至无水的不可渗透的地下干热岩体，需要人工注水才能将其热能取出。

④ 岩浆热能。储存在高温(700～1200℃)熔融岩浆体中的巨大热能，目前这类地热能的开发利用还处于探索阶段。

在这四类地热能中，人们目前能开发利用的主要是第一类地热能，也就是人们通常所说的地热蒸气和地热水。

3）地热能的利用

人类很早就开始利用地热能，如利用温泉洗浴、医疗，利用地下热水取暖、建造农作物温室、水产养殖及烘干谷物等。从20世纪开始，地热能被大规模用来发电、供暖和进行工农业利用。在冰岛，87%的家庭取暖使用的是地热能。

地热能在某些方面具备太阳能、风能等所不具备的特点，如资源的多功能性，不受白昼和季节变化限制，以及可直接利用等，是一种较为廉价的清洁能源。但是要利用地热能也需要具备一定的条件，因为地热能的分布相对来说比较分散，不易利用。

地热水的温度在一处与另一处可能相差极大。有的地热源可产生300℃以上的热水，有的则产生沸点以下(在海平面水的沸点为100℃)的水。高于150℃的高温热源一般可用以发电，低温热源可直接加热使用，如工业加工、区域供热、温室加热、食品干燥和水产养殖。

(1) 地热发电。

1904年，意大利人在拉德瑞罗地热田建立了世界上第一座地热发电站，功率为550W，开地热能利用之先河。其后，意大利的地热发电功率发展到500多MW。

地热发电实际上是以地下热水和蒸气为动力源的一种新型发电技术，即通道打井找到正在上喷的天然热水流。由于水是从1～4km的地下深处上来的，所以水处在高压下。一眼底部直径25cm的井每小时可生产20～8×10^5kg的地热水与蒸气。由于水温的不同，5～10眼井产出的蒸气可使一个发电装置生产出55MW的电。其基本原理与火力发电类似，也是根据能量转换原理，旨在把地热能转换为机械能，再把机械能转换为电能。地热发电系统主要有以下4种。

① 热蒸气发电系统。利用地热蒸气推动汽轮机运转，产生电能。本系统现已技术成熟，运行安全可靠，是地热发电的主要形式。西藏羊八井地热电站采用的便是这种形式。

② 双循环发电系统。也称有机工质朗肯循环系统。它以低沸点有机物为工质，使工质在流动系统中从地热流体中获得热量，并产生有机质蒸气，进而推动汽轮机旋转，带动发电机发电。

③ 全流发电系统。本系统将地热井口的全部流体，包括所有的蒸气、热水、不凝气体及化学物质等，不经处理直接送进全流动力机械中膨胀做功，其后排放或收集到凝汽器中。这种形式可以充分利用地热流体的全部能量，但技术上有一定的难度，尚在攻关。

④ 干热岩发电系统。利用地下干热岩体发电的设想，是美国人莫顿和史密斯于1970年提出的。1972年，他们在新墨西哥州北部打了两口约4000m的深斜井，从一口井中将冷水注入干热岩体，从另一口井取出自岩体加热产生的蒸气，功率达2300kW。进行干热岩发电研究的还有日本、英国、法国、德国和俄罗斯，但迄今尚无大规模应用。

图1.11 羊八井地热电厂

全球地热发电从1980年能源危机开始持续走高，在1980—2010年的30年间，地热发电装机容量从2000MW飙升至1.2万MW。在全球24个地热发电国中，中国装机容量仅排在18位。图1.11所示为羊八井地热电厂。截至2012年年底，我国地热发电装机规模为27.28MW。

(2) 地热水的直接利用。

地热能直接用于烹饪、洗浴及暖房，已有悠久的历史。至今，天然温泉与人工开采的地下热水，仍被人类广泛使用。据联合国统计，世界地热水的直接利用远远超过地热发电。中国的地热水直接利用居世界首位，其次是日本。

地热水的直接用途非常广泛，主要有采暖空调、工业烘干、农业温室、水产养殖、温泉疗养保健等地热的直接应用，全世界使用量在9000MW(热功率)以上。爱尔兰全部家庭和大楼都用地热。美国的几个城市和新西兰也在使用地热进行采暖。许多国家还用地热加热温室。食品加工是另一个成熟的应用。全世界地热资源直接应用的巨大潜力几乎尚未开发。

5. 海洋能

海洋能是指海水本身含有的动能、势能和热能。海洋能包括海洋潮汐能、海滩波浪能、海洋温差能、海流能、海水盐度差能和海洋生物能等可再生的自然能源。

开发利用海洋能即把海洋中的自然能量直接或间接地加以利用，将海洋能转换成其他形式的能。海洋中的自然能源主要为潮汐能、波浪能、海流能(潮流能)、海水温差能和海水盐度差能。究其成因，潮汐能和潮流能来源于太阳和月亮对地球的引力变化，其他基本上源于太阳辐射。目前有应用前景的是潮汐能、波浪能和海流能。

潮汐能是指海水潮涨和潮落形成的水的势能，其利用原理和水力发电相似。但潮汐能的能量密度很低，相当于微水头发电的水平。世界上潮差的较大值为13～15m，我国的最大值(杭州湾澉浦)为8.9m。一般说来，平均潮差在3m以上就有实际应用价值。我国的潮汐能理论估算值为10^8kW量级。只有潮汐能量大量适合于潮汐电站建造的地方，潮汐能才具有开发价值，因此其实际可利用数远小于此数。中国沿海可开发的潮汐电站坝址为424个，总装机容量约为2.2×10^8kW。浙江、福建和广东沿海为潮汐能较丰富地区。

波浪能是指海洋表面波浪所具有的动能和势能，是海洋能源中能量最不稳定的一种能源。波浪能最丰富的地区，其功率密度达100kW/m以上，中国海岸大部分的年平均波浪功率密度为2～7kW/m。中国沿海理论波浪年平均功率约为0.13×10^8kW。但由于不少海洋台站的观测地点处于内湾或风浪较小位置，故实际的沿海波浪功率要大于此值。其中浙江、福建、广东和台湾沿海为波浪能丰富的地区。

海流能指海水流动的动能，主要是指海底水道和海峡中较为稳定的流动。一般来说，最大流速在2m/s以上的水道，其海流能均有实际开发的价值。我国沿海海流能的年平均功率理论值约为0.14×10^8kW。其中辽宁、山东、浙江、福建和台湾沿海的海流能较为丰富，不少水道的能量密度为15～30kW/m^2，具有良好的开发价值。值得指出的是，中国的海流能属于世界上功率密度最大的地区之一，特别是浙江的舟山群岛的金塘、龟山和西堠门水道，平均功率密度在20kW/m^{2}以上，开发环境和条件良好。

1) 潮汐能

月球引力的变化引起潮汐现象，潮汐导致海水平面周期性地升降，因而水涨落及潮水流动所产生的能量，称为潮汐能。潮汐能是以势能形态出现的海能，是指海水潮涨和潮变形成的水的势能。

海洋的潮汐中蕴藏着巨大的能量。在涨潮的过程中，汹涌而来的海水具有很大的动能，而随着海水水位的升高，就把海水的巨大动能转换为势能，在落潮的过程中，海水奔腾而去，水位逐渐降低，势能又转换为动能。潮汐能的能量与潮量和潮差成正比。或者说，与潮差的平方和水库的面积成正比。和水力发电相比，潮汐能的能量密度很低，相当于微水头发电的水平。世界上潮差的较大值为13～15m，但一般说来，平均潮差在3m以上就有实际应用价值。潮汐能是因地而异的，不同的地区常有不同的潮汐系统，它们都是从深海潮波获取能量，但具有各自的特性。尽管潮汐很复杂，但对任何地方的潮汐都可以进行准确预报。

潮汐能的利用方式主要是潮汐发电。潮汐发电是利用海湾、河口等有利地形，建筑水堤，形成水库，以便于大量蓄积海水，并在坝中或坝夯建造水力发电厂房，通过水轮发电机组进行发电。只有出现大潮，能量集中时，并且在地理条件适于建造潮汐电站的地方，才有可能从潮汐中提取能量。虽然这样的场所并不是到处都有，但世界各国已选定了相当数量的适宜开发潮汐能的站址。

潮汐发电与普通水力发电原理类似，通过储水库，在涨潮时将海水储存在储水库内，以势能的形式保存，然后，在落潮时放出海水，利用高、低潮位之间的落差，推动水轮机旋转，带动发电机发电。差别在于海水与河水不同，蓄积的海水落差不大，但流量较大，并且呈间歇性，从而潮汐发电的水轮机的结构要适合低水头、大流量的特点。潮水的流动与河水的流动不同，它是不断变换方向的。潮汐发电有以下三种形式。

(1) 单池单向发电，即落潮发电。涨潮时坝门打开，海水充满蓄水池；落潮时坝门关闭，潮水驱动水轮机发电。

(2) 单池双向发电，即落潮和涨潮都发电，且与扬水并用。为了保持落差，并非落潮一开始就发电，而是向蓄水池泵水，然后停机待机，直到潮水落到潮差的一半时才开始放水发电。反之亦然，涨潮一开始也不立即发电，而是将蓄水池剩余的水抽向大海，再停机待机一段时间。直到潮水涨到一半潮差时再开始发电。尽管如此，用于发电的时间远超过泵水和待机的时间之和。

(3) 双池双向发电。此时备有上、下两个蓄水池，发电机组则布置在两池之间，落潮时不是利用蓄水池与海面之间的水位差来发电，这就与不断变化的海面水位无关。涨潮时上池被充满，落潮时将下池放水，从而形成两池之间的水位差。利用该水位差可使机组连续运转。但这种发电形式在经济上不合算，实际应用很少。

目前世界上最大的潮汐发电站是法国朗斯的240MW潮汐电站。我国的江厦潮汐试验电站，建于浙江省乐清湾北侧的江厦港，装机容量为3200kW，于1980年正式投入运行。

潮汐发电的主要研究与开发国家包括法国、俄罗斯、加拿大、中国和英国等。它是海洋能中技术最成熟和利用规模最大的一种。全世界潮汐电站的总装机容量为265MW，见表1-5。

表1-5 世界主要潮汐电站

国家	站名	潮差/m	容量/MW	投运时间/年
法国	朗斯	8.5	240	1966
加拿大	安纳波利斯	7.1	19.1	1984
俄罗斯	基斯拉雅	3.9	0.4	1968
中国	浙江江厦	5.1	3.2	1980
中国	山东白沙口	2.4	0.64	1978
中国	福建幸福洋	4.5	1.28	1989
中国	浙江岳浦	3.6	0.15	1971
中国	浙江海山	4.9	0.15	1975
中国	浙江沙山	5.1	0.04	1961
中国	江苏浏河	2.1	0.15	1976
中国	广西果子山	2.5	0.04	1977

2) 波浪能

波浪能是指海洋表面波浪所具有的动能和势能。波浪的能量与波高的平方、波浪的运动周期及迎波面的宽度成正比。

波浪发电是波浪能利用的主要方式，此外，波浪能还可以用于抽水、供热、海水淡化及制氢等。波浪能利用的关键是波浪能转换装置。通常波浪能要经过三级转换：第一级为受浪体，它将大海的波浪能吸收进来；第二级为中间转换装置，它优化第一级转换，产生出足够稳定的能量；第三级为发电装置，与其他发电装置类似。图 1.12 为波浪能发电的示意图。

图 1.12 波浪能发电示意图

1985 年，英国在苏格兰的艾莱岛建造了一座 75kW 的振荡水柱波力电站，1991 年建成且并入当地电网。1995 年 8 月，英国建造了第一座商业性波浪能发电站，输出功率为 2MW，可满足 2000 个家庭的用电要求。日本已有数座波浪能发电站，其中 MW 级投入运行的“海明号”波浪能发电船，是世界上最著名的波浪能发电装置。

3）温差能

温差能是指海洋表层海水和深层海水之间水温之差的热能。一方面，海洋的表面把太阳的辐射能的大部分转化成为热水并储存在海洋的上层。另一方面，接近冰点的海水大面积地在不到 1000m 的深度从极地缓慢地流向赤道。这样，就在许多热带或亚热带海域终年形成 20℃以上的垂直海水温差。利用这一温差可以实现热力循环并发电。

温差发电的基本原理就是借助一种工质，使表层海水中的热能向深层冷水中转移，从而做功发电。海洋温差能发电主要采用开式和闭式两种循环系统。

(1) 开式循环发电系统。开式循环发电系统主要包括真空泵、温水泵、冷水泵、闪蒸器、冷凝器、透平-发电机组等部分。真空泵先将系统内抽到一定的真空，接着起动温水泵把表层的温水抽入闪蒸器，由于系统内已保持有一定的真空度，所以温海水就在闪蒸器内沸腾蒸发，变为蒸气。蒸气经管道由喷嘴喷出推动透平运转，带动发电机发电。从透平排出的低压蒸气进入冷凝器，被由冷水泵从深层海水中抽上的冷海水所冷却，重新凝结为水，并排入海中。在此系统中，作为工质的海水，由泵吸入闪蒸器蒸发，推动透平做功，一经冷凝器冷凝后直接排入海中，故称此工作方式的系统为开式循环系统。

(2) 闭式循环发电系统。来自表层的温海水先在热交换器内将热量供给低沸点工质——丙烷、氨等，使之蒸发，产生的蒸气再推动汽轮机做功。深层冷海水仍作为冷凝器的冷却介质。这种系统因不需要真空泵，是目前海洋温差发电中常采用的循环系统。

首次提出利用海水温差发电设想的，是法国物理学家阿松瓦尔。1926 年，阿松瓦尔的学生克劳德试验成功海水温差发电。1930 年，克劳德在古巴海滨建造了世界上第一座海水温差发电站，获得了 10kW 的功率。1979 年，美国在夏威夷的一艘海军驳船上安装了一座海水温差发电试验台，发电功率为 53.6kW。

1.2.2 可再生能源储量

1. 生物质能

植物进行光合作用所消耗的能量占地球所接收太阳总辐射量的 0.2%，因光合作用效率较低，所吸收的太阳能最终只有少部分转化为生物质。世界全部生物质存量约为

19000 亿t，陆地与海洋合计平均最低更替率为 11 年，可以计算出每年新产生的生物质约为 1700 亿 t，折算成标准煤 850 亿 t 或油当量 600 亿 t，约相当于 2007 年全球一次能源供应总量的 5 倍，见表 1－6。生物质产量与气候、温度、降水量、土壤、海陆位置等多种原因密切相关。一般来说，温度越高，降水量越大，生物质产量就越高。例如，热带雨林地区的平均净初级生产率达 2.2kg/(m^2·a)，是地球上生物质生产率最高的生态系统类型。地球陆地面积仅相当于地球总面积的 29%，但陆地的生物质产量占地球全部生物质产量的比例为 68%，远高于海洋所占的比例。

表 1－6　全球生物质能资源量

类型	面积/(10^6 km^2)	平均净初级生产率/[kg/(m^2·a)]	初级生产量/(亿 t/a)	平均生物量/(kg/m^2)	生物质存量/亿 t	最低更替率/a
热带雨林	17.0	2.200	374.0	45.000	7650.0	20.50
热带季雨林	7.5	1.600	120.0	35.000	2625.0	21.88
温带常绿林	5.0	1.320	66.0	35.000	1750.0	26.52
温带落叶林	7.0	1.200	84.0	30.000	2100.0	25.00
寒带森林	12.0	0.800	96.0	20.000	2400.0	25.00
地中海型开放森林	2.8	0.750	21.0	18.000	504.0	24.00
沙漠和半沙漠灌木林	18.0	0.090	16.2	0.700	126.0	7.78
极端沙漠、砾漠、岩漠或冰原	24.0	0.003	0.7	0.020	4.8	6.67
耕地	14.0	0.650	91.0	1.000	140.0	1.54
沼泽	2.0	2.000	40.0	15.000	300.0	7.50
草原与草地	37.7	0.637	240.1	3.008	1134.0	4.72
溪流和湖泊	2.0	0.250	5.0	0.020	0.4	0.08
大洋	332.0	0.125	415.0	0.003	10.0	0.02
涌升流地带	0.4	0.500	2.0	0.020	0.1	0.04
大陆架	26.6	0.360	95.8	0.010	2.7	0.03
藻床和珊瑚礁	0.6	2.500	15.0	2.00	12.0	0.80
河口和红树林	1.4	1.500	21.0	1.000	14.0	0.67
合计	510.0	16.485	1702.8	3.680	18772.9	11.02

注：草原与草地数据为推测值；生产率、生产量、生物量及存量都以干碳计算。

虽然地球上的生物质资源量丰富，然而每年新产生的生物质不可能全部用于生物质能的生产，人类能够开发利用的只是其中很小一部分。根据有关学者的研究，到 2050 年全球生物质能资源潜力为 10～262t 油当量，平均 60～119t 油当量，相当于生物质每年产生量的 10%～20%，见表 1－7。理论上，如果把生物质能的最大潜力充分发挥，能够满足人类对能源的全部需求，但受生态环境、可获得性、开发成本、粮食安全等多重因素的制约，可被开发利用的生物质能资源可能连表 1－6 中所列数字的下限值都达不到。

表 1-7 2050年全球生物质能资源开发能力　　单位：亿 t

现有耕地	边际性土地	农业废弃物	林业废弃物	畜禽粪便	有机废弃物	总计
0～167（平均：24～72）	14～36	4～17	7～36	1～13	1～10	10～262（平均：60～119）

注：热值按 19GJ/t(干重)换算。

我国拥有丰富的生物质能资源，我国理论生物质能资源有 50 亿 t 左右。目前可供利用开发的资源主要为生物质废弃物，包括农作物秸秆、薪柴、禽畜粪便、工业有机废弃物和城市固体有机垃圾等。然而，由于农业、林业、工业及生活方面的生物质资源状况非常复杂，缺乏相关的统计资料和数据，以及各类生物质能资源间以各种复杂的方式相互影响，因此，生物质的消耗量是最难确定或估计的。

2. 太阳能

从太阳辐射到地球上的辐射能是人类所拥有的最巨大的能源。在大气层外，太阳辐射能的密度为 1.39kW/m^2，因此，直径等于地球直径的圆区可得到相当于 173×10^9MW 的能量，这比人类在其活动过程中所消耗的能量$(8\sim9)\times10^6$MW 高约 2 万倍。但是，这些能量并非全部都能到达地球表面。生活经验告诉人们，晴朗无云的天气比云雾浓厚天气的太阳辐射要强烈得多，风沙弥漫的天气使人们感到天昏地暗，这都说明大气层对太阳光线有着很大的影响。大气层与其他介质一样，对光线起着吸收作用和反射作用。因而，大气层对太阳辐射有减弱作用。

海平面上是太阳辐射最有利的地区，其太阳能最大峰值密度为 1kW/m^2，而最大平均密度为 200～250W/m^2(普通照射)及 400W/m^2(光线垂直落下的直接照射)。太阳辐射强度随着地理位置的不同而有很大的波动。表 1-8 列出了热带、温带和比较寒冷地带的太阳平均辐射强度。

表 1-8 太阳平均辐射强度

地区	辐射强度 /[kW·h/(m^2·d)]	平均辐射强度 /(W/m^2)
热带区、沙漠	5～6	210～250
温带	3～5	130～210
阳光较少地区	2～3	80～130

我国幅员辽阔，太阳能资源十分丰富，每年中国陆地接收的太阳辐射总量相当于 24000 亿 t 标准煤。从全国太阳年辐射总量的分布来看，西藏、青海、新疆、内蒙古南部、山西、陕西北部、河北、山东、辽宁、吉林西部、云南、广东、福建、海南的太阳辐射总量很大，具有利用太阳能的良好条件。尤其是青藏高原，平均海拔高度在 4km 以上，大气层薄而清洁，透明度好，而且纬度低，日照时间长。

我国有 2/3 地域全年日照在 2200h 以上，最长的有 2800～3300h。我国的太阳能资源分布可分为 7 个区。

(1) 东北区：冬季长，气温低，辐射强度弱。但云量少，晴天多，日照时数长，全年日照时数大部分在 2400h 以上，辽河流域以西在 2800h 以上。

(2) 华北区：冬季比东北区短，晴天多达150d以上，全年日照多达2600～2800h，日照充足，有利于太阳能利用。

(3) 黄土丘陵和内蒙古高原区：与华北区类似，辐射强度比平原稍高，晴天在200d左右，全年日照由南部的2600h向北逐渐增加，到内蒙古高原区可达3200h。

(4) 新疆、甘肃、宁夏地区：气候干燥，云量少，晴天多，全年日照在3200h以上。但因风沙大，影响大气透明度，故对太阳辐射有一定削弱。

(5) 南方区：指北纬35°以南各省区(不包括云南、贵州)，气温高，云量大，阴雨天多，日照时数少，大约在2200h以下。但因为纬度低，辐射强度大，仍有间断的太阳能可利用。

(6) 云贵川地区：云量多，阴雨天多，全年日照在1400h以下，云南比川黔稍好些。太阳能利用受到很大限制。

(7) 青藏高原：气温较低，但大气层清洁而稀薄，白天辐射强度高，全年日照在2800～3200h，太阳能利用条件优越。

1995年，原国家计划委员会、原国家科学技术委员会和原国家经济贸易委员会制定了《新能源和可再生能源发展纲要》(1996—2010年)；2008年，国家发展和改革委员会发布《可再生能源发展“十一五”规划》；2012年，国务院常务会议讨论通过了《能源发展“十二五”规划》，这些文件的制定和实施，有力地推动了我国太阳能事业的发展。

3. 风能

我国幅员辽阔，海岸线长，风能资源比较丰富。根据全国900多个气象站将陆地上离地10m高度资料进行估算，全国平均风功率密度为$100W/m^2$，风能资源总储量约32.26×10^8kW，可开发和利用的陆地上风能储量有2.53×10^8kW，近海可开发和利用的风能储量有7.5×10^8kW，共计约10×10^8kW。如果陆上风电年上网电量按等效满负荷2000h计，每年可提供5000×10^8kW·h电量，海上风电年上网电量按等效满负荷2500h计，每年可提供1.8×10^{12}kW·h电量，合计2.3×10^{12}kW·h电量。中国风能资源丰富，开发潜力巨大，必将成为未来能源结构中一个重要的组成部分。

就区域分布来看，我国风能主要分布在以下三个地区：“三北”(东北、华北、西北)地区风能丰富带、东南沿海地区风能丰富带、内陆局部风能丰富地区。

4. 地热能

全球地热资源的估算按以下三级进行：第一级称为“可及资源基数”，指的是地表以下5km以内储存的总热量，这部分热量理论上是可采的；第二级称为“资源”，是指上述“可及资源基数”中在40～50年内可望有经济价值者；第三级称为“可采资源”，专指“可及资源基数”中在10～20年内即可具有经济价值者。Palmerini于1993年对全球地热资源进行了估算，结果如表1-9所列。虽然可采资源仅占可及资源基数的很小一部分，但其前景仍非常可观，已超过目前全球一次性能源的年消耗量。

表1-9 全球各类地热资源量

资源类型	总能量/(EJ/a)	占可及资源基数的比例/(%)
可及资源基数	140×10^6	100
资源	5000	0.0036
可采资源	500	0.00036

全球地热可及资源基数的地区分布见表1-10。

表1-10 全球地热资源分布

地区	总能量/(EJ/a)	百分比/(%)
北美	26×10^6	18.6
拉丁美洲	26×10^6	18.6
西欧	7×10^6	5.0
东欧及俄罗斯	23×10^6	16.4
中东、北非	6×10^6	4.3
撒哈拉以南的非洲	17×10^6	12.1
太平洋地区(中国除外)	11×10^6	7.9
中国	11×10^6	7.9
中亚及南亚	13×10^6	9.2
总计	140×10^6	100

(1) 环太平洋地热带：世界最大的太平洋板块与美洲、欧亚、印度板块的碰撞边界。世界许多著名的地热田，如美国的盖瑟尔斯、长谷、罗斯福，墨西哥的塞罗、普列托，新西兰的怀腊开，中国的台湾马槽，日本的松川、大岳等均在这一带。

(2) 地中海-喜马拉雅地热带：欧亚板块与非洲板块和印度板块的碰撞边界。世界第一座地热发电站——意大利的拉德瑞罗地热田就位于这个地热带中。中国的西藏羊八井及云南腾冲地热田也在这个地热带中。

(3) 大西洋中脊地热带：大西洋海洋板块开裂部位。冰岛的克拉弗拉、纳马菲亚尔和亚速尔群岛等一些地热田就位于这个地热带。

(4) 红海-亚丁湾-东非裂谷地热带：包括吉布提、埃塞俄比亚、肯尼亚等国的地热田。

(5) 中亚地热带：欧亚交接和中亚细亚的地热带，包括俄罗斯、哈萨克、乌兹别克斯坦和我国新疆地区的地热田。

我国是一个地热资源丰富的国家，总能量为11×10^6EJ/a，占全球总量的7.9%，分布如图1.13所示。高温地热资源(温度高于150℃)主要分布在藏南、滇西、川西及我国台

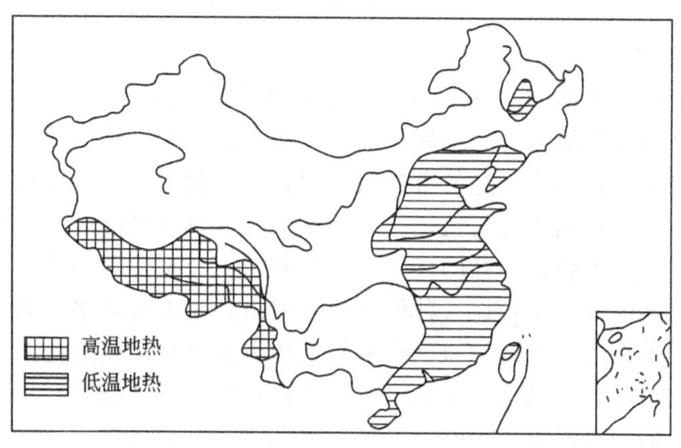

图1.13 我国地热资源分布

湾地区。我国中低温地热资源有两种类型：一类为埋藏在沉积盆地中的地下热水，即传导型地热资源，如华北、松辽等地，其资源分布面积广，储量大，易开采；另一类则为直接露出地表或在地下做深循环的对流型地热资源，前者即为日常所见的温泉，而后者一般为埋藏在基岩孔隙-裂隙介质中的地热水，即对流型地热资源以热水方式向外排热，呈零星分布。它多分布在福建、广东、海南等东南沿海诸省及江西、湖南一带。从目前资料显示，全国各省市均有地热资源被发现。

5. 潮汐能

根据联合国教科文组织的估计数据，全世界理论上可再生的海洋能总量为766×10^8kW；技术允许利用功率为64×10^8kW，其中潮汐能为1×10^8kW，海洋波浪能为10×10^8kW，海流能(潮流)为3×10^8kW，海洋热能为20×10^8kW，海洋盐度差能为30×10^8kW。我国潮汐能的理论蕴藏量达到1.1×10^8kW。在我国沿海，特别是东南沿海有很多能量密度较高，平均潮差4～5m，最大潮差7～8m。其中浙江、福建两省蕴藏量最大，约占全国的80.9%。

波浪能是海洋能源中能量最不稳定的一种能源。台风导致的巨浪，其功率密度可达每米迎波面数MW，而波浪能丰富的欧洲北海地区，其年平均波浪功率也仅为20～40kW/m。我国海岸大部分的年平均波浪功率密度为2～7kW/m。全世界波浪能的理论估算值也为10^9kW量级。利用我国沿海海洋观测台站资料估算得到：我国沿海理论波浪年平均功率约为1.3×10^7kW，以台湾地区沿岸为最多，为4290MW，占全国总量的1/3；浙江、广东、福建和山东沿岸也较多，为1600～2050MW，平均约为7060MW，约占全国总量的55%；其他省市沿岸则很少，仅为1430～1560MW；广西沿岸最少，仅为81MW。全国沿岸波浪能源密度(波浪在单位时间通过中位波峰的能量，单位为kW/m^2)分布，以浙江中部、台湾地区、福建海坛岛以北、渤海海峡为最高，达5.11～7.73kW/m^2。这些海区平均波高大于1m，周期多大于5s，是我国沿岸波浪能能流密度较高、资源蕴藏量最丰富的海域；其次是西沙、浙江的北部和南部；福建南部和山东半岛南岸等能源密度也较高，资源也较丰富；其他地区波浪能能流密度较低，资源蕴藏也较少。

1.3 能源与环境

环境是人类生产与生活的空间，是人类生存和发展的物质基础。环境既包含自然环境，也包含社会和经济环境。从环境保护的角度而言，环境是指物质环境，即人类生存和发展的各种天然的和经过人工改造的自然因素的总体，包极大气、水体、土壤、矿藏、森林、草原、野生生物、自然和人文遗迹、自然保护区和风景名胜区、城市、农村等。

世界经济发展和人类赖以生存的环境是不协调的，经济发展和人口增长给环境造成了巨大的压力，对发展中国家来说，这种情况尤为突出。从引起环境问题的根源考虑，环境问题可分为两类：由自然力引起的原生环境问题和由人类活动引起的次生环境问题。第一类环境问题主要是指地震、洪涝、干旱、滑坡等自然灾害所引起的环境问题，对于这类环境问题，目前人类的抵御能力还很薄弱。第二类环境问题又可分为环境污染和生态破坏两大类型。

经济的发展、社会的进步和人类物质文明、精神文明水平的提高，都离不开能源。然而，作为人类赖以生存基础的能源，在其开采、输送、加工、转换、利用和消费过程中，都必然对生态系统产生各种影响，成为环境的污染的主要根源，主要表现在以下几个方面。

1. 温室效应和热污染

空气主要是 N_2、O_2、H_2、CO_2 和水蒸气的混合物。由气体辐射理论知，N_2、O_2、H_2 等双原子气体对红外长波热射线可以看作透明体，而 CO_2 和水蒸气等多原子气体对热射线却具有辐射和吸收能力，它们能使太阳的可见光短波射线自由通过，却吸收地面上发出的红外热射线。随着能源消耗量的不断增加，向空气排放的 CO_2 等气体量不断增加，破坏了原来自然环境中 CO_2 的自然平衡。过多的 CO_2 阻碍太阳辐射中的可见光到达地球，却较多地吸收地面红外辐射，减少了地球表面散失到宇宙的热量，导致地球表面上气温升高，造成所谓的“温室效应”。

据统计，从工业革命到 1959 年，大气中的 CO_2 的浓度增加了 13%(体积分数)，从 1959 年到 1997 年，大气中的 CO_2 浓度增加了 13%(体积分数)，导致了全球变暖的趋势加快。计算预测表明，当 CO_2 等气体的浓度增加为目前的 2 倍时，地面平均温度上升 1.5～4.5℃。这将引起南极冰山融化，导致海平面的上升而淹没大片土地，同时破坏生态环境。

如果说“温室效应”使大气温度上升是一种热污染，那么在能源消耗和能量转化过程中由冷却水排热造成的则是另一种热污染。

用江河、湖泊水作为冷源的发电厂，冷却水吸收放出的热量后，温度上升 6～10℃，然后回到江河、湖泊中，这样大量的热被排到自然水域中，使水温升高，导致水中含氧量降低，影响水生生物的生存，同时使水中的藻类大量繁殖，破坏自然水域的生态平衡。除此以外，采用冷却塔的火电厂和核电厂，会使周围空气温度升高，湿度增大，这种温度较高的湿空气对电厂周围的建筑、设备均有较强的腐蚀作用。

2. 酸雨

化石燃料，尤其是煤炭的燃烧会产生大量的 SO_2 和 NO_x。当雨水在近地的污染层中吸收了大量的 SO_2 和 NO_x 后，会产生 pH 低于正常值的酸雨($pH<5.6$)。酸雨使土壤的酸度上升，影响树木、农作物的正常生长；酸雨使得湖泊水酸度上升，水生生态被破坏，某些鱼类和水生生物绝迹；酸雨造成建筑、桥梁、水坝、工业设备、名胜古迹的腐蚀；酸雨还造成地下水酸度的上升，直接影响人类饮用水的质量，影响人的健康。

3. 臭氧层的破坏

臭氧是氧的同素异构体，它存在于距地面 35km 左右的大气平流层中，形成臭氧层。臭氧层能吸收太阳射线中对人类和动植物有害的紫外线部分，是地球防止紫外线辐射的屏障。但是，由于工业革命以来能源消耗的不断增加，人类过多地使用氟氯烃类物质作为制冷剂和作为其他用途，以及燃料燃烧产生的 N_2O，造成臭氧层中的臭氧被大量循环反应而迅速减少，形成所谓的臭氧层空洞，导致臭氧层的破坏。

4. 其他污染

大量燃烧煤等化石燃料会排放大量的粉尘、烟雾、SO_2、NO_x 和 H_2S 等大气污染物。它们直接污染了人类生活必需的大气环境，危害人类健康与生活。同时这些污染物之间相互作用，又会产生比其本身危害还要大的污染物，如硫酸雾和悬浮的硫酸等。所有上述的污染物的聚焦，若得不到及时消散，会造成严重的烟雾事件。

另外，人类把煤炭、石油和天然气作为燃料时，大量对健康有毒害作用的污染物，随排气、烟尘和炉渣排出，造成损害人类和生物健康的环境侵染。

还有一些污染，如海上钻井采油时储油结构岩石破裂和油船运输事故造成漏洞引起的污染。

随着人口的增加，各行各业对能源的需求越来越大，能源危机渐渐显现出来，如石油等传统资源的逐步枯竭，同时还严重破坏了生态环境，而能源又是人类文明得以生存和发展的一个重要物质基础，面对这样严峻的形势，合理完善的能源战略是解决能源危机的关键。通过利用新能源可以实现人类文明的延续，帮助人们摆脱能源危机，给国家和社会带来巨大的经济、环境效益。

新能源的开发利用优化了能源结构，使能源危机得到了有效缓解，将环境污染降到最低程度，并由此创造出了良好的经济效益和生态环境效益，最终在 21 世纪中也将成为主导能源。

习　题

1. 什么是能源？该如何分类？
2. 简述化石能源的种类及其分布特性。
3. 简述可再生能源的分类及利用形式。
4. 简述可再生能源的储量。
5. 能源带来的环境问题有哪些？

第2章 太阳能及其资源

知识要点	掌握程度	相关知识
太阳结构及太阳能辐射	了解太阳的结构及其能量； 熟悉太阳辐射的方式及可见光的光谱分布； 掌握太阳常数的概念	太阳的结构及太阳的能量； 太阳辐射的基本方式
高度角、方位角、日照时间、月日照百分率、地表总辐射量	掌握太阳能资源参数的计算方法； 掌握地表总辐射量的计算	与太阳能资源相关的参数的计算； 月日照百分率的概念； 地表总辐射量的计算
太阳能资源测试、太阳能资源的评估	熟悉太阳能资源测试的基本仪器； 掌握太阳能资源的评估指标	太阳能资源测试仪器的分类； 太阳能资源评估的各指标概念

导入案例

中国陆地太阳能资源开发潜力区域分析

从资源丰富度、稳定度和保障度3个方面，分别选取了较有代表性的太阳总辐射、日照时数和有效日照天数3项量化因子，利用多指标评分法对中国陆地太阳能资源开发潜力进行了综合评价和分析。结果表明：①中国青藏高原大部、甘肃北部、新疆东部和内蒙古中西部地区，太阳能资源极为丰富，最适于进行大规模光电开发；②甘肃中部、新疆、青海东部和南部、内蒙古中东部、东北西部、河北与宁夏北部、四川西部，太阳能资源比较丰富，也适于规模化的太阳能发电；③东北东部和北部、华北平原北部、黄土高原大部、青藏高原东南缘、云南大部、雷州半岛和海南岛，以及新疆北部，太阳能可小规模或季节性开发利用；④其余地区太阳能资源比较贫乏，规模性开发潜力低。

(资料来源：李柯，何凡能. 中国陆地太阳能资源开发潜力区域分析 [J]. 地理科学进展，2010，29，9.)

2.1 太阳能简介

随着世界能源与环境问题日益突出，大力开发利用可再生能源是世界能源供应安全和可持续发展的必然选择。在可再生能源的利用方面，小水电和风力发电已经达到了商业化发电的水平，但水力发电及风力发电的资源量毕竟有限，即使全部开发也可能满足不了未来的需要，据有关专家估算，世界上只有太阳能发电才是最有潜力的电力来源。可以说只有取之不尽用之不竭的太阳能才能够根本性地解决未来电力能源的需求，所以在世界能源结构转换中，太阳能处于突出位置。尽管目前太阳能利用在世界能源消费中仅占很小的一部分，但是各国专家都看好未来太阳能在可再生能源中所占的份额。据权威专家估计，如果实施强化可再生能源的发展战略，到21世纪中叶，可再生能源可在世界电力市场中占有较高的比例。美国的马奇蒂博士对世界一次能源替代趋势的研究结果表明，太阳能将在21世纪初进入一个快速发展阶段，并在2050年左右达到30%的比例，次于核能而位居第二位，21世纪末太阳能将取代核能而位居第一位。壳牌石油公司经过长期研究得出结论，22世纪的主要能源将依靠太阳能；日本经济企划厅和三洋公司合作研究后则更乐观地估计，到2030年，世界电力生产的一半将依靠太阳能。正如世界观察研究所的一期报告所指出：正在兴起的“太阳经济”将成为未来全球能源的主流。

2.1.1 太阳能辐射基本概念

1. 太阳

万物生长靠太阳。太阳以它灿烂的光芒和巨大的能量给人类以光明，给人类以温暖，给人类以生命。太阳和人类的关系是再密切不过了。没有太阳，便没有白昼；没有太阳，一切生物都将死亡。人类所用的能源，不论是煤炭、石油、天然气，还是风能和水力，无不直接或间接来自太阳。人类的一切食物，无论是动物性的，还是植物性的，无不有太阳的能量包含在里面。完全可以这样认为：太阳是光和热的源泉，是地球上一切生命现象的根源，没有太阳便没有人类。

那么，太阳到底是什么样子的，它距离我们有多远，究竟有多大，是由什么组成的，构造又是怎样的呢？

我们肉眼看见的太阳，高悬在蔚蓝的天空，金光灿烂，绚丽多姿，轮廓清晰，表面十分平静。但是，实际上太阳却是一个巨大的球状炽热气团，整个表面是一片沸腾的火海，极不平静，每时每刻都在不停地进行着热核反应。据科学家们的研究和探索，可把太阳分为大气和内部两大部分。

太阳大气的结构可分为三个层次：最里层为光球层，中间为色球层，最外层为日冕层，如图 2.1 所示。

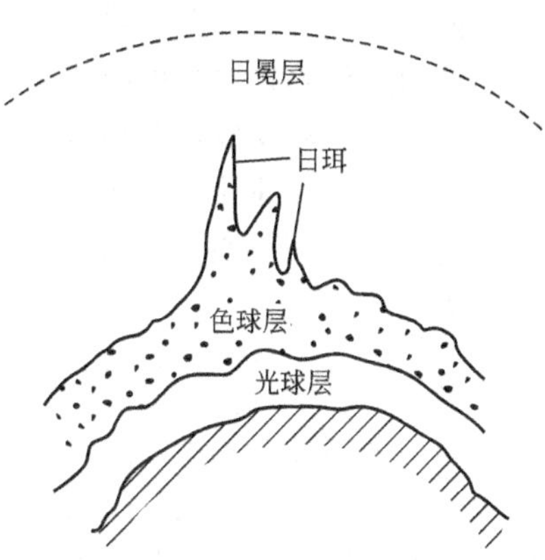

图 2.1　太阳大气结构示意图

(1) 光球层。我们平常所见太阳的那个光芒四射、平滑如镜的圆面，就是光球层。它是太阳大气中最下面的一层，也就是最靠近太阳内部的那一层，厚度为 500km 左右，仅约占太阳半径的万分之七，非常薄。其温度在 5700K 左右，太阳的光辉基本上就是从这里发出的。它的压力只有大气压力的 1%，密度仅为水密度的几亿分之一。

(2) 色球层。在发生日全食时，在日轮四周可以看见一个美丽的彩环，那就是太阳的色球层。它位于太阳光球层的上面，是稀疏透明的一层太阳大气，主要由氢、氦、钙等离子构成。厚度各处不同，平均厚度为 2000km 左右。色球层的温度比光球层要高，从光球层顶部的 4600K 到色球层顶部，温度可增加到几万热力学温度(K)，但它发出的可见光的总量却不及光球层。

(3) 日冕层。在发生日全食时，我们可以看到在太阳的周围有一圈厚度不等的银白色环，这便是日冕层。日冕层是太阳大气的最外层，在它的外面，便是广漠的星际空间了。日冕层的形状很不规则，并经常变化，同色球层没有明显的界线。它的厚度不均匀，但很大，可以延伸到 $5\times10^6 \sim 6\times10^6$km 的范围。它的组成物质特别稀少，密度只有地球高空大气密度的几百万分之一。亮度也很小，仅为光球层亮度的 100 万分之一。可是它的温度却很高，达到 100 多万热力学温度(K)。根据高度的不同，日冕层可分为两个部分。高度在 1.7×10^5km 以下的范围称为内冕，呈淡黄色，温度在 10^6K 以上；高度在 1.7×10^5km 以上的范围称为外冕，呈青白色，温度比内冕略低。

太阳的物质，几乎全部集中在内部，大气质量在太阳总质量中所占的比例极小，可以说是微不足道的。在太阳内部的最外层，紧接着光球层的是对流层。这一区域的气体，经常处于升降起伏的对流状态。它的厚度为几万千米。

科学家利用太阳光谱分析法，已经初步揭示出了太阳的化学组成。目前在地球上存在的化学元素，大多数在太阳上都能找到。地球上的 109 种自然元素中，有 66 种已先后在太阳上发现。构成太阳的主要成分是氢和氦。氢的体积占整个太阳体积的 78.4%，氦的体积占整个太阳体积的 19.8%。此外，还有氧、镁、氮、硅、硫、碳、钙、铁、钠、铝、镍、锌、钾、锰、铬、钴、钛、铜、钒等 60 多种元素，但它们所占的比例极小。

太阳是距离地球最近的一颗恒星。地球与太阳的平均距离，最新测定的精确数值为149597892km，一般可取为1.5×10^{8}km。

用肉眼观看，太阳和月亮的大小差不多，都宛如一个大圆盘。但是在实际上，太阳的体积却是极其巨大的，堪称一个庞大的星球。到目前为止，据最精确的测定，太阳的直径为1392530km，一般可取为1.39×10^{6}km，相当于九大行星直径总和的3.4倍，比地球的直径大109.3倍，比月亮的直径大400倍。太阳的体积为$1.4122\times10^{18}km^{3}$，为地球体积的130万倍。我们肉眼之所以看到太阳和月亮的大小差不多，那是因为月亮同地球的平均距离仅为384400km，不足太阳同地球平均距离的1/400。

太阳的质量，据推算，约有1.982×10^{27}t，相当于地球质量的333400倍。标准状况下，物体的质量同它的体积的比值，称为物体的密度。太阳的密度是很不均匀的，外部小，内部大，由表及里逐渐增大。太阳的中心密度为$160g/cm^{3}$，为黄金密度的8倍，是相当大的；但其外部的密度却极小。就整个太阳来说，它的平均密度为$1.41g/cm^{3}$，约等于水的密度(在4℃时为$1g/cm^{3}$)的1.5倍，比地球物质的平均密度$5.5g/cm^{3}$要小得多。这就是太阳的外观。

2. 太阳的能量

太阳的内部具有无比的能量，它一刻也不停息地向外发射着巨大的光和热。

太阳是一颗熊熊燃烧着的大火球，它的温度极高。众所周知，水烧到100℃就会沸腾；炼钢炉里的温度达到1000℃，铁块就会熔化成炽热的铁水，如果再继续加热到2450℃以上，铁水就会变成气体。太阳的温度比炼钢炉里的温度高得多。太阳的表面温度为5770K或5497℃。可以说，不论什么东西在那里都将化为气体。太阳内部的温度就更高了。天体物理学的理论计算告诉我们，太阳的中心温度高达$1.5\times10^{7}\sim2.0\times10^{9}$℃，压力比大气压力高3000多亿倍，密度高达$160g/cm^{3}$。这真是一个骇人听闻的高温、高压、高密度的世界。

太阳是映入人们眼帘中的一颗最明亮的恒星，人们称它为“宇宙的明灯”。骄阳当立，光芒四射，使人不敢正视。对于生存在地球上的人类来说，太阳光是一切自然光源中最明亮的。另外，太阳究竟有多亮呢？据科学家计算，太阳的总亮度大约为2.5×10^{27}支烛光。这里还要指出，地球周围有一层厚达100多千米的大气，它使太阳光大约减弱了20%，在修正了大气吸收的影响之后，理论上得到的太阳的真实亮度就更大了，大约为3×10^{27}支烛光。这真是一个大得惊人的天文数字。

太阳的温度既然如此之高，太阳的亮度既然如此之大，那么它的辐射能量也一定会是很大的了。是的，平均来说，在地球大气外面正对着太阳的$1m^{2}$的面积上，每分钟接受的太阳能量大约为1367W。这是一个很重要的数字，称为太阳常数。这个数字表面上看来似乎不大。但是不能忘记的是，太阳距离地球远在1.5×10^{8}km之外，它的能量只有22亿分之一到达地球之上。整个太阳每秒钟释放出来的能量是无比巨大的，高达3.865×10^{26}J，相当于每秒钟燃烧1.32×10^{26}t标准煤所发出的能量。

太阳的巨大能量是从哪里产生的呢？是在太阳的核心由热核反应产生的，太阳核心的结构，可以分为产能核心区、辐射输能区和对流区三个范围非常广阔的区带，如图2.2所示。太阳实际上是一座以核能为动力的极其巨大的工厂。氢气便是它的燃料。在太阳内部的深处，由于有极高的温度和上面各层的巨大压力，使原子核反应得以不断地进行。这种核反应是氢变为氦的热核聚变反应。4个氢原子核经过一连串的核反应，变成1个氦原子核，其亏损的质量便转化成了能量向空间辐射。太阳上不断进行着的这种热核反应，就像氢弹爆炸一样，会产生巨大的能量。其所产生的能量，相当于1s内爆炸910亿个10^6t级的氢弹，总辐射功率达3.75×10^{20}MW。

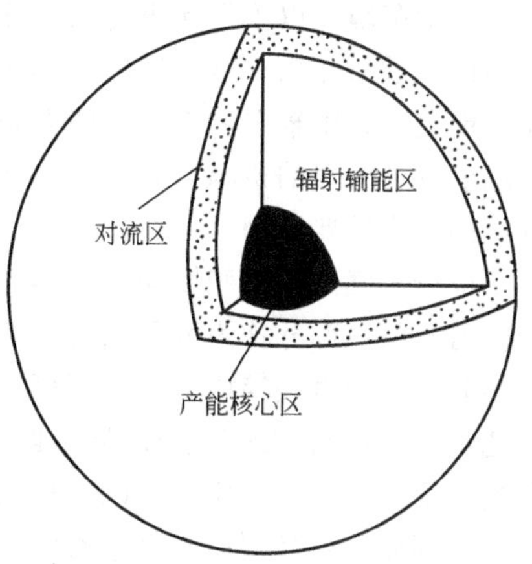

图2.2 太阳内部结构示意图

3. 太阳辐射

太阳辐射可分为两种。一种是从光球表面发射出来的光辐射，因它以电磁波的形式传播光和热，所以又称电磁辐射，这种辐射由可见光和人眼看不见的不可见光组成。它与绝对黑体在6000K时的理论辐射强度的分布基本上是一致的。另一种是微粒辐射，它是由带正电荷的质子和大致等量的带负电荷的电子及其他粒子组成的粒子流。微粒辐射平时较弱，能量也不稳定，在太阳活动极大期最为强烈，对人类和地球高层大气有一定的影响。但是一般来说，不等它辐射到地球表面上来，便在漫长的路途中逐渐消失了，所以不会给地球送来什么热量。

地球是个大磁体，在它周围形成了一个很大的磁场。磁场控制的区域在1000km以上，直至几万公里，甚至几十万公里，这个广大区域称为地球的磁层。当太阳微粒辐射到达磁层，使其不能到达地面。即使会有少数微粒闯入，也往往被磁层内部的磁场当场“俘获”。这是地球对太阳辐射设置的“第一道防线”。

在地球磁层下面的地球大气层中，对流层、平流层和电离层都对太阳辐射有吸收、反射和散射作用。其中电离层不仅可以将太阳辐射中的无线电波吸收或反射出去，而且会使有害的紫外线部分和X射线部分在这里被阻，不能到达地面。这就是“第二道防线”。

“第三道防线”是在平流层里24km左右的高空中有一个臭氧特别丰富的层，称为臭氧层。它可以将进入这里的绝大部分紫外线吸收掉。

由于地球设置了这样“三道防线”，把太阳辐射中的有害部分清除了，从而使得人类和各种生物得到保护，能够在地球上平安地生存下来。

下面介绍地球大气层中的各种物质对太阳辐射的影响。大气中的O_2、O_3、H_2O、CO_2和尘埃等对太阳辐射均有不同程度的吸收作用，其中，氧在大气中的含有量约占21%，它主要吸收波长小于0.2μm的太阳辐射波段，特别是对于0.155μm的辐射波段的吸收能力最强，所以在低层大气内很难找到小于0.2μm的太阳辐射。臭氧主要吸收紫外线，它吸收的能量占太阳辐射总能量的21%左右。大气中如果含水汽较多，太阳的位置又不太高，水汽可以吸收太阳辐射总能量的20%，液态水吸收的太阳辐射能量则更多。CO_2和尘埃吸收的太阳辐射能量很少。

大气中的水分子、小水滴及尘埃等大粒子对太阳辐射有反射作用。它们的反射能力约占平均太阳常数的7%左右。特别是云层的反射能力很大，但云层的反射能力同云量、云状和云的厚度有关。300m厚的高积云反射能力可达72%，积云层的反射能力为52%。据测算，以地球的平均云量的54%计算，就有近1/4的太阳辐射能量被云层反射回宇宙空间。

当太阳辐射以平行光束射向地球大气层时，要遇到空气分子、尘埃和云雾等质点的阻挡而产生散射作用。这种散射不同于吸收，它不会将太阳辐射能转变为各个质点的内能，而只能改变太阳辐射的方向，使太阳辐射往质点上向四面八方传出能量，从而使一部分太阳辐射变为大气的逆辐射，射出地球大气层之外，无法来到地球表面。这是太阳辐射能量减弱的一个重要原因。

由于大气的存在和影响，到达地球表面的太阳辐射能可分成两个部分，一部分称为直接辐射，另一部分称为散射辐射，这两个部分的总和就称为总辐射。投射到地面的那部分太阳光线称为直接辐射。不是直接投射到地面上，而是通过大气、云、雾、水滴、灰尘及其他物体的不同方向散射而到达地面的那部分太阳光线称为散射辐射。这两部分辐射的能量差别很大。一般来说，晴朗的白天直接辐射占总辐射的大部分，阴雨天散射辐射占总辐射的大部分，夜晚则完全是散射辐射。利用太阳能实际上是利用太阳的总辐射。但是，对于大多数太阳能设备来说，则主要是利用太阳辐射能的直接辐射部分。

4. 太阳常数和辐射光谱

1）太阳常数

地球轨道的偏心，引起太阳和地球间的距离在±1.7%范围内变化。若把地球—太阳的平均距离（1.495×10^{11}m）定义为天文单位（AU），当距离为1AU时，太阳所对的张角仅为32′。由于日-地距离变化不大，以及太阳发射辐射能的特点，地球大气层外的太阳辐照度基本保持不变。利用火箭、人造卫星等现代工具，在大气层外、平均日-地距离处，垂直于辐射传播方向上单位面积1h内测得的太阳辐照度为1367W/m²，称为太阳常数，以G_{sc}表示。

太阳常数不是理论推导出来的，也不是具有严格物理内涵的常数。太阳常数除太阳自身的变化外，还受测量的准确度、标尺本身等影响。即使太阳辐射量为常量，实际上因为日-地距离的变化，使得到达地球大气层上的太阳辐射能也在变化。

2）辐射光谱

太阳是以光辐射的方式将能量输送到地球表面，利用太阳能就是利用太阳光线的能量。现代物理学认为，多种光，包括太阳光在内，都是物质的一种存在形式。光既具有波动性，又具有粒子性，即光具有波粒二象性。单个光子的能量是极小的，它们是能量的最小单元。但是，即使在最微弱的光线中，光子的数目也超过千千万万。这样集中起来就可以产生人们能够感觉得到的能量了。科学研究表明，不同频率或波长的光子或光线具有不同的能量，频率越高能量越大。

人眼见到的太阳光叫可见光，呈白色。但是科学实践证明，它不是单色光，而是由红、橙、黄、绿、青、蓝、紫7种颜色的光组成的，是一种复色光。各种颜色的光都有相应的波长范围，见表2-1。

表2-1　各种颜色光的波长

光 / 波长	红外线	红色光	橙色光	黄色光	绿色光	青色光	蓝色光	紫色光	紫外线
波长/nm	>0.76μm	700	620	580	510	490	470	420	<0.4μm
光谱范围/nm		640～750	600～640	550～600	480～550	465～520	450～480	400～450	

通常，人们把太阳光的各色光按频率或波长大小的次序排列成的光带图称为太阳光谱。太阳不仅发射可见光，同时还发射许多人肉眼看不见的光. 可见光的波长范围只占整个太阳光谱的一小部分。整个太阳光谱包括紫外区、可见光区和红外区三个部分。其主要部分，即能量很强的部分，由 0.3～30μm 的波长组成。其中，波长小于 0.4μm 的紫外区和波长大于 0.76μm 的红外区，则是人眼看不见的紫外线和红外线；波长在 0.4～0.75μm 的可见光区，就是我们所看见的白光。在到达地面的太阳光辐射中，紫外线占的比例很小，大约为 8.03%；主要是可见光区和红外区的光线，分别占 46.43%和 45.54%。

太阳光中不同波长的光线具有不同的能量。在地球大气层的外表面具有最大能量的光线，其波长大约为 0.48μm。太阳辐射穿过大气层时，紫外线和红外线被大气吸收较多，紫外区和可见光区被大气分子和云雾等质点散射较多，所以到达地球表面的太阳辐射能随波长的分布情况就比较复杂了。大体情况是：晴朗的白天，太阳在中午前后的 4～5h 这段时间，能量最大的光线是绿光和黄光部分；而在早晨和晚间，能量最大的光线则是红光部分。地面上具有最大能量的光线，其波长比大气层外表面的波长要长。

在太阳光谱中，不同波长的光线对物质产生的作用和穿透物体的本领是不同的。紫外线很活跃，它可以产生强烈的化学作用、生物作用和激发荧光等。红外线则不很活跃，被物体吸收后主要引起热效应。至于可见光，因为它的频率范围较宽，可起杀菌的生物作用，被物体吸收后也可转变为热量。植物的生长主要依靠吸收可见光谱部分，大量的波长小于 0.3μm 的紫外线对植物是有害的，波长超过 0.8μm 的红外线仅能提高植物的温度并加速水分的蒸发，不能引起光化学反应(光合作用)。

太阳光谱几乎涵盖了整个电磁波谱。电磁波谱的各段名称及对应波长范围见表 2-2。图 2.3 直观地表述了太阳光谱的分布。

表 2-2 电磁波谱各部分布

名称	波长范围/μm	名称	波长范围/μm
γ射线	$<10^{-6}$	红外辐射	$0.78\sim10^{3}$
X射线	$10^{-6}\sim10^{-3}$	微波	$10^{3}\sim10^{6}$
紫外线	0.001～0.38	无线电波	$10^{6}\sim10^{10.5}$
可见光	0.38～0.78	长电振荡	$10^{10.5}\sim\infty$

由表 2-2 和图 2.3 可以看出太阳光谱主要集中在近紫外与近红外之间。这些光谱常常进一步界分，见表 2-3。

应当指出，颜色与波长的关系并非完全固定，它受到光强弱的影响。总的规律是，除 572nm(黄)、503nm(绿)、和 478nm(蓝)三点不变的颜色外，其余的颜色均受光强的影响。另外，人眼辨别颜色的能力，在不同的波长是不一样的，在某些波长处，只要改变 1nm，就能感觉出颜色的差异，而在多数区域，需要改变 2nm 才能感觉到。

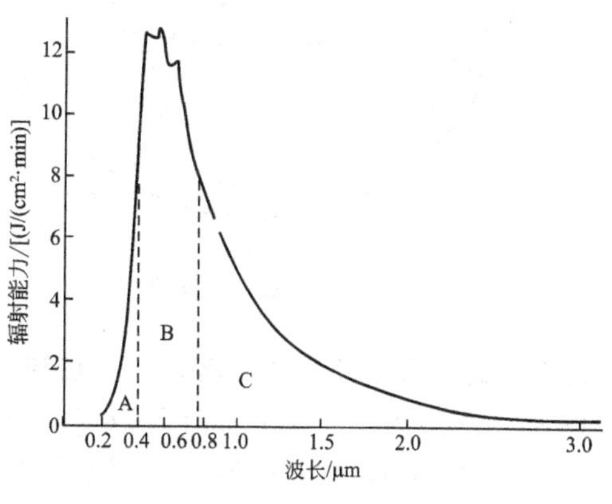

图 2.3 太阳光谱分布

表 2-3　常见光谱界分

区域	名称	范围/μm	区域	颜色	波长/nm	范围/nm
紫外线	远紫外区	0.010～0.280	可见光	紫	420	380～450
	中紫外区	0.280～0.315		蓝	470	450～480
	近紫外区	0.315～0.380		绿	510	480～550
红外线	近红外区	0.78～1.4		黄	580	550～600
	中红外区	1.4～3		橙	620	600～640
	远红外区	3～1000		红	700	640～760

太阳辐射波长的范围很宽，不同波长的辐射能力差异很大。在波长很长和极短区域中，其能量都非常小，绝大部分辐射的能量集中在 0.20～4μm 波长，约占太阳辐射总能量的 99%。因此，常常把太阳辐射称作太阳短波辐射(波长小于 3μm 的电磁辐射)。能量与波长大致分布见表 2-4。

表 2-4　波长范围与能量比例

波长范围/μm	0～0.38	0.38～0.78	0.78～∞
占总能量比例/(%)	7.00	47.29	45.71
辐射能量/(W/m^2)	95	640	618

2.1.2　太阳与地球的关系

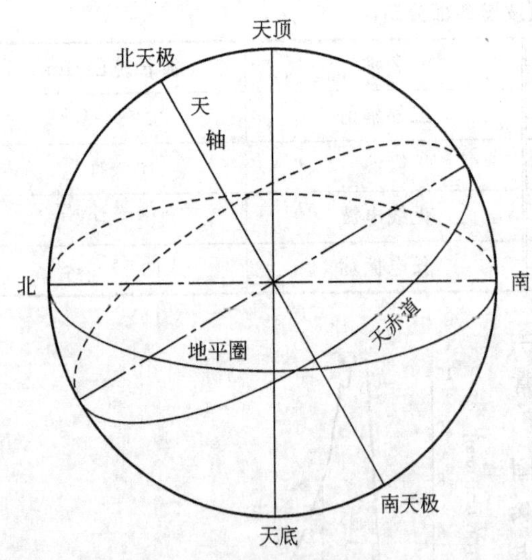

图 2.4　天球及天球坐标系

无论在什么地方，仰望天空，观察宇宙中的天体时，所看到的天空像是一个巨大的天穹，太阳、月亮、星辰都分布在天穹的内表面上。这个天穹好像一个半球，作为观察者，无论站在地球的任何位置，都像位于这个球体的中心。尽管这个球体实际并不存在，各种天体离我们的距离是如此遥远，地球的直径和天体的距离相比微不足道。观察者也无法感到天体与观察者之间距离上的差异。以观察者为球心，以任意长为半径，其上分布着所有天体的球面称作天球。图 2.4 所示即为一个天球。

1. 地球的公转与太阳赤纬角

贯穿地球中心与南、北极相连的线称为地轴。地球除了绕地轴自转外，还在椭圆形轨道上围绕太阳公转，运行周期为一年。椭圆的偏心率不大，1 月 1 日近日点时，日地距离为 147.1×10^6km，7 月 1 日远日点时为 152.1×10^6km，相差约为 3%。地球自转轴与椭圆轨道平面(称黄道平面)的夹角为 66°33′，该轴在空间的方向始终不变，因而赤道平面与黄道平面的夹角为 23°27′。但是，地心与太阳中心的连线(即午时太阳光线)与地球赤道平面的夹角是一个以一年为周期变化的量，它的变化范围为±23°27′，这个角就是太阳赤纬角。太阳赤纬角是地球绕日运行规律造成的特殊现象，它使处于黄道平面不同位置上的地球接收到的太阳光线方向也不同，从而形成地球四季的变化，如图 2.5 所示。

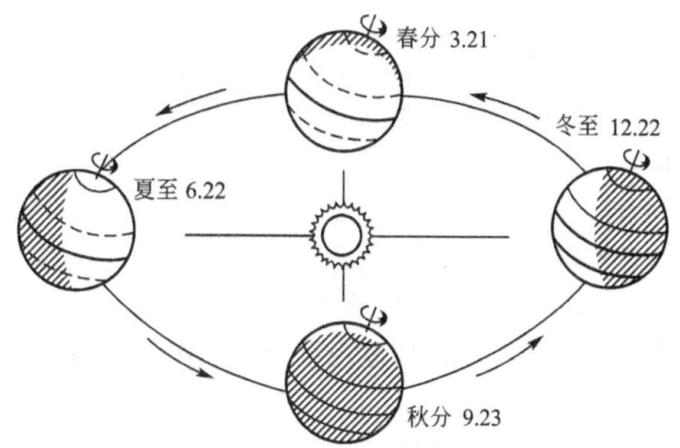

图 2.5　地球绕太阳运行图

北半球夏至(6 月 22 日)即南半球冬至，太阳光线正射北回归线 $\delta=23°27'$；北半球冬至(12 月 22 日)即南半球夏至，太阳光线正射南回归线，$\delta=-23°27'$；春分及秋分太阳正射赤道，太阳赤纬角都为零，地球南、北半球日夜相等。每天的太阳赤纬角可由下式计算：

$$\delta=23.45\sin\left(360°\times\frac{284+n}{365}\right) \tag{2-1}$$

式中，n——所求日期在一年中的日子数，也可借助表 2-5 查出。

表 2-5　推荐每月的平均日及相应的日子数

月份	各月第 i 天日子数的算式	各月平均日*	该天的日子数 n/天**	赤纬角 δ/(°)
1 月	i	17 日	17	−20.9
2 月	31+i	16 日	47	−13.0
3 月	59+i	16 日	75	−2.4
4 月	90+i	15 日	105	9.4
5 月	120+i	15 日	135	18.8
6 月	151+i	11 日	162	23.1
7 月	181+i	17 日	198	21.2
8 月	212+i	16 日	228	13.5
9 月	243+i	15 日	258	2.2
10 月	273+i	15 日	288	−9.6
11 月	304+i	14 日	318	−18.9
12 月	334+i	10 日	344	−23.0

注：* 按某日算出大气层外的太阳辐射量和该月的日平均值最为接近，则将该日定作该月的平均日。
** 表中的 n 没有考虑闰年，对于闰年 3 月之前的 n 要加 1，太阳赤纬角也稍有改变。

2. 地球的自转与太阳时

地球始终绕着地轴由西向东在自转，每转一周(360°)为一昼夜(24h)。显而易见，对地球上的观察者来说，太阳每天清晨从东方升起，傍晚由西方落下；时间可以用角度来表示，每小时相当于地球自转15°。

在以后导出的太阳角度公式中，涉及的时间都是当地太阳时，它的特点是午时(中午12时)阳光正好通过当地子午线，即在空中最高点处，它与日常使用的标准时间并不一致。转换公式如下。

$$太阳时=标准时间+E\pm 4(L_{st}-L_{loc}) \tag{2-2}$$

式中，L_{st}——制定标准时间采用的标准经度，(°)；

L_{loc}——当地经度，(°)。

所在地点在东半球取负号，西半球取正号。

中国以北京时间为标准时间，式(2-2)成为

$$太阳时=北京时间+E-4(120-L_{loc}) \tag{2-3}$$

转换时考虑了两项修正。第一项是地球绕日公转时进动和转速变化而产生的修正，时差以分为单位，可按下式计算。

$$E=9.87\sin 2B-7.53\cos B-1.5\sin B \tag{2-4}$$

式中，$B=\dfrac{360(n-81)}{364}$，n 为所求日期在一年中的天数，$1\leqslant n\leqslant 365$。

时差 E 也可以从图2.6上查出。

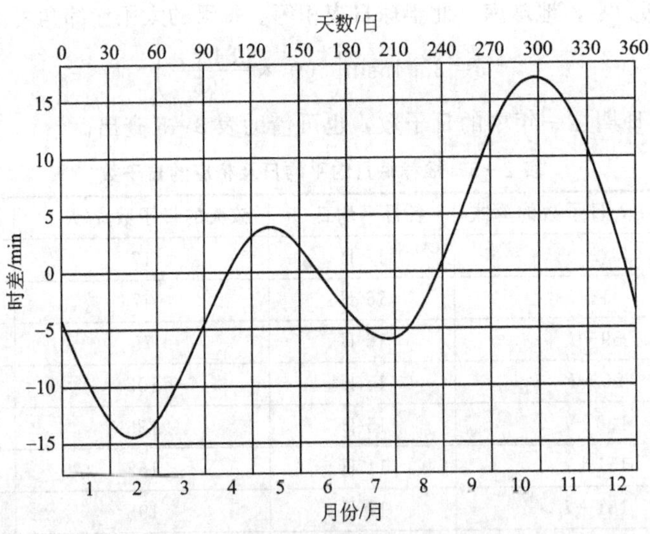

图2.6　时差曲线

第二项是考虑所在地区的经度 L_{st} 与制定标准时间的经度(我国定为东经120°)之差所产生的修正。由于经度每相差1°，在时间上就相差4min，所以公式中最后一项乘以4，单位也是min。

2.2　太阳能资源计算

计算或估算地表应用地点所能接受太阳辐射能的多少是充分、有效利用太阳能的基

础。本节首先介绍一些基本概念，再从基本原理出发推导出一系列计算公式，掌握这些基本公式后根据情况需要再导出其他公式。

计算太阳在天球中对地球上某一点的相对位置，是由观测点的地理纬度、季节（月、日）和时间三个因素决定的。通常是以地平坐标和赤道坐标同时表示太阳的位置，即以太阳的高度角 h、方位角 A、赤纬角 δ 和时角 Ω 来表示。如图 2.7 所示，是以两坐标系表示太阳在天球中运行位置的示意图。

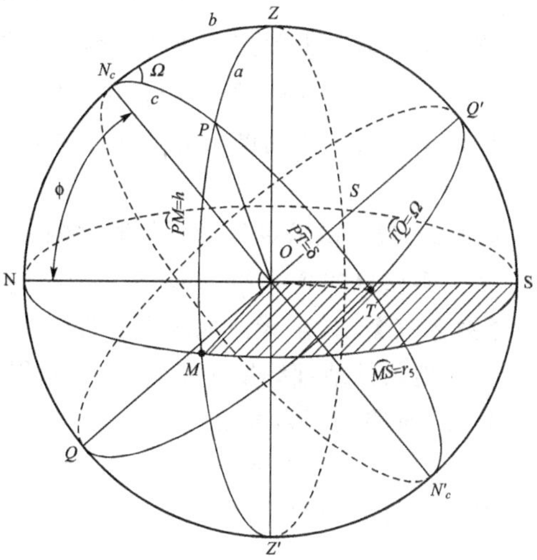

图中，$\angle SOM=A$——太阳方位角；

$\angle MOP=h$——太阳高度角；

$\angle TOP=\delta$——太阳赤纬角；

$\angle TOQ'=\Omega$——太阳时角；

$\angle N_cON=\phi$——观测点的地理纬度。

图 2.7　太阳在天球中位置的示意图

在球面三角形 N_cPZ 中，其内角 $Z=\pi-A$，$N_c=\Omega$；内角 N_c、P、Z 各点的对边分别为 a、b、c。从图中可知

$$a=\frac{\pi}{2}-h$$

$$b=\frac{\pi}{2}-\phi$$

$$c=\frac{\pi}{2}-\delta$$

2.2.1　高度角、方位角及日照时间等参数计算

太阳高度角 h 和太阳方位角 A：从地面某一观察点向太阳中心作一条射线，该射线在地面上有一条投影线，这两条线的夹角称为太阳高度角。该射线与地面法线的夹角称为太阳天顶角 α。这两个角互为余角。地面上投影线与正南方的夹角 A 为太阳的方位角。并规定正南方为零度，向西为正，向东为负。它的变化范围是 $-180°\sim+180°$。

1. 太阳高度角的计算

由上述关系，根据球面三角形的原理，球面三角形的余弦，等于其他两边余弦的乘积加上该两边正弦与其夹角余弦的乘积，即

$$\cos a=\cos b\cos c+\sin b\sin c\cos N_c \tag{2-5}$$

将 a、b、c、N_c 代入式(2-5)，则

$$\cos(90°-h)=\cos(90°-\phi)\cos(90°-\delta)+\sin(90°-\phi)\sin(90°-\delta)\cos\Omega$$

经整理，太阳高度角的计算式为

$$\sin h=\sin\phi\sin\delta+\cos\delta\cos\phi\cos\Omega \quad (2-6)$$

当求下午时刻太阳高度角时，因为中午 12 时的 $\Omega=0°$，$\cos\Omega=\cos0°=1$，所以

$$\cos(\phi-\delta)=\sin[90°\pm(\phi-\delta)],\ \sin h_0=\sin[90°\pm(\phi-\delta)]$$

因此下午时太阳高度角的公式化简为

$$h_0=90°\pm(\phi-\delta) \quad (2-7)$$

【例 2-1】 试求春秋分下午时太阳高度角。

因为春秋分的 $\delta=0°$，所以 $h_0=90°\pm\phi$。

【例 2-2】 试求天津地区大暑日(7 月 23 日)12 时及 18 时的太阳高度角。

天津地区的地理纬度 $\phi=39°07'$，查得大暑日的太阳赤纬角 $\delta=20°12'$。

1) 12 时的太阳高度角

$$h_0=90°-(\phi-\delta)=90°-(39°07'-20°12')=71°05'$$

2) 18 时的太阳高度角

$$\sin h=\sin\phi\sin\delta+\cos\delta\cos\phi\cos\Omega$$

$$\sin h=\sin20°12'\sin39°07'+\cos39°07'\cos20°12'\cos\Omega$$

由 $t=n-12=18-12=6$，$\Omega=15°\times6=90°$；因为 $\cos\Omega=\cos90°=0$，所以 $\sin h=\sin20°12'\sin39°07'\approx0.3453\times0.6306\approx0.2177$，18 时的太阳高度角 $h\approx12°35'$。

2. 太阳方位角的计算

根据球面三角形的定理，球面三角形的正弦与其对角正弦成正比，即

$$\sin b/\sin N_c=\sin c/\sin Z \quad (2-8)$$

将 b、c、N_c、Z 代入上式，则

$$\sin(90°-h)/\sin\Omega=\sin(90°-\delta)/\sin A$$

$$\cos h/\sin\Omega=\cos\delta/\sin A$$

太阳方位角的计算公式化简为

$$\sin A=\sin\Omega\cos\delta/\cos h \quad (2-9)$$

3. 日出和日没时间的计算

日出和日没的太阳高度角 $h=0°$

$$\sin h=\sin0°=0$$

$$\sin h=\sin\delta\sin\phi-\cos\delta\cos\phi=0$$

经整理，得出日出和日没的时角公式为

$$\cos\Omega=-\frac{\sin\delta\sin\phi}{\cos\delta\cos\phi}=-\tan\phi\tan\delta \quad (2-10)$$

式(2-10)中，时角 Ω 有正、负两个值，负值为日出时间；正值为日没时间。

【例 2-3】 试求天津地区冬至日(12 月 22 日)日出和日没时间。

天津地区地理纬度 $\phi=39°07'$，查得冬至日的太阳赤纬角 $\delta=-23°27'$，则

$$\cos\Omega=-\tan\phi\tan\delta=-\tan39°07'-\tan23°27'\approx0.813\,0\times(-0.433\,8)\approx-0.352\,7$$

解得 $\Omega\approx\pm69°21'$。

由 $n=(\Omega/15)+12$，日出时间 $n=(\Omega/15)+12=7$ 时 23 分，日没时间 $n=(\Omega/15)+12=16$ 时 37 分。

4. 斜面太阳位置计算

上面介绍了平面上太阳位置的计算，但是太阳能装置在实际工作中大多数都是倾斜放置，故需考虑太阳对任一倾斜面的计算问题。

(1) 斜面上太阳光线的入射角 θ，为太阳射线与斜面法线的夹角，其计算公式为

$$\begin{aligned}\cos\theta=&\sin\delta\sin\phi\cos\beta-\sin\delta\cos\phi\cos\gamma+\\&\cos\delta\cos\phi\cos\beta\cos\gamma+\cos\delta\sin\phi\sin\beta\cos\Omega\cos\gamma+\\&\cos\delta\sin\gamma\sin\beta\sin\Omega\end{aligned}\tag{2-11}$$

式中，β——斜面倾斜角；

γ——斜面方位角；

Ω——太阳时角。

用此公式可求出处于任何地理位置、任何季节、任何时候、斜面处于任何几何位置上的太阳入射角。由此可见，这是一个重要公式。稍加整理可写成

$$\begin{aligned}\cos\theta=&\sin\delta(\sin\phi\cos\beta-\cos\phi\cos\gamma)+\cos\delta\cos\gamma(\cos\phi\cos\beta+\sin\phi\sin\beta\cos\Omega)+\\&\cos\delta\sin\gamma\sin\beta\sin\Omega\end{aligned}\tag{2-12}$$

若集热器方位角 $\gamma=0°$，最后一项为0，式(2-12)可变为

$$\cos\theta=\sin\delta\sin(\phi-\beta)+\cos(\phi-\beta)\cos\delta\cos\Omega$$

此式说明，北半球纬度为 ϕ 处，朝南放置($\gamma=0°$)、倾角为 β 的集热器表面上的太阳入射角，等于假想纬度($\phi-\beta$) 处水平表面上的入射角。它们之间的关系可参看图2.8所示。

若把集热器倾斜角置于和当地纬度角相同，即 $\beta=\phi$，上式简化为

$$\cos\theta=\cos\delta\cos\Omega$$

若 $\beta=0°$，则由上面的公式得

$$\cos\theta=\cos\theta_z=\sin\delta\sin\phi+\cos\phi\cos\delta\cos\Omega=\sin h\tag{2-13}$$

式中，θ_z——太阳天顶角，表示太阳直接辐射与铅垂线的夹角。

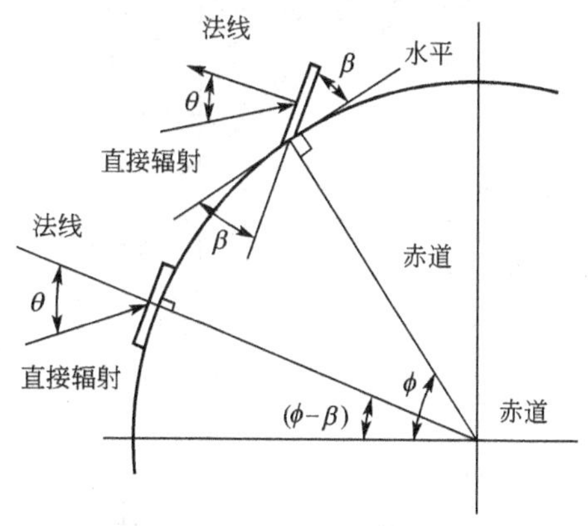

图2.8 倾斜面上入射角与 ϕ、β 角的关系

(2) 日出时角 Ω 计算。

每天清晨，当太阳光线第一次能入射到朝南的倾斜面上的时角，称为该斜面的日出时角 Ω，此时 $\theta=90°$，即 $\cos\theta=0$，于是有

$$\cos\Omega=\sin\delta\sin(\phi-\beta)/\cos(\phi-\beta)\cos\delta\tag{2-14}$$

$$\Omega=\arccos[-\tan\delta\tan(\phi-\beta)]\tag{2-15}$$

结合水平面时的太阳时角计算，则斜面时的 Ω 的计算公式为

$$\Omega=-\min\ \{\arccos[-\tan\delta\tan(\phi-\beta)],\arccos[-\tan\delta\tan\phi]\}\tag{2-16}$$

式中，min——取括号中两个结果的小者。

2.2.2 月日照百分率计算

一地实际日照时间与可能日照时间(白昼长)的百分比，称为日照百分率。则月日照百

分率计算即某地一个月内的实际日照时间与可能日照时间的百分比。

月日照百分率 S_1 的计算分式为

$$S_1 = \text{int}(S/T_A) \tag{2-17}$$

式中，S——月日照时数；

T_A——月可照时数。

2.2.3 日天文总辐射量计算

计算太阳辐射量时，要用到理论上可能的参考辐射量。通常将大气层外(即假设不存在大气的外层空间)、水平面上的辐射量作为参考依据，本节将给出有关的计算公式。

任何地区、任何一天、白天内的任何时刻，大气层外水平面上的太阳辐照度可由式(2-18)计算。

$$G_0 = G_{sc}\left[1+0.033\cos\left(\frac{360°n}{365}\right)\right]\cos\theta_z \tag{2-18}$$

式中，G_{sc}——太阳常数；

n——所求日期在一年中的天数；

$\cos\theta_z$ 可由式(2-13)求得，则

$$G_0 = G_{sc}\left[1+0.033\cos\left(\frac{360°n}{365}\right)\right]\cdot(\sin\delta\sin\phi+\cos\phi\cos\delta\cos\Omega) \tag{2-19}$$

常常需要知道大气层外水平面上1d内太阳的辐照量，它可通过对式(2-19)从日出到日落时间区间内的积分求出。G_{sc} 的单位是 W/m^2，H_0 的单位就是 J/m^2。

$$H_0 = \frac{24\times3600G_{sc}}{\pi}\cdot\left[1+0.033\cos\left(\frac{360°n}{365}\right)\right]\times\left[\cos\phi\cos\delta\sin\Omega_s+\frac{2\pi\Omega}{360°}\sin\delta\sin\phi\right] \tag{2-20}$$

式中，Ω_s——日落时角，单位是(°)。若要求大气层外水平面上月平均1d内太阳的辐照量 H_0，只要将规定的月平均日的 n 和 δ，代入式(2-20)计算。图2.9和表2-6分别给出 H_0 的图形和数值。

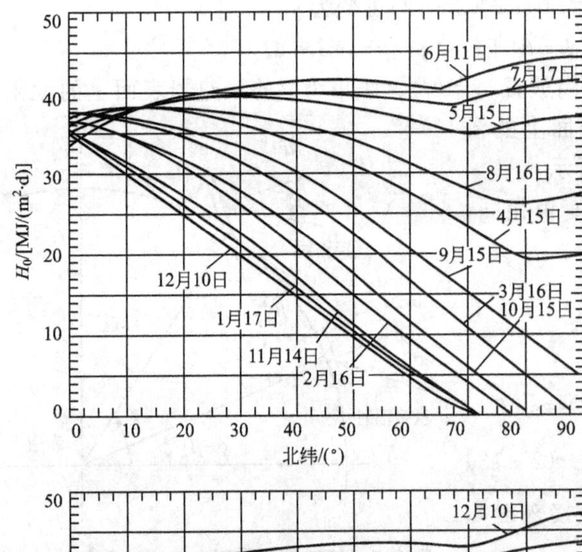

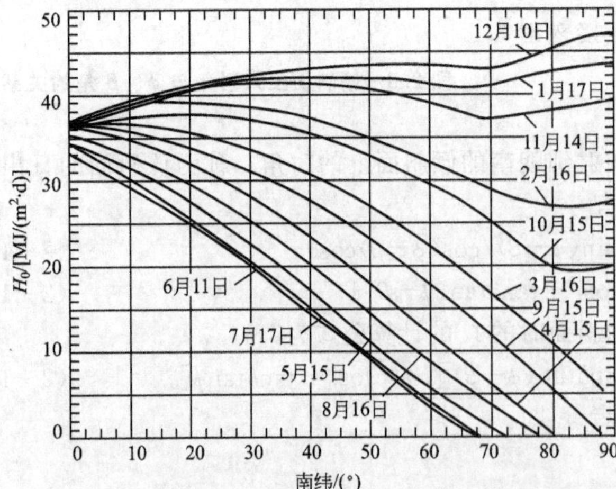

图2.9 大气层外水平面上月平均日的太阳辐照量 H_0

表2-6 大气层外月平均日的太阳辐照量 H_0

纬度/(°)	大气层外月平均日太阳辐照量 H_0/[MJ/(m^2·d)]											
	1月	2月	3月	4月	5月	6月	7月	8月	9月	10月	11月	12月
65	3.5	8.2	16.7	27.3	36.3	40.6	38.4	30.6	20.3	10.7	4.5	2.3
55	6.1	11.2	19.6	29.3	37.2	40.8	39.0	32.2	22.9	13.6	7.2	4.8
50	9.1	14.2	22.3	31.2	38.1	41.1	39.6	33.7	25.3	16.6	10.2	7.6
45	12.1	17.2	24.8	32.9	38.8	41.3	40.0	35.0	27.5	19.4	13.2	10.5
40	15.1	20.1	27.2	34.3	39.3	41.3	40.2	36.1	29.5	22.1	16.2	13.6
35	18.1	22.8	29.3	35.5	39.5	41.1	40.2	36.9	31.3	24.7	19.1	16.7
30	21.1	25.5	31.2	36.4	39.6	40.7	40.0	37.5	32.9	27.1	22.0	19.7
25	23.9	27.9	32.9	37.1	39.4	40.0	39.6	37.8	34.2	29.3	24.8	22.6
20	26.7	30.2	34.4	37.5	38.9	39.1	38.9	37.8	35.3	31.3	27.4	25.5
15	29.3	32.3	35.5	37.6	38.1	38.0	37.9	37.6	36.1	33.1	29.8	28.2
10	31.7	34.1	36.4	37.5	37.1	36.6	36.7	37.1	36.6	34.6	32.1	30.8
5	33.9	35.7	37.1	37.1	35.9	35.0	35.3	36.3	36.8	35.9	34.1	33.1
0	35.9	37.0	37.4	36.4	34.4	33.2	33.6	35.3	36.8	36.9	36.0	35.3
−5	37.6	38.1	37.5	35.4	32.7	31.1	31.7	34.1	36.5	37.7	37.5	37.3
−10	39.1	38.9	37.3	34.2	30.7	28.9	29.6	32.6	35.9	38.1	38.9	39.0
−15	40.4	39.4	36.8	32.7	28.6	26.5	27.4	30.8	35.0	38.3	39.9	40.4
−20	41.4	39.6	36.0	31.0	26.3	23.9	24.9	28.8	33.9	38.2	40.7	41.7
−25	42.1	39.6	35.0	29.0	23.8	21.3	22.3	26.7	32.5	37.8	41.3	42.6
−30	42.5	39.3	33.7	26.9	21.2	18.5	19.7	24.3	30.9	37.2	41.5	43.3
−35	42.7	38.7	32.1	24.5	18.4	15.7	16.9	21.8	29.0	36.3	41.5	43.8
−40	42.7	37.8	30.3	22.0	15.6	12.8	14.0	19.2	27.0	35.1	41.3	44.0
−45	42.4	36.7	28.3	19.4	12.8	9.9	11.2	16.5	24.7	33.7	40.8	44.0
−50	41.9	35.3	26.1	16.6	9.9	7.1	8.3	13.6	22.2	32.0	40.1	43.8
−55	41.3	33.8	23.6	13.7	7.1	4.5	5.6	10.8	19.6	30.2	39.2	43.5
−60	40.6	32.1	21.0	10.8	4.4	2.1	3.1	7.9	16.8	28.1	38.3	43.2

至于计算大气层外水平面上每小时内太阳的辐照量，可通过对式(2-19)在1h内的积分求得。Ω_1 对应1h的起始时角，Ω_2 是终了时角，$\Omega_2>\Omega_1$。

$$I_0=\frac{12\times3600G_{sc}}{\pi}\left[1+0.033\cos\left(\frac{360^\circ n}{365}\right)\right]\times\left[\cos\phi\cos\delta(\sin\Omega_2-\sin\Omega_1)+\frac{2\pi(\Omega_2-\Omega_1)}{360^\circ}\sin\delta\sin\phi\right] \tag{2-21}$$

若 Ω_1 和 Ω_2 定义的时间区间不是1h，公式仍然成立。

2.2.4 地表总辐射量计算

1. 大气对太阳辐射量的影响

上节讨论了大气层外太阳辐照量的计算公式。虽然大气层厚度约为30km，不及地球直径的 1/400，却对太阳辐射的数量和分布都有较大影响，到达地面的太阳辐照量会因大气的吸收、反射和散射而变化。所以，在讨论地表总辐射量计算之前，我们先了解一下大气层对太阳辐射量的影响。到达地面的太阳辐射量与太阳光线通过大气层时的路径长短有关，路径越长表示被大气吸收、反射、散射的越多，到达地面的越少。把太阳直射光线通过大气层时的实际光学厚度与大气层法向厚度之比称为大气质量，以符号 m 表示。前面已经定义过太阳高度角和天顶角，它们互为余角，$h=90°-\theta_z$，如图 2.10 所示。

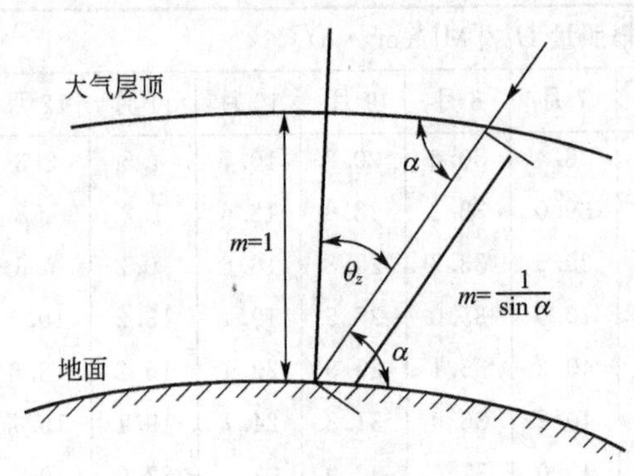

图 2.10 太阳在大气中的入射路径

$$m=\sec\theta_z=\frac{1}{\sin h}(0°\leqslant h\leqslant 90°) \tag{2-22}$$

由图可见，当 $\theta_z=0°$时，太阳在天顶 $m=1$；当 $\theta_z=60°$时，$m=2$。太阳高度角 h 越小，m 值越大，地面受到的太阳辐射越少，当 $h=0°$时，对应于太阳落山的情形。夏至，处于北回归圈地，该天的太阳赤纬角 δ 正好和地理纬度 ϕ 相等，午时太阳高度角 $h=90°$，$m=1$，阳光最强烈。这天北极的太阳高度角为 23.5°。尽管日照 24h，但太阳光线通过大气层的路径约为北回归线处的 2.5 倍，辐射量较小，加上冰雪的高反射，不易吸收阳光等，是造成极区严寒的原因。图 2.11 给出了 5 种不同大气质量的太阳辐射光谱 $m=1$，4，7，10，它们是在很洁净大气条件下绘制，大气中凝结水高度为 20mm，臭氧层为 3.4mm。其中，$m=0$ 代表大气层外的太阳辐射光谱，不受大气层影响。

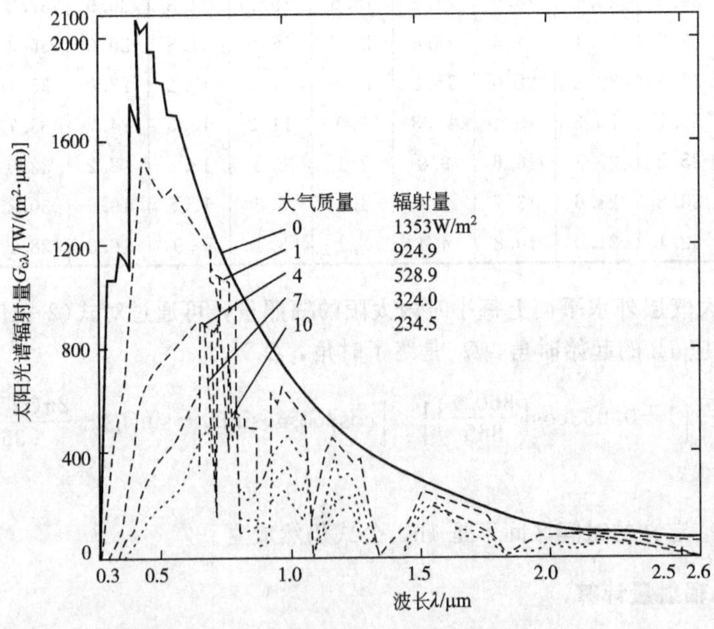

图 2.11 不同大气质量时的太阳辐射光谱

大气质量 m 只是从一个方面反映大气层对太阳辐射的影响。大气中的空气分子、水蒸气和灰尘会使太阳光线的能量减小并改变其传播方向，这种衰减和变向的综合作用称为散射，还要考虑大气中 O_2、O_3、H_2O、CO_2 对辐射的吸收作用。图 2.12 表明，紫外线部分主要被 O_3 吸收，红外线由 H_2O 及 CO_2 吸收。小于 0.29μm 的短波几乎全被大气上层的 O_3 吸收，在 0.29～0.35μm 范围内 O_3 的吸收能力降低，但在 0.6μm 处还有一个弱吸收区。H_2O 在 1.0μm，1.4μm 和 1.8μm 处都有强吸收带。大于 2.3μm 的辐射大部分被 H_2O 和 CO_2 吸收，到达地面时不到大气层外总辐射的5%。考虑到大气的散射和吸收，到达地面的太阳辐射中紫外线范围占 5%（大气层外为 7%），可见光占 45%（大气层外为 47.3%），红外线占 50%（大气层外为 45.7%）。

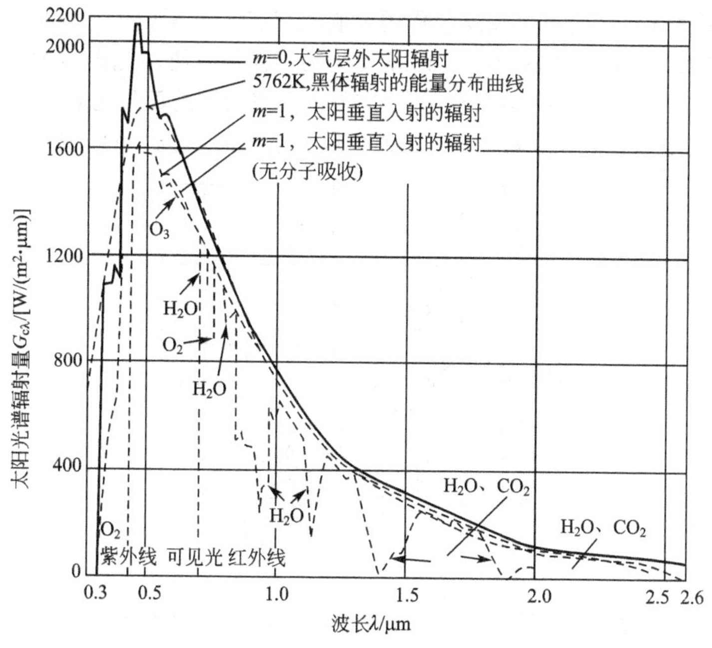

图 2.12 太阳辐射被大气吸收的分布情况

大气透明度 τ（或混浊度）是另一重要指标。它是气象条件、海拔高度、大气质量、大气组分（如水汽和气溶胶含量）等因素的复杂函数。中外科学家在这方面都做了许多研究，想通过建立大气透明度的精确模型直接计算到达地面的太阳辐射量。下面介绍 Hottle（1976）提出的标准晴空大气透明度计算模型。对于直接辐射的大气透明度 τ_b，可由式（2-23）计算，即

$$\tau_b = a_0 + a_1 e^{-k\cos\theta_z} \tag{2-23}$$

式中，a_0，a_1 和 k——具有 23km 能见度的标准晴空大气的物理常数。当海拔高度小于 2.5km 时，可首先算出相应的 a_0^*，a_1^* 和 k^*，再通过考虑气候类型的修正系数 $r_0=\frac{a_0}{a_0^*}$，$r_1=\frac{a_1}{a_1^*}$和 $r_k=\frac{k}{k^*}$，最后求出 a_0，a_1 和 k。a_0^*，a_1^* 和 k^* 的计算公式为

$$a_0^* = 0.4237 - 0.008216(6-A)^2 \tag{2-24}$$

$$a_1^* = 0.5055 - 0.00595(6.5-A)^2 \tag{2-25}$$

$$k^* = 0.2711 + 0.01858(2.5 - A)^2 \quad (2-26)$$

式中，A——海拔高度，单位是 km。修正系数由表 2-7 给出。

表 2-7　考虑气候类型的修正系数

气候类型	γ_0	γ_1	γ_k
亚热带	0.95	0.98	1.02
中等纬度，夏天	0.97	0.99	1.02
高纬度，夏天	0.99	0.99	1.01
中等纬度，冬天	1.03	1.01	1.00

云对太阳辐射有明显的吸收和反射作用，它是研究大气影响的一个综合指标。云的形状和大气质量对太阳辐射的影响如图 2.13 所示。为了使用方便，把图上的数字进行转换列成表 2-8。通常把云量分为 11 级(由 0～10)，按云占天空面积的百分比来区分。例如，大气质量 $m=1.1$ 时，天空全部由雾占满，这时辐射量仅为晴天的 17%，如布满绢云则为 85%。

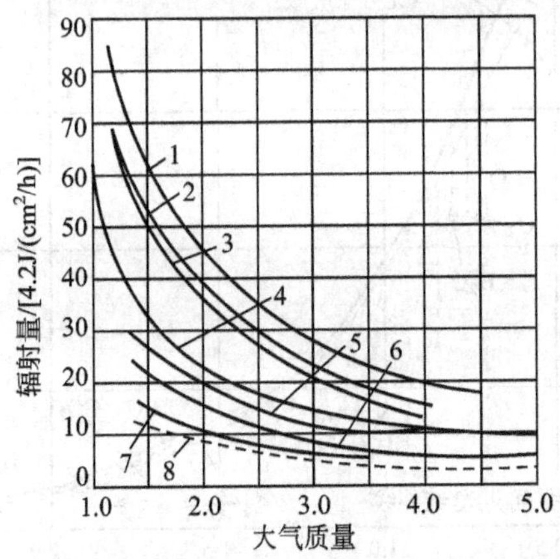

图 2.13　不同云形在不同大气质量下对太阳辐射的影响

1—绢云；2—绢层云；3—高积云；4—高层云；
5—层积云；6—层云；7—乱层云；8—雾

表 2-8　辐射量在全天与全天晴相比时的百分率

大气质量 m	绢云 /(%)	绢层云 /(%)	高积云 /(%)	高层云 /(%)	层积云 /(%)	层云 /(%)	乱层云 /(%)	雾 /(%)
1.1	85	84	52	41	35	25	15	17
1.5	84	81	51	41	34	25	17	17
2.0	84	78	50	41	34	25	19	17
2.5	83	74	49	41	33	25	21	18
3.0	82	71	47	41	32	24	25	18
3.5	81	68	46	41	31	24		18
4.0	80	65	45	41	31			18
4.5					30			19
5.0					29			19

2. 地表辐照量的计算方法

对于没有实测辐射数据的地方，一是根据邻近地区的实测值用插值法推算；二是用相对容易测量的太阳持续时间(日照百分率)或云量等数据推算。有气象台站的地方，通常测量水平面上的总辐射，问题是如何将它分解为相应的直接辐射和散射辐射，最后将它们转换到处于不同方位的集热器上。

前面介绍了大气对太阳辐射量的影响，下面介绍地表辐照量的计算方法。

1) 平均太阳辐照量的计算

方程式(2-27)用于计算水平面上月平均日的太阳辐照量。

$$H=H_0\left[a+b\frac{n}{N}\right] \tag{2-27}$$

式中，H——月平均日水平面上的辐照量，MJ/m^2；

H_0——大气层外月平均日水平面上的辐照量，MJ/m^2；

n——月平均日的日照时数，h；

N——月平均日的最大日照时数(即昼长)，h；

a，b——常数，根据各地气候和植物生长类型来确定。例如，陕西地区的修正常数为表2-9给出。

表2-9 陕西地区修正常数

地区	a	b
关中	0.17	0.65
陕北干旱区	0.54	0.20
陕南山区	0.21	0.56

2) 标准晴天水平面上辐照量的计算

上面给出了标准晴空大气透明度的计算模型，用它就不难求出晴天时水平面上的辐照度。

$$G_{c,n,b}=G_{o,n}\tau_b \tag{2-28}$$

式中，τ_b——晴天，直接辐射的大气透明度，可由式(2-23)～式(2-26)计算；

$G_{o,n}$——大气层外垂直于辐射方向上的太阳辐照度，可由式(2-19)计算；

$G_{c,n,b}$——晴天垂直于辐射方向上的直射辐照度。

水平面上的直射辐照度为

$$G_{c,b}=G_{o,n}\tau_b\cos\theta_z \tag{2-29}$$

1h内水平面上直射辐照量为

$$I_{c,b}=I_{o,n}\tau_b\cos\theta_z=3600G_{c,b} \tag{2-30}$$

相对应的散射辐射部分计算式为

$$G_{c,d}=G_{o,n}\tau_d\cos\theta_z \tag{2-31}$$

$$I_{c,d}=I_{o,n}\tau_d\cos\theta_z=3600G_{c,d} \tag{2-32}$$

1h内水平面上的总辐照量为

$$I_c=I_{c,b}+I_{c,d}$$

把全天各个小时的量加起来，就是晴天水平面上的总辐照量 H_c。

大气透明度无论是 τ_b 还是 τ_d 都是大气质量($m=1/\cos\theta_z$)的函数，而天顶角 θ_z 随时间不断变化。考虑到计算精度，把时段取为1h，并以该小时中点所对应的时角 Ω 来计算有关的量。运用以上公式，可算出每小时的 $I_{c,b}$ 和 $I_{c,d}$，这些是计算任何倾斜平面上每小时接受辐照量的基础。

2.3 太阳能资源测试

目前用于太阳能资源评估的数据主要来自理论计算、卫星扫描、实地测量。理论计算是根据日地相对运动规律，以及天体之间的太阳辐射关系，计算天体外的辐射数据，未能考虑大气层、地面气象影响等因素，理论值相对地面的实际值要高出很多。卫星扫描数据主要借助于气象卫星对地表每隔一段时间进行近红外及可见光光谱的扫描，通过对海拔高度、O_3 密度、水蒸气、气溶胶、悬浮微粒等参数进行分析计算获得相关数据。卫星数据覆盖范围较大，记录的时间较长，能够获得几十年的卫星扫描数据，但精度较低，有效范围为几百平方公里；相比之下，实地测量能够根据具体的实测地点进行定位测量太阳能资源，有效范围及精确程度都比卫星数据要好，但是，实地测量的测量范围有限，测试时间较短，仅能得到有限区域的有限时间段内的测试数据。目前，我国对太阳能资源评估主要利用实地测量的资源数据，对比相应的卫星数据进行分析，依照评估标准进行评估，得出太阳能资源的评估结果。

2.3.1 测试仪器

1. 气象辐射仪器的分类

气象辐射仪器可按不同的标准分类，如被测量的种类、视场大小、光谱范围和主要用途。最主要的分类见表2-10。

表2-10 气象辐射仪器分类

仪器分类	被测参数	主要用途	视场角(球面度/sr)
绝对直接日射表	太阳直接辐射	基准仪器	5×10^{-3}(约2.5°，半角)
直接日射表	太阳直接辐射	1. 较准用二级标准 2. 台站使用	$5\times10^{-3}\sim2.5\times10^{-2}$
光谱直接日射表	宽光谱段内的太阳直接辐射 (例如用OG530，RG630等滤光器)	台站使用	$5\times10^{-3}\sim2.5\times10^{-2}$
太阳光度计	窄光谱段内的太阳直接辐射 [例如用(500±2.5)nm，(368±2.5)nm等]	1. 标准 2. 台站使用	$1\times10^{-3}\sim1\times10^{-2}$ (约2.3°，全角)

（续）

仪器分类	被测参数	主要用途	视场角（球面度）
总日射表	1. 总辐射 2. 天空辐射 3. 反射辐射	1. 工作标准 2. 台站使用	2π
分光总日射表	宽光谱段内的总日射（例如用 OG530，RC630 等滤光器）	台站使用	2π
净总日射表	净总日射	1. 工作标准 2. 台站使用	4π
地球辐射表	1. 向上的长波辐射 2. 向下的长波辐射	1. 工作标准 2. 台站使用	2π
全辐射表	全辐射	台站使用	2π
净全辐射表	净全辐射	台站使用	4π

气象辐射仪器的质量，根据世界气象组织的有关规定，依下列 8 项因子来表征。

① 分辨率：能被仪器探测到的辐射的最小变化量。

② 稳定度：灵敏度的长期漂移，如 1 年内的最大可能量。

③ 由于环境条件，诸如温度、相对湿度、气压、风等变化引起的灵敏度的变化。

④ 非线性响应：灵敏度随入射的辐射度不同而产生的变化。

⑤ 光谱响应偏离假想的程度，指感应面黑度和孔径的影响等。

⑥ 方向响应偏离气相的程度，如余弦响应、方位响应等。

⑦ 仪器或测试系统的时间常数。

⑧ 辅助装置的不确定度。

根据前述气象辐射仪器质量的 8 项因子可将一般工作用直接日射表分为两类，即高级质量的和良好质量的；将总日射表分为三类，即高级质量的、良好质量的和适中质量的。具体的技术参数见表 2-11。

表 2-11　直接日射表和总日射表的特性

特性		直接日射表		总日射表		
		高级质量[①]	良好质量[②]	高级质量[①]	良好质量[②]	适中质量[③]
响应时间（95%的响应）/s		<15	<30	<15	<30	<60
零点飘移	1. 对 $200W/m^2$ 净热辐射的响应/(W/m^2)			±7	±15	±30
	2. 对环境温度 5K/h 变化的响应	±2	±4	±2	±4	±8
分辨率/(W/m^2)		±0.5	±1	±1	±5	±10
稳定度（满量程）/（%/年）		±0.5	±1.0	±0.8	±1.5	±3.5

（续）

特性		直接日射表		总日射表		
		高级质量①	良好质量②	高级质量①	良好质量②	适中质量③
温度响应（由于环境温度变化 50K 引起的最大误差）/（%）		±1.0	±2.0	±2.0	±4.0	±8.0
非线性（100～1000W/m² 范围内变化 500W/m² 引起的响应偏差）/（%）		±0.2	±0.5	±0.5	±1	±3
光谱灵敏度（0.3～3μm 范围内光谱吸收比与光谱透射比乘积的偏差）/（%）		±0.5	±1.0	±2	±5	±10
倾斜响应（1000W/m² 下 0°～90°范围内偏差 0°引起响应偏差）/（%）		±0.2	±0.5	±0.5	±2	±5
对直接辐射的方向响应（1000W/m² 下任何方向测量偏高垂直入射响应所引起的误差范围）/（W/m²）				±10	±20	±30
可达到的不确定度、95%信度	1mm 总量/（%）	±0.9	±1.8			
	小时总量/（%）	±0.7	±1.5	3	8	20
	日总量/（%）	±0.5	±1.0	2	5	10

注：① 近现代技术，适宜于用作工作标准，但只能用于具有专用设备和人员的台站。
② 适宜于在台站操作使用。
③ 适用于能接受低性能运行的低费用台站。

至于全辐射表，它像总辐射表一样，也被分为三类：高级质量的、良好质量的和适中质量的。具体的内容如表 2-12 所列。

表 2-12 全辐射表的特性

特性	高级质量①	良好质量②	适中质量③
分辨率/（W/m²）	±1	±5	±10
稳定度/（%）	±2	±5	±10
10°仰角时的余弦误差/（%）	±3	±7	±15
10°仰角时的方位误差/（%）	±3	±5	±10
温度依赖性（−20～−40℃）范围内距平均值的偏差/（%）	±1	±2	±5
非线性（距平均值的偏差）/（%）	±0.5	±2	±5
0.3～75μm 范围内 0.2μm 间隔的积分光谱灵敏度/（%）	±2	±5	±10

注：① 近现代技术，适宜于用作工作标准，但只能用于具有专用设备和人员的台站。
② 适宜于在台站操作使用。
③ 适用于能接受低性能运行的低费用台站。

2. 主要仪器简介

1）直接日射表

测量直接日射的仪器，由于被测量仅限于来自日面及周围一狭窄的环形天空的辐射，为了确保这一点，每台直接日射表都带有准直管，其中的开敞角为5°。准直管的作用有二：一为瞄准太阳，二为限定视角。

直接日射表分为绝对和相对两类。所谓绝对，指不需参照源或辐射器，就能将太阳辐射规定出来。而相对仪器则需要通过与绝对仪器相对照，将换算系数(灵敏度)求出。

现代绝对直接日射表均用腔体作为辐射接收器。腔体式接收器的优点在于使吸收更充分。腔体内的内壁涂以高吸收比的黑漆，外壁则附有加热器。测量过程实际上是用电功率替代辐射功率。图2.14是一台绝对直接日射表的构造示意。仪器内有两个腔体，一个用于接受辐射，另一个则用于热补偿，以克服环境变化造成的影响。

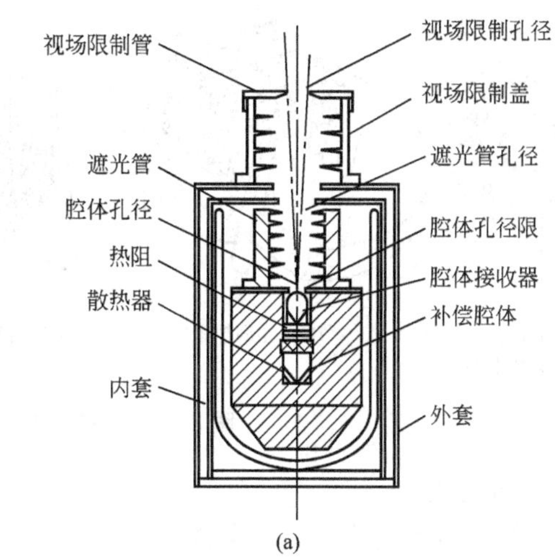

(a)

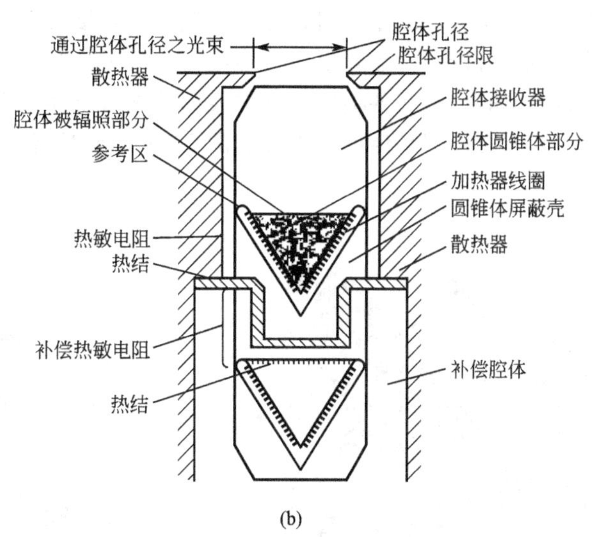

(b)

图2.14 PACRAD仪器的腔体布局

绝对直接日射表按其工作方式可分为主动式和被动式两种。被动式仪器在观测时分为辐照阶段和补偿阶段。辐照阶段连续测量仪器的输出值；补偿阶段切断辐射照射，通电加热并调整到与辐射阶段相同的输出，此时的电功率就是辐照阶段的辐射功率。主动式仪器则靠电子线路对电功率进行连续自动地控制，以达到无论是在辐射阶段还是在补偿阶段保持恒定温差目的。这意味着，这两个阶段电功率之差就是腔体所接受的辐射功率。

绝对直接日射表是日射测量中准确度最高的仪器，加之它的测量操作较复杂，不适宜于日常测量工作，主要用于日射测量的标准。

相对直接日射表的感应元件是热电堆。日射仪器上用的热电堆有多种，如图2.15所示，最常用的是绕线电镀式热电堆。这种热电堆是在一个经过阳极氧化绝缘处理的铝制骨架上，绕上一定圈数的康铜丝，然后将其一半用凡士林或者其他绝缘物质涂敷保护，另一半镀铜。这样制作出来的热电堆，不仅线性良好，而且其温度系数也小。

图2.16是日本EKO公司生产的相对直接日射表，进光口前装有石英窗，内充干燥空气，该仪器带有自动跟踪太阳的赤道架。

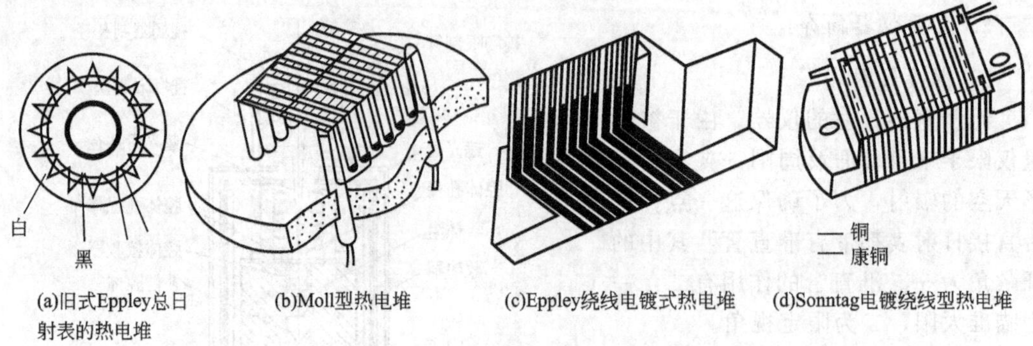

(a)旧式Eppley总日射表的热电堆　(b)Moll型热电堆　(c)Eppley绕线电镀式热电堆　(d)Sonntag电镀绕线型热电堆

图 2.15　各种日射仪器用热电堆

2）总日射表

总日射表是测量总日射的仪器，这种仪器可倾斜放置，用来测量斜面上的辐照度；或翻转过来安装，测量反射日射；或在遮去直接日射的情况下测量散射日射。所以它是应用最广的日射仪器。总日射表按感应面的情况分为黑白型和全黑型，全黑型的性能通常要优于黑白型的。所有各类的总日射表都是相对仪器，都必须直接或间接地同标准直接日射表进行校准而得到具体的灵敏度。图 2.17 是全黑型总日射表的构造示意图。

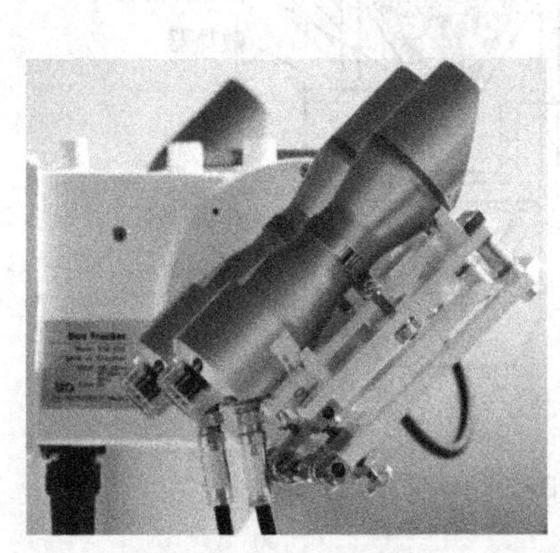

图 2.16　EKO MS－52 型直接日射表

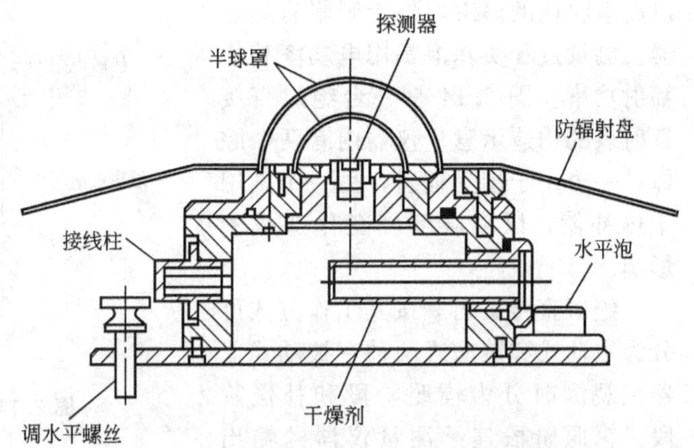

图 2.17　全黑型总日射表构造示意图

3）净全辐射表

净全辐射表是测量净全辐射用的仪器。它与总日射表的不同之处主要有二：一是以聚乙烯取代了玻璃罩，因为玻璃不能透过波长大于 $3\mu m$ 的红外辐射；二是热电堆的冷热两端分置于上下两侧，形成了两个感应面，用以测量向下与向上全辐射能量之差。图 2.18 是一种净全辐射表的结构图。

3. MS4 型太阳能资源测试仪

MS4 型太阳能资源测试仪是经过德国航空航天中心标定认证的测试系统，德国航空航天中心的标准是同瑞士达沃斯的世界辐射中心保存基准进行比对校正。德国航空航天中心每 5 年都要进行与世界国际标准比对，并把它们的校准系数调整到世界辐射测量基准，再用相应的标准来校准相关的测试仪器。图 2.19 所示为 MS4 型气象资源测试仪。

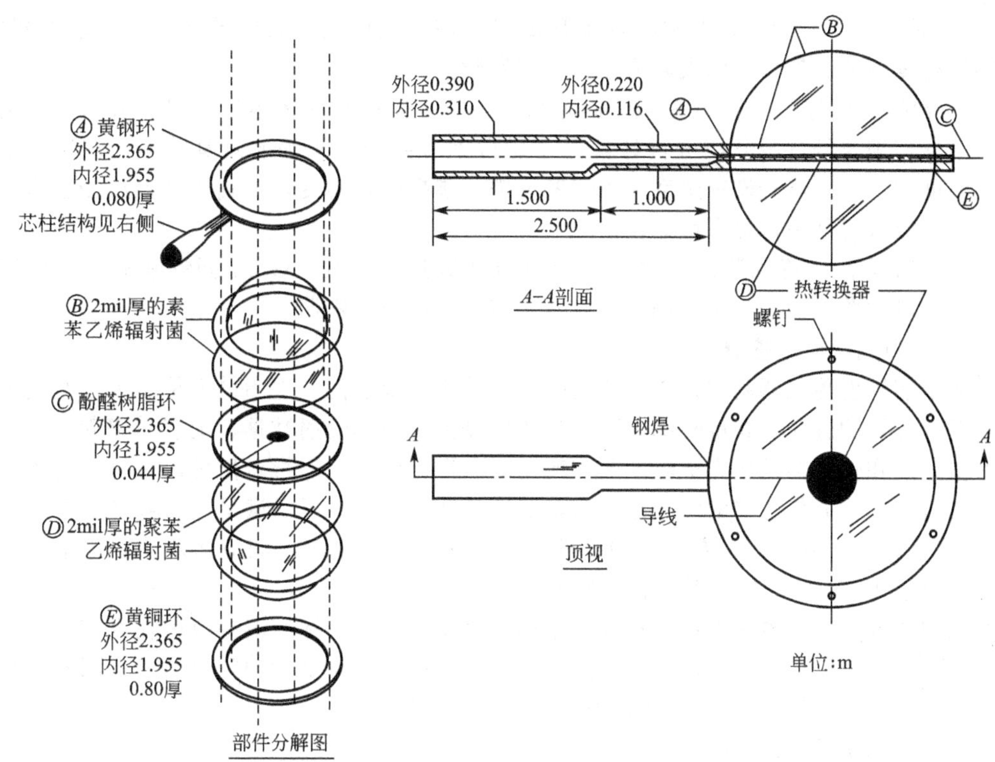

图 2.18 Fritschen 小型化净全辐射表的部件分解和装配图

【Ⓑ、Ⓓ中的单位 密耳(mil)$=10^{-3}$in$=2.54\times10^{-5}$m】

MS4 型气象资源测试仪由太阳电池板提供电源给位于数据控制柜内的胶体蓄电池以满足整个太阳能资源测试仪电力需求。该太阳能资源测试仪安装有无线通信用调制解调器以便进行远程数据采集。调制解调器安装于数据控制箱内，天线连接于控制箱前端的天线插座上。该天线固定在安装太阳能资源测试仪的立柱上，同时用一根天线线缆和一个防护插头连接到控制箱里的天线插座上。数据的采集由服务器控制的一个既定程序进行，此程序通过移动电话网络与气象站连接，也可以通过计算机连线到太阳能资源测试仪上进行现场数据采集。

图 2.19 MS4 型气象资源测试仪

MS4 型太阳能资源测试仪主要特征如下。

① 远程控制。MS4 型太阳能资源测试仪支持基于以太阳能光伏发电为电力供应和无线数据传输基础上的远程控制。

② 数据测量。MS4 型太阳能资源测试仪能够记录以下参数的数据：地表总辐射(GHI)值、太阳散射(DHI)值、太阳直射(DNI)值、环境温度、相对湿度、风速、风向。

③ 辐射分析。MS4 型太阳能资源测试仪是基于太阳能辐射的基本条件要求而建立，能够进行复杂的测量以得到太阳能辐射的可靠数据。

④ 数据后处理。MS4 型太阳能资源测试仪的太阳能辐射传感器只提供太阳能辐射的原始数据，需要经过服务器进行计算后才能得到可靠的太阳辐射测量数据。在这个过程中，温度和硅传感器光谱敏感度被用来考虑进一步提高精确度，并利用数据后处理来对其他气象参数进行处理以提高可靠性。

MS4 型太阳能资源测试仪的控制柜内包括数据记录仪、GSM 调制解调器、标准的 12V 铅酸胶体蓄电池和一个控制器，以及相应的配线及熔断器。

1）太阳能辐射传感器

太阳能辐射传感器利用硅传感器同时采集地表总辐射值、太阳散射值、太阳直射值三种数据。旋转的遮光带在旋转瞬间可以从传感器上采集到辐射数据，地表总辐射值、太阳散射值分别在传感器的遮光板转动前和转动时获取。然后太阳直射值可以在这些数值的基础上进行计算。硅传感器的短路电流与辐照度呈线性关系，可以满足在太阳能辐射值十几到 1353 瓦每平方米之间具有较好的线性度要求，其灵敏度高，响应速度快，光谱响应范围宽，对 0.1～1.1μm 的光谱有较高的灵敏度。

太阳能辐射传感器具有如下特征：精确的太阳直射值，标准偏差范围在太阳直射值大于 500W/m^2 时为 2.3%以内，太阳直射值大于 300W/m^2 时为 2.9%以内；太阳直射值月总数偏差小于±1.5%；地表总辐射值偏差范围为±5%。

2）环境温度和相对湿度

利用一个组合传感器进行测试现场周围温度和相对湿度。为了避免因太阳辐射加热该传感器，传感器被安装在一个辐射屏蔽层里。其主要指标见表 2-13。

表 2-13　温度和相对湿度的指标参数

参数	单位	精确度	范围
环境温度	℃	±0.4(范围：5～40) ±0.9(范围：－40～＋70)	－40～＋70
相对湿度	%	±2(范围：10～90) ±4(范围：0～95)	0～95

3）风速

风速传感器用于测量风向和风速。依据世界气象组织标准，风速传感器被安装于距离地面 10m 高的测风塔顶端。主要指标见表 2-14。

表 2-14　风速和风向的指标参数

参数	单位	精确度	范围
风速	m/s	0.1(范围：5～25)	1～96
风向	°N	线性电位计 1%	0～360

2.3.2　数据采集

以 MS 型太阳能资源测试仪为例，MS 型太阳能资源测试仪采用美国坎贝尔公司提供的数据采集控制系统，能够精确可靠控制和存储所有的测量数据。该数据记录仪同时也控制旋转组件遮光带的每间隔1min旋转一次的运行。同时，该数据记录仪与控制柜内的调制解调器，以便数据的远程传输。

2.4 太阳能资源评估

根据2007年9月14日由中国气象局政策法规司组织中国气象局预测减灾司、国家气候中心、中国科学院西双版纳热带植物园森林生态研究中心、广东省气候中心、武汉区域气候中心和南昌大学等单位有关专家在南昌召开气象行业标准审查会审查通过并于2008年8月1日颁布实施的《太阳能资源评估方法》(QX/T 89－2008)，该标准为国内首次发布，达到国内领先水平。

2.4.1 丰富程度

以太阳能地表总辐射的年总量为指标，进行太阳能资源丰富程度评估。评估资源标准中具体的资源丰富程度等级见表2－15。

表2－15 太阳能资源丰富程度等级

指标/[kW·h/(m²·a)]	资源丰富程度	指标/[kW·h/(m²·a)]	资源丰富程度
≥1740	资源丰富	1160～1400	资源较贫乏
1400～1740	资源较丰富	<1160	资源贫乏

2.4.2 利用价值

利用各月日照时数大于6h的天数为指标，反映一天中太阳能资源的利用价值。一天中日照时数如小于6h，其太阳能一般没有利用价值。其中，日照时数是指太阳在某地实际照射的时数。日照时数定义为太阳直辐射达到或超过120W/m^{2}的那段时间总和，以小时为单位，取一位小数，日照时数也称实照时数。针对三个地点的实测数据对日照时数统计见表2－16。

表2－16 不同位置的各月中日照时数数据统计

月份	日照时数/(kW·h/m²)		
	巴拉贡	苏里格	巴音木仁
1	189.17	170.32	91.33
2	260.33	253.02	243.5
3	272.5	268.49	261.67
4	260.67	222.35	257.83
5	325.5	298.69	328
6	305.17	261.18	304
7	282.83	276.97	271.33

（续）

月份	日照时数/(kW·h/m²)		
	巴拉贡	苏里格	巴音木仁
8	301.17	243.99	299.83
9	215.83	182.03	208.5
10	282.5	250.83	276
11	255.17	237.83	247.5
12	219.67	160.82	198.17
合计	3170.51	2826.52	2987.66

2.4.3 稳定程度

一年中各月日照时数大于6h的天数最大值与最小值的比值，可以反映当地太阳能资源全年变幅的大小，比值越小说明太阳能资源全年变化越稳定，就越利于太阳能资源的利用。此外，最大值与最小值出现的季节也反映了太阳能资源的一种特征。

2.4.4 最佳利用时段

利用太阳能日变化的特征作为指标，评估太阳能资源日变化规律。以当地时间 9～10时的年平均日照时数作为上午日照情况的代表，以 11～13 时的年平均日照时数作为中午日照情况的代表，以 14～15 时的年平均日照时数作为下午日照情况的代表。哪一段时期的年平均日照时数长，则表示该段时间是一天中最有利于太阳能资源利用的时段。

2.4.5 总体评估

针对太阳能资源评估，在评估标准中规定了四种评估指标，而根据实际情况，不同地区的不同指标各不相同，利用美国国家可再生能源实验室 2005 年提供的通过气象因素分析模拟的中国 20 个地点的太阳能辐射数据根据评估标准的四个评估指标进行分析，不同的评估指标在 20 个位置出现不同的评估结果见表 2-17。

表 2-17 不同地点的太阳能资源评估指标统计

参数 / 厂址	资源丰富程度		利用价值		稳定程度		有效时数	
	数值	排序	数值	排序	数值	排序	数值	排序
额济纳旗	1687.761	4	348	2	1.192	7	0.998	8
吉兰泰	1680.984	6	322	4	1.409	1	0.901	1
百灵庙	1718.423	3	331	6	1.2	5	0.916	5
林西	1616.49	11	347	12	1.148	18	0.949	16
通辽	1546.077	13	333	7	1.154	8	0.916	11
化德	1662.378	8	335	11	1.24	6	0.918	3
民勤	1662.729	7	316	9	1.409	10	0.859	7

（续）

参数 厂址	资源丰富程度		利用价值		稳定程度		有效时数	
	数值	排序	数值	排序	数值	排序	数值	排序
兰州	1637.688	9	293	10	1.647	9	0.815	9
榆林	1682.956	5	308	5	1.476	2	0.858	6
拉萨	1849.279	1	338	1	1.409	3	0.882	4
哈尔滨	1383.08	18	291	17	1.333	20	0.795	17
阿勒泰	1481.362	16	265	20	3.875	16	0.22	19
和田	1783.077	2	326	8	1.72	11	0.745	12
喀什	1620.066	10	282	3	1.813	4	0.607	2
北京	1557.637	12	284	15	2.154	15	0.83	10
成都	1328.914	20	89	18	16	17	0.355	18
长沙	1348.159	19	124	16	26	19	0.419	14
深圳	1535.8	14	183	14	3.429	13	0.59	13
上海	1492.324	15	216	13	2	12	0.646	20
南京	1412.363	17	157	19	3.333	14	0.526	15

如何利用不同评估指标得到的结果对不同地区进行综合评价是对该地区太阳能资源最终的定量评价结果，所以在太阳能资源评估时也要综合考虑太阳能资源评估的不同指标进行综合评估。根据上文分析，太阳能资源评估是多要素的复杂系统，在进行太阳能资源综合分析时，影响太阳能资源评估结果的多变量之间是具有一定的相关关系的。因此，在各个变量之间相关关系研究的基础上，用较少的新变量代替原来较多的变量，而且使这些较少的新变量尽可能多地保留原有较多的变量所反映的信息。运用主成分分析方法能够综合处理对影响太阳能资源总体评估的几种影响参数进行总体分析的问题。

1. 主成分分析方法的原理

主成分分析是把原来多个变量化为少数几个综合指标的一种统计分析方法，从数学角度来看，属于降维处理。假定有 n 个样本，每个样本共有 p 个变量描述，这样就构成了一个 $n\times p$ 阶的数据矩阵：

$$\boldsymbol{X}=\begin{pmatrix} l & x_{11} & \cdots & x_{1p} \\ l & x_{21} & \cdots & x_{2p} \\ \vdots & \vdots & & \vdots \\ l & x_{n1} & \cdots & x_{np} \end{pmatrix} \tag{2-33}$$

如何从多变量的数据中抓住其内在规律性？要解决这一问题，自然要在 p 维空间中加以考察，这是比较麻烦的。为了克服这一困难，需要进行降维处理，即用较少的综合指标来代替原来较多的变量指标，而且使这些较少的综合指标既能尽量多地反映原来较多指标所反映的信息，同时它们之间又是彼此独立的。那么，这些综合指标(即新变量)应如何选取呢？显然，其最简单的形式就是取原来变量指标的线性组合，适当调整组合系数，使新的变量指标之间相互独立且代表性最好。

如果原来的变量指标为 x_1，x_2，…，x_p，它们的综合指标——新变量指标为 x_1，x_2，…，$x_m(m\leqslant p)$。则

$$X=\begin{cases}x_1=l_{11}x_1+l_{12}x_2+\cdots+l_{1p}x_p\\x_2=l_{21}x_1+l_{22}x_2+\cdots l_{2p}x_p\\\cdots\cdots\cdots\cdots\cdots\cdots\cdots\cdots\cdots\cdots\\x_m=l_{m1}x_1+l_{m2}x_2+\cdots+l_{mp}x_p\end{cases}\tag{2-34}$$

在式(2-31)中，系数 l_{ij} 由下列原则来决定：z_i 与 $z_j(i\neq j;\ i,\ j=1,\ 2,\ \cdots,\ m)$相互无关；$z_1$ 是 x_1，x_2，…，x_p 的一切线性组合中方差最大者；z_2 是与 z_1 不相关的 x_1，x_2，…，x_p 的所有线性组合中方差最大者；…；z_m 是与 z_1，z_2，…，z_{m-1}都不相关的 x_1，x_2，…，x_p 的所有线性组合中方差最大者。

这样决定的新变量指标 z_1，z_2，…，z_m 分别称为原变量指标 x_1，x_2，…，x_p 的第一，第二，…，第 m 主成分。其中，z_1 在总方差中占的比例最大，z_2，z_3，…，z_m 的方差依次递减。在实际问题的分析中，常挑选前几个最大的主成分，这样既减少了变量的数目，又抓住了主要矛盾，简化了变量之间的关系。

从以上分析可以看出，找主成分就是确定原来变量 $x_j(j=1,\ 2,\ \cdots,\ p)$在诸主成分 $z_i(i=1,\ 2,\ \cdots,\ m)$上的载荷 $I_{ij}(i=1,\ 2,\ \cdots,\ m;\ j=1,\ 2,\ \cdots,\ p)$，从数学上容易知道，它们分别是 x_1，x_2，…，x_p 的相关矩阵的 m 个较大的特征值所对应的特征向量。

2. 主成分分析方法的解法

通过上述主成分分析的基本原理的介绍，可以把主成分分析计算步骤归纳如下。

1) 计算相关系数矩阵

$$R=\begin{pmatrix}r_{11}&r_{12}&\cdots&r_{1p}\\r_{21}&r_{22}&\cdots&r_{2p}\\\vdots&\vdots&&\vdots\\r_{p1}&r_{p2}&\cdots&r_{pp}\end{pmatrix}\tag{2-35}$$

在公式(2-32)中，$r_{ij}(i,\ j=1,\ 2,\ \cdots,\ p)$为原来变量 x_i 与 x_j 的相关系数，其计算公式为

$$r_{ij}=\frac{\sum_{k=1}^{n}(x_{ki}-\overline{x_i})(x_{kj}-\overline{x_j})}{\sqrt{\sum_{k=1}^{n}(x_{ki}-\overline{x_i})^2\sum_{k=1}^{n}(x_{kj}-\overline{x_j})^2}}\tag{2-36}$$

因为 $\boldsymbol{R}$ 是实对称矩阵(即 $r_{ij}=r_{ji}$)，所以只需计算其上三角元素或下三角元素即可。

2) 计算特征值与特征向量

首先解特征方程 $|\lambda_i-\boldsymbol{R}|=0$ 求出特征值 $\lambda_i(i=1,\ 2,\ \cdots,\ p)$，并使其按大小顺序排列，即 $\lambda_1\geqslant\lambda_2\geqslant\cdots\geqslant\lambda_p\geqslant0$；然后分别求出对应于特征值 λ_1 的特征向量 $e_i(i=1,\ 2,\ \cdots,\ p)$。

3) 计算主成分贡献率及累计贡献率

主成分贡献率：

$$\frac{r_i}{\sum_{k=1}^{p}\gamma_k}(i=1,2,\cdots,p)$$

累计贡献率：

$$\frac{\sum_{k=1}^{m}\gamma_k}{\sum_{k=1}^{p}\gamma_k} \tag{2-37}$$

一般取累计贡献率达85%～95%的特征值 λ_1，λ_2，…，λ_p 所对应的第一，第二，…，第 $m(m\leqslant p)$ 个主成分。

4）计算主成分载荷

$$p(z_k x_i)=\sqrt{\gamma_k}e_{ki}(i,\ k=1,\ 2,\ \cdots,\ p)$$

由此可以进一步计算主成分得分：

$$\boldsymbol{Z}=\begin{pmatrix} z_{11} & z_{12} & \cdots & z_{1m} \\ z_{21} & z_{22} & \cdots & z_{2m} \\ \vdots & \vdots & & \vdots \\ z_{n1} & z_{n2} & \cdots & z_{nm} \end{pmatrix} \tag{2-38}$$

3. 太阳能资源总体评估的主成分分析

根据上述主成分分析原理，对太阳能资源评估的四类评估指标利用SPSS软件进行主成分分析。在此利用美国国家可再生能源实验室2005年提供的通过气象因素分析模拟的中国20个地点的太阳能辐射数据作为样本，根据主成分分析基本原理，对太阳能资源总体评估进行主成分分析，得出上述太阳能资源评估四个指标的权重系数，分析如下。

1）数据整理并标准化

对20个地点的四个指标数据进行标准化处理，数据的标准化是将数据按比例缩放，使之落入一个小的特定区间。由于太阳能资源评估指标体系的各个指标度量单位是不同的，为了能够将指标参与评价计算，需要对指标进行规范化处理，通过函数变换将其数值映射到某个数值区间。利用SPSS软件对表2-17统计数据进行标准化，得到表2-18所示的结果。

表2-18 数据标准化

厂址＼参数		资源丰富程度	利用价值	稳定程度	有效时数
内蒙古	额济纳旗	0.72204	0.94101	−0.41402	1.1907
	吉兰泰	0.6747	0.60859	−0.37885	0.74776
	百灵庙	0.93618	0.72366	−0.41272	0.81625
	林西	0.22428	0.92822	−0.42115	0.96695
	通辽	−0.26749	0.74923	−0.42017	0.81625
	化德	0.54476	0.7748	−0.40624	0.82539
甘肃	民勤	0.54721	0.53187	−0.37885	0.55597
	兰州	0.37232	0.23781	−0.34029	0.35504
陕西	榆林	0.68848	0.42959	−0.368	0.5514
西藏	拉萨	1.85008	0.81315	−0.37885	0.66099

（续）

厂址		资源丰富程度	利用价值	稳定程度	有效时数
黑龙江	哈尔滨	－1.40587	0.21224	－0.39117	0.26371
新疆	阿勒泰	－0.71946	－0.12018	0.02073	－2.362
	和田	1.38773	0.65973	－0.32846	0.03539
	喀什	0.24925	0.09717	－0.31339	－0.59478
北京	北京	－0.18676	0.12274	－0.25814	0.42354
四川	成都	－1.78417	－2.37042	1.98545	－1.74553
湖南	长沙	－1.64976	－1.92293	3.60583	－1.45327
深圳	深圳	－0.33927	－1.16859	－0.05154	－0.67241
上海	上海	－0.6429	－0.74667	－0.28309	－0.41669
江苏	南京	－1.20136	－1.50101	－0.06709	－0.96466

2）相关性

利用 SPSS 软件对不同指标的相关性的分析见表 2－19。

表 2－19　不同指标的相关分析

参数		Zscore（丰富程度）	Zscore（利用价值）	Zscore（稳定程度）	Zscore（利用时段）
Correlation（相关性）	Zscore(丰富程度)	1.000	0.798	－0.610	0.681
	Zscore(利用价值)	0.798	1.000	－0.754	0.805
	Zscore(稳定程度)	－0.610	－0.754	1.000	－0.608
	Zscore(利用时数)	0.681	0.805	－0.608	1.000

从相关系数矩阵来看：丰富程度和利用价值的相关性为 0.798，稳定程度与丰富程度、利用价值、利用时段都有一定的负相关。

3）KMO 和 Bartlett 检验

KMO 值用于检验主成分分析是否适用的指标值，若它在 0.5～1.0 之间，表示合适；小于 0.5 表示不合适。Bartlett 的球体检验是通过转换为 X^2 检验来完成对变量之间是否相互独立进行检验。若该统计量的取值较大，主成分分析是适用的。

这里 KMO 值为 0.802，在 0.5～1.0 之间；Bartlett 的球体检验也是通过的，因为渐近的 X^2 值为 48.996，相应的显著性概率(Sig.)小于 0.001 为高度显著，因此数据适合使用主成分分析，见表 2－20。

表 2－20　KMO 和 Bartlett 检验

抽样足够度的 K－M－O 度量		0.802
Bartlett 球形检验	近似卡方	48.996
	自由度	6
	显著性水平	0.000

4）方差解释

公因子的方差是一个公共因子对全部的变量方差的贡献，因此，它可以衡量公因子的相对重要程度，根据特征值大于1的公因子提取，这里特征值为3.135，累计贡献率为78.374，提取了一个主成分，见表2-21。从图2.20所示的特征值碎石图中，也可以直观地看到特征值的变化趋势。第一个特征值与第二个特征值变化明显，相差很大。

表2-21 总方差解释

成分	初始特征值			未经旋转提取因子的载荷平方和		
	总和	方差/(%)	累积/(%)	总和	方差/(%)	累积/(%)
1	3.135	78.374	78.374	3.135	78.374	78.374
2	0.414	10.360	88.735			
3	0.319	7.986	96.721			
4	0.131	3.279	100.000			

注：提取方法：主成分分析。

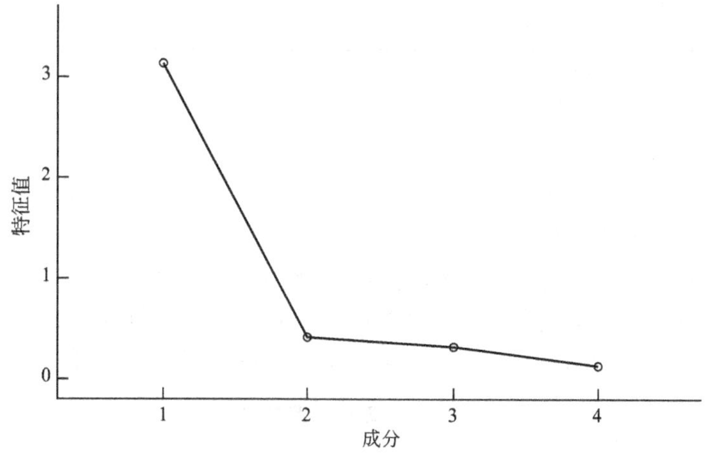

图2.20 特征值的碎石图

5）共同度

共同度的定义为

$$h_i^2 = \sum_{j=1}^{m} {a_{ij}}^2 \quad (i = 1, 2, \cdots, p) \tag{2-39}$$

在模型中，h_i^2 刻画了全部公共因子对变量的方差贡献，h_i^2 越大，说明诸个公因子提取的信息越多。

如表2-22所示，丰富程度、利用价值、稳定程度及利用时段的共同度分别为0.764、0.906、0.698和0.767，由此可见，由利用价值提供的信息量较多，而稳定程度提供的信息量最少。

表 2-22　变量共同度

参数	初始值	提取值
Zscore(丰富程度)	1.000	0.764
Zscore(利用价值)	1.000	0.906
Zscore(稳定程度)	1.000	0.698
Zscore(利用时数)	1.000	0.767

注：提取方法：主成分分析。

6）主成分得分函数

根据如下的因子得分系数矩阵，可以得到因子得分函数，见表 2-23。

表 2-23　因子得分系数矩阵

参数	成分
	1
Zscore(丰富程度)	0.279
Zscore(利用价值)	0.304
Zscore(稳定程度)	−0.266
Zscore(有效时数)	0.279

注：提取方法：主成分分析。
　　旋转法：具有 Kaiser 标准化的正交旋转法。
　　构成得分。

$$F=0.279ZX_1+0.304ZX_2-0.266ZX_3+0.279ZX_4 \tag{2-40}$$

方程(2-40)代表了太阳能资源总体评估的定量描述，其中 ZX_1 代表资源丰富程度，ZX_2 代表利用价值，ZX_3 代表资源的稳定程度，ZX_4 代表有效时数，需要注意的是四个指标在利用上述方程进行太阳能资源总体描述的时候要将各个指标值进行标准化处理后方可输入方程。通过上述主成分方程，对 20 个地点的原始数据进行计算，得分情况见表 2-24。

表 2-24　太阳能资源总体评估

厂址 \ 参数		丰富程度	利用价值	稳定程度	有效时数	得分	排序
内蒙古	额济纳旗	0.72204	0.94101	−0.41402	1.1907	0.93	2
	吉兰泰	0.6747	0.60859	−0.37885	0.74776	0.68	6
	百灵庙	0.93618	0.72366	−0.41272	0.81625	0.82	3
	林西	0.22428	0.92822	−0.42115	0.96695	0.73	5
	通辽	−0.26749	0.74923	−0.42017	0.81625	0.49	10
	化德	0.54476	0.7748	−0.40624	0.82539	0.73	4
甘肃	民勤	0.54721	0.53187	−0.37885	0.55597	0.57	8
	兰州	0.37232	0.23781	−0.34029	0.35504	0.37	11

（续）

厂址 参数		丰富程度	利用价值	稳定程度	有效时数	得分	排序
陕西	榆林	0.68848	0.42959	−0.368	0.5514	0.57	9
西藏	拉萨	1.85008	0.81315	−0.37885	0.66099	1.05	1
黑龙江	哈尔滨	−1.40587	0.21224	−0.39117	0.26371	−.15	14
新疆	阿勒泰	−0.71946	−0.12018	0.02073	−2.362	−.90	17
	和田	1.38773	0.65973	−0.32846	0.03539	0.68	7
	喀什	0.24925	0.09717	−0.31339	−0.59478	0.02	13
北京	北京	−0.18676	0.12274	−0.25814	0.42354	0.17	12
四川	成都	−1.78417	−2.37042	1.98545	−1.74553	−2.23	19
湖南	长沙	−1.64976	−1.92293	3.60583	−1.45327	−2.41	20
深圳	深圳	−0.33927	−1.16859	−0.05154	−0.67241	−0.62	16
上海	上海	−0.6429	−0.74667	−0.28309	−0.41669	−0.45	15
江苏	南京	−1.20136	−1.50101	−0.06709	−0.96466	−1.04	18

习　　题

1. 简述太阳的结构及其辐射方式。
2. 简述到达地球表面的太阳辐射的方式及其光谱分布。
3. 如何计算地表总辐射？
4. 太阳能资源的测试仪器有哪些？
5. 太阳能资源的评估指标有哪些？

第3章 太阳能光伏电池的基本原理及特性

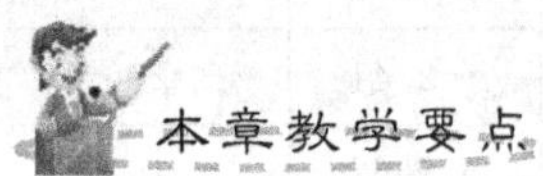

知识要点	掌握程度	相关知识
半导体、PN结、能带	掌握晶体结构的概念； 掌握能带理论； 掌握PN结的性质及形成过程	半导体的性质； 原子能级的概念； 晶体结构的概述； 本征半导体和杂质半导体的结构
内光电效应、太阳电池的能量转换	掌握半导体的内光电效应的概念； 掌握太阳电池的能量转换	半导体的内光电效应的概念； 太阳电池的能量转换过程
太阳电池的特性及影响太阳电池转换效率的因素	掌握太阳电池的特性； 掌握影响太阳电池转换效率的因素	太阳电池各特性的概念； 影响太阳电池转换效率的因素

导入案例

太阳能光伏电池发展历史

1893 年法国科学家贝克勒尔发现“光生伏打效应”，即“光伏效应”。

1876 年亚当斯等在金属和硒片上发现固态光伏效应。

1883 年制成第一个“硒光电池”，用作敏感器件。1930 年肖特基提出 Cu20 势垒的“光伏效应”理论。同年，朗格首次提出用“光伏效应”制造“太阳电池”，使太阳能变成电能。

1931 年布鲁诺将铜化合物和硒银电极浸入电解液，在阳光下启动了一个电动机。

1932 年奥杜博特和斯托拉制成第一块“硫化镉”太阳电池。

1941 年奥尔在硅上发现光伏效应。

1954 年恰宾和皮尔松在美国贝尔实验室，首次制成了实用的单晶太阳电池，效率为 6%。同年，韦克尔首次发现了砷化镓有光伏效应，并在玻璃上沉积硫化镉薄膜，制成了第一块薄膜太阳电池 。

1955 年吉尼和罗非斯基进行材料的光电转换效率优化设计。同年，第一个光电航标灯问世。美国 RCA 研究出了砷化镓太阳电池。

1957 年硅太阳电池效率达 8%。1958 年太阳电池首次在空间应用，装备美国先锋 1 号卫星电源。

1959 年第一个多晶硅太阳电池问世，效率达 5%。

1960 年硅太阳电池首次实现并网运行。

1962 年砷化镓太阳电池光电转换效率达 13%。

1969 年薄膜硫化镉太阳电池效率达 8%。

1972 年罗非斯基研制出紫光电池，效率达 16%。同年，美国宇航公司背场电池问世。

(资料来源：http：//www. china - nengyuan. com/news/37996. html.)

3.1 半导体物理基础

自然界的各种物质按其导电性能可以分为导体、绝缘体和半导体三大类。

导体具有良好的导电特性，常温下，其内部存在着大量的自由电子，它们在外电场的作用下做定向运动形成较大的电流。因而导体的电阻率很小，常见金属一般为导体，如铜、铝、银等，它们的电阻率 $\rho \leqslant 10^{-4}\Omega \cdot \mathrm{cm}$。

绝缘体几乎不导电，如橡胶、陶瓷、塑料等。在这类材料中，几乎没有自由电子，即使受外电场作用也不会形成电流，所以，绝缘体的电阻率很大，它们的电阻率 $\rho \geqslant 10^{10}\Omega \cdot \mathrm{cm}$。

半导体的导电能力介于导体和绝缘体之间，如硅、锗、硒等，它们的电阻率通常在导体和绝缘体之间。半导体之所以得到广泛应用，是因为它的导电能力受杂质、温度和光照的影响十分显著。

半导体材料种类繁多，从单质到化合物，从无机物到有机物，从单晶体到非晶体，都可以作为半导体材料。半导体材料大致可以分为以下几类。

1）元素半导体

元素半导体又称为单质半导体。在元素周期表中介于金属与非金属之间的 Si、Ge、Se、Te、B、C、P 等元素都有半导体的性质。

在单质元素半导体中具有实用价值的只有硅、锗、硒。而硅和锗是最重要的两种半导体材料。尤其半导体硅材料已被广泛地用来制造各种器件、数字和线性集成电路及大规模集成电路等。硒作为半导体材料主要用作整流器，但由于硅、锗制造的整流器比硒整流器性能良好，所以硒逐渐被硅、锗取代。

2）化合物半导体

化合物半导体是 AⅢBⅤ型化合物，由元素中期表中ⅢA 族的 Al、Ga、In 和ⅤA 族的 P、As、Sb 等合成的化合物成为 AⅢBⅤ型化合物，如 AlP、GaAs、GaSb、InAs、InSb。在这一类化合物半导体中用最广泛的是 GaAs，它可以用来制作 GaAs 晶体管、场效应管、雪崩管、超高速电路及微波器件等。

3）氧化物半导体

许多金属的氧化物具有半导体性质，如 Cu_2O、CuO、ZnO、MgO、Al_2O_3 等。

4）固溶体半导体

元素半导体和无机化合物半导体相互溶解而成的半导体材料称为固溶体半导体，如 Ge-Si、GaAs-GaP，而 GaAs-GaP 是发光二极管的材料。

5）玻璃半导体

玻璃半导体是指具有半导体性质的一类玻璃，如氧化物玻璃半导体和元素玻璃半导体。氧化物玻璃半导体是由 V_2O_5、P_2O_5、Bi_2O_3、FeO、CaO、PbO 等中的某几种按一定配比熔融后淬冷而成。元素玻璃半导体是由 S、Se、Te、As、Sb、Ge、Si、P 等元素中的某几种按一定配比熔融后淬冷而成。

图 3.1　常见半导体材料

玻璃半导体目前的研究工作着重于它的开关效应和记忆效应。玻璃半导体在通常条件下，具有高阻绝缘性、导电不明显的特点，但当外界条件如电压、温度、光照超过某一数值时，它才能显示出半导体性质。

图 3.1 所示为常见的半导体材料。

3.1.1　半导体性质

半导体具有以下几个性质。

1）杂质影响半导体导电性能

在室温下，半导体的电阻率为 $10^{-4} \sim 10^{9}\Omega \cdot cm$。加入微量杂质能显著改变半导体的导电能力。掺入的杂质量不同时，可使半导体的电阻率在很大的范围内发生变化。另外，在同一种材料中掺入不同类型的杂质，可以得到不同导电类型的材料。

2）温度影响半导体材料导电性能

温度能显著改变半导体的导电性能。在一般的情况下，半导体的导电能力随温度升高而迅速增加，也就是说，半导体的电阻率具有负温度系数。而金属的电阻率具有正温度系数，且随温度的变化很慢。

3）有两种载流子参加导电

在半导体中，参与导电的载流子有两种。一种是为大家所熟悉的电子，另一种则是带正电的载流子，称为空穴。而且同一种半导体材料，既可以形成以电子为主的导电，也可以形成以空穴为主的导电。在金属中则仅靠电子导电，而在电解质中，靠正离子和负离子同时导电。

4）其他外界条件对导电性能的影响

半导体的导电能力还会随光照而发生变化。例如，一层淀积在绝缘基板上的硫化镉薄膜，其暗电阻约为数十兆欧，当受光照后，其电阻可下降到数十千欧。这种现象称为光电导效应。此外，半导体的导电能力还会随电场、磁场、压力和环境的作用而变化，具有其他特性和效应。

表 3－1 所示是一些半导体材料的物理特性。

表 3－1　一些半导体材料的物理特性参数

族类	材料	晶体结构	晶格常数/nm	热膨胀系数 10^{-6}/℃	禁带宽度/eV	能带	迁移率/[cm^2/(V・s)]		介电常数	电子亲和势/eV
							μ_e	μ_b		
Ⅳ	Si	D	0.5931	2.33	1.11	间接	1350	4800	12.0	4.01
	Ge	D	0.5658	5.75	0.66	间接	3600	1800	16.0	4.13
Ⅲ～Ⅴ	AlAs	ZB	0.5661	5.2	2.15	间接	280		10.1	
	AlSb	ZB	0.5136	3.7	1.6	间接	900	400	10.3	3.6
	GaP	ZB	0.5451	5.3	2.25	间接	300	150	8.4	3.0～4.0
	GaAs	ZB	0.5654	5.8	1.43	直接	8000	300	1.5	3.36～4.07
	GaSb	ZB	0.6094	6.9	0.68	直接	5000	1000	14.8	4.06
	InP	ZB	0.5869	4.5	1.27	直接	4500	100	12.1	4.40
	InAs	ZB	0.6058	5.3	0.36	直接	30000	450	12.5	4.90
	InSb	ZB	0.6479	4.9	0.17	直接	80000	450	15.9	4.59
	GaN	WZ			3.40	直接				
Ⅱ～Ⅵ	ZnS	WZ	0.3814	6.2～6.5	3.58	直接	140	5	8.3	3.9
	ZnSe	ZB	0.5667	7.0	2.67	直接	530	28	9.1	4.09
	ZnTe	ZB	0.6103	8.2	2.26	直接	530	130	10.1	3.53
	CdS	WZ	0.4137	4.0	2.42	直接	350	15	10.3	4.0～4.79
	CdSe	WZ	0.4298	4.8	1.7	直接	650		10.6	3.93～4.95
	CdTe	ZB	0.4770		1.45	直接	1050	90	9.6	4.28

注：D 为金刚石；ZB 为闪锌矿结构；WZ 为纤维矿结构。

1. 原子能级

物理学中，在描述原子构造时，认为其结构是以壳层形式按一定规律分布的。原子的中心是一个带正电荷的核，核外存在着一系列不连续的、由电子运动轨道构成的壳层，电子只能在壳层里绕核转动。在稳定状态，每个壳层里运动的电子具有一定的能量状态，所以一个壳层相当于一个能量等级，称为能级。一个能级也表示电子的一种运动状态，所以能态、状态和能级的含义相同。

原子中电子的运动状态由 n，l，m，m_s 四个量子数来确定。

① 主量子数 n，$n=1$，2，3，4，5，6，7 表示各个电子壳层，这些壳层分别命名为 K，L，M，N，O，P，Q 壳层。它大体上决定原子中电子的能量。

② 副(角)量子数 l，$l=0$，1，2，…，$n-1$，分别称为 s，p，d，f，g 支壳层。它决定轨道动量矩(电子绕核运动的角动量的大小)。一般而言，处于同一主量子数 n 而不同副量子数 l 状态中的电子，其能量稍有不同。

③ 磁量子数 m，$m=0$，±1，$\pm1/2$，它决定轨道动量矩在外磁场方向上的分量，即决定电子的取向。

④ 自旋磁量子数 m_s，$m_s=\pm1/2$，只有两个值。它决定电子自旋动量矩在外磁场方向上的分量，即决定电子的自旋方向。它也影响原子在外磁场中的能量。

电子在壳层中的分布必须满足两个原理。①泡利(W. Pauli)不相容原理：在原子系统内，不可能有两个或两个以上的电子具有相同的状态，亦即不可能具有 4 个相同的量子数。当 n 为给定时，l 的可能值为 0，1，…，$n-1$ 共有 n 个。当 l 为给定时，m 的可能值为 $-l$，$-l+1$，…，0，…，l 共 $2l+1$ 个。当 n，m，l 都给定时，m_s 取 $+1/2$ 和 $-1/2$ 两个可能值。所以，具有同一 n 值的电子个数最多为 $2n^2$ 个。②能量最小原理：原子中每个电子都有优点占据能量最低的空能级趋势。能级的能量主要取决于主电子数 n。n 愈小，该能级的能量也愈低。所以离原子核最近的壳层，一般首先被电子占据。但能级的能量也和副量子数 l 相关，因而在某些情况下，也有 n 较小的壳层未被占满，而 n 较大的壳层已开始有电子占据的情形。

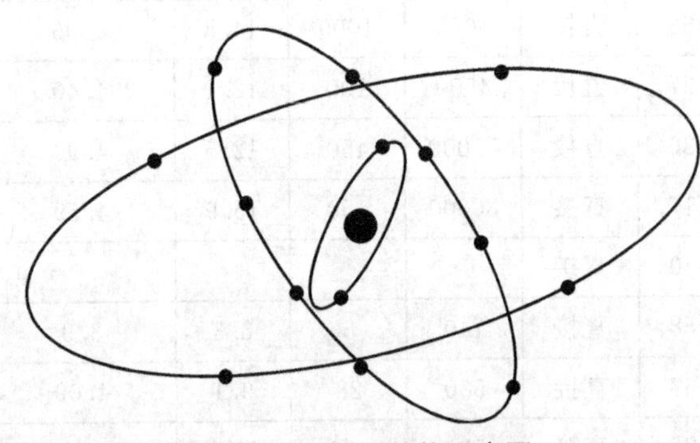
图 3.2 硅原子结构示意图

硅(Si)的原子序数为 14，有 14 个电子，如图 3.2 所示。其原子结构为 $1s^2$、$2s^2$、$2p^6$、$3s^2$、$3p^2$，即 K 层、L 层都已充满，而 M 层中的 s 层也已充满但 p 层中只有 2 个电子，这是单个理想硅原子结构。

一种元素的原子结构决定着它的物理性质、化学性质，而原子的外层电子数目尤为重要。按外层电子的数目，门捷列夫元素周期表把所有元素分为八族。习惯上，把外层电子称为价电子，一个原子外层电子有几个就称为几价。Si 是第Ⅳ族元素，称为 4 价元素。B、Al、Ga、In 为 3 价元素；N、P、As、Sb 为 5 价元素。原子和原子的结合主要靠外壳层的互相交合及价电子运动的变化。

2. 晶体结构概述

1) 晶体及其特性

在自然界的固态物质中，具有规则几何外形的晶体很早就引起了人们的关注，尽管目前对非晶态物质的研究日趋活跃，但迄今为止，人们对固体的了解大部分来自对晶体的研究。

晶态固体有四个宏观的特性：一定对称性的外形、各向异性、确定的熔点和解理面。这四个特性只对单晶体适用，多晶体虽有确定的熔点，但不具有其他几条特性。

晶体具有很多特性，这些特性都和微粒排列的规律性(周期性)有关。

(1) 晶体的均匀性。

一块晶体各部分的性质相同，称为均匀性。晶体的均匀性只可能在宏观观察中表现出来，它是晶胞重复排列的结果。宏观看起来，这块晶体即是连续的、均匀的；与此相反，在微观观察中，晶体内结构都是不连续的、粒性的、非均匀的。研究方法不同，所得的结果完全不同。

气体、液体、无定形体也具有均匀性，但它们的均匀性是由于微粒排列得极为混乱，各种性质都是平均值，因而在本质上和晶体不同。

(2) 晶体的各向异性。

晶体中不同的方向具有不同的性质，称为各向异性。

各向异性是由晶体内部各方向上的微粒的排列情况不同所致。

气体、液体、无定形体都不具备各向异性，而是各向同性的。

(3) 晶体的对称性。

所有晶体都或多或少地具有对称性，也就是说，各种晶体的对称程度各有高低，它们都有对称性。例如，食盐晶体具有立方体外形。

晶体的对称性，当然也是微粒排列的规律性所引起的，非晶体就不具有对称性。

(4) 晶体能使 X 射线发生衍射。

这个特点也是由晶体内部微粒排列的规律性所引起的。

(5) 晶体具有明显确定的熔点。

晶体具有周期性结构，各个部分都按同一方式排列，当温度升高，热振动加剧，晶体开始融化时，各部分需要同样的温度，因而有一定的熔点。玻璃和晶体不同，它们没有一定熔点。

总的来说，这些特点都是由晶体结构的周期性所致。

2) 晶体的典型结构

图 3.3 表示一些重要的晶胞：其中，(a)是简单立方结构。(b)是体心立方结构，体心立方晶胞的每个角上和晶胞的中心都有一个原子。(c)是面心立方结构，面心立方晶胞的每个角上和立方体的每个面的中心都有一个原子。(d)表示的金刚石结构是一种复式格子，它是两个面心立方晶格在沿对角线方向上位移 1/4 互相套构而成。一些重要的导体如硅、锗等都是金刚石结构。1 个硅原子和 4 个近邻的硅原子由共价键连接，这 4 个硅原子恰好在正四面体的顶角上，而四面体中心是另一个硅原子。(e)表示闪锌矿结构，这种结构也可以看成两个面心立方晶体沿对角线方向位移 1/4 套构而成，与金刚石结构不同之处是它的两个子晶体是互不相同的原子。例如，在 GaAs 中，一个子晶格是砷，另一个子晶格是镓，许多Ⅲ～Ⅴ族化合物都是闪锌矿结构。

3) 晶体的缺陷

前面讲到的都是就理想状态的完整晶体而言，即晶体中所有的原子都在各自的平衡位置，处于能量最低状态。然而在实际晶体中原子的排列不可能这样规则和完整，而是或多

或少地存在离开理想的区域，出现不完整性，正如我们日常生活中见到玉米棒上玉米粒的分布。通常把这种偏离完整性的区域称为晶体缺陷(crystal defect；crystalline imperfection)。缺陷的产生与晶体的生成条件、晶体中原子的热运动、对晶体进行的加工过程及其他因素的作用等有关。但必须指出，缺陷的存在只是晶体中局部的破坏。它只是一个很小的量(这指的是通常的情况)。

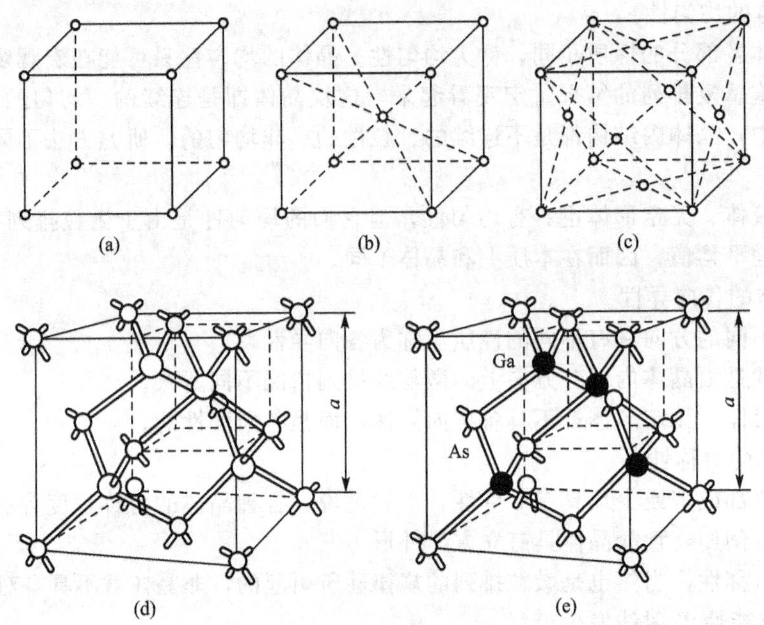

图 3.3　一些重要的晶胞

在晶体中缺陷并不是静止地、稳定不变地存在着，而是随着各种条件的改变而不断变动的。它们可以产生、发展、运动和交互作用，而且能合并消失。晶体缺陷对晶体的许多性能有很大的影响，如电阻上升、磁矫顽力增大、扩散速率加快、抗腐蚀性能下降，特别对塑性、强度、扩散等有着决定性的作用。

20 世纪初，X 射线衍射方法的应用为金属研究开辟了新天地，使我们的认识深入到原子的水平；到 30 年代中期，泰勒与伯格斯等奠定了晶体位错理论的基础；50 年代以后，电子显微镜的使用将显微组织和晶体结构之间的空白区域填补了起来，成为研究晶体缺陷和探明金属实际结构的主要手段，位错得到有力的实验观测证实；随即开展了大量的研究工作，澄清了金属塑性形变的微观机制和强化效应的物理本质。

按照晶体缺陷的几何形态及相对于晶体的尺寸，或其影响范围的大小，可将其分为以下几类。

① 点缺陷(Point Defects)。其特征是三个方向的尺寸都很小，不超过几个原子间距，如空位(Vacancy)、间隙原子(Interstitial Atom)和置换原子(Substitutional Atom)。除此以外，这几类缺陷的复合体也属于这一类。这里所说的间隙原子是指应占据正常阵点的原子跑到点阵间隙中。

② 线缺陷(Linear Defects)。其特征是缺陷在两个方向上尺寸很小(与点缺陷相似)，而第三方向上的尺寸却很大，甚至可以贯穿整个晶体，属于这一类的主要是位错(Dislocation)。

③ 面缺陷(Interfacial Defects)。其特征是缺陷在一个方向上的尺寸很小(同点缺陷)，

而其余两个方向上的尺寸很大。晶体的外表面(External Surfaces)及各种内界面，如一般晶界(Grain Boundaries)、亚晶界(Sub-Boundaries)、相界(Phase Boundaries)及层错(Stacking Faults)等均属于这一类。

3. 半导体的能带理论

1) 能带的形成

原子中的电子按一定的轨道围绕原子核运动，如孤立的硅原子的电子轨道结构可以表示为 $1s^2$、$2s^2$、$2p^6$、$3s^2$、$3p^2$。量子力学推算出，最外层电子轨道的半径(几率密度极大值)约为 0.74A。晶体中硅原子以共价键相结合，原子间四面键长为 2.35A。可见晶体中原子已十分接近，相邻原子间轨道便发生相互交叠。因此电子便依靠轨道的交叠从一个原子运动到另一个原子，形成所谓共有化运动。泡利原理指出：一个轨道量子态最多只允许占据两个自旋相反的电子。也就是说，只有两个自旋相反的电子才允许占据同一能级。当 N 个原子结合成晶体后，便使原来孤立原子的轨道态分裂为 N 个态。例如，硅中可容纳两个自旋相反的电子的 3s 轨道态，在晶体中便分裂为 $2N$ 个态；可容纳 6 个电子的 3p 轨道态也便分裂为 $6N$ 个态。分裂的轨道态之间的能量差仅为 10^{-22}eV，因此原来孤立原子的能级便随原子的逐渐接近而加宽，转化为相应的能带。对硅来说，随原子的接近，3s 和 3p 能带发生重叠，还会发生 sp^3 轨道的杂化。也就是说，硅原子形成共价键时杂化轨道上的共价电子既有 s 电子部分，也有 p 电子部分。杂化轨道的波函数：

$$\Psi=\frac{1}{2}(\Psi_{3s}+\Psi_{3px}+\Psi_{3py}+\Psi_{3pz})$$

虽然轨道杂化需要一定的能量，但形成共价键时能量的下降足以补偿轨道杂化的能量。因此硅的 3s 和 3p 能带交叠并杂化后总共形成 $8N$ 个量子态。硅中外层 $4N$ 个价电子便将下面的能带的 $4N$ 量子态填满。上面也具有 $4N$ 个量子态的能带空着，分别称为价带和导带。当价带中的电子因光照或受晶格热振动的激发、获取足够的能量而跃迁到上面空着的导带中，导带中的这些电子便可以导电，成为自由电子或载流子。原来填满电子的价带中的电子不能在电场中得到加速、增加能量。因而填满的价带是不导电的。当价带中能量较高的电子跃迁到导带后，这些能级便空着。在电场作用下，能量较低的电子便可以填充它，从而形成定向的电流。将能量空着的状态看成带正电荷的空穴。因此空穴便是价带中的载流子。

2) 禁带的形成

固体量子论认为，作共有化运动的电子以平面波的形式在晶体中传播：

$$\Psi(r)=\frac{1}{\sqrt{N\Omega}}\exp i2\pi K\cdot r \tag{3-1}$$

式中，K——电子波的波矢量，$K=1/\lambda$，λ 是晶体中电子波的波长；

N、Ω——分别为晶体中单胞的总数和体积。

因此波函数是归一化的，即

$$\int_V \Psi(r)\Psi^*(r)\mathrm{d}r=1 \tag{3-2}$$

式中，V——晶体的体积，$V=N\Omega$。

电子的动量$P=hK$，能量

$$E(K)=\frac{p^2}{2m_0}=\frac{1}{2m_0}h^2K^2 \tag{3-3}$$

式中，m_0——电子的惯性质量；

h——普朗克常数。

也就是自由电子的能量E与波数K成二次抛物线的关系。电子运动速度为

$$v=\frac{1}{h}\nabla_K E \tag{3-4}$$

一维情况下，$v=\frac{1}{h}\frac{\partial E}{\partial K}$。也就是说，$E-K$关系的斜率代表电子在晶体中的运动速度。在一维情况下，当波数K逐渐由零增加到$\frac{n}{2a}$，即电子波的波长$\lambda=2a/n$时，会出现一种特殊情况。此时，波长为λ的电子波入射到面间距为a的一组平行晶面，因满足布拉格垂直反射条件：

$$n\lambda=2a\sin\frac{\pi}{2}=2a \tag{3-5}$$

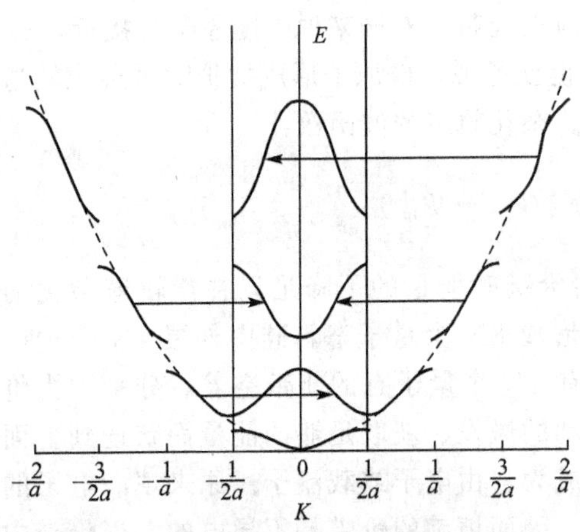

图 3.4　电子能量与 K 的关系及简约能带

而遭受强烈的反射。这样波长的电子便不能通过这一系列平行晶面，因此电子的运动速度为零。这表现在$E-K$关系图上，每当$K=\frac{n}{2a}$(即$\lambda=2a/n$)时，曲线的斜率必须平坦化，如图3.4所示。并且$E-K$关系曲线出现能量间断ν_n，被称为能隙或禁带。ν_1，ν_2，…，ν_n分别为1，2，…，n禁带。而$E-K$关系的连续带称为相应的第1，2，…，n能带。电子只允许在能带中运动。不允许电子具有带隙的能量。低能带中的电子只有跃过带隙才能进入更高的能带。波数K在$\pm\frac{1}{2a}$之间的区域称为第一布里渊区。以此类推便有第2，3，…布里渊区。它们的大小都是相等的。人们往往把第2，3，…布里渊区的$E-K$曲线，平移n/a波数后，移位到第一布里渊区中的全部能带称为简约能带。晶体中的电子按能量由低能带开始逐渐往上填各能带。因此也会出现较低的填满带及能量较高的空带。其余也会出现部分填充的不满带。价带是价电子所填充的能带，也是已填充电子的最高能带。价带以上的空带被称为导带。

3.1.2　半导体的PN结

常用的双极型半导体分立器件种类很多，应用广泛，但它们的基本结构都是PN结的组合，且参与导电的是电子载流子和空穴载流子两种极型的载流子。同时参与导电，故称为双极型器件。

1. 本征半导体

完全纯净的半导体晶体称为本征半导体。以硅晶体为例，它们的原子排列得很有规

律，并且每两个相邻原子共有一对价电子，这样的组合称为共价键结构，如图 3.5 所示。共价键中的价电子受两个原子核的制约，如果没有足够的能量就无法挣脱共价键的束缚。因此，在热力学温度 0K(－273.16℃)，且无外界能量的激发，本征半导体无自由电子，和绝缘体一样不导电。在常温(热力学温度 300K)下，或者受到光照，将有少数价电子获得足够的能量，挣脱共价键的束缚，跳到键外，成为自由电子。值得注意的是，价电子挣脱共价键成为自由电子后，在共价键中就留下了空位，有了这样一个空位，在外电场或其他能源作用下，邻近的价电子就会填补到这个空位，这个电子原来的位置又留下新的空位。然后，其他价电子又会移至这个新的空位上，如此下去，形成价电子的运动，如图 3.6 所示。这种运动好像一个带正电荷的空位在移动，称为空穴(即空位)运动。

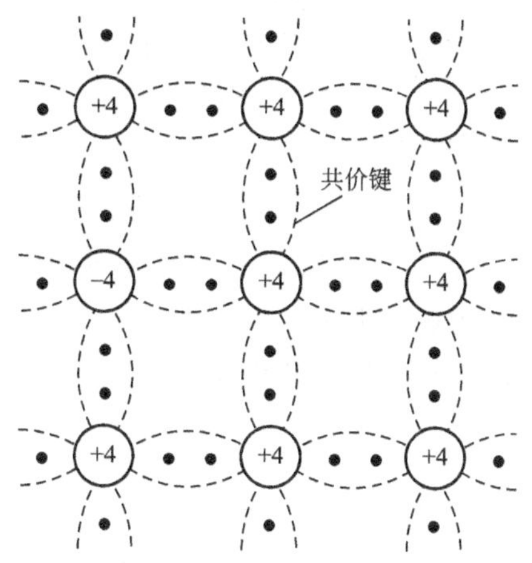

图 3.5　本征半导体结构示意图

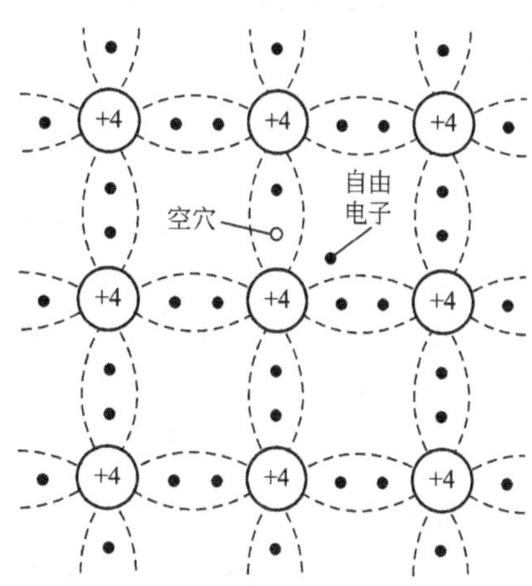

图 3.6　本征半导体中的自由电子和空穴

当这种半导体加上电压时，其电流由两部分组成：一是自由电子定向运动形成的电流(电子电流)；二是价电子递补空位形成电流(空穴电流)。其方向与电子电流相反。

由于热运动，本征半导体不断产生自由电子，同时也出现相应数量的空穴，这种现象称为本征激发。本征激发中，自由电子和空穴总是相伴而生，成对出现，称为电子空穴对。另外，自由电子在运动中又会与空穴重新结合而消失，这是一种相反的过程，称为复合。在一定温度下。电子-空穴对既产生又复合，达到相对的动态平衡。这时，产生与复合过程虽然在进行，但是电子-空穴对却维持一定的数目。载流子(电子、空穴)的浓度不仅与半导体材料的性质有关，还对温度十分敏感。对于硅材料，温度每升高 8℃，载流子的浓度大约增加 1 倍；对于锗，温度每升高 12℃，载流子的浓度大约增加 1 倍。

2. 杂质半导体

在本征半导体硅或锗中掺入微量五价元素，如磷或砷(称为杂质)等，可使自由电子浓度大大增加，自由电子成为多数载流子(简称多子)，空穴称为少数载流子(简称少子)。这种以电子导电为主的半导体称为 N 型半导体(电子型半导体)。

在本征半导体硅或锗中掺入微量三价元素，如硼或铟等，则空穴的浓度大大增加。空穴成为多子，而电子为少子。这种以空穴导电为主的半导体称为 P 型半导体(空穴型半导体)。无论是 N 型半导体，还是 P 型半导体。虽然它们各自有一种载流子占多数，但是整个半导体仍然显电中性。如图 3.7 所示为 N 型半导体和 P 型半导体的结构。

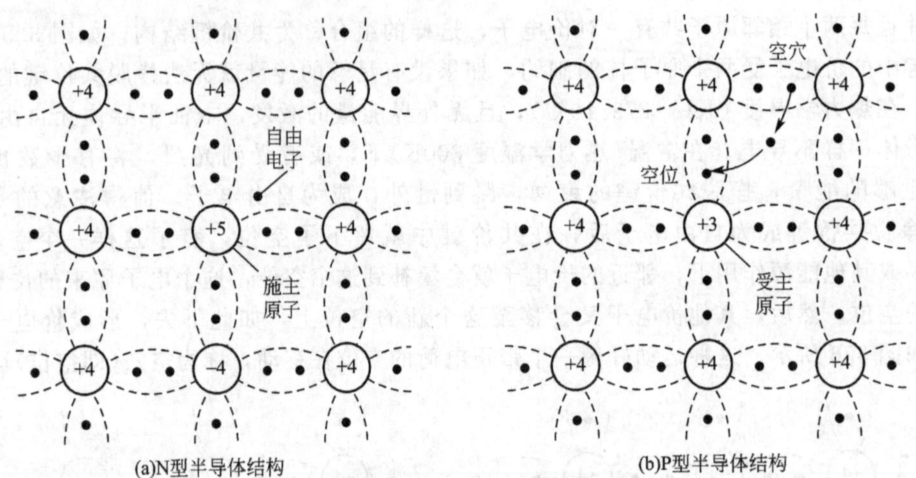

图 3.7　N 型半导体和 P 型半导体的结构

N 型半导体和 P 型半导体统称为杂质半导体。掺杂后的半导体的导电能力将显著增强。由理论计算可知，若在本征半导体中掺入 1/10 的杂质。其载流子浓度将增加近 10 倍。在杂质半导体中，多子的浓度主要取决于杂质的含量，少子的浓度主要与本征激发有关，它对温度的变化非常敏感，其大小随温度的升高基本上按指数规律增大，因此，温度是影响半导体器件性能的一个重要因素。

3. PN 结的形成过程

单一的杂质半导体通常只能用来制造电阻器件。如果采用某种掺杂工艺，在一块完整的半导体的一边形成 N 型半导体，另一边形成 P 型半导体，则在它们的交界处形成一个具有特殊物理性能的薄层(其厚为数微米)，称为 PN 结。PN 结是构成各种半导体器件的基础。下面首先讨论 PN 结形成的物理过程。

1) 载流子的扩散运动

当 P 型和 N 型两种半导体结合在一起的时候。在交界面的两侧，P 区的空穴(多子)浓度远大于 N 区的空穴(少子)浓度，因此，P 区的空穴必然向 N 区运动，并与 N 区中的电子复合而消失；同理，N 区的电子必然向 P 区运动，并与 P 区中的空穴复合而消失。这种由于浓度差而引起的载流子运动，称为扩散运动。

2) 内电场的建立

载流子扩散运动的结果，使交界面 P 区一侧失去空穴而留下负离子，N 区一侧失去电子而留下正离子。这些不能移动的带电离子称为空间电荷。而由这些正、负离子形成的薄层称为空间电荷区，在这个区域内载流子已耗尽，故又称为耗尽层，并建立起一个电场，其方向由 N 区指向 P 区，如图 3.7(b)所示。这个电场是由于多数载流子的扩散和复合而产生的。为区别由外加电压建立的电场，故称为内电场。空间电荷使交界面两侧的电中性被破坏了，但是，空间电荷区以外的 P 区和 N 区仍呈电中性。

3) 内电场对载流子运动的作用

随着载流子扩散运动的进行，空间电荷区增加，内电场加强。但是，内电场是阻止多子扩散的，即阻止 P 区的空穴向 N 区、N 区的电子向 P 区继续扩散。所以，空间电荷区又称为阻断层。

另一方面，内电场又带动P区的少子电子向N区、N区的少子空穴向P区运动。这种在电场作用下的载流子的运动称为漂移运动，其结果使空间电荷区变窄，内电场削弱，这又将导致多子扩散运动的加强。

4）PN结的形成

由以上分析可见，载流子在P区和N区的交界面发生着两种相反的运动——多子的扩散运动和少子的漂移运动。开始时，扩散运动占优势，尔后随着内电场的逐步加强，多子的扩散运动逐渐减弱，少子的漂移运动逐渐加强。扩散运动和漂移运动达到动态平衡。即P区的空穴向N区扩散的数量与N区的空穴向P区漂移的数量相等；自由电子亦类似。此时，空间电荷不再变化，因而形成了宽度稳定的空间电荷区，即PN结。

在PN结内，由于载流子已扩散到对方并复合掉了，或者说被耗尽了，所以空间电荷区又称耗尽区。当P区和N区的掺杂浓度相同时，则交界面两侧的空间电荷区的宽度相等，其PN结称为对称PN结；若两个区域的掺杂浓度不同时，由于PN结两边的正、负离子数不相等，则掺杂浓度较高的一侧的空间电荷宽度大于掺杂浓度较低的一侧，这种PN结称为不对称PN结。实际半导体器件的PN结都是不对称结。下面以对称PN结为例讨论其特性，所得到的结论亦适用于不对称结。

4. PN结的单向导电性

以上讨论了PN结无外加电压时的情况，这时载流子的扩散与漂移处于动态平衡，流过PN结的电流为零。

实际工作中的PN结总是加有一定的电压。当外加电压的极性不同时，PN结的导电性能迥然不同，即呈现单向导电性。

1）PN结正向偏置

通常将加在PN结上的电压称为偏置电压。若PN结外加正向电压(P区接电源的正极，N区接负极，或P区电位高于N区电位)，称为正向偏置，简称正偏，如图3.8(a)所示。这时外加电压U在PN结上形成外电场。其方向与内电场方向相反，使耗尽层(空间电荷区)变窄，于是多子的扩散运动增强，形成较大的扩散电流，其方向由P区流向N区，称为正向电流I。在一定范围内，外加电压U越大，正向电流I越大，PN结呈低阻导通状态，相当于开关闭合。为了限制过大的电流I，回路中串入了合适阻值的限流电阻R。

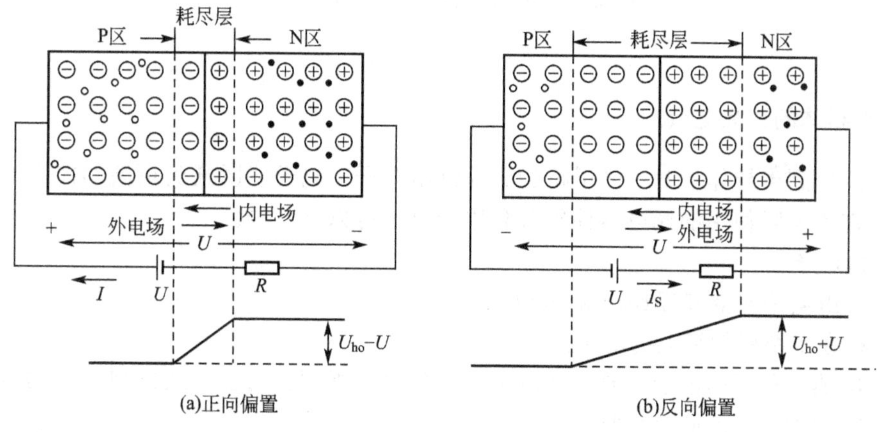

(a)正向偏置　　(b)反向偏置

图3.8 PN结的单向导电特性

2) PN结反向偏置

若PN结加反向电压(P区接电源负极，N区接正极，或P区电位低于N区电位)，称为反向偏置，简称反偏，如图3.8(b)所示。这时外电场的方向与内电场的方向相同，使耗尽层(空间电荷区)变宽，于是多子的扩散运动难于进行，此时流过PN结的电流，主要由少子的漂流运动形成，其方向由N区流向P区，称为反向电流I_S。当温度不变时，少数载流子的浓度不变，因此反向电流I_S几乎不随外加电压而变化，故又称为反向饱和电流。在常温下，少数载流子的浓度很低，所以反向电流很小，一般可以忽略，PN结呈高阻截止状态，相当于开关断开。

5. PN结的结电容

PN结具有电容效应，按产生的原理不同，分为势垒电容C_b和扩散电容C_d。当PN结正偏时，扩散电容远大于势垒电容；而反偏时，主要是势垒电容，扩散电容很小，可以忽略。

1) 势垒电容C_b

PN结的空间电荷随外加电压变化而形成的电容效应，称为势垒电容，记为C_b。当外加正向电压增加时，由于空穴的扩散，中和一部分带电粒子，空间电荷量减少，就像一部分电子和空穴“存入”PN结，相当于势垒电容充电。外加正向电压减少时，又有一部分电子和空穴离开PN结，好似电子和空穴从PN中“取出”，相当于势垒电容放电。当外加电压不变时，空间电荷量保持不变，势垒电容无充放电现象。因此，势垒电容只在外加电压变化时才起作用。外加电压频率越高，其作用越显著。

2) 扩散电容C_d

外加正向电压时，PN结两边的载流子向对方区域做扩散运动，扩散到对方区域的载流子，并不立即复合，而是在扩散过程中，一边扩散，一边复合。这样P区就积累(存入)大量的电子，N区积累(存入)大量的空穴，体现电容效应，即扩散电容C_d。

PN结的电容效应称为结电容C_j，就是上述两种电容的综合，即

$$C_j = C_b + C_d$$

结电容一般很小，从几到几百皮法。

3.2 太阳电池工作原理

3.2.1 半导体的内光电效应

当光照射到半导体上时，光子将能量提供给电子，电子将跃迁到更高的能态。在这些电子中，作为实际使用的光电器件里可利用的电子有以下几种。

(1) 价电子。

(2) 自由电子或空穴(Free Carrier)。

(3) 存在于杂质能级上的电子。

太阳电池可利用的电子主要是价电子。由价电子得到光的能量跃迁到导带的过程决定的光的吸收称为本征或固有吸收。

太阳电池能量转换的基础是结的光伏效应。当光照射到PN结上时，产生电子-空穴

对，在半导体内部结附近生成的载流子没有被复合而到达空间电荷区，受内电场的吸引，电子流入 N 区，空穴流入 P 区，结果使 N 区储存了过剩的电子，P 区有过剩的空穴。它们在 PN 结附近形成与势垒方向相反的光生电场。光生电场除了部分抵消势垒电场的作用外，还使 P 区带正电，N 区带负电，在 N 区和 P 区之间的薄层就产生电动势，这就是光伏效应。此时，如果将外电路短路，则外电路中就有与入射光能量成正比的光电流流过，这个电流称作短路电流；若将 PN 结两端开路，则由于电子和空穴分别流入 N 区和 P 区，使 N 区的费米能级比 P 区的费米能级高，在这两个费米能级之间就产生了电位差 U_{oc}。可以测得这个值，并称为开路电压。由于此时结处于正向偏置，因此，上述短路光电流和二极管的正向电流相等，并由此可以决定 U_{oc} 的值。

3.2.2 太阳电池的能量转换过程

太阳电池是将太阳能直接转换成电能的器件。它的基本构造是由半导体的 PN 结组成。此外，异质结、肖特基势垒等也可以得到较好的光电转换效率。本节以最普通的硅 PN 结太阳电池为例，详细地观察光能转换成电能的情况。

首先研究使太阳电池工作时，在外部观测到的特性。图 3.9 表示了无光照时典型的电流电压特性(暗电流)。当太阳光照射到这个太阳电池上时，将有和暗电流方向相反的光电流 I_{ph} 流过。

当给太阳电池连接负载 R，并用太阳光照射时，则负载上的电流 I_m 和电压 U_m 将由图中有光照时的电流-电压特性曲线与 $U=-IR$ 表示的直线的交点来确定。此时负载上有 $P_{out}=RI_m^2$ 的功率消耗，它清楚地表明正在进行着光电能量的转换。通过调整负载的大小，可以在一个最佳的工作点上得到最大输出功率。输出功率(电能)与输入功率(光能)之比称为太阳电池的能量转换效率。

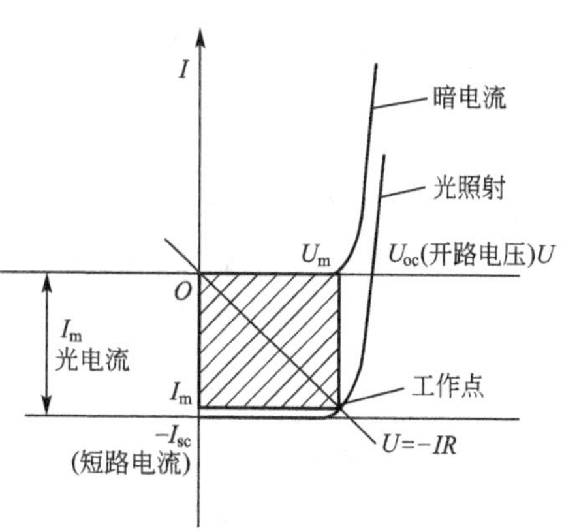

图 3.9 无光照及光照时电流-电压特性

下面我们把目光转到太阳电池的内部，详细研究能量转换过程。太阳电池由硅 PN 结构成，在表面及背面形成无整流特性的欧姆接触。并假设除负载电阻 R 外，电路中无其他电阻成分。当具有 $h\nu$(eV)能量的光子照射在太阳电池上时，产生电子-空穴对。由于光子的能量比硅的禁带宽度大，因此电子被激发到比导带底还高的能级处。对于 P 型硅来说，少数载流子浓度 n_p 极小(一般小于 $10^5/cm^2$)，导带的能级几乎都是空的，因此电子又马上落在导带底。这时电子及空穴将总的 $h\nu-E_g$(eV)的多余能量以声子(晶格振动)的形式传给晶格。落到导带底的电子有的向表面或结扩散，有的在半导体内部或表面复合而消失了。但有一部分到达结的载流子，受结处的内电场加速而流入 N 型硅中。在 N 型硅中，由于电子是多数载流子，流入的电子按介电弛豫时间的顺序传播，同时为满足 N 型硅内的载流子电中性条件，与流入的电子相同数目的电子从连接 N 型硅的电极流出。这时，电子失去相当于空间电荷区的电位高度及导带底和费米能级之间电位差的能量。设负载电阻上每秒每立方厘米流入 N 个电子，则加在负载电阻上的电压 $U=QNr=IR$ 表示。由于电路中无电源，电压 $U=IR$ 实际加在太阳电池的结上，即结处于正向偏置。一旦结处于正向偏置时，二极管电流 $I_d=I_0\ [\exp(qU/nkT)-1]$ 朝着与光激发产生的载流子形成的光电

流 I_{ph} 相反的方向流动，因而流入负载电阻的电流值为

$$I=I_{ph}-I_d=I_{ph}-I_0\left[\exp(qU/nkT)-1\right] \tag{3-6}$$

在负载电阻上，一个电子失去一个 qU 的能量，即等于光子能量 $h\nu$ 转换成电能 qU。流过负载电阻的电子到达P型硅表面电极处，在P型硅中成为过剩载流子，于是和被扫出来的空穴复合，形成光电流

3.3 太阳电池的基本特性

3.3.1 短路电流

太阳电池的短路电流等于其光生电流。分析短路电流的最方便的方法是将太阳光谱划分成许多段，每一段只有很窄的波长范围，并找出每一段光谱所对应的电流，电池的总短路电流是全部光谱段贡献的总和：

$$I_{sc}=\int_0^{\infty} j_{sc}(\lambda)\mathrm{d}\lambda \approx \int_{0.3\mu\mathrm{m}}^{\lambda_0} j_{sc}(\lambda)\mathrm{d}\lambda=\int_{0.3\mu\mathrm{m}}^{\lambda_0}\left[1-R(\lambda)\right]qF(\lambda)\eta(\lambda)\mathrm{d}\lambda \tag{3-7}$$

式中，λ_0——本征吸收波长限；

$R(\lambda)$——表面反射率；

$F(\lambda)$——太阳光谱中波长为 $\lambda\sim(\lambda+\mathrm{d}\lambda)$ 间隔内的光子数。

$F(\lambda)$的值很大的程度上依赖于太阳天顶角。作为表示 $F(\lambda)$分布的参数是AM(air mass)。AM表示入射到地球大气的太阳直射光所通过的路程长度，定义为

$$AM=\frac{b}{b_0}\sec Z \tag{3-8}$$

式中，b_0——标准大气压；

b——测定时的大气压；

Z——太阳天顶距离。

一般情况下，$b\approx b_0$。例如，AM 1相当于太阳在天顶位置时的情况，AM 2相当于太阳高度角为30°时的情况，AM 0则表示在宇宙空间中的分布。

在实际的半导体表面的反射率与入射光的波长有关，一般为30%～50%。为防止表面的反射，在半导体表面制备折射率介于半导体和空气折射率之间的透明薄膜层。这个薄膜层称为减反射膜(antireflective coating)。

设半导体、减反射膜、空气的折射率分别为 n_2、n_1、n_0，减反射膜厚度为 d_1，则反射率 R 为

$$R=\frac{r_1^2+r_2^2+2r_1r_2\cos 2\theta}{1+r_1^2r_2^2+2r_1r_2\cos 2\theta} \tag{3-9}$$

式中，$r_1=(n_0-n_1)/(n_0+n_1)$；

$r_2=(n_1-n_2)/(n_1+n_2)$；

$\theta=2\pi n_1 d_1/\lambda$；

λ——波长。

显然，减反射膜的厚度 d_1 为1/4波长时，R 为最小。即当 $d_1=\dfrac{\lambda'}{4n_1}$时

$$R_{min}=\left(\frac{n_1^2-n_0n_2}{n_1^2+n_0n_2}\right)^2 \qquad (\lambda=\lambda') \tag{3-10}$$

一般在太阳光谱的峰值波长处，使得 R 变为最小，以此来决定 d_1 的值。

以硅电池为例，因为在可见光至红外光范围内，硅的折射率为 $n_2=3.4\sim4.0$，使式(3-10)为零，则 n_1 的值(n_1，$\sqrt{n_0n_2}$，$n_0=1$)为 $1.8\leqslant n_1\leqslant2.0$。设 $\lambda=4800$Å，则 600Å$\leqslant d_1\leqslant$667Å，满足这些条件的材料一般可采用 Si，在中心波长处，反射率达到 1%左右。由于制备了减反射膜，短路电流可以增加 30%～40%。此外，采用的减反射膜 SiO_2($n_1\approx1.5$)、Al_2O_3($n_1\approx1.9$)、Sb_2O_3($n_1\approx1.9$)、TiO_2、Ta_2O_5、($n_1\approx2.25$)。将具有不同折射率的氧化膜重叠两层，在满足一定的条件下，就可以在更宽的波长范围内减少折射率。此外也可以将表面加工成棱锥体状的方法，来防止表面反射。

3.3.2 开路电压

当太阳电池处于开路状态时，对应光电流的大小产生电动势，这就是开路电压。设 $I=0$(开路)，$I_{ph}=I_{sc}$，则

$$U_{oc}=\frac{nkT}{q}\ln\left[(I_{sc}/I_0)+1\right] \tag{3-11}$$

在可以忽略串联、并联电阻的影响时，I_{sc}为与入射光强度成正比的值，在很弱的阳光下，$I_{sc}\ll I_0$，因此

$$U_{oc}=\frac{nkT}{q}\frac{I_L}{I_0}=I_LR_0 \tag{3-12}$$

式中，$R_0=\dfrac{nkT}{ql_0}$。

在很强的阳光下，$I_{sc}\gg I_0$，因此

$$U_{oc}=\frac{nkT}{q}\ln\frac{I_{sc}}{I_0} \tag{3-13}$$

由此可见，在较弱阳光时，硅太阳电池的开路电压随光的强度做近似直线的变化。而当有较强的阳光时，U_{oc}则与入射光的强度的对数成正比。图 3.10 表示具有代表性的 Si 和 GaAs 太阳电池的 I_{sc}与 U_{oc}之间的关系。Si 与 GaAs 比较，因 GaAs 的禁带宽度宽，故 I_0 值比 Si 的小几个数量级，GaAs 的 U_{oc}值比 Si 的高 0.45V 左右。假如结形成得很好，禁带宽度越宽的半导体，U_{oc} 也越大。

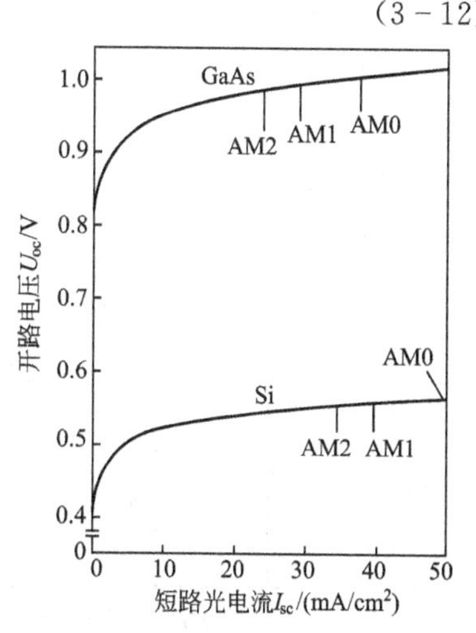

图 3.10 开路电压与短路电流的关系

3.3.3 太阳电池的输出特性

1. 等效电路

为了描述电池的工作状态，往往将电池及负载系统用一等效电路来模拟。在恒定光照下，一个处于工作状态的太阳电池，其光电流不随工作状态而变化，在等效电路中可把它看作恒流源。光电流一部分流经负载 R_L，在负载两端建立起端电压 U，反过来它又正向偏置于 PN 结二极管，引起一股与光电流方向相反的暗电流 I_{bk}，这样，一个理想的 PN 同

质结太阳电池的等效电路就被绘制成如图 3.11(a)所示。但是，由于前面和背面的电极接触，以及材料本身具有一定的电阻率，基区和顶层都不可避免地要引入附加电阻。流经负载的电流，经过它们时，必然引起损耗。在等效电路中，可将它们的总效果用一个串联电阻 R_S 来表示。由于电池边缘的漏电，以及制作金属化电极时，在电池的微裂纹、划痕等处形成的金属桥漏电等，一部分本应通过负载的电流短路，这种作用的大小可用一个并联电阻 R_{sh} 来等效。其等效电路就绘制成图 3.11(b)的形式。其中暗电流等于总面积 A_T 与 J_{bk} 的乘积，而光电流 I_L 为电池的有效受光面积 A_E 与 J_L 的乘积，这时的结电压不等于负载的端电压，由图可见：

$$U_j = IR_S + U \tag{3-14}$$

2. 输出特性

根据图 3.11 就可以写出输出电流 I 和输出电压 U 之间的关系：

$$I = \frac{R_{Sh}}{R_S + R_{Sh}}\left[I_L - \frac{U}{R_{Sh}} - I_{bk}(U)\right] \tag{3-15}$$

其中暗电流 I_{bk} 应为结电压 U_j 的函数，而 U_j 又是通过式(3-14)与输出电压 U 相联系的。

当负载 R_L 从 0 变化到无穷大时，输出电压 U 则从 0 变到 U_{oc}，同时输出电流便从 I_{sc} 变到 0，由此得到电池的输出特性曲线，如图 3.12 所示。曲线上任何一点都可以作为工作点，工作点所对应的纵横坐标，即为工作电流和工作电压，其乘积为电池的输出功率：

$$P = IU$$

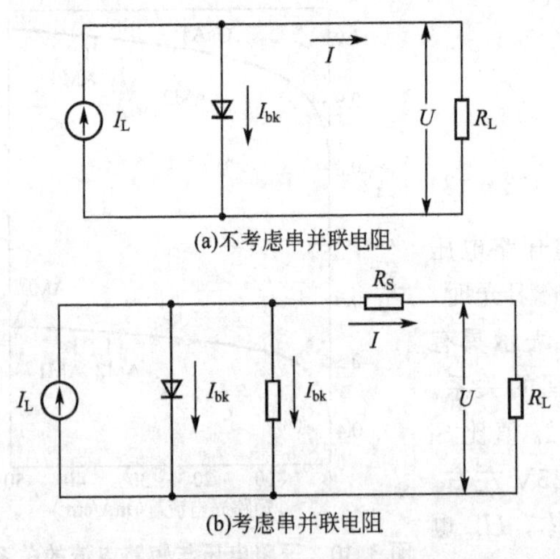

图 3.11 PN 同质结太阳电池等效电路

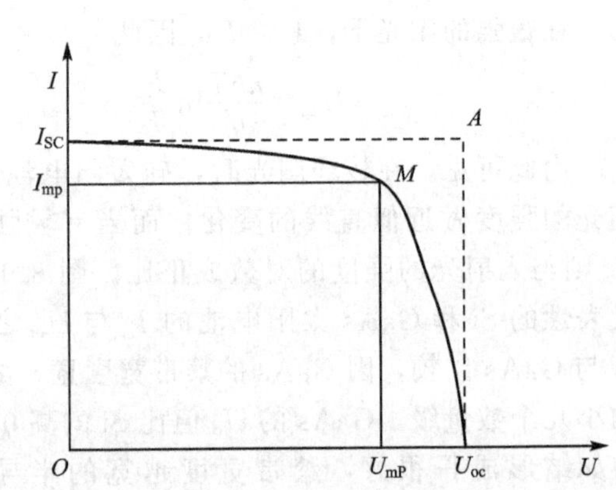

图 3.12 太阳电池的输出特性

3.3.4 转换效率

转换效率表示在外电路连接最佳负载电阻 R 时，得到的最大能量转换效率，其定义为

$$\eta = \frac{P_{max}}{P_{in}} = \frac{I_{mp}U_{mp}}{P_{in}}$$

即电池的最大输出功率与输入功率之比。

这里我们定义一个填充因子 FF 为

$$FF=\frac{I_{mp}U_{mp}}{U_{oc}I_{sc}}=\frac{P_m}{U_{oc}I_{sc}} \tag{3-16}$$

填充因子正好是 $I-U$ 曲线下最大长方形面积与乘积 $U_{oc}\times I_{sc}$ 之比，所以转换效率可表示为

$$\eta=\frac{FFU_{oc}I_{sc}}{P_{in}} \tag{3-17}$$

3.3.5 太阳电池的光谱响应

太阳电池的光谱响应是指光电流与入射光波长的关系，设单位时间波长为 λ 的光入射到单位面积的光子数为 $\Phi_0(\lambda)$，表面反射系数为 $\rho(\lambda)$，产生的光电流为 J_L，则光谱响应 $SR(\lambda)$ 定义为

$$SR(\lambda)=\frac{J_L(\lambda)}{q\Phi_0(\lambda)\left[1-\rho(\lambda)\right]} \tag{3-18}$$

式中，$J_L=J_L|_{顶层}+J_L|_{势垒}+J_L|_{基区}$。

理想吸收材料的光谱响应应该是，当光子能量 $h\nu<E_g$ 时，$SR=0$；$h\nu>E_g$ 时，$SR=1$。

3.3.6 太阳电池的温度效应

载流子的扩散系数随温度的增高而增大，所以少数载流子的扩散长度也随温度的升高稍有增大，因此，光生电流 J_L 也随温度的升高有所增加。但是 J_0 随温度的升高而指数增大，因而 U_{oc} 随温度的升高急剧下降。当温度升高时，$I-U$ 曲线形状改变，填充因子下降，所以转换效率随温度的增加而降低。

3.3.7 太阳电池的辐照效应

作为人造卫星和宇宙飞船的电源，太阳电池已获得了广泛的应用。但是在外层空间存在着高能粒子，如电子、质子、粒子等。高能粒子辐照时通过与晶格原子的碰撞，将能量传给晶格，当传递的能量大于某一阈值时，便使晶格原子发生位移，产生晶格缺陷，如填隙原子、空位、缺陷簇、空位-杂质复合体等。这些缺陷将起复合中心的作用，从而降低少子寿命。大量研究工作表明，寿命参数对辐照缺陷最为灵敏，也正因为辐照影响了寿命值，从而使太阳电池性能下降。

3.4 影响太阳电池转换效率的因素

1. 禁带亮度

U_{oc} 随 E_g 的增大而增大，但 J_{sc} 随 E_g 的增大而减小。结果是可期望在某个确定的 E_g 处出现太阳电池效率的峰值。

2. 温度

随温度的增加，效率 η 下降。I_{sc} 对温度 T 很敏感，温度还对 U_{oc} 起主要作用。

对于 Si，温度每增加 1℃，U_{oc} 下降室温值的 0.4%，也因而降低约同样的百分数。例如，一个 Si 电池在 20℃时的效率为 20%，当温度升到 120℃时，效率仅为 12%。又如，

GaAs 电池温度每升高 1℃，U_{oc}降低 1.7mV 或降低 0.2%。

3. 复合寿命

希望载流子的复合寿命越长越好，这主要是因为这样做 I_{sc}越大。在间接带隙半导体材料，如 Si 中，离结 100μm 处也产生相当多的载流子，所以希望它们的寿命能大于 1μs。在直接带隙材料，如 GaAs 或 Gu_2S 中，只要 10ns 的复合寿命就已足够长了。长寿命也会减小暗电流并增大 U_{oc}。

达到长寿命的关键是在材料制备和电池的生产过程中，要避免形成复合中心。在加工过程中，适当而且经常进行工艺处理，可以使复合中心移走，因而延长寿命。

4. 光强

将太阳光聚焦于太阳电池，可使一个小小的太阳电池产生出大量的电能。设想光强被浓缩了 x 倍，单位电池面积的输入功率和 J_{sc}都将增加 x 倍，同时 U_{oc}也随着增加$(kT/q)\ln x$ 倍。因而输出功率的增加将大大超过 x 倍，而且聚光的结果也使转换效率提高了。

5. 掺杂浓度及剖面分布

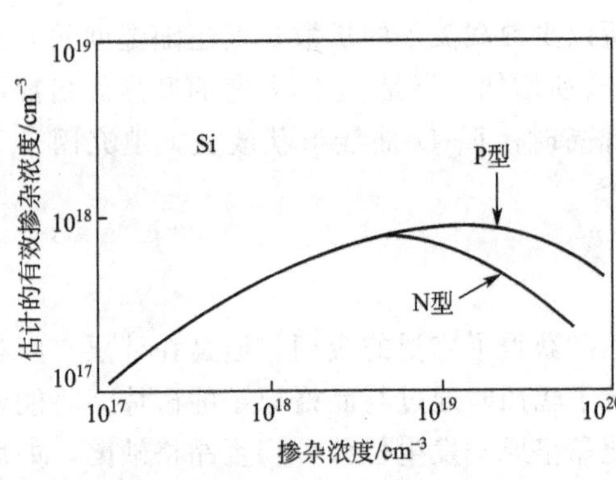

图 3.13 高掺杂效应

对 U_{oc}有明显的影响的另一因素是掺杂浓度。如图 3.13 所示，虽然 N_d 和 N_a 出现在 U_{oc}定义的对数项中，它们的数量级也是很容易改变的。掺杂浓度越高，U_{oc}越高。一种称为重掺杂效应的现象近年来已引起较多的关注，在高掺杂浓度下，由于能带结构变形及电子统计规律的变化，所有方程中的 N_d 和 N_a 都应以$(N_d)_{eff}$和$(N_a)_{eff}$代替，如图 3.13 所示。既然$(N_d)_{eff}$和$(N_a)_{eff}$显现出峰值，那么用很高的 N_d 和 N_a 不会再有好处，特别是在高掺杂浓度下寿命还会减小。随掺杂浓度增加，有效掺杂浓度饱和，甚至会下降。

目前，在 Si 太阳电池中，掺杂浓度大约为 $10^{16}\,cm^{-3}$，在直接带隙材料制作的太阳电池中约为 $10^{17}\,cm^{-3}$。为了减小串联电阻，前扩散区的掺杂浓度经常高于 $10^{19}\,cm^{-3}$，因此重掺杂效应在扩散区是较为重要的。

当 N_d 和 N_a 或$(N_d)_{eff}$和$(N_a)_{eff}$不均匀且朝着结的方向降低时，就会建立起一个电场，其方向能有助于光生载流子的收集，因而也改善了 I_{sc}。这种不均匀掺杂的剖面分布，在电池基区中通常是做不到的，而在扩散区中是很自然的。

6. 表面复合速率

低的表面复合速率有助于提高 I_{sc}，并由于 I_0 的减小而使 U_{oc}改善。前表面的复合速率测量起来很困难，经常被假设为无穷大。一种称为背表面场(BSF)电池设计为，在沉积金属接触之前，电池的背面先扩散一层 P^+ 附加层。图 3.14 表示了这种结构，在 P/P^+ 界面存在一个电子势垒，它容易做到欧姆接触，在这里电子也被复合。在 P/P^+ 界面处的复合速率可表示为

$$S_n = \frac{N_a}{N_a^+} \frac{D_{n^+}}{L_{n^+}} \coth \frac{W_{p^+}}{L_{n^+}} \tag{3-19}$$

7. 串联电阻

在任何一个实际的太阳电池中，都存在着串联电阻，其来源可以是引线、金属接触栅或电池体电阻。不过通常情况下，串联电阻主要来自薄扩散层。PN 结收集的电流必须经过表面薄层再流入最靠近的金属导线，这就是一条存在电阻的路线，显然通过金属线的密布可以使串联电阻减小。一定的串联电阻 R_S 的影响是改变 $I-U$ 曲线的位置。

8. 金属栅和光反射

在前表面上的金属栅线不能透过阳光。为了使 I_{sc} 最大，金属栅占有的面积应最小。为了使 R_S 小，一般将金属栅做成又密又细的形状。

因为有太阳光反射的存在，不是全部光线都能进入 Si 中。裸 Si 表面的反射率约为 40%。使用减反射膜可降低反射率。对于垂直地投射到电池上的单波长的光，用一种厚为 1/4 波长、折射率等于$\sqrt{n}$(n 为 Si 的折射率)的涂层能使反射率降为零。对于太阳光，采用多层涂层能得到更好的效果。

图 3.15 为 Si 表面复合速率对电场参数的影响。

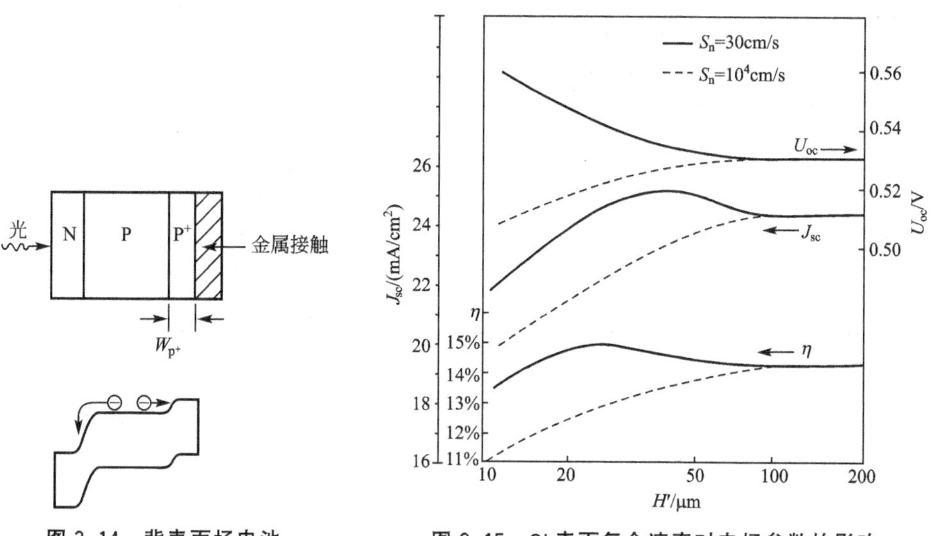

图 3.14 背表面场电池

图 3.15 Si 表面复合速率对电场参数的影响

习 题

1. 简述晶体的能带理论。
2. 简述 PN 结的性质及形成过程。
3. 简述太阳电池的能量转换过程。
4. 简述太阳电池的性质。
5. 影响太阳电池转换效率的因素有哪些？

第4章 太阳能光伏电池的常规工艺

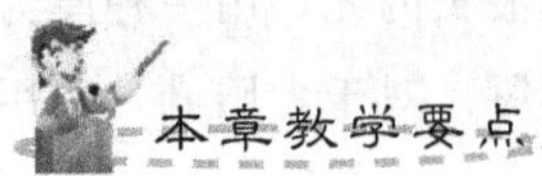

知识要点	掌握程度	相关知识
硅材料选取、制备	了解硅材料的选取； 掌握多晶硅制备方法	西门子法和改良西门子法
单体光伏电池制造	熟悉单体光伏电池制造工艺； 掌握各步骤的原理	硅片表面处理，扩散制结，去边，去除背结，制作上下电极，制作减反射膜
太阳能光伏电池组件及封装	熟悉光伏电池组件及封装的工艺	光伏组件常见结构形式，封装材料及制造工艺

导入案例

在西雅图举行的第 37 届 IEEE 光伏专家会议上，Alta Devices 介绍了公司如何在去年使电池效率达到 27.6%，以及如何取得高达 28.2%的最佳效率。这两项数据均得到美国国家可再生能源实验室的证实。据 Alta Devices 透露，效率的提高源自科学家对光致发光和太阳能对光子吸收的新发现。

Alta Devices 指出，目前主流的理论认为太阳能电池的效率可以由其吸收及转化的外部光照计算得出。然而这并不包括器件内部产生的光子，如果考虑这部分光子，太阳能电池的效率将进一步提高。

Alta Devices 的联合创始人 Eli Yablonovitch 教授表示："根据目前掌握的理论，我们需要增加材料吸收的光照来增大太阳能电池产生的电流，但电压又有所不同，我们需要材料内部产生光子来获得最大的电压，与通常的观念相反，器件内部辐射的光子是提高效率的关键。"他还同时担任美国国家科学基金会节能电子科学研究中心主任和加州大学伯克利分校教授。

"一个好的太阳能电池可以吸收自身发出的光子以提高其性能。"公司援引 Shockley-Queisser 效率极限，称单结太阳能电池最高理论效率可以达到 33.5%。尽管距离这一效率还有很长的路要走，Alta 的董事长兼首席执行官 Christopher Norris 称在公司科学家和工程师的共同努力下，电池的效率每两个月都会有所提高。

"2009 年时，现在的团队抱着极富野心的计划找到我，他们想要推翻当时公认的实际效率极限，"诺里斯表示，"在过去的两年中，我们的团队不断达到计划的目标，我们把包括内部发光和吸收在内的新理论作为指导。通过开发其他重要的工艺，在提高太阳能电池和组件效率的同时还大幅降低了制造成本。美国能源部每瓦 1 美元的太阳能系统目标始终激励着我们公司。"

资料来源：http://www.pv-tech.cn/news/alta_devices_to_present_details_in_achieving_record_cell_efficiencies_at_ie

4.1 硅材料的选取与制备

4.1.1 硅材料的选取

半导体材料是电子技术的基础。早在 19 世纪末，人们就发现了半导体材料，而真正实用还是从 20 世纪 40 年代开始的；50 年代以后以锗为主，由于锗晶体管大量生产、应用，促进了半导体工业的出现；到了 60 年代，硅成为主要应用的半导体材料；到 70 年代随着激光、发光、微波、红外技术的发展，一些化合物半导体和混晶半导体材料，如砷化镓、硫化镉、碳化硅、镓铝砷的应用有所发展，一些非晶态半导体和有机半导体材料(如萘、蒽及金属衍生物等)在一定范围内也有其半导体特性，也开始得到了应用。

Si 是地球外壳第二位丰富的元素，提炼 Si 的原料是 SiO_2。在目前工业提炼工艺中，一般采用 SiO_2 的结晶态，即石英砂，在电弧炉中(图 4.1)用碳还原的方法冶炼的反应方

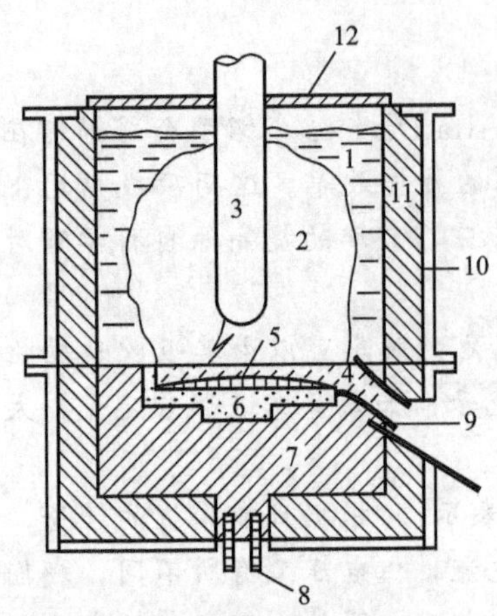

图 4.1　生产冶金级硅的电弧炉的断面图

1—碳和石英岩；2—内腔；3—电极；4—硅；5—碳化硅；6—炉床；7—电极膏；8—铜电极；9—出料喷口；10—铸铁壁；11—陶瓷；12—石墨盖

程为

$$SiO_2+2C \xlongequal{} Si+2CO$$

工业硅的纯度一般为95%～99%，所含的杂质主要为Fe、Al、Ga、Mg等。由工业硅制成硅的卤化物(如三氯硅烷、四氯化硅)通过还原剂还原成为元素硅，最后长成棒状(或针状、块状)多晶硅。习惯上把这种还原沉积出的高纯硅棒称作多晶硅。

多晶硅经过区熔法(FZ法)和坩埚直拉法(CZ法)制成单晶硅棒。随着太阳电池的应用从空间扩展到地面，电池生产成本成为推广应用的最大障碍。硅片质量直接影响成品电池的性能，它的价格在很大程度上决定了成品电池的成本。质量和价格是必须重点考虑的因素。

降低太阳电池的成本取决于硅材料成本的降低。而硅材料成本的关键在于材料的制造方法。为了能与其他能源竞争，一般要使晶硅太阳电池的转换效率大于10%。达到这一要求实际上并不需要使用半导体级硅，人们研制、生产太阳电池级硅(SOG-Si)。我们知道一些金属(Ta、Mo、Nb、Zr、W、Ti和V)只要很低的浓度就能降低电池的性能，而另一些杂质即便浓度超过$10^{15}/cm^2$仍不成问题，此浓度大约比半导体级硅的杂质浓度高100倍，这样就可以选用成本较低的工艺来生产纯度稍低的太阳电池级硅，而仍旧能制造性能比较好的电池。为了进一步降低电池成本，人们还在研究单晶硅，如图4.2和图4.3所示。

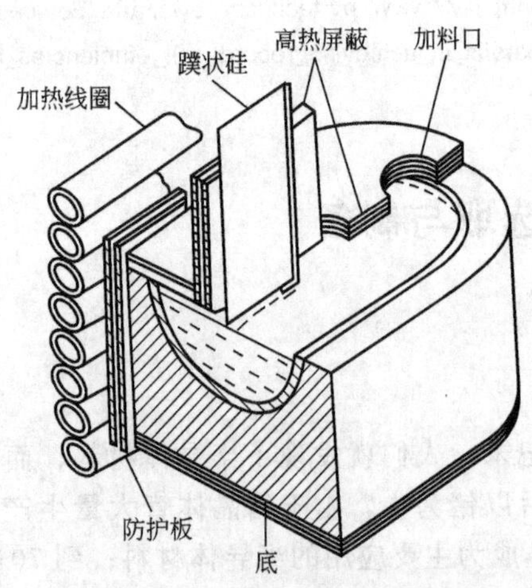

图 4.2　蹼状硅生产设备示意图

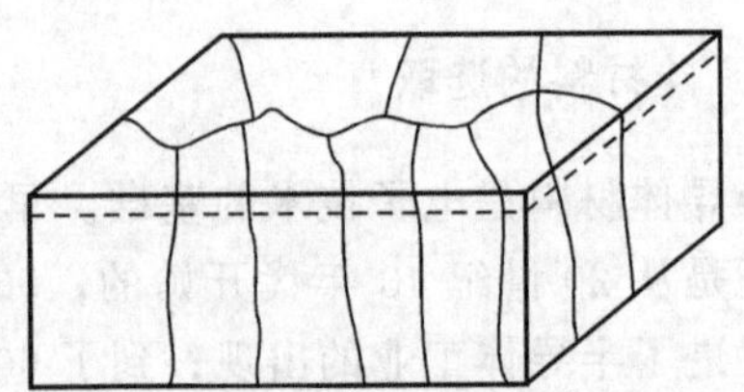

图 4.3　柱形晶粒的多晶硅太阳电池

除了价格、成本和来源难易外，根据不同用途，可以从下几个方面选用硅材料。

(1) 导电类型：从国内外硅太阳电池生产的情况来看，多数采用P型硅材料，这是基于N^+/P型电池在空间的应用及其传统的生产历史，也由于该种材料易得。

(2) 电阻率：由硅太阳电池的原理知道，在一定范围内，电池的开路电压随着硅基体电阻率的下降而增加，材料电阻率较低时，能得到较高的开路电压，而路电流则略低，总的转换效率较高。所以，地面应用倾向于 0.5～3.0Ω·cm 的材料。太低的电阻率反而使开路电压降低，并且导致填充因子下降。

(3) 晶向、位错、寿命：太阳电池较多选用(111)和(100)晶向生长的单晶。由于绒面电池相对有较高的吸光性能，较多采用(100)间的硅衬底材料。在不要求太阳电池有很高转换效率的场合，位错密度和电子寿命不做严格要求。

现阶段光伏行业中，单晶硅电池和多晶硅电池是比较常见的两种太阳电池。单晶硅(monocrystalline silicon)是硅的单晶体，具有基本完整的点阵结构的晶体，不同的方向具有不同的性质，是一种良好的半导体材料，纯度要求达到 99.9999%，甚至达到 99.9999999%以上。多晶硅是单质硅的一种形态，熔融的单质硅在过冷条件下凝固时，硅原子以金刚石晶格形态排列成许多晶核，如这些晶核长成晶面取向不同的晶粒，则这些晶粒结合起来，就结晶成多晶硅。生产制造这几种太阳电池的原材料是硅锭，根据分类的不同，硅锭可以由多种制备方法制得，硅锭再经过表面整形、定向、切割、研磨、腐蚀、抛光和清洗等一系列工艺处理之后，加工成制造太阳电池的基本材料——硅片。

制造太阳电池的硅材料以石英砂(SiO_2)为原料，先把石英砂放入电炉中用碳还原得到冶金硅，较好的纯度为 98%～99%。冶金硅与 Cl_2(或 HCl)反应得到 $SiCl_4$(或 $SiHCl_3$)，经过精馏使其纯度提高，然后通过 H_2 还原成多晶硅。多晶硅经过坩埚直拉法(CZ 法)或区熔法(FZ 法)制成单晶硅棒，硅材料的纯度可进一步提高，要求单晶硅缺陷和有害杂质少。在制备单晶硅的过程中可根据需要对其掺杂，地面用晶体硅太阳电池材料的电阻率为 0.5～3Ω·cm，空间用硅太阳电池材料的电阻率约为 10Ω·cm。

4.1.2 单晶硅与多晶硅的制备

1. 单晶硅的制备

单晶硅按晶体生长方法的不同，主要分为直拉法(CZ 法，图 4.4)和区熔法(FZ 法，图 4.5)。

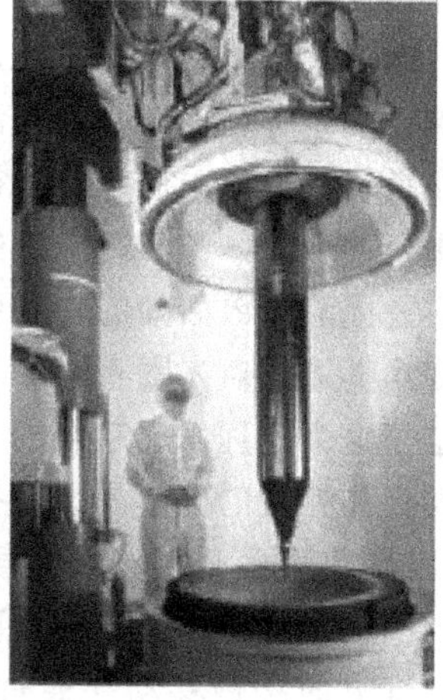

图 4.4 直拉法

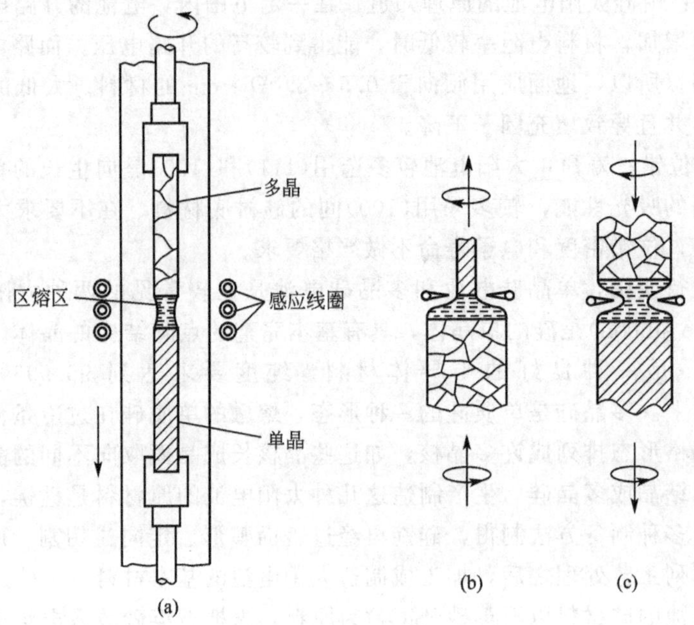

图 4.5　区熔法

直拉法又称切克劳斯基法，它是在 1917 年由切克劳斯基(Czochralski)建立起来的一种晶体生长方法，简称 CZ 法。直拉单晶制造是把原料多硅晶块放入石英坩埚中，在单晶炉中加热融化，再将一根直径只有 10mm 的棒状晶种(称籽晶)浸入融液中。在合适的温度下，融液中的硅原子会顺着晶种的硅原子排列结构在固液交界面上形成规则的结晶，成为单晶体。把晶种微微地旋转向上提升，融液中的硅原子会在前面形成的单晶体上继续结晶，并延续其规则的原子排列结构。若整个结晶环境稳定，就可以周而复始地形成结晶，最后形成一根圆柱形的原子排列整齐的硅单晶晶体，即硅单晶锭。当结晶加快时，晶体直径会变粗，提高升速可以使直径变细，增加温度能抑制结晶速度。反之，若结晶变慢，直径变细，则通过降低升速和降温去控制。拉晶开始，先引出一定长度，直径为 3～5mm 的细颈，以消除结晶位错，这个过程叫做引晶。然后放大单晶体直径至工艺要求，进入等径阶段，直至大部分硅融液都结晶成单晶锭，只剩下少量剩料。

控制直径，保证晶体等径生长是单晶制造的重要环节。硅的熔点约为 1450℃，拉晶过程始终保持在高温负压的环境中进行。直径检测必须隔着观察窗在拉晶炉体外部非接触式实现。拉晶过程中，固态晶体与液态融液的交界处会形成一个明亮的光环，亮度很高，称为光圈。光圈其实是固液交界面处的弯月面对坩埚壁亮光的反射。当晶体变粗时，光圈直径变大，反之则变小。通过对光圈直径变化的检测，可以反映出单晶直径的变化情况。自动直径检测就是基于这个原理发展起来的。

如果需要生长极高纯度的硅单晶，其技术选择是悬浮区熔提炼，该项技术一般不用于 GaAs。区熔法可以得到低至 $10^{11}\,cm^{-1}$ 的载流子浓度。区熔生长技术的基本特点是样品的熔化部分是完全由固体部分支撑的，不需要坩埚。柱状的高纯多晶材料固定于卡盘，一个金属线圈沿多晶长度方向缓慢移动并通过柱状多晶，在金属线圈中通过高功率的射频电流，射频功率技法的电磁场将在多晶柱中引起涡流，产生焦耳热，通过调整线圈功率，可以使得多晶柱紧邻线圈的部分熔化，线圈移过后，熔料再结晶为单晶。另一种使晶柱局部熔化的方法是使用聚焦电子束。整个区熔生长装置可置于真空系统中，或者有保护气氛的封闭腔室内。

通常来讲，直拉法的单晶拉制在国内比较普遍，且容易实现，主要是将多晶硅料放在坩埚中，加热后将融熔态硅提拉出来，且单晶炉价格较区熔法拉制的设备便宜得多。区熔法利用铜线圈将多晶硅圆棒的料局部融化拉制，纯度较高。两者拉出的单晶所用的范围不相同。

2. 多晶硅的制备

1）西门子法

西门子法由德国西门子公司发明并于1954年申请了专利，1965年左右实现了工业化。经过几十年的应用和发展，西门子法不断完善，先后出现了第一代、第二代和第三代，第三代多晶硅生产工艺即改良西门子法，它在第二代的基础上增加了还原尾气干法回收系统、$SiCl_4$ 回收氢化工艺，实现了完全闭环生产，是西门子法生产高纯多晶硅技术的最新技术。

西门子法主要工序生产方法及反应原理如下。

（1）H_2 制备与净化。

在电解槽内经电解盐水制得 H_2。电解制得的 H_2 经过冷却、分离液体后，进入除氧器，在催化剂的作用下，H_2 中的微量 O_2 与 H_2 反应生成水而被除去。除氧后的 H_2 通过一组吸附干燥器而被干燥。净化干燥后的 H_2 送入 H_2 储罐，然后送往 HCl 合成、$SiHCl_3$ 氢还原、$SiCl_4$ 氢化工序。

电解制得的 O_2 经冷却、分离液体后，送入 O_2 储罐。出 O_2 储罐的 O_2 送去装瓶。

气液分离器排放废吸附剂，H_2 脱氧器有废脱氧催化剂排放，干燥器有废吸附剂排放，均由供货商回收再利用。

在电解槽内经电解盐水制得 H_2，电解式为

$$2H_2O \longrightarrow 2H_2 + O_2$$

（2）HCl 合成。

从 H_2 制备与净化工序送来的 H_2 和从合成气干法分离工序返回的循环 H_2 分别进入本工序 H_2 缓冲罐并在罐内混合。出 H_2 缓冲罐的 H_2 引入 HCl 合成炉底部的燃烧枪。从液氯汽化工序送来的 Cl_2 经 Cl_2 缓冲罐，也引入 HCl 合成炉的底部的燃烧枪。H_2 与 Cl_2 的混合气体在燃烧枪出口被点燃，经燃烧反应生成 HCl 气体。出合成炉的 HCl 气体流经空气冷却器、水冷却器、深冷却器、雾沫分离器后，被送往 $SiHCl_3$ 合成工序。

$$H_2 + Cl_2 \longrightarrow 2HCl$$

为保证安全，本装置设置有一套主要由两台 HCl 降膜吸收器和两套盐酸循环槽、盐酸循环泵组成的 HCl 气体吸收系统，可用水吸收因装置负荷调整或紧急泄放而排出的 HCl 气体。该系统保持连续运转，可随时接收并吸收装置排出的 HCl 气体。

为保证安全，本工序设置一套主要由废气处理塔、碱液循环槽、碱液循环泵和碱液循环冷却器组成的含氯废气处理系统。必要时，Cl_2 缓冲罐及管道内的 Cl_2 可以送入废气处理塔内，用 NaOH 水溶液洗涤除去。该废气处理系统保持连续运转，以保证可以随时接收并处理含氯气体。

(3) $SiHCl_3$ 合成。

原料硅粉经吊运，通过硅粉下料斗而被卸入硅粉接收料斗。硅粉从接收料斗放入下方的中间料斗，经用热 HCl 气体置换料斗内的气体并升压至与下方料斗压力平衡后，硅粉被放入下方的硅粉供应料斗。供应料斗内的硅粉用安装于料斗底部的星形供料机送入 $SiHCl_3$ 合成炉进料管。

从 HCl 合成工序送来的 HCl 气体，与从循环 HCl 缓冲罐送来的循环 HCl 气体混合后，引入 $SiHCl_3$ 合成炉进料管，将从硅粉供应料斗供入管内的硅粉挟带并输送，从底部进入 $SiHCl_3$ 合成炉。

在 $SiHCl_3$ 合成炉内，硅粉与 HCl 气体形成沸腾床并发生反应，生成 $SiHCl_3$，同时生成 $SiCl_4$、SiH_2Cl_2、金属氯化物、聚氯硅烷、H_2 等产物，此混合气体被称作 $SiHCl_3$ 合成气。反应大量放热，合成炉外壁设置有水夹套，通过夹套内水带走热量维持炉壁的温度。

出合成炉顶部挟带有硅粉的合成气，经三级旋风除尘器组成的干法除尘系统除去部分硅粉后，送入湿法除尘系统，被 $SiCl_4$ 液体洗涤，气体中的部分细小硅尘被洗下；洗涤同时，通入湿 H_2 与气体接触，气体所含部分金属氧化物发生水解而被除去。除去了硅粉而被净化的混合气体送往合成气干法分离工序。

在 $SiHCl_3$ 合成炉内硅粉与 HCl 在 280～300℃温度下反应生成 $SiHCl_3$ 和 $SiCl_4$。同时，生成硅的高氯化物的副反应，生成 Si_nCl_{2n+2} 系的聚氯硅烷及 $Si_nH_mCl_{(2n+2)-m}$ 类型的衍生物。

主反应：

$$Si+3HCl \longrightarrow SiHCl_3+H_2$$
$$Si+4HCl \longrightarrow SiCl_4+2H_2$$

副反应：

$$2SiHCl_3 \longrightarrow SiH_2Cl_2+SiCl_4$$
$$2Si+6HCl \longrightarrow Si_2Cl_6+3H_2$$
$$2Si+5HCl \longrightarrow Si_2HCl_5+2H_2$$

(4) 合成气干法分离。

从 $SiHCl_3$ 氢还原工序送来的合成气在此工序被分离成氯硅烷液体、H_2 和 HCl 气体，分别循环回装置使用。

$SiHCl_3$ 合成气流经混合气缓冲罐，然后进入喷淋洗涤塔，被塔顶流下的低温氯硅烷液体洗涤。气体中的大部分氯硅烷被冷凝并混入洗涤液中。出塔底的氯硅烷用泵增压，大部分经冷冻降温后循环回塔顶用于气体的洗涤，多余部分的氯硅烷送入 HCl 解析塔。

出喷淋洗涤塔塔顶除去了大部分氯硅烷的气体，用混合气压缩机压缩并经冷冻降温后，送入 HCl 吸收塔，被从氯化氢解析塔底部送来的经冷冻降温的氯硅烷液体洗涤，气体中绝大部分的 HCl 被氯硅烷吸收，气体中残留的大部分氯硅烷也被洗涤冷凝下来。出塔顶的气体为含有微量 HCl 和氯硅烷的 H_2，经一组变温变压吸附器进一步除去 HCl 和氯硅烷后，得到高纯度的 H_2。H_2 流经 H_2 缓冲罐，然后返回 HCl 合成工序参与合成 HCl 的反应。吸附器再生废气含有 H_2、HCl 和氯硅烷，送往废气处理工序进行处理。

出 HCl 吸收塔底溶解有 HCl 气体的氯硅烷经加热后，与从喷淋洗涤塔底来的多余的氯硅烷汇合，然后送入 HCl 解析塔中部，通过减压蒸馏操作，在塔顶得到提纯的 HCl 气体。出塔 HCl 气体流经 HCl 缓冲罐，然后送至设置于 $SiHCl_3$ 合成工序的循环 HCl 缓冲罐；塔底除去了 HCl 而得到再生的氯硅烷液体，大部分经冷却、冷冻降温后，送回 HCl 吸收塔用作吸收剂，多余的氯硅烷液体(即从 $SiHCl_3$ 合成气中分离出的氯硅烷)经冷却后送往氯硅烷储存工序的原料氯硅烷储槽。

(5) 氯硅烷分离、提纯。

在 $SiHCl_3$ 合成工序生成，经合成气干法分离工序分离出来的氯硅烷液体送入氯硅烷储存工序的原料氯硅烷储槽；在 $SiHCl_3$ 还原工序生成，经还原尾气干法分离工序分离出来的氯硅烷液体送入氯硅烷储存工序的还原氯硅烷储槽；在 $SiCl_4$ 氢化工序生成，经氢化气干法分离工序分离出来的氯硅烷液体送入氯硅烷储存工序的氢化氯硅烷储槽。原料氯硅烷液体、还原氯硅烷液体和氢化氯硅烷液体分别用泵抽出，送入氯硅烷分离提纯工序的不同精馏塔中。

氯硅烷的分离和提纯是根据加压精馏的原理，通过采用合理节能工艺来实现的。该工艺可以保证制备高纯的用于多晶硅生产的 $SiHCl_3$ 和 $SiCl_4$(用于氢化)。

(6) $SiHCl_3$ 氢还原。

经氯硅烷分离提纯工序精制的 $SiHCl_3$，送入本工序的 $SiHCl_3$ 汽化器，被热水加热汽化；从还原尾气干法分离工序返回的循环 H_2 流经 H_2 缓冲罐后，也通入汽化器，与 $SiHCl_3$蒸气形成一定比例的混合气体。

从 $SiHCl_3$ 汽化器送来的 $SiHCl_3$ 与 H_2 的混合气体，送入还原炉内。在还原炉内通电的炽热硅芯/硅棒的表面，$SiHCl_3$ 发生氢还原反应，生成硅沉积下来，使硅芯/硅棒的直径逐渐变大，直至达到规定的尺寸。氢还原反应同时生成 SiH_2Cl_2、$SiCl_4$、HCl 和 H_2，与未反应的 $SiHCl_3$ 和 H_2 一起送出还原炉，经还原尾气冷却器用循环冷却水冷却后，直接送往还原尾气干法分离工序。

还原炉炉筒夹套通入热水，以移除炉内炽热硅芯向炉筒内壁辐射的热量，维持炉筒内壁的温度。出炉筒夹套的高温热水送往热能回收工序，经废热锅炉生产水蒸气而降温后，循环回本工序各还原炉夹套使用。

还原炉在装好硅芯后，开车前先用水力射流式真空泵抽真空，再用 N_2 置换炉内空气，再用 H_2 置换炉内 N_2(N_2 排空)，然后加热运行，因此开车阶段要向环境空气中排放 N_2 和少量的真空泵用水(可作为清洁下水排放)；在停炉开炉阶段(5～7 天 1 次)，先用 H_2 将还原炉内含有氯硅烷、HCl、H_2 的混合气体压入还原尾气干法回收系统进行回收，然后用 N_2 置换后排空，取出多晶硅产品，移出废石墨电极，视情况进行炉内超纯水洗涤，因此停炉阶段将产生 N_2、废石墨和清洗废水。N_2 是无害气体，因此正常情况下还原炉开、停车阶段无有害气体排放。废石墨由原生产厂回收，清洗废水送项目含氯化物酸碱废水处理系统处理。

在原始硅芯上沉积多晶硅。高纯 H_2 和精制 $SiHCl_3$ 进入还原炉，在 1050℃的硅芯发热体表面上反应。

$$5SiHCl_3 + H_2 \longrightarrow 2Si + 2SiCl_4 + 5HCl + SiH_2Cl_2$$

(7) 还原尾气干法分离。

从 $SiHCl_3$ 氢还原工序送来的还原尾气经此工序被分离成氯硅烷液体、H_2 和 HCl 气体，分别循环回装置使用。

还原尾气干法分离的原理和流程与 $SiHCl_3$ 合成气干法分离工序十分类似。从变温变压吸附器出口得到的高纯度的H_2，流经H_2缓冲罐后，大部分返回$SiHCl_3$氢还原工序参与制取多晶硅的反应，多余的H_2送往$SiCl_4$氢化工序参与$SiCl_4$的氢化反应；吸附器再生废气送往废气处理工序进行处理；从HCl解析塔顶部得到提纯的HCl气体，送往放置于$SiHCl_3$合成工序的循环HCl缓冲罐；从HCl解析塔底部引出的多余的氯硅烷液体(即从$SiHCl_3$氢还原尾气中分离出的氯硅烷)，送入氯硅烷储存工序的还原氯硅烷储槽。

(8) $SiCl_4$氢化。

经氯硅烷分离提纯工序精制的$SiCl_4$，送入本工序的$SiCl_4$汽化器，被热水加热汽化。从H_2制备与净化工序送来的H_2和从还原尾气干法分离工序来的多余H_2在H_2缓冲罐混合后，也通入汽化器内，与$SiCl_4$蒸气形成一定比例的混合气体。

从$SiCl_4$汽化器送来的$SiCl_4$与H_2的混合气体，送入氢化炉内。在氢化炉内通电的炽热电极表面附近，发生$SiCl_4$的氢化反应，生成$SiHCl_3$，同时生成HCl。出氢化炉的含有$SiHCl_3$、HCl和未反应的$SiCl_4$、H_2的混合气体，送往氢化气干法分离工序。

氢化炉的炉筒夹套通入热水，以移除炉内炽热电极向炉筒内壁辐射的热量，维持炉筒内壁的温度。出炉筒夹套的高温热水送往热能回收工序，经废热锅炉生产水蒸气而降温后，循环回本工序各氢化炉夹套使用。

在$SiHCl_3$的氢还原过程中生成$SiCl_4$，在将$SiCl_4$冷凝和脱除$SiHCl_3$之后进行热氢化，转化为$SiHCl_3$。$SiCl_4$送入氢化反应炉内，在400～500℃温度、1.3～1.5MPa压力下，$SiCl_4$转化反应。

主反应：

$$SiCl_4 + H_2 \longrightarrow SiHCl_3 + HCl$$

副反应：

$$2SiHCl_3 \longrightarrow SiH_2Cl_2 + SiCl_4$$

(9) 氢化气干法分离。

从$SiCl_4$氢化工序送来的氢化气经此工序被分离成氯硅烷液体、H_2和HCl气体，分别循环回装置使用。

氢化气干法分离的原理和流程与$SiHCl_3$合成气干法分离工序十分类似。从变温变压吸附器出口得到的高纯度H_2，流经H_2缓冲罐后，返回$SiCl_4$氢化工序参与$SiCl_4$的氢化反应；吸附再生的废气送往废气处理工序进行处理；从HCl解析塔顶部得到提纯的HCl气体，送往放置于$SiHCl_3$合成工序的循环HCl缓冲罐；从HCl解析塔底部引出的多余的氯硅烷液体(即从氢化气中分离出的氯硅烷)，送入氯硅烷储存工序的氢化氯硅烷储槽。

(10) 硅芯制备及产品整理。

硅芯的制备：采用区熔炉拉制与切割并用的技术，加工制备还原炉初始生产时需安装于炉内的导电硅芯。硅芯制备过程中，需要用氢氟酸和硝酸对硅芯进行腐蚀处理，再用超纯水洗净硅芯，然后对硅芯进行干燥。酸腐蚀处理过程中会有HF和氮氧化物气体逸出至空气中，故用风机通过罩于酸腐蚀处理槽上方的风罩抽吸含HF和氮氧化物的空气，然后将该气体送往废气处理装置进行处理，达标排放。

产品整理：在还原炉内制得的多晶硅棒被从炉内取下，切断、破碎成块状的多晶硅。用氢氟酸和硝酸对块状多晶硅进行腐蚀处理，再用超纯水洗净多晶硅块，然后对多晶硅块进行干燥。酸腐蚀处理过程中会有 HF 和氮氧化物气体逸出至空气中，故用风机通过罩于酸腐蚀处理槽上方的风罩抽吸含 HF 和氮氧化物的空气，然后将该气体送往废气处理装置进行处理，达标排放。经检测达到规定的质量指标的块状多晶硅产品送去包装。

(11) 废气及残液处理。

① 工艺废气处理。

用 NaOH 溶液洗涤，废气中的氯硅烷(以 $SiHCl_3$ 为例)和 HCl 与 NaOH 发生反应而被去除。

$$SiHCl_3 + 3H_2O = SiO_2 \cdot H_2O \downarrow + 3HCl + H_2$$

$$HCl + NaOH = NaCl + H_2O$$

废气经液封罐放空。含有 NaCl、SiO_2 的出塔底洗涤液用泵送工艺废料处理。

氯硅烷贮存工序设置以下储槽：$100m^3$ 氯硅烷储槽、$100m^3$ 工业级 $SiHCl_3$ 储槽、$100m^3$ 工业级 $SiCl_4$ 储槽、$100m^3$ 氯硅烷紧急排放槽等。从合成气干法分离工序、还原尾气干法分离工序、氢化气干法分离工序分离得到的氯硅烷液体，分别送入原料、还原、氢化氯硅烷储槽，然后氯硅烷液体分别作为原料送至氯硅烷分离提纯工序的不同精馏塔。

在氯硅烷分离提纯工序 3 级精馏塔顶部得到的 $SiHCl_3$、SiH_2Cl_2 的混合液体，在 4、5 级精馏塔底得到的 $SiHCl_3$ 液体，以及在 6、8、10 级精馏塔底得到的 $SiHCl_3$ 液体，送至工业级 $SiHCl_3$ 储槽，液体在槽内混合后作为工业级 $SiHCl_3$ 产品外售。

② 精馏残液处理。

从氯硅烷分离提纯工序中排除的残液主要含有 $SiCl_4$ 和聚氯硅烷化合物的液体，以及装置停车放净的氯硅烷液体，加入 NaOH 溶液使氯硅烷水解并转化成无害物质。

水解和中和反应为

$$SiCl_4 + 3H_2O = SiO_2 \cdot H_2O \downarrow + 4HCl$$

$$SiHCl_3 + 3H_2O = SiO_2 \cdot H_2O \downarrow + 3HCl + H_2$$

$$SiH_2Cl_3 + 3H_2O = SiO_2 \cdot H_2O \downarrow + 3HCl + H_2$$

$$NaOH + HCl = NaCl + H_2O$$

经过规定时间的处理，用泵从槽底抽出含 SiO_2、NaCl 的液体，送工艺废料处理。

(12) 酸洗尾气处理。

产品整理及硅芯腐蚀处理挥发出的 HF 和氮氧化物气体，用石灰乳液作为吸收剂吸收氟化氢；以氨为还原剂、非贵重金属为催化剂，将 NO_x 还原分解成 N_2 和 H_2O。

$$2HF + Ca(OH)_2 = CaF_2 \downarrow + H_2O$$

$$6NO_2 + 8NH_3 = 7N_2 \uparrow + 12H_2O$$

$$6NO + 4NH_3 = 5N_2 \uparrow + 6H_2O$$

(13) 酸洗废液处理。

硅芯制备及产品整理工序含废氢氟酸和废硝酸的酸洗废液，用石灰乳液中和，生成 CaF_2 固体和 $Ca(NO_3)_2$ 溶液，处理后送工艺废料处理。

$$2HF + Ca(OH)_2 = CaF_2 \downarrow + H_2O$$

$$2HNO_3 + Ca(OH)_2 = Ca(NO_3)_2 + H_2O$$

西门子法有以下缺点：$SiHCl_3$ 氢还原反应生成硅的转化率较低，通常是 15%～25%；还原反应生成的副产物多，反应过程中有 15%～30%的 $SiHCl_3$ 转化成 $SiCl_4$，因此尾气中除了未反应的$SiHCl_3$、H_2以外还有$SiCl_4$、HCl及少量其他氯硅烷；还原反应需要大量H_2，而且反应的耗电量大，生长1kg多晶硅需要300～500kW·h，多晶成本较高。图4.6为西门子法工艺流程图。

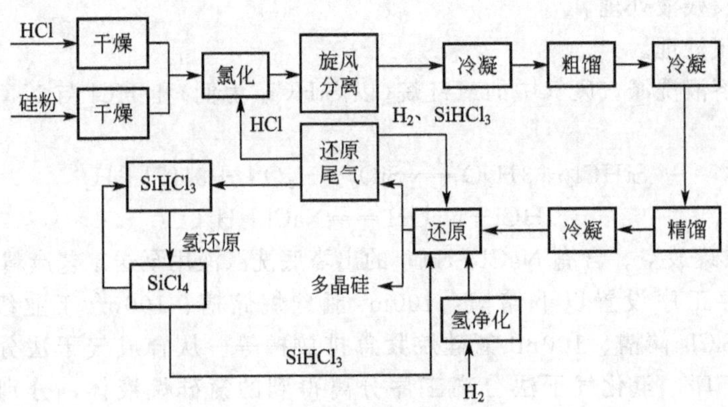

图4.6　西门子法工艺流程图

改良西门子法是目前主流的生产方法，多晶硅是由硅纯度较低的冶金级硅提炼而来，由于各多晶硅生产工厂所用主辅原料不尽相同，因此生产工艺技术不同；进而对应的多晶硅产品技术经济指标、产品质量指标、用途、产品检测方法、过程安全等方面也存在差异，各有技术特点和技术秘密。总的来说，目前国际上多晶硅生产主要的传统工艺有改良西门子法、硅烷法和流化床法。改良西门子法是目前主流的生产方法，采用此方法生产的多晶硅约占多晶硅全球总产量的85%。但这种提炼技术的核心工艺仅仅掌握在美、德、日等7家主要硅料厂商手中。这些公司的产品占全球多晶硅总产量的90%，它们形成的企业联盟实行技术封锁，严禁技术转让。短期内产业化技术垄断封锁的局面不会改变。在未来15～20年内，采用改良西门子法工艺投产多晶硅的资金将超过1000亿美元，太阳能级多晶硅的生产将仍然以改良西门子法为主，改良西门子法依然是目前生产多晶硅最为成熟、最可靠、投产速度最快的工艺，与其他类型的生产工艺处于长期的竞争状态，很难相互取代。尤其对于中国的企业，由于技术来源的局限性，选择改良西门子法仍然是最现实的做法。在目前高利润的状况下，发展多晶硅工艺有一个良好的机遇，如何改善工艺、降低单位能耗是我国多晶硅企业未来所面临的挑战。

这种方法的优点是节能降耗显著、成本低、质量好、采用综合利用技术，对环境不产生污染，具有明显的竞争优势。改良西门子工艺法生产多晶硅所用设备主要有：HCl合成炉，$SiHCl_3$沸腾床加压合成炉，$SiHCl_3$水解凝胶处理系统，$SiHCl_3$粗馏、精馏塔提纯系统，硅芯炉，节电还原炉，磷检炉，硅棒切断机，腐蚀、清洗、干燥、包装系统装置，还原尾气干法回收装置；其他包括分析、检测仪器，控制仪表，热能转换站，压缩空气站，循环水站，变配电站，净化厂房等。

石英砂在电弧炉中冶炼提纯到98%并生成工业硅，其化学反应式为

$$SiO_2+C \longrightarrow Si+CO_2\uparrow$$

为了满足高纯度的需要，必须进一步提纯。把工业硅粉碎并用无水HCl与之反应在一个流化床反应器中，生成拟溶解的$SiHCl_3$。其化学反应式为$Si+HCl \longrightarrow SiHCl_3+H_2\uparrow$。反应温度为300℃，该反应是放热的。同时形成气态混合物(H_2、HCl、$SiHCl_3$、$SiCl_4$、Si)。

第二步中产生的气态混合物还需要进一步提纯，需要分解：过滤硅粉，冷凝 $SiHCl_3$、$SiCl_4$，而气态 H_2 和 HCl 返回到反应中或排放到大气中。然后分解冷凝物 $SiHCl_3$、$SiCl_4$，净化 $SiHCl_3$(多级精馏)。

净化后的 $SiHCl_3$ 采用高温还原工艺，以高纯的 $SiHCl_3$ 在 H_2 中还原沉积而生成多晶硅。其化学反应式为 $SiHCl_3+H_2 \longrightarrow Si+HCl$。多晶硅的反应容器为密封的，用电加热硅池硅棒(直径 5～10mm，长度 1.5～2m，数量 80 根)，在 1050～1100℃下，在棒上生长多晶硅，直径可达到 150～200mm。这样大约 1/3 的 $SiHCl_3$ 发生反应，并生成多晶硅。剩余部分同 H_2、HCl，$SiHCl_3$、$SiCl_4$ 从反应容器中分离。这些混合物进行低温分离，或再利用，或返回到整个反应中。气态混合物的分离是复杂的、耗能量大的，从某种程度上决定了制造多晶硅的成本。

在西门子改良法生产工艺中，一些关键技术我国还没有掌握，在提炼过程中 70%以上的多晶硅都通过 Cl_2 排放了，不仅提炼成本高，而且环境污染非常严重。

改良西门子法相对于传统西门子法的优点在于以下几点。

① 节能：由于改良西门子法采用多对棒、大直径还原炉，可以有效降低还原炉消耗的电能。

② 降低物耗：改良西门子法对还原尾气进行了有效回收。所谓还原尾气是指从还原炉中排放出来经过反应后的混合气体。改良西门子法将尾气中的各种组分全部进行回收利用，这样就可以大大降低原料的消耗。

③ 减少污染：由于改良西门子法是一个闭路循环系统，多晶硅生产中的各种物料得到充分的利用，排出的废料极少，相对于传统西门子法而言，污染得到了控制，保护了环境。

2）硅烷法

硅烷法是将硅烷通入以多晶硅晶种作为流化颗粒的流化床中，是硅烷裂解并在晶种上沉积，从而得到颗粒状多晶硅。因硅烷制备方法不同，有日本 Komatsu 发明的硅化镁法(具体流程如图 4.7 所示)、美国 Union Carbide 发明的歧化法、美国 MEMC 采用的 $NaAlH_4$ 与 SiF_4 反应方法。

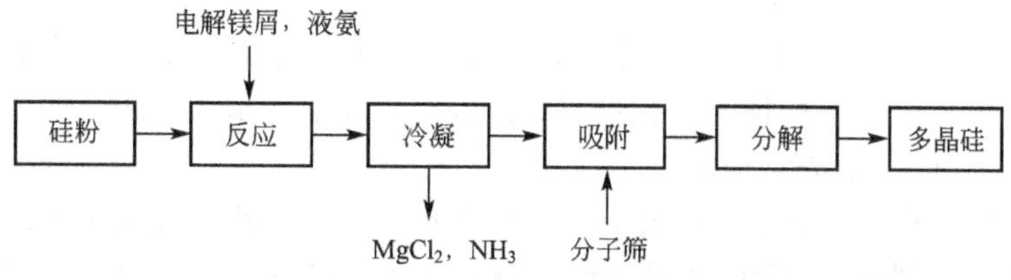

图 4.7 硅烷法工艺流程

硅化镁法是用 Mg_2Si 与 NH_4Cl 在液氨中反应生成硅烷。该法由于原料消耗量大，成本高，危险性大，而没有推广，目前只有日本 Komatsu 使用此法。现代硅烷的制备采用歧化法，即以冶金级硅与 $SiCl_4$ 为原料合成硅烷，首先用 $SiCl_4$、Si 和 H_2 反应生成 $SiHCl_3$，然后 $SiHCl_3$ 歧化反应生成 SiH_2Cl_2，最后由 SiH_2Cl_2 进行催化歧化反应生成 SiH_4，即

$$3SiCl_4+Si+2H_2 = 4SiHCl_3$$
$$2SiHCl_3 = SiH_2Cl_2+SiCl_4$$

$$3SiH_2Cl_2 \longrightarrow SiH_4 + 2SiHCl_3$$

由于上述每一步的转换效率都比较低，所以物料需要多次循环，整个过程要反复加热和冷却，使得能耗比较高。制得的硅烷经精馏提纯后，通入类似西门子法固定床反应器，在800℃下进行热分解，反应为

$$SiH_4 \longrightarrow Si + 2H_2$$

硅烷气体为有毒易燃性气体，沸点低，反应设备要密闭，并应有防火、防冻、防爆等安全措施。硅烷又以它特有的自燃、爆炸性而著称。硅烷有非常宽的自发着火范围和极强的燃烧能量，决定了它是一种高危险性的气体。硅烷应用和推广在很大程度上因其高危特性而受到限制。在涉及硅烷的工程或实验中，不当的设计、操作或管理均会造成严重的事故甚至灾害。然而，实践表明，过分的畏惧和不当的防范并不能提供应用硅烷的安全保障。因此，如何安全而有效地利用硅烷，一直是生产线和实验室应该高度关注的问题。

硅烷热分解法与西门子法相比，其优点主要在于：硅烷较易提纯，含硅量较高(87.5%，分解速度快，分解率高达99%)，分解温度较低，生成的多晶硅的能耗仅为40kW·h/kg，且产品纯度高。但是缺点也突出：硅烷不但制造成本较高，而且易燃、易爆、安全性差，国外曾发生过硅烷工厂强烈爆炸的事故。因此，工业生产中，硅烷热分解法的应用不及西门子法。改良西门子法目前虽拥有最大的市场份额，但因其技术的固有缺点——生产率低，能耗高，成本高，资金投入大，资金回收慢等，经营风险也最大。只有通过引入等离子体增强、流化床等先进技术，加强技术创新，才有可能提高市场竞争能力。硅烷法的优势有利于为芯片产业服务，目前其生产安全性已逐步得到改进，其生产规模可能会迅速扩大，甚至取代改良西门子法。虽然改良西门子法应用广泛，但是硅烷法很有发展前途。

3）流化床法

流化床技术是美国MEMC Pasadena公司开发的技术。目前该公司生产能力为1400t/a。该公司用硅烷作为反应气体，在流化床反应器中硅烷发生分解反应，在预先装入的细硅粒表面生长多晶硅颗粒。硅烷流化床技术具有反应温度低(575～685℃)，还原电耗低(SiH_4热分解能耗降至10kW·h/kg，相当于西门子法的10%)，沉积效率高(理论上转化率可以达到100%)、反应副产物(H_2)简单易处理等优点，而且流化床反应器能够连续运行，产量高，维护简单，因此这种技术最有希望降低多晶硅成本，工程分析表明这种技术制造的多晶硅成本可降低至20美元/kg。

另外这种技术产品为粒状多晶硅，可以在直拉单晶炉采用连续加料系统，降低单晶硅成本，提高产量。根据MEMC公司统计，使用粒状多晶硅，同时启动再加料系统，单晶硅制造成本降低40%，产量增加25%。因此业界普遍看好流化床技术，被认为是最有希望大幅度降低多晶硅及单晶硅成本的新技术，目前包括美国REC、德国WACKER等传统多晶硅大厂目前都在开发这项技术。

美国联合碳化物公司以$SiCl_4$、H_2、HCl和工业硅为原料，在高温高压流化床内(沸腾床)生成$SiHCl_3$，将$SiHCl_3$再进一步歧化加氢反应生成SiH_2Cl_2，继而生成硅烷气。制得的硅烷气通入加有小颗粒硅粉的流化床反应炉内进行连续热分解反应，生成粒状多晶硅产品。由于在流化床反应炉内参与反应的硅表面积大，故该方法生产效率高、电耗低、成本低。该方法的缺点是安全性较差，危险性较大，且产品的纯度也不高。不过，它还是基本

能满足太阳电池生产的使用。故该方法比较适合大规模生产太阳能级多晶硅。

挪威 REC 公司利用硅烷气为原料，采用流化床反应炉闭环工艺分解出颗粒状多晶硅，且基本上不产生副产品和废弃物。REC 还积极致力于新型流化床反应器技术(FBR)的开发，该技术使多晶硅在流化床反应器中沉积，而不是在传统的热解沉积炉或西门子反应器中沉积，因而可极大地降低建厂投资和生产能耗。德国瓦克公司开发了一套全新的粒状多晶硅流体化反应器技术生产工艺。该工艺基于流化床技术(以三氯硅烷为给料)，已在两台实验反应堆中进行了工业化规模生产试验，瓦克公司投资了约 2 亿欧元，在德国博格豪森建立新的超纯太阳能多晶硅工厂，2010 年达到 11500t 的产能。另外，美国 Hemlock 公司将开设实验性颗粒硅生产线来降低硅的成本，Hemlock 公司计划在 2011 年将产能提高至 30000t/年。MEMC 公司则计划在 2011 年年底其产能达到 12000t/年左右。

4) 冶金法

利用冶金法提纯多晶硅受到非常大的重视。其主要原因是冶金法提纯的成本很低，主要技术都是现有冶金级硅生产厂已采用的技术(如酸滤、熔化/凝固、成渣/除渣等)。尽管冶金法提纯多晶硅还未完全成熟，据资料报道日本川崎制铁公司采用冶金法制得的多晶硅已在世界上最大的太阳电池厂(SHARP 公司)应用，现已形成 800t/年的生产能力，全量供给 SHARP 公司。

冶金法主要工艺是，选择纯度较好的工业硅(即冶金硅)进行水平区熔单向凝固成硅锭，去除硅锭中金属杂质聚集的部分和外表部分后，进行粗粉碎与清洗，在等离子体溶解炉中去除 B 杂质，再进行第二次水平区熔单向凝固成硅锭，去除第二次区熔硅锭中金属杂质聚集的部分和外表部分，经粗粉碎与清洗后，在电子束融解炉中去除 P 和 C 杂质，直接生成太阳能级多晶硅。

目前日本、美国、加拿大、挪威等国正在开发这项技术，我国也有许多公司积极研发。但由于工业硅中影响太阳电池电学性能的 P、B 等电活性杂质很难去除，工艺很难控制，且大规模电子束、等离子体精炼技术并不成熟，加之反复定向凝固要去除杂质聚集的部分，导致硅的利用率很低，成本升高，因此这种技术前景不容乐观。

4.2 单体太阳能光伏电池的制造

4.2.1 硅片表面处理

1. 硅片的预处理

(1) 硅片切割：根据所需大小，用玻璃刀进行硅片的切割。操作时需要在洁净的环境中，并戴一次性手套，以避免污染硅片。先在桌面平铺一张干净的称量纸，用镊子小心夹持硅片的边缘，将其正面(光亮面)朝上放于称量纸上；再取一张干净的称量纸覆盖于硅片表面，留出硅片上需要切割的部分；将切割专用的直尺放于覆盖硅片的纸上，用手轻轻压住直尺；直尺应不超过待切割侧的纸面，以防止直尺污染硅片；切割时玻璃刀沿直尺稍用力平行滑动，使用的力量以能在硅片表面形成一道清晰的划痕，但不至于将硅片划开为度；如对大块硅片进行横纵向多次切割，即可在硅片表面形成网格；将硅片包裹于称量纸内(避免手套和硅片表面直接接触)，用手沿网格线轻轻掰动即可形成大小合适的小型硅片；将切割好的硅片用镊子小心夹持，放于干净的塑料平皿内，正面朝上，并用封口膜将平皿封好，放于干净处保存待用。整块硅片取出后严禁放回硅片盒，应另行保存。

(2) 在通风橱内，将切割好的小型硅片置于干净的羟化烧杯(专用)中，将其正面朝上，用去离子水清洗3次，清洗时稍用力，使硅片能够在烧杯中旋转起来，以减少硅片之间的摩擦碰撞；将水倒净，立即用移液管(H_2O_2 专用)往烧杯中加入 5mLH_2O_2，然后用移液管(浓硫酸专用)加入 15mL 浓硫酸(H_2SO_4)，在摇床上缓慢振荡或静置 30min 使之充分反应，此反应可使表面羟基化。倒掉上步反应的液体，用去离子水清洗3次。清洗时稍用力，使硅片能够在烧杯中旋转起来，以减少硅片之间的摩擦碰撞；然后将烧杯口向下倾斜，缓慢转动烧杯，使烧杯壁上的浓硫酸能被洗去。清洗结束后，用大量水保存硅片，并需要使硅片的正面保持朝上。

2. 硅基片表面的氨基化处理

(3) 取出氨化烧杯(专用)，先用无水乙醇清洗2次，然后倒入 20mL 无水乙醇，将步骤(2)反应后获得的羟基化硅片转移到氨化烧杯中，用无水乙醇清洗3次。清洗时同步骤(2)，使硅片处于乙醇环境中；清洗完成后倒掉乙醇，迅速加入 3-氨基丙基三乙氧基硅烷(APTES)和无水乙醇的混合液(体积比为 1∶15)，或者先加 15mL 无水乙醇，然后用移液管加 1mL APTES，摇床上振摇反应 2h。该反应结束后可以使硅片表面氨基化。

3. 硅基片的羧基化处理

(4) 倒掉上步反应液体，用无水乙醇清洗3次，清洗过程同上。清洗完后把硅片转移到羧基化烧杯(专用)中，烧杯中含琥珀酸酐的无水乙醇饱和溶液，摇床振摇反应 3 h 以上或者过夜，该反应结束后可使硅片表面羧基化。将反应结束后的硅片用无水乙醇清洗后，保存于大量无水乙醇中待用。

需要注意的是，要保持各专用烧杯的清洁，处理过程中的硫酸要收集到废液瓶中，并做好标记。

经过上述步骤处理后的硅片表面已修饰有羧基官能团，再经过 NHS/EDC(简称 NE)活化后可与蛋白配基分子的氨基形成共价连接。

4. 硅基片的甲基化处理

上接步骤(2)，接下来取出甲基化烧杯(专用)，用三氯乙烯清洗，以形成三氯乙烯环境，将羟基化后的硅片用镊子小心夹持，放入疏水烧杯中，正面朝上；用三氯乙烯清洗3次，清洗过程同上。倒掉液体，将 20mL 三氯乙烯和 3mL 二氯二甲基硅烷在专用的烧杯中混合均匀，再倒入盛有硅片的疏水烧杯中，反应 5min；用无水乙醇清洗，再用三氯乙烯清洗；如此循环反复3次，将硅片用镊子小心夹持取出，放在盛有大量无水乙醇溶液的容器中，用封口膜封存。

需要注意的是，挥发性试剂的操作都必须在通风橱内进行。粘有硅烷的移液管和烧杯应立即用无水乙醇清洗。

5. 硅基片的醛基化处理

上接步骤(3)，倒掉反应液体，用无水乙醇清洗 3 次，以除去氨基硅烷；再用去离子水清洗 3 次，以除去无水乙醇，以避免其与醛基反应；然后用 PBS 溶液清洗 2 次，以形成 PBS 环境，倒掉 PBS 溶液，将硅片亮面朝上，加入戊二醛和 PBS 的混合溶液(15mL PBS，1.5mL50%戊二醛，体积比为 1∶10)，摇床振摇反应 1h。此反应结束后可使硅基片形成醛基化。倒掉反应液体，用大量 PBS 清洗 3 次，然后将醛基化的硅片保存于 PBS 溶液中，以待下一步实验使用。

4.2.2 扩散制结

扩散制造 PN 结是太阳电池生产最基本也是最关键的工序。因为正是 PN 结的形成，才使电子和空穴在流动后不再回到原处，这样就形成了电流，用导线将电流引出，就是直流电。扩散的质量对于太阳电池的性能有重要影响。

1. 扩散的基本概念

高温下，单晶固体中会产生空位和填隙原子之类的点缺陷。当存在主原子或杂质原子的浓度梯度时，点缺陷会影响原子的运动。在固体中的扩散能够被看成扩散物质借助于空位或自身填隙在晶格中的原子运动。空心圆表示占据低温晶格位置的主原子，实心圆既表示主原子也表示杂质原子。在高温情况下，晶格原子在其平衡晶格位置附近振动。当某一晶格原子偶然地获得足够的能量而离开晶格位置，成为一个填隙原子，同时产生一个空位。当邻近的原子向空位迁移时，这种机理称为空位扩散，如图 4.8 所示。

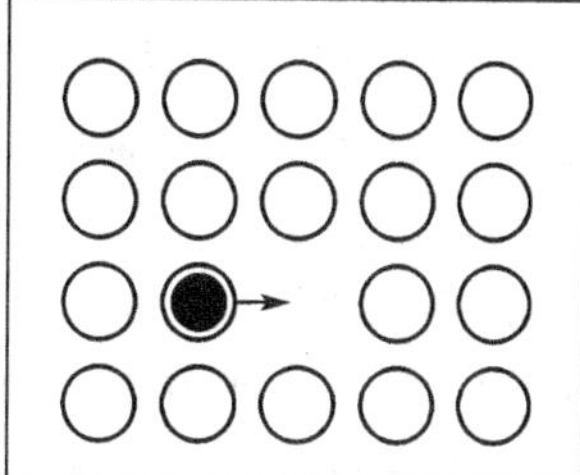

图 4.8 空位扩散机制

假如填隙原子从一处移向另一处而并不占据晶格位置，则称为填隙扩散，如图 4.9 所示。一个比主原子小的原子通常做填隙式运动。填隙原子扩散所需的激活能比那些按空位机理扩散的原子所需的激活能要低。

掺杂原子获得能量后，通过占据主原子的位置发生的扩散，称为替位式扩散，如图 4.10 所示。

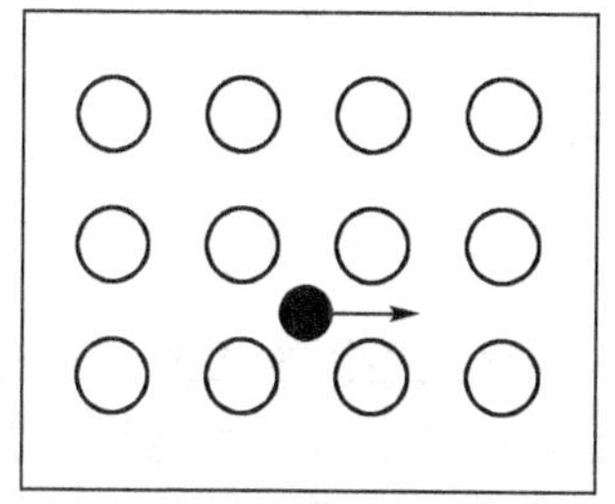

图 4.9 填隙扩散机制

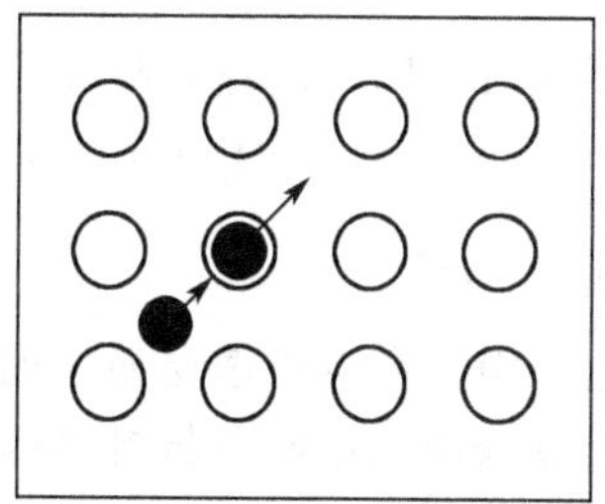

图 4.10 替位扩散机制

2. 扩散制 PN 结

太阳电池需要一个大面积的 PN 结以实现光能到电能的转换，而扩散炉即为制造太阳

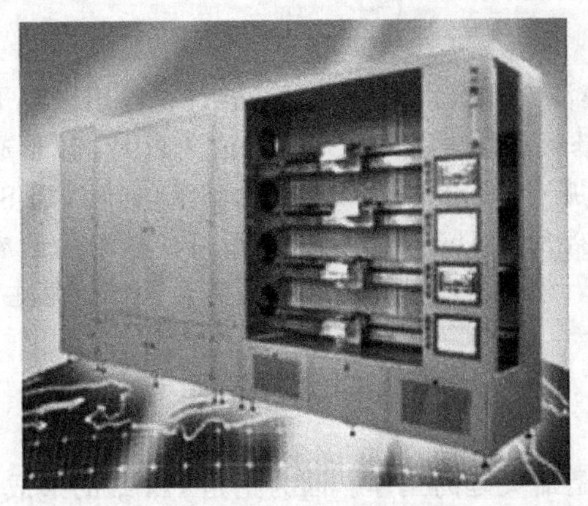
图 4.11 管式扩散炉

电池 PN 结的专用设备。管式扩散炉主要由石英舟的上下载部分、废气室、炉体部分和气柜部分等四大部分组成，如图 4.11 所示。

扩散一般用 $POCl_3$ 液态源作为扩散源。把 P 型硅片放在管式扩散炉的石英容器内，在 850～900℃高温下使用 N_2 将 $POCl_3$ 带入石英容器，通过 $POCl_3$ 和硅片进行反应，得到磷原子。

经过一定时间后，磷原子从四周进入硅片的表面层，并且通过硅原子之间的空隙向硅片内部渗透扩散，形成了 N 型半导体和 P 型半导体的交界面，也就是 PN 结。这种方法制出的 PN 结均匀性好，方块电阻的不均匀性小于 10%，少子寿命可大于 10ms。制造 PN 结是太阳电池生产最基本也是最关键的工序。

因为正是 PN 结的形成，才使电子和空穴在流动后不再回到原处，这样就形成了电流，用导线将电流引出，就是直流电。

扩散制 PN 结的扩散法主要有热扩散法、离子注入法、薄膜生长法、合金法、激光法和高频电注入法等。通常采用热扩散法制结。热扩散法又分为涂布源扩散、液态源扩散和固态源扩散之分。

以液态源扩散为例，一般采用 $POCl_3$ 液态源作为扩散源，$POCl_3$ 液态源扩散方法具有生产效率较高，得到 PN 结均匀、平整和扩散层表面良好等优点，这对于制作具有大面积结的太阳电池是非常重要的。$POCl_3$ 液态源扩散公式如下。

$POCl_3$ 在高温下（>600℃）分解生成 PCl_5 和 P_2O_5，其反应式为

$$5POCl_3 \xrightarrow[4POCl_3+5O_2=2P_2O_5+6Cl_2\uparrow]{>600℃} 3PCl_5+P_2O_5$$

生成的 P_2O_5 在扩散温度下与 Si 反应，生成 SiO_2 和磷原子，其反应式为

$$2P_2O_5+5Si = 4P\downarrow+5SiO_2$$

在有外来氧气存在的情况下，PCl_5 会进一步分解成 P_2O_5 并放出 Cl_2，其反应式为

$$4PCl_5+5O_2 \xrightarrow{\text{过量 } O_2} 2P_2O_5+10Cl_2$$

在有氧气存在时，$POCl_3$ 热分解反应式为

$$4POCl_3+3O_2 = 2P_2O_5+6Cl_2$$

3. 扩散条件的选择

在半导体生产中，影响扩散层质量的因素很多。而这些因素之间又都存在着相互影响关系。因此，只有全面地正确分析各种因素的作用和相互影响，才能使所选择的工艺条件真正达到预期的目的。不过，扩散条件的选择，主要是杂质源、扩散温度和扩散时间三个方面。选择这些条件应遵循以下原则：能否达到结构参数及质量要求；能否易于控制，均匀性和重复性是否好；对操作人员及环境有无毒害；有无好的经济效益。

1）扩散杂质源的选择

选取什么种类的杂质源，是根据器件的制造方法和结构参数的要求来确定的。具体选

择还需要遵循如下原则。

(1) 杂质的导电类型要与衬底导电类型相反。

(2) 应选择容易获得高纯度、高蒸气压且使用周期长的杂质源。

(3) 杂质在半导体中的固溶度要大于所需要的表面杂质浓度。

(4) 尽量使用毒性小的杂质源。

上面所说的只是如何选择杂质源的种类，而每种杂质源又有多种形式。因此选择杂质源一定要慎重。从杂质源的组成来看，又有单质元素、化合物和混合物等多种形式；从杂质源的形态来看，又有固态、液态和气态多种形式。

2) 扩散温度和扩散时间的选择

扩散温度和扩散时间是平面器件制造工艺中的两个极其重要的工艺条件，它们直接决定着扩散分布结果。因此，能否正确地选择扩散温度和扩散时间，是扩散的结果能否满足要求的关键。

由于扩散的目的是形成一定的杂质分布，使器件具有合理的表面浓度和结深。因此，如何保证扩散层的表面浓度和结深符合设计要求，就成为选择扩散温度和扩散时间的主要依据了。如何使扩散结果具有良好的均匀性和重复性，是选择扩散温度和扩散时间的第二个依据。

对于一定的结深要求，扩散温度选得过低，扩散时间就会很长，生产周期就要长，扩散的均匀性和重复性就差。相反，如果扩散温度选得过高，扩散时间就会很短，在生产上难于控制，扩散均匀性和重复性也不会好。因此，选择扩散温度时，尽量在所选的温度附近，杂质的固溶度、扩散系数和杂质源的分解速度随温度的变化小一些。这样，可以减小扩散过程中温度波动对扩散结果的影响。

根据上述一些依据，在扩散过程中常常先初步选定扩散温度和扩散时间进行投片试验，看看扩散结果是否符合要求。再根据投片试验的结果对扩散条件做适当的修正，就能确定出合适的扩散温度和扩散时间。

4. 扩散均匀性相关问题

管式炉扩散方法由于工艺洁净度高、使用方便的优点而广泛用于半导体PN结制造。在晶体硅太阳电池制造中也用来制作PN结。由于光伏工业产量大的特点，提高单炉装片量，保证批量扩散产品质量参数的一致，具有重要的意义。

掺杂剂在半导体中的扩散过程是一个复杂的物理过程，目前尚不能实现定量的在线控制，只能用近似的数学模型进行估算。而这些估算又与实际的情况有较大的差异。扩散过程中，任一条件的细微变化，都会引起扩散杂质分布的变化。扩散硅片的质量参数在单片内、片与片之间、各炉之间存在差异是绝对的，问题是如何控制它，使它落在预定的范围内。

1) 温度分布与硅片进出炉时间的影响

一般情况下，总是将扩散炉设置成等温区。这对于装片量小的情况尚无不良影响。但是在装片量大时，由于进出炉速度要考虑到硅片升降温时热胀冷缩应力的限制，实际上靠近进气口一端的硅片与炉口一端的硅片之间总是存在先进后出、后进先出的时间差距。另外，炉口一端由于受到冷硅片干扰的时间最长，炉温恢复时间最长，这就形成了同一炉硅片之间扩散温度和扩散时间之间的差异。

2）进出炉速度和硅片间距

通常人们会认为，使硅片快速进出炉可以改善扩散的均匀性。但是硅片进出炉时处于温度急剧变化的过程中，硅片内部和硅片之间的热应力会使硅片产生弯曲和缺陷(形成滑移线)。随着硅片尺寸的加大，这种弯曲和滑移将越来越严重。当然滑移的产生还与衬底、掺杂浓度和扩散气氛有关。因此，对于不同的工艺，要通过实验找出硅片弯曲最小、无滑移的临界条件。实践证明，在100mm×100mm或ϕ100mm硅片的磷扩散工艺中(850℃)，排片间距2.2mm时，25cm/min的进出炉速度是可行的。

3）气流和排片方式

气流的均匀性和排片方式对于扩散均匀性也有一定程度的影响。排片方式有两种，一种是硅片与气流方向垂直，另一种是硅片与气流方向平行。垂直排片方式的炉内方块电阻均匀性优于平行气流方式。为了改善气流的均匀性，通常在扩散炉管进气口一端配置散流板(匀流板)，在炉管硅片放置区域形成均匀气流。

对于长温区、大装载量的情形，另一种有效改善气流均匀性的方法，是采用注入管将扩散气源均匀地注到扩散硅片的周围。

5. 扩散制结过程

① 清洗：初次扩散前，扩散炉石英管首先连接TCA装置，当炉温升至设定温度，以设定流量通过TCA 60min清洗石英管。清洗开始时，先通O_2，再开TCA；清洗结束后，先关TCA，再断O_2。清洗结束后，将石英管连接扩散源，待扩散。

② 饱和：每班生产前，需对石英管进行饱和。炉温升至设定温度时，以设定流量通入N_2(携源)和O_2，使石英管饱和，20min后，断开N_2和O_2。初次扩散前或停产一段时间以后恢复生产时，必须使石英管在950℃通源饱和1h以上。

③ 装片：戴好防护口罩和干净的塑料手套，将清洗甩干的硅片从传递窗口取出，放在洁净台上。用吸笔依次将硅片从硅片盒中取出，插入石英舟。

④ 送片：用舟将装满硅片的石英舟放在碳化硅臂浆上，保证平稳，缓缓放入扩散炉。

⑤ 回温：通入O_2，等待石英管升温至设定温度。

⑥ 扩散：通入N_2，以设定流量通N_2(携源)进行扩散。扩散结束后，断开N_2和O_2，将石英舟缓缓退至炉口，降温以后，用舟叉从臂浆上取下石英舟，并立即放上新的石英舟，进行下一轮扩散。如没有待扩散的硅片，将臂浆推入扩散炉，尽量缩短臂浆暴露在空气中的时间。等待硅片冷却后，将硅片从石英舟上卸下并放置在硅片盒中，放入传递窗。

扩散制结通常采用热扩散法制结。此法又有涂布源扩散、液态源扩散和固态源扩散之分。其中，氮化硼固态源扩散设备简单，操作方便，扩散硅片表面状态好，PN结面平整，均匀性和重复性优于液态源扩散，适合于工业化生产。它通常采用片状氮化硼作为源，在N_2保护下进行扩散。扩散前，氮化硼片先在扩散温度下通O_2 30min，使其表面的B_2O_3与Si发生反应，形成硼硅玻璃沉积在硅表面，硼向硅内部扩散。扩散温度为950～1000℃，扩散时间为15～30min，N_2流量为2L/min。对扩散的要求是，获得适合于太阳电池PN结需要的结深和扩散层方块电阻(单位面积的半导体薄层所具有的电阻，利用它可以衡量扩散制结的质量)。常规晶体硅太阳电池的结深一般控制在0.3～0.5μm。

6. 扩散质量的检验

1）表面质量及结深的检验

扩散层表面质量主要指有无合金点、麻点，表面光洁情况。这些表面质量问题，一般用目检或在显微镜下观察判别。一旦发现上述质量问题，应立即进行分析，找出原因，并采取相应的改进措施。

检验结深，主要看其是否符合设计规定。较深的结，一般可用磨角染色法、滚槽法测量。结深的测量是采用几何、光学放大及PN结化学染色的原理实现的。对于太阳电池来说，其结构要求采用浅结，商业化地面用太阳电池的结深一般设计为0.5μm以内，用上述两种方法都难于测量，用阳极氧化去层法，可以满足测量要求，如图4.12所示。

2）方块电阻的检验

方块电阻的测量采用四探针法测量，如图4.13所示。四探针法使用四根彼此间距为s的探针，成一条直线接触在扩散样片上。靠外边两根探针成为电流探针，由稳压电源供电，在扩散薄层中通过一定量的电流I。中间两根探针称为电压探针，用来测定两根探针之间的电位差U，即可测出R_s。如果被测样片的尺寸远远大于探针间距时，方块电阻可以表示为

$$R_s=C(U/I)$$

式中，C——修正因子，其数值由被测样品的长、宽、厚尺寸和探针间距决定。

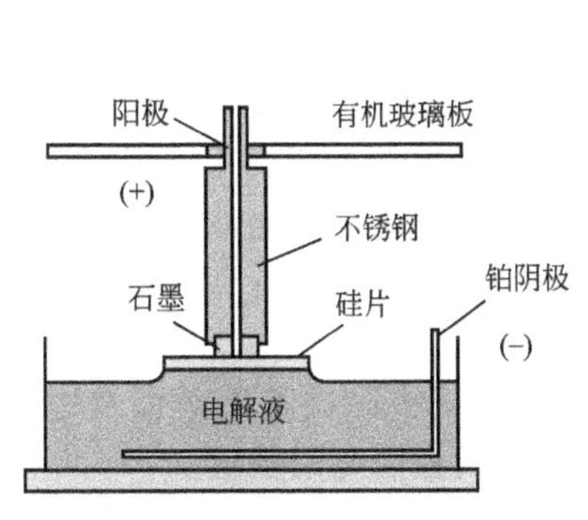

图4.12 阳极氧化法测结深装置

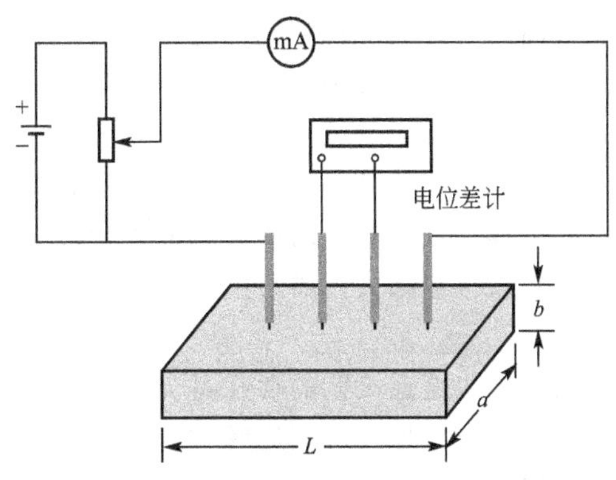

图4.13 四探针法测量方块电阻示意图

7. 多晶硅和单晶硅扩散比较

(1) 同一多晶硅硅片上不同点的方块电阻的差别比单晶硅的差别大，这一点体现了多晶硅的晶粒方向和晶界对扩散结果的影响，多晶硅硅片上不同晶粒的晶向不同，不同晶向上磷的扩散系数等性质也不同，影响了方块电阻；相同扩散条件下，不同多晶硅片之间平均方块电阻的差别比单晶硅之间的差别大，温度较低时差别明显，这是由于不同多晶硅硅片晶粒和晶界的结构不同所导致的结果。

(2) 温度对单晶硅和多晶硅扩散结果影响的趋势相同，多晶硅的扩散结果随温度的变化起伏更大。在扩散温度较低时，多晶硅扩散后的方块电阻大于相同条件下的扩散单晶硅；在扩散温度较高时，多晶硅扩散后的方块电阻小于单晶硅。

多晶硅和单晶硅由于结构上的不同导致了相同扩散条件下所扩散的方块电阻不同，解

释了在扩散温度较低时，多晶硅扩散后的方块电阻大于相同条件下的扩散单晶硅；在扩散温度较高时，多晶硅扩散后的方块电阻小于单晶硅的现象。扩散结果直接影响到PN结的质量，并对制太阳电池的后续步骤——印刷及烧结产生影响。用不同于单晶硅的扩散条件扩散出与生产工艺相匹配的PN结对提高多晶硅太阳电池效率，降低多晶硅太阳电池成本具有十分重要的意义。

图4.14为多晶硅和单晶硅扩散比较。

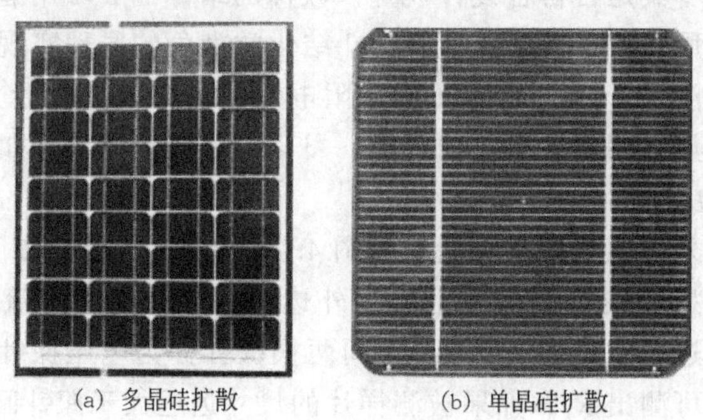

(a) 多晶硅扩散　　(b) 单晶硅扩散

图4.14　多晶硅和单晶硅扩散比较

4.2.3　去边

众所周知，外延沉积的硅片是重掺杂的，这是因为外延沉积的目的就是要以重掺硅为基础，再在其上部生长一层轻掺杂单晶硅。在外延生长过程的温度(1100℃左右)上，重掺硅片的掺杂剂会从重掺硅片外扩散与流动的反应物混合。当外延层在硅片正表面生长时，这个效应会减弱，但硅片背面的外扩散仍在继续。

扩散过程中，在硅片的周边表面也形成了扩散层。周边扩散层使电池的上下电极形成短路环，必须将它除去。周边上存在任何微小的局部短路都会使电池并联电阻下降，以至成为废品。

因此，去边这道工艺的存在是非常重要的，其目的在于去除硅片倒角面及边缘氧化膜，防止硅片正面外延时因边缘效应产生无定性硅，保证后道的光刻质量。

产业化的周边PN结去除方式是等离子体干法刻蚀，该方法技术成熟、产量大，但存在过刻、钻刻及不均匀的现象，不仅影响电池的转换效率，而且导致电池片蹦边、色差与缺角等不良率上升。激光开槽隔离技术根据PN结深度而在硅片边缘开一物理隔离槽，但与国外情况相反，据国内使用情况来看电池效率反而不及等离子体刻蚀技术，因此该方法有待进一步研究。

1. 手动贴膜

1) 原理

首先，在背封片背面人工贴附一层耐酸、耐高温的蓝膜，此种方式选用的蓝膜在加工前已按相应尺寸剪裁好，即蓝膜尺寸小于硅片尺寸。由于小于硅片尺寸的蓝膜覆盖在背封膜上，可以起到保护背封膜的作用，同时硅片正面、倒角面、背封膜边缘便会暴露在外，进而通过蓝膜的压实处理后，再放入氢氟酸中进行腐蚀。此时未被保护的硅片表面SiO_2层被腐蚀，继而撕除蓝膜后，硅片原贴附蓝膜部分的背封膜保持完好，从而达到去边的目的。

2）优点

整个加工过程中，全部为纯手工操作，因此此种方式最大的优点在于无机械损伤，可以保证硅片的完好性。

3）缺点

纯手工操作，需要消耗过高的人力与工时，人工成本较高，且稳定性不足；并且一旦蓝膜边缘的压实处理出现异常，如边缘蓝膜贴合不实，边缘处便会渗入氢氟酸，造成背封膜边缘腐蚀不整齐，分界线出现波浪形；而撕除蓝膜后，会残留胶印，需增加清洗工艺，流程较烦琐。

2. 半自动划边

1）原理

同手动贴膜一样，首先需在背封膜表面贴附一层蓝膜，此时采用的蓝膜无须提前剪裁，因此硅片背封膜一面会被蓝膜完全覆盖，进而通过半自动划边机加工，将需要去除的边缘部分用划刀划掉，而后剥离边缘蓝膜，再通过压实处理，进入氢氟酸中进行腐蚀，边缘5102层即被腐蚀掉。

2）优点

由于此工艺需使用划刀划断蓝膜，因此蓝膜划断处较整齐，腐蚀后背封膜边缘也会相应整齐，极少出现分界处呈波浪线的现象；且此种方式为机械加工，片间差异较小，稳定性强。

3）缺点

贴附于硅片上的蓝膜厚度为微米级，划刀划过蓝膜时，不可避免会划伤硅片，因此花边的工艺会令硅片本身存在机械损伤。

3. 自动去边

1）原理

自动去边，顾名思义，采用的是全自动去边设备，引进的自动去边机摒弃了传统意义上的蓝膜去边方式，采用吸盘这一新型工艺方式进行加工。上载后的硅片会被吸盘通过真空吸取，吸盘保护住不需腐蚀的背封膜部分，将硅片正面、倒角面及背面边缘裸露于氢氟酸中进行腐蚀，进而达到去边的目的。

2）优点

全自动设备，整个加工过程对硅片本身无任何损伤；并且不用贴附蓝膜、撕除蓝膜等一系列步骤，大大节省了人力消耗，单片辅料消耗也有所降低；全新的去边工艺，吸盘的精度较高，背封膜边缘整齐，产品合格率较理想。

3）缺点

设备传感器的局限性造成边缘去除量存在片间差异。

目前，工业化生产用等离子干法腐蚀，在辉光放电条件下通过氟和氧交替对硅作用，去除含有扩散层的周边。而行业出现的另外一种技术——化学腐蚀去边与背面腐蚀抛光技术集刻蚀与去PSG为一体，背面绒面的抛光极大降低了入射光的透射损失，提高了电池红光响应。该方法工艺简单，易于实现In Line(联机)自动化生产，不存在“钻刻”与刻蚀不均匀现象，工艺相对稳定，因此尽管配套设备昂贵但仍引起业内广泛关注。

4.2.4 去除背结

去除背结常用下面三种方法，即化学腐蚀法、磨片法和蒸铝或丝网印刷铝浆烧结法。

1. 化学腐蚀法

化学腐蚀是一种比较早的使用方法，该方法可同时除去背结和周边的扩散层，因此可省去腐蚀周边的工序。腐蚀后背面平整光亮，适合于制作真空蒸镀的电极。前结的掩蔽一般用涂黑胶的方法，黑胶是用真空封蜡或质量较好的沥青溶于甲苯、二甲苯或其他溶剂制成。硅片腐蚀去背结后用溶剂溶去真空封蜡，再经过浓硫酸或清洗液煮清洗。

2. 磨片法

磨片法是用金刚砂将背结磨去，也可以用压缩空气携带砂粒喷射到硅片背面除去。磨片后背面形成一个粗糙的硅表面，因此适应于化学镀镍制造的背电极。

3. 蒸铝或丝网印刷铝浆烧结法

前两种去除背结的方法，对于 N^+/N 和 P^+/N 型电池都适用，蒸铝或丝网印刷铝浆烧结法仅适用于 N^+/P 型太阳电池制作工艺。

该方法是在扩散硅片背面真空蒸镀或丝网印刷一层铝，加热或烧结到铝-硅共熔点(577℃)以上烧结合金(图 4.15)。经过合金化以后，随着降温，液相中的硅将重新凝固出来，形成含有一定量的铝的再结晶层。实际上是一个对硅掺杂的过程。它补偿了背面 N^+ 层中的施主杂质，得到以铝掺杂的 P 型层，由硅-铝二元相图(图 4.16)可知随着合金温度

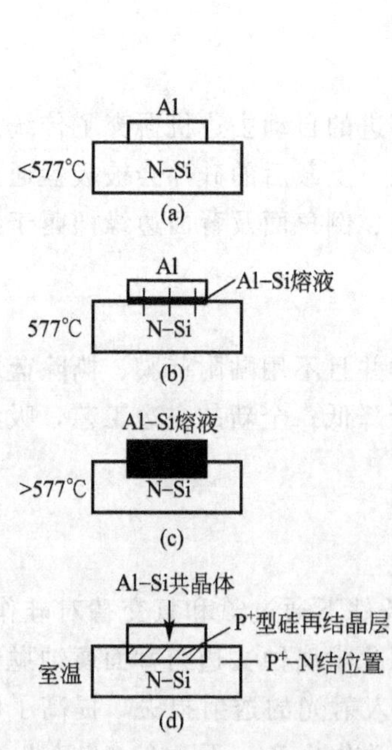

图 4.15 硅合金过程示意图

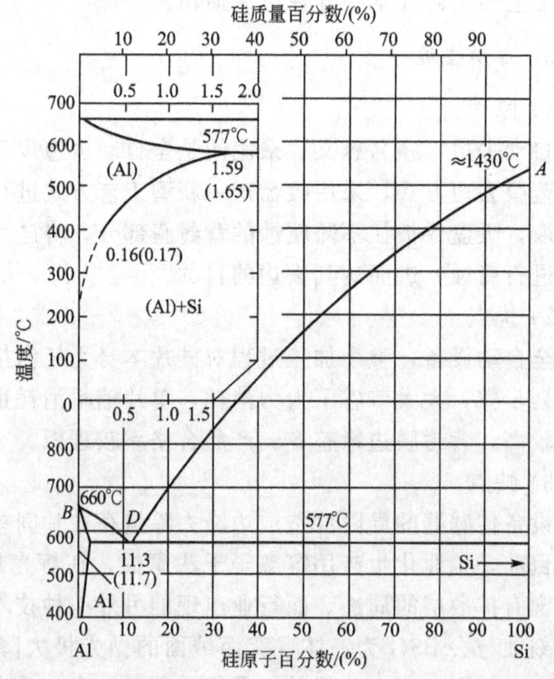

图 4.16 硅-铝二元相图

的上升，液相中铝的比例增加。在足够的铝量和合金温度下，背面甚至能形成与前结方向相同的电场，称为背面场，目前该工艺已被用于大批量的生产工艺。从而提高了电池的开路电压和短路电流，并减小了电极的接触电阻。

背结能否烧穿与下列因素有关：基体材料的电阻率，背面扩散层的掺杂浓度和厚度，背面蒸镀或印刷铝层的厚度，烧结的温度、时间和环境等因素。

4.2.5 制作上下电极

1. 电极及电极材料的选择

电极就是与PN结两端形成紧密欧姆接触的导电材料。习惯上把制作在电池光照面上的电极称为上电极。把制作在电池背面的电极称为下电极或背电极。制造电极的方法主要有真空蒸镀、化学镀镍、铝浆印刷烧结等。铝浆印刷是近几年比较成熟和在商品化电池生产中大量被采用的工艺方法。

电极及电极材料在选择时一般要满足下列要求。

① 能与硅形成牢固的接触。

② 接触电阻比较小，应是一种欧姆接触。

③ 有优良的导电性。

④ 遮挡面积小，一般小于8%。

⑤ 收集效率高。

⑥ 可焊性强。

⑦ 成本低廉。

⑧ 污染比较小。

2. 电极制作

欧姆接触在金属处理中应用广泛，它是指金属与半导体的接触，而其接触面的电阻值远小于半导体本身的电阻，使得组件操作时，大部分的电压降在活动区(active region)而不在接触面。

欧姆接触一般分高复合接触、低势垒接触、高掺杂接触等，制作方法有以下几种。

1）真空蒸镀法

一般用光刻方法或用带电极图形掩膜的电极模具板。掩膜由线切割机、光刻加工或激光加工的不锈钢箔或铍铜箔制成。

2）化学镀镍制作电极

利用镍盐(氯化钠或硫酸镍)溶液在强还原剂次磷酸盐的作用下，依靠镀件表面具有的催化作用，使次磷酸盐分解出生态原子氢将镍离子还原成金属镍，同时次磷酸盐分解析出磷，因此在镀件表面上获得镍磷合金的沉积镀层，化学镀镍的配方很多，碱性溶液用于半导体镀镍比酸性溶液好，下面是一种典型镀液的配比。

氯化镍：30g/L。

氯化铵：50g/L。

柠檬酸铵：65g/L。

次磷酸钠：10g/L。

3）丝网印刷制作电极

真空蒸镀和化学镀镍制作电极的方法是一种传统的制作方法，但存在工艺成本较高，耗能量大，批量小，不适宜自动化生产，为了降低生产成本和提高产量，人们将厚膜集成电路的丝网漏印工艺引入太阳电池的生产中。目前，该工艺已走向成熟，使线条的宽度可降到 50μm，高度达到 10～20μm。

丝网印刷技术是一种广泛应用的实用技术。在电子技术领域应用方面，对丝网印刷的要求很高。要求尺寸精度高、分辨率高、工艺稳定性好、可靠性好。丝网印刷技术包括丝网制版技术和印刷技术。丝网版及其制作技术是丝网印刷技术的关键技术，也是丝网印刷技术区别于其他技术之处。

丝网印刷技术在太阳电池电极制作工艺上的应用，从制造工艺学原理来看，其特点在于浆料对半导体基片的非平衡少数载流子寿命、表面复合速率、欧姆接触电阻率等物理特性有着重要的影响。因此，在实践中，对电极浆料及其烧结工艺要给予特别的注意。

制作太阳电池丝网印刷电极的设备包括丝网印刷机、红外烘干炉、红外快速烧结炉等。制作太阳电池电极的厚膜材料称为太阳电池电极浆料。太阳电池电极浆料通常由金属粉末与玻璃黏合剂混合并悬浮于有机液体或载体中。其中金属粉末所占的比例决定了厚膜电极的可焊性、电阻率、成本。玻璃黏合剂影响着厚膜电极对硅基片的附着力。这种黏合剂通常由硼硅酸玻璃及铅、铋一类的重金属占很大比例的低熔点、活性强的玻璃组成。另外，太阳电池电极浆料印刷烧结后的厚膜导体必须和半导体基片形成良好的欧姆接触特性，因此，还添加一些特定的掺杂剂。

浆料由专业制造商制造销售，其制造过程通常是将所需的玻璃变成粉料，再用球磨机研磨到适合丝网印刷的颗粒度，为 1～3μm。金属粉料用化学方法或超音速喷射制成。将这些粉末放在搅拌器中与有机载体湿混，再用三滚筒研磨机混合。

作为丝网印刷用的浆料需要具有触变性，属于触变混合物。在加上压力或(搅拌)剪切应力时，浆料的黏度下降，撤除应力后，黏度恢复。丝网印刷浆料的这种特性叫做触变性。在丝网印刷过程中，浆料添加到丝网上，由于较高的黏度而“站住”在丝网上；当印刷头在丝网掩模上加压刮动浆料时，浆料黏度降低并透过丝网；刷头停止运动后，浆料再“站住”在丝网上，不再做进一步的流动。这样的浆料特别适合于印刷细线图形。

因为浆料的流体特性非常复杂，在添加有机载体调节涂料黏度时要特别注意。黏度容易调到规定值，浆料的其他性质同时也会改变；因此，即使黏度与以前样品相同，也可能会得到不同的参数。浆料的流体特性直接影响着印刷图形的质量。浆料必须具有特殊的屈服性，丝网印刷时在刷头的压力下产生流动，压力撤销后恢复黏度并保持位置。流动性太大时图形边缘锐度不好并且会玷污基片。流动性差会导致透过性能差，产生另外一类缺陷。

太阳电池电极浆料经过印刷烧结工艺过程后形成厚膜导体电极。其中的金属导体材料成分分布在玻璃黏合剂中，构成一种复杂的混合分散体系，玻璃起黏合结构的作用，金属导体材料作为导电相分布在厚膜结构中，各个金属晶粒之间通过接触导电、隧道穿透导电等方式导电。晶体硅太阳电池的 P 型接触电极材料通常使用金属铝，对于硅半导体而言铝是一种 P 型掺杂剂，同时它与硅的共晶温度较低，利用铝-硅合金特性，可以在电极烧结过程中形成硅半导体的P型掺杂。另外，利用杂质类型的掺杂补偿作用，还可以用于去除$POCl_3$气态源扩散制作PN结时在太阳电池背面形成的N型掺杂层，形成P型背面电极接触。N型接触及焊接电极通常使用银基浆料，其中银含量在70%以上。对于半导体硅来说，银是一种深能级杂质，对非平衡少数载流子起复合中心的作用，对于太阳电池的光电转换效率是有害的。因此，对于银浆的选用和烧结工艺的确定这个问题必须给予特别注意。现已广泛应用于晶体硅太阳电池制造的银浆，有Dupont、Ferro、ELS等公司的相关产品。

作为太阳电池电极材料，应该具有小的厚膜导体电阻及金属-半导体接触电阻。

上电极的设计的一个重要方向是上电极金属栅线的设计。当单体电池的尺寸增加时，这方面就变得愈加重要。图4.17为几种在地面应用电池中使用的上电极的设计方法。对于普通的电极设计，设计原则是使电池的输出最大，即电池的串联电阻尽可能小和电池的光照作用面积尽可能大。

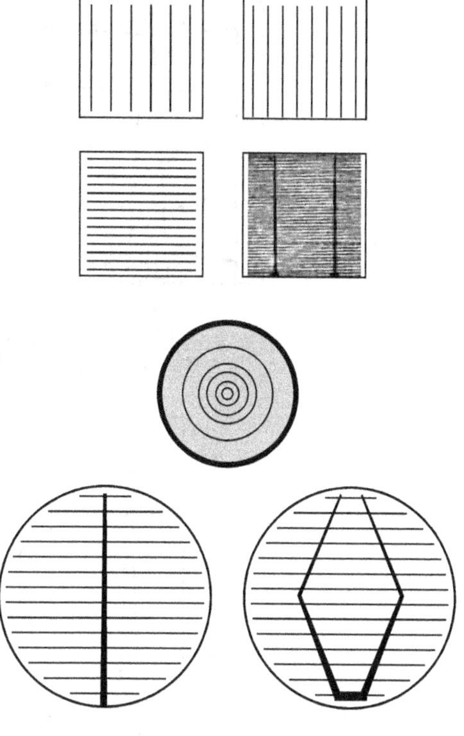
图4.17 常见的上电极图形

金属电极一般由两部分构成如图4.18所示，主线是直接将电流输到外部的较粗部分，栅线则是为了把电流收集起来传递到主线上去的较细的部分。如图4.18(a)那样的对称分布可以分解成如图4.18(b)所示的一个个的单体电池。这种单电池的最大输出功率可由$ABJ_{mp}U_{mp}$得到，式中AB为单电池的面积，J_{mp}和U_{mp}分别为最大功率点的电流密度和电压。用单电池的最大功率输出归一化后，得到栅线和主线的电阻功率损耗分别为

$$\rho_{rf}=\frac{1}{m}B^2\rho_{smf}\frac{J_{mp}}{U_{mp}}\frac{s}{W_F} \tag{4-1}$$

$$\rho_{rb}=\frac{1}{m}A^2B\rho_{smb}\frac{J_{mp}}{U_{mp}}\frac{1}{W_B} \tag{4-2}$$

ρ_{smf}和ρ_{smb}分别为电极的栅线和主线的金属层的薄层电阻。在某些情况下，这两种电阻是相等的。而在另一些情况下，如浸过锡的电池，在较宽的主线上又盖了一层较厚的锡，ρ_{smb}就比较小。如果电极各部分是线性地逐渐变细的，则m值为4；如果宽度是均匀的，则m值为3。W_F和W_B是单电池栅线和主线的平均宽度。s是栅线的线距。

由于栅线和主线的遮挡布而引起的功率损失是

$$\rho_{sf}=\frac{W_F}{s} \tag{4-3}$$

$$\rho_{sb}=\frac{W_B}{s} \tag{4-4}$$

忽略直接由半导体到主线的电流，接触电阻损耗仅仅是由栅线所引起的，这部分功率损耗一般近似为

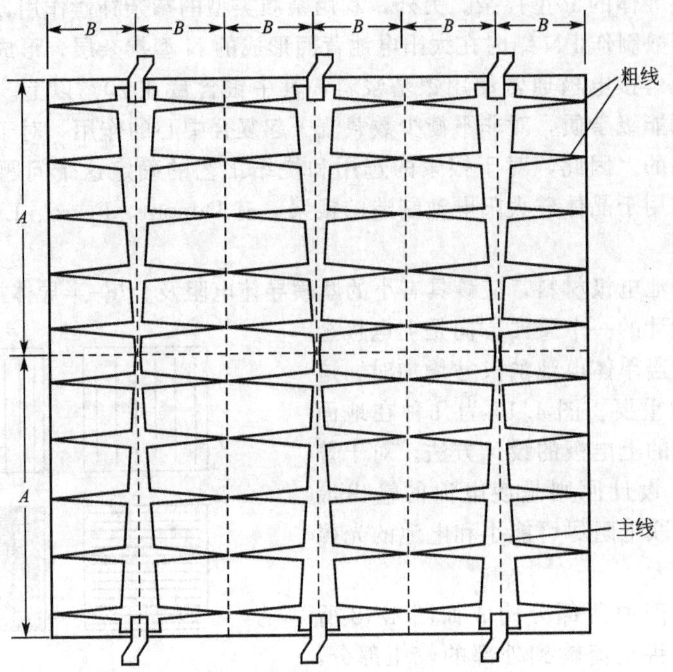

(a)示出主线和栅线的上电极设计的示意图。图中也表示出这个设计的对称性。根据这种对称性电极可以分解成12个相同的单电池

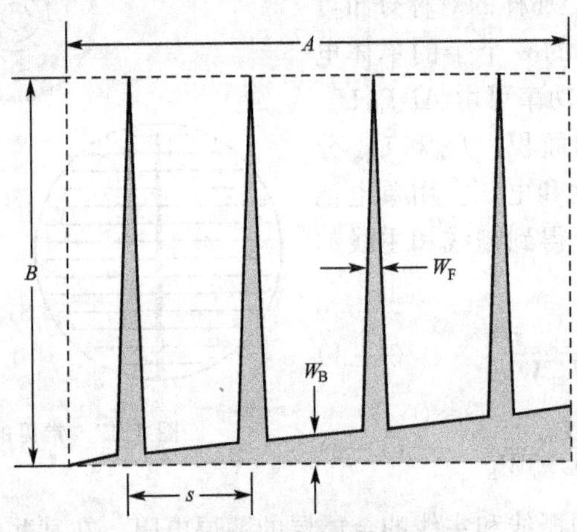

(b)典型的单电池的重要尺寸

图 4.18　金属电极

$$\rho_{cf} = \rho_c \frac{J_{mp}}{U_{mp}} \frac{s}{W_F} \tag{4-5}$$

式中，ρ_c——接触电阻率。对于硅电池来说，在一个太阳下工作时，接触电阻损耗一般不是主要问题。余下的是由于在电池的顶层横向电池所引起的损耗。其归一化形式为

$$P_{tl} = \frac{\rho_s}{12} \frac{J_{mp}}{U_{mp}} s^2 \tag{4-6}$$

式中，ρ_s——电池表面扩散层的方块电阻。

主线的最佳尺寸可以由式(4-2)和式(4-4)相加，然后对 W_B 求导而得出。结果为当主线的电阻损耗等于其遮挡损失时，其尺寸最佳，这时，

$$W_B = AB\sqrt{\frac{\rho_{smb}J_{mp}}{mU_{mp}}} \tag{4-7}$$

同时，这部分功率损失的最小值由式(4-8)得出。

$$(\rho_{rb}+\rho_{sb})_{min} = 2A\sqrt{\frac{\rho_{smb}J_{mp}}{mU_{mp}}} \tag{4-8}$$

这表明使用逐渐变细的主线($m=4$)而不是等宽度的主线($m=3$)时，功率损失大约低13%。

从上面一些式子可看出，单从数字上讲，当栅线的间距变得非常小以致横向电流损耗可忽略不计时，出现最佳值。于是，最佳值由下面条件给出，即 $\delta\to 0$ 时：

$$\frac{W_F}{s} = B\sqrt{\frac{\rho_{smf}+\rho_c m/B^2}{m}\cdot\frac{J_{mp}}{U_{mp}}} \tag{4-9}$$

即

$$(\rho_{rf}+\rho_{cf}+\rho_{sf}+\rho_{tl})_{min} = 2B\sqrt{\frac{\rho_{smf}+\rho_c m/B^2}{m}\cdot\frac{J_{mp}}{U_{mp}}} \tag{4-10}$$

实际上，不可能得到这个最佳值，在特定的条件下，要保持产品有较高的成品率，W_F 及 s 的最小值均受到工艺条件的限制。

在这种情况下，可通过简单的迭代法实现最佳栅线的设计。若把栅线宽度 W_F 取作在特定工艺条件下的最小值，则对应于这个最小的 s 值能够用渐近法求出，对某个设定值 s'，可计算出相应的各部分功率损失 ρ_{rf}、ρ_{cf}、ρ_{sf} 和 ρ_{tl}。然后可按式(4-11)求出一个更接近最佳值的值 s''。

$$s'' = \frac{s'(3\rho_{sf}-\rho_{rf}-\rho_{cf})}{2(\rho_{sf}+\rho_{tl})} \tag{4-11}$$

这个过程将很快收敛到相应于最佳值的一个不变的值上。从式(4-10)计算的 s 值是一个过高的估计值，由此可求出最佳的初试值。用式(4-10)所算出的 s 值的一半作为初试值即可得出一个稳定的迭代结果。

对于下电极的要求是尽可能布满背面，对于丝网印刷，覆盖面积将影响到填充因子。

4.2.6 制作减反射膜

光照射到平面的硅片上，其中一部分被反射，即使对绒面的硅表面，由于入射光产生多次反射而增加了吸收，但也有约11%的反射损失。在其上覆盖一层减反射膜层，可大大降低光的反射，图4.19中示出1/4波长减反射膜的原理。从第二个界面返回到第一个界面的反射光与第一个界面的反射光相位差180℃，所以前者在一定程度上抵消了后者。

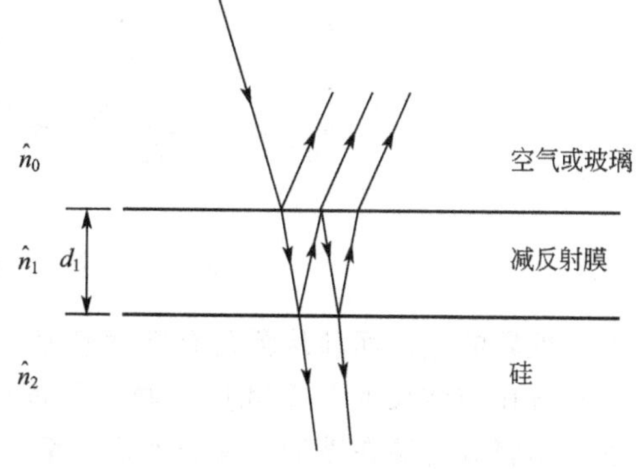

图4.19 由1/4波长减反射膜产生的干涉效应

在正常入射光束中从覆盖了一层厚度为 d_1 的透明层的材料表面反射的能量所占比例的表达式为

$$R=\frac{r_1^2+r_2^2+2r_1r_2\cos\theta}{1+r_1^2r_2^2+2r_1r_2\cos2\theta} \tag{4-12}$$

式中，r_1、r_2 由式(4-13)得出。

$$r_1=\frac{n_0-n_1}{n_0+n_1},\ r_2=\frac{n_1-n_2}{n_1+n_2} \tag{4-13}$$

式中，n_i 代表不用媒质层的折射率。由式(4-14)给出。

$$\theta=\frac{2\pi n_1 d_1}{\lambda} \tag{4-14}$$

当 $n_1d_1=\lambda_0/4$ 时，反射有最小值，即

$$R_{\min}=\left(\frac{n_1^2-n_0n_2}{n_1^2+n_0n_2}\right)^2 \tag{4-15}$$

如果反射率是其两边材料的折射率的几何平均值($n_1^2=n_0n_2$)，则反射值为零。对于在空气中的硅电池($n_{Si}=3.8$)，减反射膜的最佳折射率是硅折射率的平方根(即 $n_{opt}=1.9$)。图 4.20 中有一条曲线表示出在硅表面覆盖有最佳折射率(1.9)的减反射膜的情况下，从硅表面反射的入射光的百分比与波长的关系。

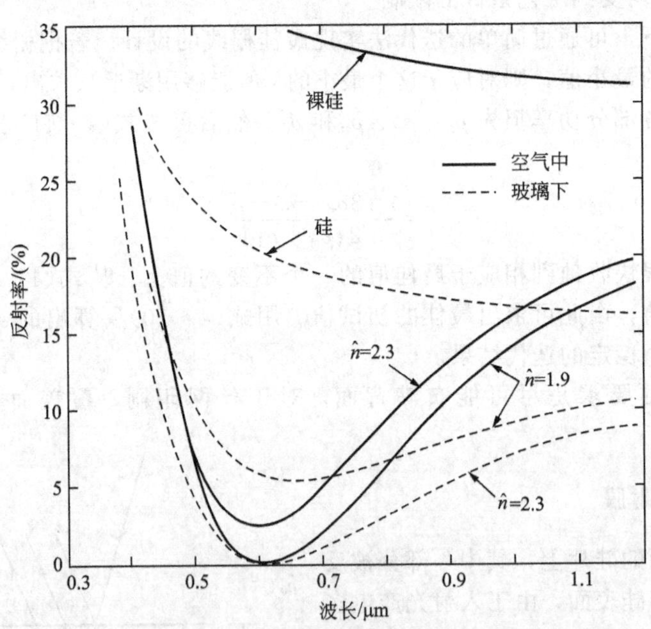

图 4.20　入射光百分比与波长的关系

从裸露的硅表面和从覆盖有折射率为 1.9 和 2.3 的减反射膜的硅表面反射的正常入射光的百分比与波长的关系减反射膜的厚度的选取使得波长在 600nm 处产生最小的反射。虚线表示将硅封装在玻璃或有类似折射率的材料之下的结果。

电池通常是装在玻璃之下($n_0=1.5$)。这使减反射膜的折射率的最佳值增加到大约

2.3。覆盖有折射率为2.3的减反射膜的电池在封装前和封装后对光的反射情况也表示在图4.19中。商品化太阳电池中使用的一些减反射膜材料的折射率见表4-1。除了有合适的折射率外，减反射膜材料还必须是透明的，减反射膜常沉积为非结晶的或无定形的薄层，以防止在晶界处的光散射问题。

表4-1 制作减反射膜所用材料的折射系数

材料	折射系数	材料	折射系数
MgF_2	1.3～1.4	Si_3N_4	1.9
SiO_2	1.4～1.5	TiO_2	2.3
Al_2O_3	1.8～1.9	Ta_2O_5	2.1～2.3
SiO	1.8～1.9	ZnS	2.3～2.4

减反射膜的研究依赖于其制备工艺，高质量的减反射膜有利于其物理的研究和应用的发展。随着激光技术、微波技术和离子束技术的应用，人们发展了多种减反射膜的制备工艺。

由于不同的时代背景和科学仪器及技术的发展，有着多种多样的减反射膜制备方法和工艺，要进行严格分类是困难的，但如果根据其工作原理，粗略进行分类，可以分成真空蒸镀法、溅射镀法、溶胶-凝胶法、化学气相沉积等。

每种方法都有其特点和特定的应用范围，寻找可以100%透过的减反射膜制备方法尚有困难，只能根据不同的特点和要求，分别采用不同的方法和工艺。下面将分别介绍这些方法，并较详细地介绍真空蒸镀法、溅射镀法和溶胶-凝胶法。

1. *真空蒸镀法*

真空蒸镀与其他成膜法相比，具有工艺比较简单，容易操作，成膜速度快，效率高等优点，因此广泛地应用于减反射膜的镀制。R. Kaigawa等采用一系列的真空蒸镀方法镀制了Cu(In、Ga)S_2薄膜，在250℃下镀制In-Ga-S(In∶Ga = 0.7∶0.3)薄膜，蒸镀时间为30min，膜层厚度为0.5μm；在510℃下，再镀制Cu和S，时间为36～72min，厚度均为0.5μm。在薄膜当中加入S元素，增强了混合物的光吸收的分布，此减反射膜用于太阳电池中，可以使得其效率提高9.3%，这对于当前的太阳电池的转换效率来说是一个很大的提高。薄膜当中S元素的量直接影响到薄膜当中In、Ga分布的均匀性，从而也将影响薄膜的光学特性。因此，在镀膜过程中应控制好S元素的量。

真空蒸镀的发展主要体现在加热蒸发材料的方式上，按加热方式的不同，可以分为电阻加热法、电子束蒸镀法。

电阻加热法迄今已经有近百年的历史。这种方法由于温度有限不能蒸发高熔点材料，且高温下材料和蒸发器发生化学反应，因此只能进行部分材料的镀膜。潘永强等采用此方法镀制了减反膜。膜系为G|BaF_2ZnSe BaF_2 YF_3|A，基底需用800eV左右的Ar^+离子束轰击5min，ZnSe采用钼舟电阻热蒸发。基底的温度应控制在(200±5)℃，ZnSe的沉积速率控制在0.2nm/s，BaF_2和YF_3的沉积速率分别为4.0nm/s和1.0nm/s。得到的减反射

膜峰值透射率达到99%以上，在整个设计波段的平均透射率大于98%，膜层的附着性能好，光机性能稳定。但由于电阻加热法对于薄膜的沉积速率较难控制，所以实际上可以通过控制镀膜时间来控制镀膜速率。

电子束蒸镀的特点是可以获得极高的能量密度，可以蒸发难熔金属或化合物，热效率高，使用方便，因此国内外常采用这种方法来镀制减反射膜。V. Barrioz 等镀制了单层的 YF_3 减反射膜。沉积速率为 1.6～1.67nm/s，膜层厚度为 800nm，整个膜系的平均反射率小于5%，可以很大程度上提高太阳能光伏电池的性能。M. Fadel 等镀制了可用于可见光、近红外和红外区域的 4 层减反射膜，薄膜材料采用 HfO_2 和 MgF_2，膜系结构为 G|$60HfO_2 87MgF_2 550HfO_2 260MgF_2$|A(中间的参数是膜层厚度，单位是 nm)，沉积速率为 0.5nm/s，此减反射膜的平均透射率达到 98%以上，最低的反射率小于 0.75%。H. Ganesha Shanbhougue等镀制了近红外波段的 5 层减反膜。本底真空为 1×10^{-5}Pa，基片温度控制在(120±10)℃，高折射率材料采用一定比例组合的 $ZrTiO_4$ 和 ZrO_2 混合物，折射率为 1.92，低折射率材料采用 MgF_2，膜系为 G|1.35 1.92 1.35 1.92 1.35|A，各膜层厚度为 230/360/35/50/525nm。此减反射膜在 1200～2000nm 波段的透射率大于99.0%，并且波动较少，在 1180～1880nm 波段，反射率小于 0.5%。沈自才等采用折射率为 1.52 的 K9 玻璃作为基底，薄膜材料为折射率为 1.46 的 SiO_2 和折射率为 1.93 的 ZrO_2，膜层共三层，高折射率层的厚度为 52.25nm，低折射率层的厚度为 226.88nm，折射率非均匀层从 1.52～1.93 呈余弦变化，厚度为 20nm，通过加镀非均匀层，增透膜在 1063nm 处透射率达到 99.942%。谢强等采用 ZrO_2 和 SiO_2 作为镀膜材料，本底真空为 4.3×10^{-3}Pa 左右，SiO_2 蒸发速率在 0.5～1.2nm/s，ZrO_2 的蒸发速率在 0.3～0.4nm/s，蒸镀出的低损耗增透膜可用于 1.064μm 的声光控开关，透射率在 1064nm 处均大于 99.8%，峰值处达到 99.974%。采用电子束蒸镀镀制减反射膜，在薄膜的层数上受到限制，如果膜层较多，电子束蒸镀并不是最理想的镀制方法。

离子辅助技术与一般的蒸镀法的不同之处在于，在蒸镀的同时利用离子源发射的离子束轰击基片，它可以提高膜层的附着力，缺点是它比普通的蒸发镀膜机结构要复杂，需要配备离子源。随着技术的发展和对薄膜质量的要求的提高，它的应用越来越广泛。Jung Hwan Lee 等在聚碳酸酯基片上镀制了 SiO_2 和 TiO_2 多层减反射膜。其基本工艺参数：用氩离子束轰击基片，工作气压为 1.33×10^{-2}Pa，氩离子和 O_2 的速率分别为 3mL/min 和 12mL/min(标准状态)，离子束流的密度固定在 14.4μA/cm²，氩离子的个数为 1×10^{15}～5×10^{16}/cm²，温度为室温。此膜系在可见光范围内总的反射率小于1%，在 550nm 处的反射率最小，为 0.76%；George Atanassov 等淀积了可用于 CO_2 激光发射装置的三层减反膜。低折射率材料采用 ZnSe，高折射率材料采用 PbF_2，膜系为 KCl/759ZnSe/538PbF_2/388ZnSe/空气(厚度单位为 nm)，离子枪氩离子的气压为 2.66×10^{-2}Pa，基片的温度为120℃，得到的减反射膜整体的吸收率为 0.016%。付秀华等在 MgF_2 晶体上制备了 3.5～4.9μm 波段的增透膜和保护膜。选取 TiO_2 和 CO_2 作为薄膜材料，膜系为基底/600SiO_2/200TiO_2/400SiO_2/2000TiO_2/970SiO_2/空气，温度控制在 150℃，O_2 的流量为 30mL/min(标准状态)，TiO_2 的蒸发速率为 0.4nm/s，镀制的减反射膜吸收较少，在 3.5～4.9μm 波段反射率小于 1.2%。林炳等以 ZnSe 为基底，Ge 为高折射率材料，ZnS 为中间折射率材料，YbF_3 为低折射率材料，膜系为基底/ZnS/Ge/ZnS/Ge/ZnS/YbF_3/ZnS/空气。在镀制之前调高离子束能量对基片进行离子清洗 10min，镀膜时仍然以离子轰击，使得凝聚粒子的能量和稳定性增加，从而提高沉积薄膜的致密度，改善其光学性能，烘烤温度为150℃，镀制的双面增透膜在7.8～10.6μm的工作波段获得的平均透射率大于98%。离子辅助技术镀制过程中加入了离子轰击，提高了膜层的附着力，对减反射膜的光学性能起到一定的改善作用。

由于蒸镀法的工艺条件较多，为了获得不同材料的减反射膜，有时需采用特殊的蒸发技术，如反应蒸镀法和分子束外延法等。反应蒸镀(reactive evaporation，RE)主要用来制备化合物减反射膜。例如，蒸发 $SnO-In_2O_3$ 混合物制备ITO(InSn氧化物)透明导电膜时，通常需要导入一定量的 O_2。分子外延法是20世纪60年代末在真空蒸发的基础上发展起来的一种制备极薄单晶膜的新技术。Hong Ma等采用MOVPE技术镀制了 SiO_2 和 TiO_2 双层膜。工作压强为 9.31×10^2 Pa，基片温度为610℃，TiO_2 的厚度为203nm，SiO_2 的厚度为247nm，此膜系在1220～1420nm波段反射率小于0.04%。目前尽管其制备工艺尚未成熟，但由于其生长速率可控，生产温度较低，因此仍具有重要的应用前景。

2. 溅射镀法

溅射镀膜能制备许多不同成分和特性的功能薄膜，因此20世纪70年代以后，已发展成为薄膜技术中重要的一种镀膜方式，减反射膜的镀制也常用溅射镀膜工艺。主要的溅射方法可以根据其特征分为直流(DC)溅射、射频(RF)溅射、磁控溅射等。

直流溅射设备比较简单，但它具有一个很大的缺点是工作气压较高，溅射速率较低，这使得镀出的减反膜纯度不够高，溅射效率也较低。C. Nunes等镀制了氧化钛和铬减反射膜。本底真空小于 2×10^{-4} Pa，工作气压为 $3\times10^{-3}\sim1\times10^{-2}$ Pa，基片温度为20～150℃，基片与靶材的距离固定在60mm。整个膜系共4层，每层膜淀积后都需用气压为 2×10^{-3} Pa的氩气清洗10min。如果在镀减反膜之前，先在基片上镀一层厚度约150nm，发散率为4%的铜膜，可以更大程度上改善太阳电池集热器的性能，并且满足其性能优良、耐久且可重复生产的要求。但在镀制的过程中，由于整个镀制时间较长，应注意防止铬的氧化，影响整个薄膜的光学性能。

射频溅射是适用于各种金属和非金属材料的一种溅射沉积方式。它的特点是溅射速率高，如溅射 SiO_2 时，沉积速率可达200nm/min，由于很多减反射膜的低折射率材料采用的都是 SiO_2，因此也成为减反射膜镀制的一个常用方法；膜层致密，针孔少，纯度高；膜的附着力强。I. S. Jeong等镀制了可用于紫外光电探测器的减反膜。先在P型Si基片上，淀积厚度为180nm的掺杂的n-ZnO薄膜，淀积温度为480℃，然后再在此薄膜上淀积厚度为100nm的Au-Al合金。得到的减反射膜在310～670nm波段最低的折射率小于5%。在镀膜的过程中，应先对P型Si基片进行脱氧处理，防止薄膜中氧元素的含量过高，最后，镀制的减反射膜应增加相应的保护膜，防止Au-Al合金的氧化。

相对于蒸发沉积来说，前面介绍的溅射沉积方法有两个缺点：①溅射方法沉积薄膜的速率相对较低；②溅射所需的工作气压较高，否则电子的平均自由程太长，放电现象不易维持。这两个缺点的综合效果是气体分子对薄膜产生污染的可能性较高。因而，磁控溅射技术作为一种沉积速率较高，工作气压较低，可获得大面积非常均匀的薄膜溅射技术具有其独特的优越性。因此，常用来溅射制备 SiO_2 薄膜和掺杂ZnO或ITO薄膜。李世涛等人在低温下制备了光电性能优良的ITO薄膜。真空室用循环冷却水来冷却，靶基距为65mm。溅射是在室温下进行的，由于当溅射时间到达30min时，薄膜表面的温度会上升到140～180℃，为了使薄膜在低温下沉积，溅射时间控制在30min以内且基片不加热，并采用冷却水进行冷却。氩气压强为0.8Pa，氧流量为2.4mL/min，薄膜厚度为241.5nm。此膜系在可见光范围内的透射率达到89.4%，且具有良好的光电性能，能满足一般的器件要求。整个镀制过程，注意了不良因素的干扰。但可以看到，得到的减反射膜在可见光范围内的透射率低于90%。因此，如何得到具有更高透射率的减反射膜是改进的一个方向。Hisashi Ohsaki 等在Si基板上镀制了含有Ag的减反射膜。整个薄膜共4层，第一层是膜厚为68nm的Si，第二层是膜厚为9nm ZnO和Al的合金，两者的质量比为2∶3，第三层是膜厚为5nm的Ag，第四层是膜厚为33nm的ZnO和Al的合金，质量比是2∶3，基底是苏打-石灰的玻璃(又称硬质玻璃或耐热玻璃)。得到的减反射膜在可见光范围内的透射率为85%。在此镀膜过程中，需要注意的问题有：第一，各膜层的厚度较薄，这样对于膜厚监控系统的要求会比较高，难以精确控制；第二，Ag和Al都是易氧化的金属，应当在其表面镀制保护层，这样一来，膜系也会相应地改变。S. Diplas 等镀制了可见光和近红外波段的ITO增透膜。基片先在高温下烘烤1h，工作压强为0.399mPa，ITO膜层的厚度为74nm。得到的增透膜平均透射率可达到90%。此镀膜过程的压强较高，膜层的厚度也较易于控制，得到的薄膜的光学特性也相对较高。Teruhisa Ootsuka 等镀制了可用于光电子器件的双层减反射膜。高折射率材料采用$\beta-2FeSi_2$，低折射率材料为掺杂铝氧化锌(AZO)，$\beta-2FeSi_2$的膜层厚度为300nm，AZO的厚度为526nm，溅射源气体为氩气，溅射压强控制在1.0Pa，基片与靶材的距离固定为60mm，中心波长为1550nm，整个膜系的反射率低于2%。整个膜系仅两层，各膜层的厚度也易于控制。但溅射压强较高，要注意防止污染问题。

溅射镀的方式较多，各有优势，也都存在其固有的缺点，在实际应用中，常与其他方法结合应用。

3. 溶胶-凝胶法

溶胶-凝胶法自20世纪80年代以来，就用来制备多种薄膜，在减反射膜的制备上也得到了广泛应用。它的主要优点是，原始材料是分子级的材料，纯度较高，组成成分较好控制，反应温度低，具有流变特性，可控制孔隙度，容易制备各种形状；工艺较简单，能同时进行双面镀膜；对于大面积基底的镀膜来说，成本较低。因此国内外近年来都致力于采用溶胶-凝胶法进行减反射膜的镀制。

溶胶的制备和涂膜方法的选择决定了薄膜的质量。SiO_2的折射率较低，且溶胶制备简单，因此广泛应用于多层膜和单层膜的制备中。K. Koc 等镀制Ta_2O_5和SiO_2多层减反射膜。SiO_2溶胶中含5.35mLTEOS［$Si(OC_2H_5)_4$，正硅酯乙酯］，10.6mL乙醇，6.76mL的蒸馏水，10.6mL的乙醇和0.96mL的盐酸，搅拌时间为30min。整个膜系共三层：第一层为SiO_2和Ta_2O_5的混合物，其质量比为9∶1，厚度为170nm；第二层为Ta_2O_5，厚度为45nm；第三层仍为两者的混合物，质量比为3∶2，厚度为120nm。每个膜层镀完后进行5min 100℃的热处理。此膜系在900nm左右的反射率小于0.6%，在850～950nm处，反射率小于1%，在815～995nm处，反射率小于2%，且膜具有很好的附着力和表面均匀性；Dingguo Chen 等采用TiO_2和SiO_2在大面积塑料面板上镀制了可用于显示器的减反射膜。TiO_2 溶胶的材料有 1mol 的钛醇盐，80～120mol 的乙醇，2～5mol 去离子水，0.05～0.5mol 的酸性催化剂。SiO_2 溶胶中含硅醇盐 1mol，乙醇 70～90mol，去离子水 2～6mol，酸性催化剂 0.1～0.3mol。基片先用去离子水冲洗，在淀积前再用超声波清洗。采用浸蘸法镀膜，成膜速率为 0.1～2.0cm/s。在清洁的环境中干燥淀积后的薄膜，烘干温度控制在 80～120℃。低折射率层的厚度为(42.5±0.66)nm，折射率为 1.428±0.002，高折射率层的厚度为(32.53±1.21)nm，折射率为 1.965±0.005。此减反射膜在 400～700nm 处整体反射率低于 0.1%，并具有高效、环保、经济等特点。Shui－Yang Lien 等在多晶硅基片制备了减反射薄膜。TiO_2 溶胶中含 6.7%的盐酸，0.12%的$(CH_3)_2NCHO$(二甲胺基甲醛)，其余为乙醇，将混合溶液搅拌 10min，然后将 $Ti(OC_3H_9)_4$(正钛酯丙酯)和 $P(OC_3H_9)_4$(正磷酯丙酯)缓慢地倒进混合溶液中，并用超声波振动 1h。$Ti(OC_3H_9)_4$、HCl、C_2H_5OH、H_2O 和$(CH_3)_2NCHO$ 的物质的量的比为 1∶80∶1∶0.067∶0.1。用旋转镀膜法镀制到 α－Si：H 基片上，速度为 2000～3000r/min，时间为 30s。薄膜厚度为 50nm，镀制后的薄膜先在 80℃下烘烤 20min，接着在 200℃下烘烤 1h。此薄膜在 400～700nm 波段的反射率小于 4.65%。K. Abe 等镀制了用于 CRT 显示器的双层膜，外层硅溶胶由乙醇、TEOS、水和浓度为 61%的硝酸溶液制成。原料的物质的量的比值控制了外层膜溶胶中的 TEOS 的水解程度。内层是 ITO 溶胶，其原材料是水、乙醇、异丙基酒精和甲基酒精。采用旋转法镀膜，在 400～700nm 处，整个膜层的反射率低于 3.5%，在 550nm 处，反射率不足 1%，并可以进行规模化生产。

近年来，国内也开始了对溶胶-凝胶法的研究，采用不同的原材料配方，研制了不同功能的 SiO_2 单层减反射膜。唐永兴等制备了多孔 SiO_2 减反射膜，多孔 SiO_2 涂膜液的材料是不同比例的 $Si(OC_2H_5)_4$∶H_2O∶C_2H_5OH∶NH_3∶PEG 配方，得到半透明的悬胶体涂膜溶液。采用浸渍提拉法涂膜后，玻璃表面单波长反射率减少了 7.5%，1053/527nm 或 527/351nm 双波长表面的反射率下降到 0.5%～1.5%，且膜层的表面均匀性优良；张磊等研制了可用于激光器上的单甲基原位改性 SiO_2 疏水减反射膜，原料为 TEOS、MTES(甲基三乙氧基硅烷)、无水乙醇和二次交换水，TEOS、MTES、C_2H_5OH、H_2O、NH_4OH 的物质的量之比为 1∶1∶2.3∶38∶0.57，体系中 Si 质量分数保持为 3%。混匀后，在室温下搅拌反应 1h，密闭保存，老化一定时间后即得到改性的 SiO_2 溶胶。用提拉法镀于洁净基片的两面，提速为 2cm/min，膜层的透过率均在 99%以上；贾巧英等研制了改性的多孔 SiO_2 增透膜。实验以 TEOS、MTES 和平均分子量为 200 的聚乙二醇(PEG200)为主要原料，采用碱/酸两步催化法制备得到改性的 SiO_2 溶胶。TEOS、氨水、无水乙醇和 PEG 200 的摩尔比为 1∶2∶0.6∶34∶0.08，室温磁力搅拌 3h，40℃密封陈化 10 天后，回流除氨，得到半透明状 SiO_2 悬胶体。MTES、H_2O 和 C_2H_5OH 在少量盐酸存在下按摩尔比 1∶4∶5 混合，得到无色透明的除水 MTES 预聚体(PMTES)。将 PMTES 按比例掺杂进 SiO_2 悬胶体中，得到改性的 SiO_2 涂膜液。使用提拉涂膜机或旋转涂膜机上涂膜，凝胶膜厚度由提拉或旋涂速度控制，凝胶膜在空气中放置 10min 后进行烘烤，得到的薄膜膜层的平均透过率在 95%以上，并且膜层致密性好，表面均匀，具有更强的环境适应性。

溶胶-凝胶法由于其优越性在国内外都成为一个镀制减反射膜的研究热点，相对来说，国外的技术比较成熟，并且已经可以进行规模生产。与真空蒸镀法和溅射法相比，溶胶-凝胶工艺的理论尚在发展之中，工艺上依然存在许多问题。醇盐水解和聚合的动力学过程和溶胶-凝胶工艺薄膜形成的力学过程、最佳工艺参数对膜的影响及醇盐的毒性和原材料的低成本等方面还有待深入研究。

4. 化学气相沉积法

化学气相沉积(CVD)法也较常用来镀制减反射膜，它多是在相对较高的压力环境下进行的，利用气态的先驱反应物，通过原子、分子间化学反应的途径成膜。CVD的主要特点是沉积速率高，成本低，并与其他工艺具有良好的相容性。M. J. Ariza等采用CVD技术镀制了SiO_2和TiO_2减反射膜。SiO_2膜层是通过P型硅在1000℃的潮湿空气中进行表面氧化获得的。TiO_2膜层的获得是在220℃下，用掺入氢原子的氮气熔化钛酸盐前驱体，在850℃的空气中煅烧20min后，将TiO_2薄膜煅烧到金红石态。TiO_2膜层厚度为45nm，SiO_2膜层的厚度为65nm。此减反射膜可以很好地应用于太阳电池。但采用此方法淀积减反射膜，最大的问题是厚度的控制。

在实际应用中，常采用等离子体辅助淀积技术，如PICVD和PECVD。PICVD技术在镀制减反射膜的过程中，可以得到较好的减反射效果，且容易清洗，无刻痕。M. Kuhr等在塑料基底上镀制了$SiO_xC_yH_z$和TiO_2减反射膜。基片在整个过程中是固定的。$SiO_xC_yH_z$层的材料是六甲基二氧化硅胺烷；TiO_2层是通过$TiCl_4$添加氧获得的。整个膜层厚度为1～2μm，得到的减反射膜在250～800nm具有良好的透过性，且无波纹。现已广泛应用于电子产品和汽车行业中。PECVD法沉积速率快，薄膜厚度和均匀性好，附着力高，但薄膜表面存在缺陷，薄膜致密性较差。S. G. Yoon等镀制了可用于平板显示器的SiOCF∶H减反射膜。F∶SiOC∶H薄膜的气体原料为硅烷混合物(含有H_2)、氮氧化物(N_2O的含量为99.999%)，纯度为99.9995%甲烷及纯度为99.999%的CF_4。淀积温度为100～400℃，气压为1.33×10^2Pa，硅烷、N_2O、CF_4的流速分别为20mL/min 100mL/min 30mL/min。得到的减反射膜的反射率可低于5.41%。在此镀制过程中，对材料的要求较高，应注意防止材料的污染问题。

4.3 太阳能光伏电池组件及封装

单体太阳电池不能直接作为电池使用。作为电源用必须将若干单体电池串/并联连接并严密封装成组件。对太阳电池组件要求如下。

① 有一定的标称工作电流输出功率。

② 工作寿命长，要求组件能正常工作20～30年，因此要求组件所使用的材料、零部件及结构在使用寿命上互相一致，避免因一处损坏而使整个组件失效。

③ 有足够的机械强度，能经受在运输、安装和使用过程中发生的冲突、振动及其他应力。

④ 组合引起的电性能损失小。

⑤ 组合成本低。

4.3.1 太阳能光伏电池组件的常见结构形式

常规的太阳电池组件结构形式有下列几种，玻璃壳体式结构如图4.21所示，底盒式组件如图 4.22 所示，平板式组件如图 4.23 所示，无盖板的全胶密封组件如图 4.24 所示。目前还出现较新的双面钢化玻璃封装组件。

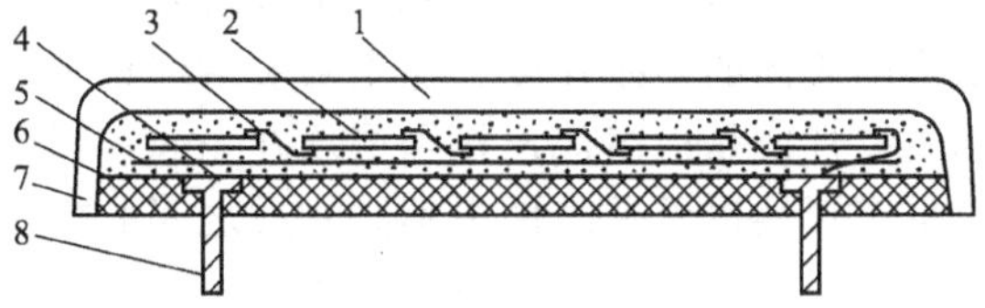

图 4.21 玻璃壳体式太阳电池组件示意图

1—玻璃壳体；2—硅太阳电池；3—互连条；
4—黏接剂；5—衬底；6—下底板；7—边框线；
8—电极接线柱

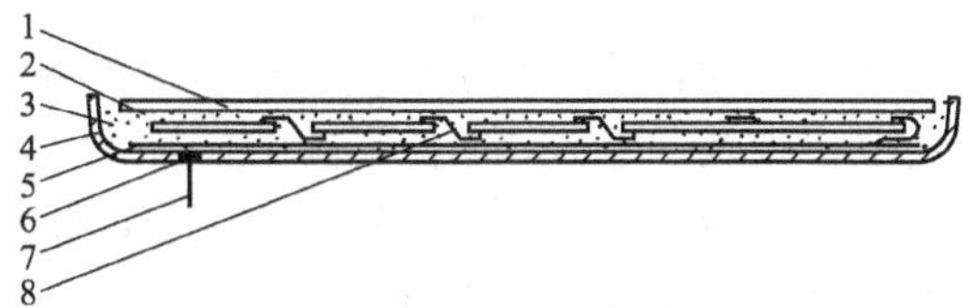

图 4.22 底盒式太阳电池组件示意图

1—玻璃盖板；2—硅太阳电池；3—盒式下底板；
4—粘接剂；5—衬底；6—固定绝缘胶；
7—电极引线；8—互连条

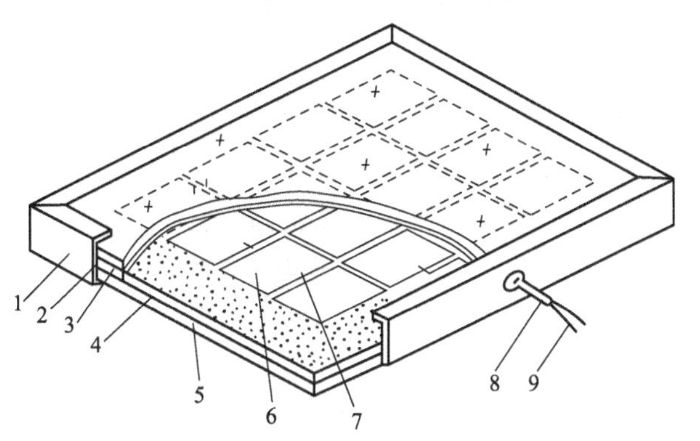

图 4.23 平板式太阳电池组件示意图

1—边框；2—边框封装胶；3—上玻璃盖板；
4—黏接剂；5—下底板；6—硅太阳电池；
7—互连条；8—引线护套；9—电极引线

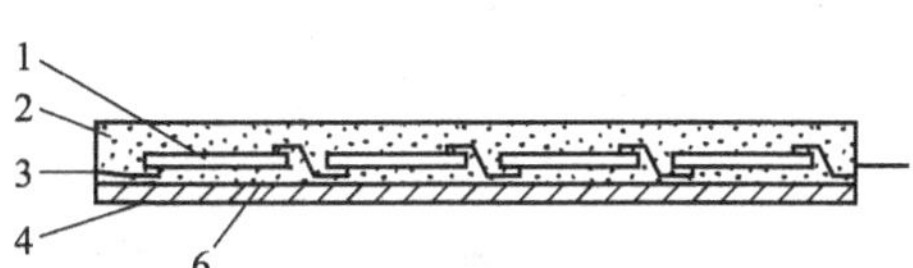

图 4.24 全胶密封太阳电池组件示意图

1—硅太阳电池；2—粘接剂；
3—电极引线；4—下底板；5—互连条

4.3.2 太阳能光伏电池组件的封装材料

地球表面接受的太阳能辐射可以满足全球能源需求的 1 万倍，国际能源署数据显示，在全球 4%的沙漠上安装太阳能光伏系统，就足以满足全球能源所需。当前太阳电池的半导体仍主要使用晶体硅。目前硅片的厚度可以降至 0.15mm。晶体硅太阳电池的平均效率可以达到 20%。

美国能源部(DOE)规定商品化的太阳电池组件质保 20～30 年，这就意味着组件的年输出功率损耗必须低于 1%，这样才可能在 20～30 年以后的总输出功率保持在原来的 80%以上。太阳电池组件封装时，通常用两层胶膜将太阳电池片夹在中间，之后通过一定的加工工艺使胶膜将连接电极的电池片、覆板(通常是玻璃)和背板(聚氟乙烯复合膜或者金属)黏合为一体，具体的封装结构如图 4.25 所示。一般为了获得较高的光电转换效率的器件，电子施主(donor)材料和功函数较高的电极(如 ITO

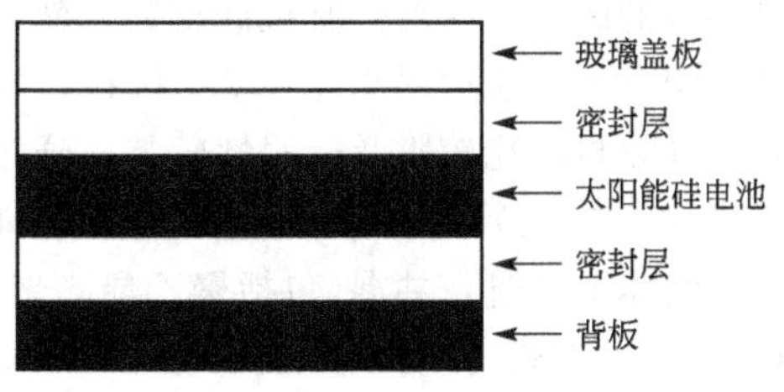

图 4.25 单晶硅太阳电池封装结构示意图

玻璃)相连，而电子受体(acceptor)材料则和功函数较低的电极(如 Al)相连。

光伏组件的核心是电池片，其本身具有长达 30 年以上的使用寿命。因此，太阳电池组件在长期室外环境下的性能可靠性主要决定于组件的封装。理想的光伏组件封装应该具有如下特性：低界面导电性、封装材料和基板之间牢固的粘接强度、整个封装结构具有低的吸湿性及一定的导热性。其中，封装材料的首要性能是把组件连接和层压在一起，其他的性能包括高透明性、好的黏接性、足够的机械变形性以承受组件中不同物质之间的热膨胀系数不同而带来的应力。

1. 常用的光伏组件封装材料

高分子树脂材料因其质量轻、成本低、柔软和黏接性能好等性能而成为广泛使用的封装材料。太阳能光伏组件封装材料包括离子型聚合物、热塑性聚氨酯(TPU)、热塑性聚烯烃(TPO)、乙烯-乙烯醋酸酯共聚物(EVA)、聚乙烯醇缩丁醛(PVB)、聚二甲基硅氧烷(PDMS)，具体结构如图 4.26 所示。

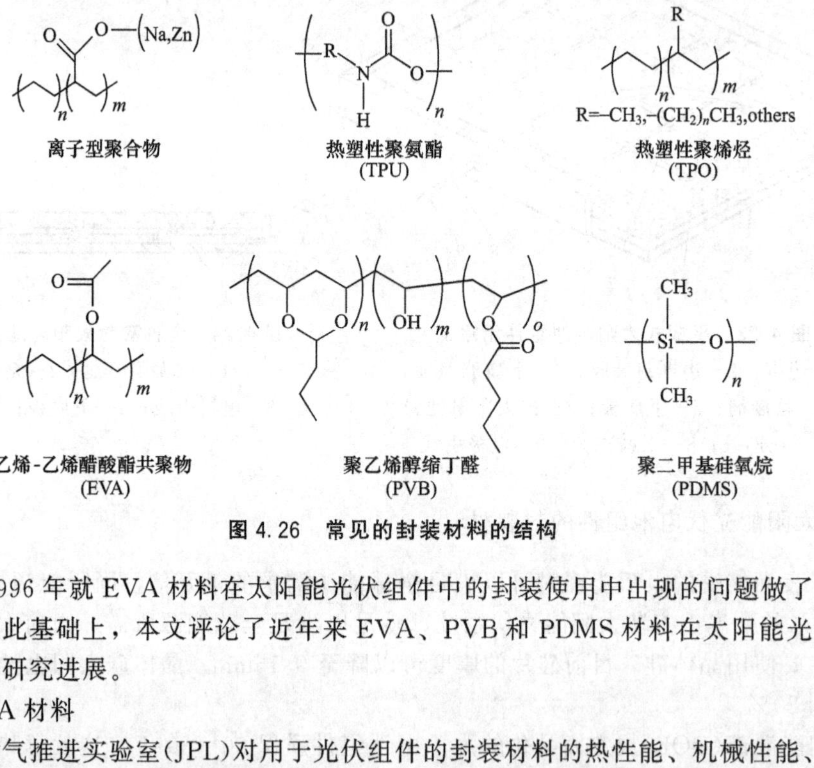

离子型聚合物

热塑性聚氨酯 (TPU)

R=—CH$_3$,-(CH$_2$)$_n$CH$_3$,others

热塑性聚烯烃 (TPO)

乙烯-乙烯醋酸酯共聚物 (EVA)

聚乙烯醇缩丁醛 (PVB)

聚二甲基硅氧烷 (PDMS)

图 4.26 常见的封装材料的结构

早在 1996 年就 EVA 材料在太阳能光伏组件中的封装使用中出现的问题做了较为详尽的评论。在此基础上，本文评论了近年来 EVA、PVB 和 PDMS 材料在太阳能光伏组件封装中的最新研究进展。

1) EVA 材料

美国喷气推进实验室(JPL)对用于光伏组件的封装材料的热性能、机械性能、加工性、透明性、吸水性及化学稳定性等制定了具体的性能标准。根据这些要求进行筛选，最能满足要求的高分子材料是有机硅材料。然而，由于成本原因，目前广泛用于硅晶和薄膜太阳电池组件的封装材料仍是 EVA 材料，即乙烯-乙烯醋酸酯共聚物。聚乙烯链段结晶性较高，导致材料比较脆及透明性较差，通过引入无定形结构的乙烯-乙烯醋酸酯共聚链段(一般是 33%左右)可以降低材料的结晶性和提高材料的韧性和透明性。EVA 材料用于太阳电池封装需要经过：共混(包括聚乙烯、聚乙烯醋酸酯、紫外稳定剂及固化剂等添加剂)、打料(90℃左右进行)、挤出成形(在 120℃左右得到未交联的原胶片)、组件叠放(自上而下顺序如图 4.24 所示)、真空层压(在 110～120℃下进行)、高温固化(于 140～150℃下进行)

等阶段。EVA材料在封装加工过程中会发生交联反应，最终形成一种三维网状结构，对太阳电池起到很好的密封作用。根据固化剂种类及加工时间的长短，EVA材料的固化成型又分为常规型和快速型两种，表4-2列出了典型的硅晶太阳电池光伏组件中主要结构的物理性能。

表4-2　EVA封装硅晶太阳电池组件中各层材料的物理性能

序号	层	厚度 δ/mm	导热系数 k/[W/(m·K)]	折射率
1	Glass	3.0～3.5	0.98	1.5
2	EVA	0.5	0.23	1.51
3	ARC[a]	$6\times10^{-5}\sim1\times10^{-4}$	1.38	—
4	Solar cell	0.25～0.4	148	5.61
5	EVA	0.5	0.23	1.5
6	Tedlar[b]	0.1	0.36	—

注：a. ARC是太阳能硅电池表面氧化硅或氮化硅减反射膜。
b. Tedlar是聚乙烯(乙烯的聚氟化物)的背板材料。

2) PVB材料

聚乙烯醇缩丁醛(PVB)具有良好的黏着性(与玻璃形成氢键)，在20世纪70年代首次应用于太阳能光伏组件封装，至80年代光伏组件的PVB封装研究已完成，但几年后因为它对水和紫外线非常敏感而停止。最近，新一代改良的PVB有更高的紫外线稳定性，已经在2004年重新应用于光伏组件的封装。PVB有助于解决胶膜变浑浊的问题，非常适合于薄膜光伏、大面积组件和建筑一体化光伏组件(BIPV)的封装。PVB材料用于光伏组件封装也采用层压成形工艺，其过程参数控制比EVA材料层压工艺的要求更严格。PVB具有与EVA相似的介电性能，且其电阻随温度升高而增大，有益于光伏组件在高温工作时保持其电力输出性能。PVB的玻璃化温度较高(在室温左右)，相对较脆，在使用时需要添加大量的塑化剂以降低其力学模量，有报道用于光伏组件封装的PVB配方中含有高达15%～40%的塑化剂。

3) PDMS材料

聚二甲基硅氧烷(PDMS)从结构上可以认为是无机玻璃和有机线型聚合物的"分子杂化"，作为理想的光伏组件封装材料，它有一些非常优异的重要性质，其中包括在紫外可见光波长区域的高透明度，非常低含量的离子杂质，低吸湿性，优异的电性能和宽的使用温度范围。

有机硅材料用于光伏组件封装时可以通过灌封的方式进行反应性加工成型，这要比EVA的层压工艺更为简便，加工成本也相对较低。这种固化系统的优点是能够在各种温度下快速固化，另一个独特功能是线性硅氧烷聚合物在固化之前拥有低的黏度，而这将赋予材料能在独特的电池结构上的流动性。此外，通过调整主链单元结构，可以调整设计有机硅材料的折射率，因此，针对不同用途的光伏组件，可以灵活地对有机硅封装材料进行结构设计。

2. 封装材料的性能

1) 材料的紫外稳定性

光伏组件的覆板玻璃(图4.24)一般具有紫外线过滤功能，可以阻止绝大多数的UV-B

辐射，但通常很少阻止 UV－A(320～400nm)辐射，因此太阳电池封装材料的紫外稳定性十分重要。

EVA 材料作为光伏组件的主要封装材料，存在着紫外稳定性差、材料易黄变老化等问题。美国可再生能源国家实验室(NREL)和桑迪亚国家实验室通过对位于加利福尼亚州中部的 Carrisa Plains 和以色列的 Negev Desert 的光伏电站进行的跟踪研究表明，太阳能光伏组件的电力输出效率呈一定程度的逐年下降，用于组件封装的 EVA 材料存在严重的黄变现象。这一黄变现象起初被归因于太阳电池组件银镜列阵 V 型槽底交汇处高达 90℃的工作温度引起了 EVA 材料的热降解，但是理论计算表明 EVA 材料热降解的链引发活化能 E_i＝160～185kJ/mol，即使在 150℃高温下 EVA 主链也不会发生降解。进一步研究表明，当 EVA 材料在紫外线照射下，由于紫外光能量高于 EVA 链的断裂能，可显著加速 EVA 材料的老化，在高温和 O_2 的协同作用下，材料降解过程中会产生较长共轭体系的烯酮结构的生色基团，从而发生黄变。降低透明性，其过程遵循 NorrishⅡ降解氧化机理，如图 4.27 所示。

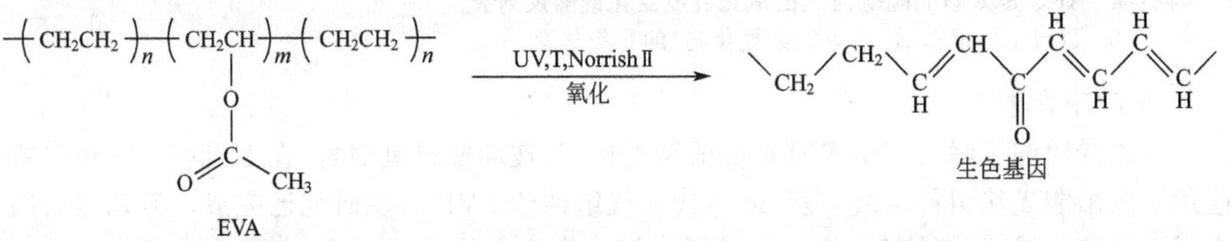

$$\left[CH_2CH_2\right]_n\left[CH_2CH(OC(=O)CH_3)\right]_m\left[CH_2CH_2\right]_n \xrightarrow[\text{氧化}]{UV,T,Norrish\,II} \sim CH_2-CH_2-CH=CH-CH-C(=O)-CH=CH-CH=CH\sim$$

EVA　　　　　　　　　　　　　　　　　　生色基因

图 4.27　EVA 材料在紫外照射、高温及氧化作用下形成生色基团

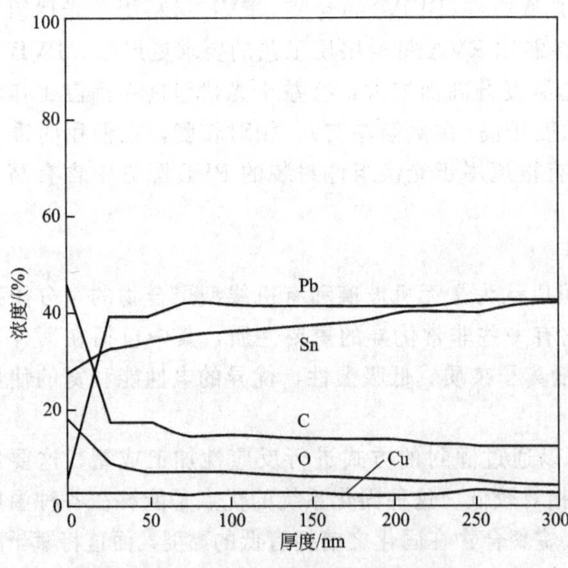

图 4.28　未经使用的电池表面成分分布

EVA 降解过程中产生的乙酸对 EVA 的降解黄变反应具有催化作用，同时乙酸还会腐蚀硅晶电池的金属导线，导致不同导线的电流输出不一致，破坏太阳电池的电力输出性能。Pern 通过对电池表面的俄歇电子能谱的研究发现，与未经使用电池的表面成分（图 4.28）相比，发生黄变的 EVA 材料封装的电池表面在 250nm 厚度处的 C 和 Cu(来自焊料)的成分明显减少，分别为 12％和 5％；而 Sn 和 Pb 的成分相应增加，分别为 35％和 50％，这种变化的原因是 Pb 和 Sn 在 EVA 降解过程中产生的乙酸及 O_2 的作用下发生了氧化腐蚀。

此外，伴随着 EVA 材料降解，组件内部黏附力将减小，严重时组件会发生层间脱落，光伏组件使用可靠性也会随之下降。EVA 封装材料的黄变与 PV 组件结构、EVA 配方、EVA 成形的工艺参数、PV 组件所处的地理位置(太阳光照射强度)和气候条件及工作时间有关。其中，组件的工作温度越高，紫外光的辐射强度越大，EVA 材料的光降解反应的速度就越快，其降解过程可以通过其红外谱学在 1735/cm 附近处的吸收峰的耦合裂分程度来监控。

值得注意的是，紫外照射也会引起 EVA 材料的光漂白反应。具体来说，波长为310～370nm 的紫外光会诱发黄色降解产物中的生色团进一步反应而生成无颜色的物质，这一过程即称紫外漂白，同时，475nm 处的可见光也具有一定的漂白效果，光漂白反应在一定程度上减缓了 EVA 材料的黄变现象。在 85℃以上，光降解反应占主导；在 50℃以下，光漂白反应占主导；在这两者之间的温度区，哪个反应占主导主要取决于温度、UV 照射强度和一些其他因素，如氧气存在与否及入射光的波长与强度。

为提高材料的紫外稳定性，EVA 材料的配方中添加有紫外稳定体系，以 Elvax 150 为代表，紫外稳定体系包括紫外吸收剂、游离基清除剂和过氧化物分解剂，研究表明平衡这三者的比例对于优化 EVA 紫外稳定性能非常重要。适度降低 VA 的含量可以提高 EVA 材料的紫外稳定性；此外，也可以通过优化材料链段的结构，如引入乙烯-丙烯酸甲酯共聚物(EMA)、聚丙烯酸顺丁酯(P－*n*－BA)和脂肪族聚醚氨酯(aliphatic polyether urethane)等组分来提高材料性能。

Hsu 等报道采用低成本可反复使用的氧化型低密度聚乙烯(LDPE)对硅晶太阳电池进行封装，研究发现，氧化型 LDPE 具有与 EVA 相似的透光性，封装后的组件在 damp-heat(湿热试验)等加速老化实验中显示了足够的黏结强度和热稳定性能。Oi 等在研究低成本、可再生的光伏组件封装材料时，也报道了使用无定形的低密度聚乙烯材料。

Oreski 等研究了其他类型的乙烯共聚物的加速老化性能，其中乙烯-丙烯酸(酯)共聚物显示了与 EVA 相当甚至更优的力学性能和透光性，而且在降解过程中也没有乙酸释放，从而可以进一步改善光伏组件的使用性能。

与 EVA 相同，PVB 也需要加入添加紫外稳定体系来提高对紫外光的耐受性。

PDMS 有机硅材料主链结构是由交替的 Si—O 键组成，具有优异的耐紫外稳定性、热稳定性和透明性，在封装时不需要加入紫外稳定剂。即使这样，PDMS 仍比 EVA 具有更高的紫外稳定性，高温(80～95℃)下的紫外加速暴露实验表明，PDMS 样品在 6000h 后没有任何明显的透光率损失，在同样条件下，EVA 样品在 750～1700h 后便显示出了非常明显的降解。

Skoczek 等对工作了 20 年的 200 个硅晶太阳电池组件进行了相应的性能测试研究，其中 101 个组件采用了 EVA 封装，40 个组件采用了 PDMS 有机硅材料封装，59 个组件采用了 PVB 材料封装，结果表明，EVA 材料封装的组件平均输出功率损耗是 16%，PVB 材料封装的组件平均功率损失是 23%，有机硅材料封装的组件平均输出功率损耗最小，只有 8%，研究结果显示了有机硅封装材料可以有效地提高光伏组件的使用性能。

2）材料的光学性能

尽管通过添加剂配方改性可以解决 EVA、PVB 材料的紫外稳定性能，但同时又带来了新的问题，即紫外吸收剂本身就是有颜色的物质，会吸收太阳光降低封装材料的透明性，从而导致组件效率下降。以 UV 531 为例，紫外吸收剂的光化学过程如图 4.29 所示。

相比之下，PDMS 材料具有很好的紫外光透光率。EVA 的短波长透过截止至 417nm 处，PDMS 的紫外透光的截止波长可以延伸至 273nm。研究发现，有机硅封装的硅晶太阳电池光伏组件由于具有更高的紫外透明性而显示了更好的光生电流性能。其短路电流 J_{sc}

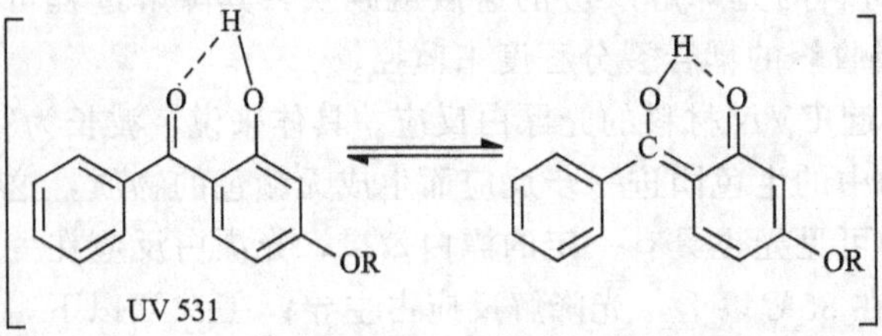

图 4.29 紫外吸收剂的光化学反应

比 EVA 材料封装时增加 1%。

最近光伏组件封装材料一个新的改性方法是添加具有波长转换(wavelength conversion)功能的染料。通过下转换(down-conversion)技术可以有效提高封装材料的紫外稳定性，同时又可以改善硅晶光伏电池的光生电流和太阳光的频谱匹配性，从而提高组件效率。Klampatifs 和 Richards 研究了在 EVA 材料中添加下转换的有机染料来提高多晶硅太阳电池效率的改进方法，通过使用 0.1305%(w/w)的 lunmogen－F Violet 570(BASF 公司提供)对 EVA 材料进行改性，组件在 300～400nm 范围里的外部量子效率(external quantumn efficiency，EQE)增加了 10%，并最终使组件效率提高了 0.18%。Donne 等使用两种不同结构的有机铕配合物分别对 EVA 材料进行掺杂，研究发现改性封装后的硅晶太阳电池光伏组件的输出功率增加了 2.8%。Fukada 等将溶胶–凝胶包覆的铕螯合物与高折射率的丙烯酸树脂制备了一层下转换薄膜，并置于硅晶太阳电池与上层 EVA 片之间，研究发现，改性封装后的光伏组件的短路电流增加最大值(ΔJ_{sc})达到 1.03mA/cm。我们开发了一种旨在可以通过表面贴膜处理的太阳电池下转换改性方法，研究发现基于 Eu^{3+} 的联吡啶配合物的添加可以使单晶硅太阳能电组件的效率提高 0.32%。此外，红外光占太阳光中总能量的 43%，通过上转换(up-conversion)的方法将长波段的红外部分转化为与太阳电池响应匹配的可见部分的荧光，可以有效地提高太阳电池的 EQE 和组件效率。李树全等报道了掺 Er^{3+} 的 TiO_2 上转换发光层，并有效地提高了材料敏化太阳电池(DSSC)的光电性能，在 80mW/cm 红外光照射下最高光电转换效率达到了 0.14‰。

太阳光在组件中的吸收和损耗与组件的各层物质的折射率有很大关系。其中，封装材料和密封剂的光学性质影响着组件的光吸收和损失的机制。例如，EVA 材料的折射率与玻璃相近(表 4－2)，这两层结构有接近理想的光耦合，当折射率差异较大时则会增加组件内部的层间界面反射，以及光在背板漫反射后的逃逸。通过模拟光伏组件各层结构的光学特性及其光谱响应，可以对组件的波长依赖性及性能影响进行理论计算，澳大利亚国立大学和道康宁公司联合研究发现，有机硅材料封装的硅晶太阳电池组件内部量子效率(IQE)比 EVA 材料封装时增加 0.5%～2.5%，其主要原因是有机硅材料的高折射率(RI)提高了组件在低的波长区域光电转化效率。

对于聚光型光伏组件(concentrator photovoltaic，CPV)而言，其最大聚光度($C_{\max}$)决定于半接收角($\pm\theta_a$)和封装材料的折射率 n，如式(4－16)所示。

$$C_{\max}=\frac{n^2}{\sin^2\theta_a} \tag{4-16}$$

封装材料的折射率越大，太阳电池组件接受的光越多，因而效率就越高。通过引入一些典型性的高折射率的纳米粒子可以提高光学树脂材料的折光率。Ma 等分别用不同折射率的材料来对 AlGaInP 太阳电池封装，结果表明折射率对组件效率具有重要影响，高折射率($n=1.57$)材料封装的电池比低折射率($n=1.41$)材料封装的电池的短路光生电流要高71%。CPV 封装材料的紫外光吸收截止波长也是影响太阳能光伏组件谱学响应及组件效率的重要性能参数，在这方面含氟烯烃及其他含氟聚合物由于紫外吸收截止波长较小而显示了突出的应用性能。

3）材料的热性能

EVA 材料的玻璃化温度比 PVB 材料相对较低一些，两者的热稳定性相似，在组件加工和工作时都是稳定的。PDMS 材料具有非常稳定的热性能，同时拥有低的玻璃化转变温度，具有较宽的组件加工和工作的温度窗口。

光伏组件只是利用了太阳光中的一小部分能量产生光生电流，其余能量通过非辐射方式转化为热能，从而升高了组件的温度，光伏组件的效率随温度升高而降低。此外，EVA 和 PVB 材料中的增塑剂和稳定剂会随着温度的升高而迁移到封装材料表面而导致材料的使用性能下降。

在太阳电池的典型封装结构中，以 EVA 材封装为例，封装材料层是主要的热阻挡层，见表 4-2。提高 EVA 封装材料的导热性、降低光伏组件的工作温度对于保证组件的转化效率和使用可靠性来说是非常重要的。Lee 等对硅片下方的 EVA 封装材料进行高导热性改性研究发现，通过加入高热导率的 SiC、ZnO 和 BN 纳米粒子，EVA 复合材料的热导率可由原来的 0.23W/(m·K)升高至 2.85W/(m·K)、2.26W/(m·K)和 2.08W/(m·K)。Shen 等研究发现，通过加入 45%的 Al_2O_3，可使 EVA 材料的热导率增加 0.73W/(m·K)。此外，也可以通过研发光伏热联用技术来改善光伏电池的发热问题。Fraisse 等研究了 PV/T(PV 组件和太阳能热水器)联合系统，该系统既可降低 PV 组件的工作温度，同时获得的热能又可以用于供暖。

CPV 组件对于封装材料的耐热性能有较高的要求，芳杂环聚酰亚胺(PI)材料由于具有优异的热学、力学、电学性能而广泛应用于微电子封装，其中，含氟 PI 膜具有较小的紫外吸收截止波长，用于 CPV 封装时显示了良好的性能。此外，PI 膜也广泛用于铜铟镓硒(CIGS)薄膜太阳电池的柔性衬底材料。

4）材料的耐水性能

进入组件的水汽凝结成水分后，会弱化组件层间的黏附键合，导致组件脱层和进一步增加水分进入通道，使组件发生电化学腐蚀，降低其电力输出功率，并可能最终使光伏组件失效。即使是非透过的背面材料也不能完全防止水汽在长达 20～30 年的使用过程中从边缘渗入，欲有效降低光伏组件的吸湿性，需要有好的密封胶，同时使用具有更低扩散因子和更好黏附力的封装材料能更好地防止水汽的摄入和保护光伏组件的结构稳定性。

相比 EVA 材料，PVB 材料由于其亲水性结构特点，具有较高的吸水性。PDMS 材料具有典型的疏水性结构，研究表明固化的 PDMS 和 EVA 材料在 damp-heat 实验 8 周后的平均含水量分别为 0.035%与 0.28%。材料的吸湿性与电阻率有密切的关系，在饱和水汽环境中的 PVB 材料的电阻率比 EVA 小 2 个数量级，比 PDMS 小 3 个数量级。同时 PDMS 具有良好的黏附性，因此可以很好地防止光伏组件的水分诱导腐蚀。

使用水汽阻挡层可以有效地降低光伏组件的水汽传输速率(WVTR)，通过在背板材料上使用无机阻挡层涂料可以有效地降低组件的 WVTR。这一方法成功的关键是要同时提高聚合物与无机涂料之间的黏结能力，使用沉积技术和对背板材料进行表面处理是行之有效的技术方法，这些方法包括：使用等离子技术预处理从而进行表面蚀刻、增加沉积时间、处理工艺和材料性能的整体优化、使用新型表面处理工艺。最近的一个方法是在背板PET上涂一层1000nm厚的丙烯酸酯流平层，然后再进行无机涂层的沉积。丙烯酸酯比PET具有更大的化学极性，因此可以和无机涂层之间形成大的黏结力。对于以聚氟乙烯(PVF)为背板材料来说，含有金属或者无机氧化物的阻挡层更容易在一个极性衬底上生长。例如，PVF - SiO_x - PET - Primer和PVF - Al - PET - Primer(Primer为丙烯酸酯之类的底漆)结构的背板材料可以对EVM玻璃结构提供好的长期保护，具有很好的抗脱层效果；然而，多涂层的PET背板不适合于与EVA的层压工艺，在更薄、更便宜的多涂层的背板薄膜的表面制作一层EVA种子层(Seed Layer)，将有助于进一步提高与EVA的黏结力。

此外，一些具有较好透过性的封装材料，如热塑性有机硅材料(PDMS)、线形聚氨酯材料(TPU)及EVA材料，尽管WVTR较大，但是它们的饱和吸收率却很小，在组件封装时，可以选择使用透气性的背板材料。Kemp等研究发现采用透过性的背板既有助于光伏组件内部的水汽在较高的温度下散发出去，对于EVA封装组件来说，也可为EVA材料的降解产物乙酸提供逸出通道，同时O_2的进入可对EVA进行光化学漂白而缓解黄变现象，进而将有助于改善光伏组件的使用性能。

随着光伏产业的全面应用和发展，光伏组件封装材料的研究也日渐深入，材料种类也日渐多样化，“高性能”和“低成本”将是今后光伏组件封装材料发展的两个重要方向。相比于EVA和PVB材料，以PDMS为代表的有机硅材料由于其无机、有机杂化的结构特点，在太阳能光伏组件(特别在太空领域)封装中展示了优良的性能，将是今后太阳能光伏组件封装材料发展的一个重要品种。目前的有机硅封装材料的品种结构相对单一，在一定程度上限制了其应用和发展，多样化的单体结构及功能性官能团的引入将有助于提高有机硅封装材料的加工性能及其他应用性能，从而进一步提高太阳能光伏组件的效率和使用可靠性。

4.3.3 太阳能光伏电池组件的制造工艺

1. 光伏组件生产工艺流程

光伏组件生产工艺流程：①电池测试；②正面焊接、检验；③背面串接、检验；④层压敷设(玻璃清洗、材料切割、玻璃预处理、敷设)；⑤组件层压；⑥修边(去边、清洗)；⑦装框(涂胶、装角键、冲孔、装框、擦洗余胶)；⑧焊接接线盒；⑨高压测试；⑩组件测试、外观检验；⑪包装入库。

2. 工艺简介

(1) 电池测试：由于电池片制作条件的随机性，生产出来的电池性能不尽相同，所以为了有效地将性能一致或相近的电池组合在一起，应根据其性能参数进行分类。电池测试即通过测试电池的输出参数(电流和电压)的大小对其进行分类，以提高电池的利用率，做出质量合格的电池组件。

(2) 正面焊接：将汇流带焊接到电池正面(负极)的主/栅线上，汇流带为镀锡的铜带，我们使用的焊接机可以将焊带以多点的形式点焊在主/栅线上。焊接用的热源为一个红外灯(利用红外线的热效应)。焊带的长度约为电池边长的2倍。多出的焊带在背面焊接时与后面的电池片的背面电极相连。

(3) 背面串接：背面焊接是将36片电池串接在一起形成一个组件串。我们目前采用的工艺是手动的，电池的定位主要靠一个模具板，上面有36个放置电池片的凹槽，槽的大小和电池的大小相对应，槽的位置已经设计好，不同规格的组件使用不同的模板。操作者使用电烙铁和焊锡丝将"前面电池"的正面电极(负极)焊接到"后面电池"的背面电极(正极)上，这样依次将36片串接在一起并在组件串的正负极焊接出引线。

(4) 层压敷设：背面串接好且经过检验合格后，将组件串、玻璃和切割好的EVA、玻璃纤维、背板按照一定的层次敷设好，准备层压。玻璃事先涂一层试剂(Primer)以增加玻璃和EVA的黏接强度。敷设(敷设层次由下向上依次为：玻璃、EVA、电池、EVA、玻璃纤维、背板)时保证电池串与玻璃等材料的相对位置，调整好电池间的距离，为层压打好基础。

(5) 组件层压：将敷设好的电池放入层压机内，通过抽真空将组件内的空气抽出，然后加热使EVA熔化将电池、玻璃和背板黏接在一起；最后冷却取出组件。层压工艺是组件生产的关键一步，层压温度层压时间根据EVA的性质决定。我们使用快速固化EVA时，层压循环时间约为25min，固化温度为150℃。

(6) 修边：层压时EVA熔化后由于压力而向外延伸固化形成毛边，所以层压完毕应将其切除。

(7) 装框：类似于给玻璃装一个镜框，给玻璃组件装铝框，增加组件的强度，进一步地密封电池组件，延长电池的使用寿命。边框和玻璃组件的缝隙用硅酮树脂填充，各边框间用角键连接。

(8) 焊接接线盒：在组件背面引线处焊接一个盒子，以利于电池与其他设备或电池间的连接。

(9) 高压测试：在组件边框和电极引线间施加一定的电压，测试组件的耐压性和绝缘强度，以保证组件在恶劣的自然条件(雷击等)下不被损坏。

(10) 组件测试：测试的目的是对电池的输出功率进行标定，测试其输出特性，确定组件的质量等级。

习 题

1. 简述单晶硅与多晶硅的制备方法。
2. 西门子法的步骤有哪些？它的缺点有哪些？
3. 改良西门子法的优点有哪些？改良西门子法相对于传统西门子法的优点有哪些？
4. 简述硅片表面的处理方法。
5. 简述扩散制结的过程。
6. 太阳电池组件的封装要求有哪些？

第5章 太阳能光伏电池的测试

本章教学要点

知识要点	掌握程度	相关知识
标准大气质量、标准光源、标准太阳电池	掌握标准大气质量的概念； 掌握标准光源的概念； 掌握标准太阳电池的概念	标准光源的相关概念
光伏电池测试的常规仪器、太阳能模拟器	熟悉光伏电池测试的常规仪器； 熟悉太阳能模拟器	光伏电池测试的各常规仪器的介绍； 太阳能模拟器的分类和结构
太阳电池的测试、光伏电池组件测试及环境试验方法	掌握太阳电池的测试内容； 掌握太阳电池的测试条件； 掌握太阳电池的测试方法； 掌握非晶硅太阳能光伏电池的测试与单晶硅、多晶硅太阳电池电性能测试的不同点； 掌握光伏电池组件测试及环境试验方法	太阳能光伏电池测试的内容、条件、测试方法； 非晶硅太阳能光伏电池的测试与单晶硅、多晶硅太阳电池电性能测试的不同点； 光伏电池组件测试的内容； 地面用硅太阳电池组件环境试验概况

导入案例

德国研发太阳能光伏组件实时监测新技术

虽然太阳能光伏组件在生产过程中已经过严格检测，但在运输、安装和运行过程中仍不可避免出现损坏，如太阳电池板出现裂纹或破损现象等，如不及时更换，将使系统效率大大下降，甚至引起系统失效。目前的监测方法主要有热成像摄影技术和(电)场激发发光探测技术，但各自都有很大的应用限制条件，热成像摄影技术只能在光能量密度大于700瓦/平方米的日光条件下使用，而场激发发光探测技术则只能用在夜间微光条件下。

德国斯图加特大学光伏技术研究所与企业合作，开发出一种新的监测技术，这种代号为“DaySy”的新技术能够通过测定太阳能光伏组件的场激发发光和光激发发光的强度，实时监测太阳能光伏设备的工作状态，在30秒时间内可获得监测结果，确定太阳能光伏组件是否完好并可确定常见的故障类型，如太阳电池板之间导线的脱落、板面出现微小裂纹、电池板出现光电转换失效的部位等，具有广泛的应用前景。

(资料来源：http：//www.ne21.com/news/show-44620.html.)

5.1 太阳能光伏电池测试概述

在自然条件下，地面接收到太阳光的强弱每时每刻在变化，局部地域的气温也存在差异。为客观评价太阳电池电性能，如光电转换效率、$I-U$特性曲线等，必须有统一的测试条件和方法。这样的测试才有意义，它对国际学术交流、情报交流等也是重要的。对地面应用，在实验室内对太阳电池进行测试，如果测试光源的光学性能与太阳光相差很远，则测试所得的数据不能代表电池在自然光下运行时的真实情况，甚至无法换算到真实情况；而在阳光下测试，天气状况随时间、地点不同而变化，受地面上阳光的辐照度、光谱分布影响的变化也较复杂。因此，需要规定一种标准测试条件，在这些条件下的测试结果可彼此比较，还可用测试数据估算出电池运行时的性能表现。

太阳电池板质量的优劣就决定了太阳能使用率的高低。就目前而言，太阳电池板存在易破碎、易隐裂及转换效率不高等问题。为了保障太阳电池板的品质，对其检测就成为必要操作。

1. 标准大气质量

在地球上的任何地方，大气层都会不同程度地削弱太阳辐射到达地球的能量，为了能够准确描述大气层对太阳能及其光谱的影响，引入大气质量(air mass，AM)的概念。常用的大气质量有AM0，AM1，AM1.5。AM0是在不通过大气的情况下的大气质量，通常用于评估太空的太阳电池性能；AM1是当太阳垂直于海平面处的大气质量；AM1.5是太阳高度角为41.8°时的大气质量。由于AM1条件与人类生活环境存在差异，所以通常选AM1.5作为评估地面用太阳电池性能的标准条件。太阳光伏能源系统标准化技术委员会(IEC/TC 82)规定，地面用标准太阳电池的标准测试条件为：测试温度为(25±2)℃，光源的光谱辐照度为1000W/m²，并具有标准的AM 1.5太阳光谱辐照度分布。

2. 标准光源的基本概念

1）辐照度

辐照度俗称"光强"，它指投射到单位接收面积的辐射照量。辐照度是一个从放射源向平面状物体照射时，每单位面积所得到的放射束数量的物理量，单位是瓦特每平方米（W/m²）。

取大气层上界标准辐照度为1367W/m²，即太阳常数。地面应用规定的标准辐照度为1000W/m²。实际上，地面阳光跟很多复杂因素有关，这一数值仅在特定的时间及理想的气候和地理条件下才能获得。地面上在下午时，比较常见的辐照度在600～900W/m²范围内；除辐照度数值范围以外，太阳辐射的特点之一是其均匀性，这种均匀性保证了同一太阳电池上各点的辐照度相同。

2）光谱分布

太阳电池对不同波长的光具有不同的响应，就是说辐照度相同而光谱成分不同的光照射到同一太阳电池上，其效果是不同的，太阳光是各种波长的复合光，它所含的光谱成分组成光谱分布曲线，而且其光谱分布也随地点、时间及其他条件的差异而不同，在大气层外情况很单纯，太阳光谱几乎相当于6000K的黑体辐射光谱，称为AMO光谱。在地面上，由于太阳光透过大气层后被吸收掉一部分，这种吸收和大气层的厚度及组成有关，因此是选择性吸收，结果导致非常复杂的光谱分布。而且随着太阳天顶角的变化，阳光透射的途径不同吸收情况也不同。所以地面阳光的光谱随时都在变化。因此从测试的角度来考虑，需要规定一个标准的地面太阳光谱分布。目前国内外的标准都规定，在晴朗的气候条件下，当太阳透过大气层到达地面所经过的路程为大气层厚度的1.5倍时，其光谱为标准地面太阳光谱，简称AM 1.5标准太阳光谱。此时太阳的天顶角为48.19°，原因是这种情况在地面上比较有代表性。

3）总辐射和直接辐射

在大气层外，太阳光在真空中辐射，没有任何漫射现象，全部太阳辐射都直接从太阳照射过来。地面上的情况则不同，一部分太阳光直接从太阳照射下来，而另一部分则来自大气层或周围环境的散射，前者称为直接辐射，后者称为天空辐射。两部分合起来称为总辐射，在正常的大气条件下，直接辐射占总辐射的75%以上，否则就是大气条件不正常所致，例如由云层反射或严重的大气污染所致。

4）辐照稳定度

天气晴朗时，阳光辐照是非常稳定的，仅随高度角而缓慢地变化，当天空有浮云或严重的气流影响时才会产生不稳定现象，这种气候条件不适宜于测量太阳电池，否则会得到不确定的结果。

3. 标准太阳电池

太阳电池的性能与入射光的光谱有关，然而，不同的模拟太阳光源的光谱分布也各不相同。如果对光源的光谱无选择性，那么对太阳电池的转换效率的测量就会带来百分之几的误差。针对以上状况，需要引入与被测太阳电池光谱响应基本相同的标准电池来测量模拟太阳光源的辐照度。标准电池必须每年由权威机构进行标定，以保证其准确性。

5.2 太阳能光伏电池的测试仪器

太阳电池测试设备是一种完成太阳光模拟、对太阳电池和组件进行测试的成套仪器，按照这种定义，太阳电池测试仪应该涵盖了太阳模拟器，也就是说太阳模拟器是太阳电池测试的一部分，本章主要针对太阳电池测试设备的组成和模拟器的分类进行讨论。

太阳电池测试设备按模拟器的光源形式分为稳态模拟器、脉冲式模拟器。太阳电池测试设备系统主要包括太阳模拟器、测试电路和计算机测试控制器三个部分，如图 5.1 所示。

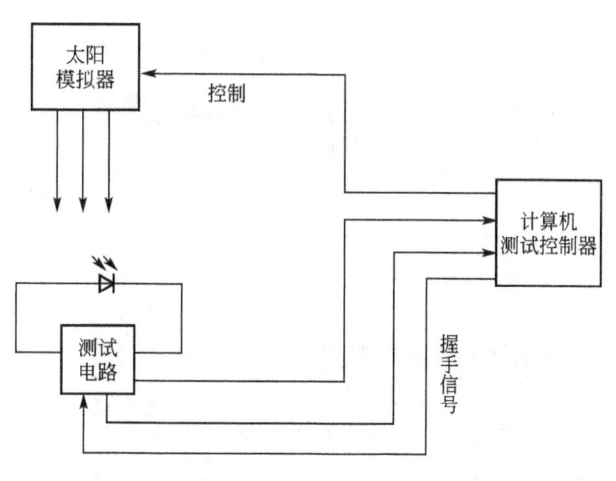

图 5.1 太阳电池测试原理图

太阳模拟器主要包括电光源电路、光路机械装置和滤光装置三个部分。测试电路采用位电压式电子负载与计算机相连。计算机测试控制器主要完成对电光源电路的闪光脉冲的控制。$I-U$ 数据的采集、自动处理、显示等。

5.2.1 常规仪器

1. 太阳能模拟器

由于受到温度、照度与地理位置等因素的影响，太阳电池组件在户外进行测量时所得到的数据再现性和可比性都较差，不仅不利于太阳电池的研究开发，而且对太阳电池组件的实际发电效率监控也会产生较大偏差。因此大多数测量工作都是在室内进行的。太阳模拟器可以提供近似太阳光谱的光源，其优劣会大大影响组件的测试结果。相应的对其等级划分的规范标准有 ASTM E927 - 2010、IEC 60904 - 9 - 2007 和 JIS C8912 - 1998。太阳模拟器用来对太阳电池及组件进行模拟照射以获取其光电转换特性，其级别由它的三个单项技术指标(具体包括光谱匹配特性、辐照度均匀度及辐照度稳定度)决定。一般地面用太阳模拟器只对 350～1100nm 或 400～1100nm 半导体材料敏感波段进行模拟，小于 400nm 的光谱输出为紫外效应，将导致大部分有机材料强烈老化。图 5.2 所示为 Oriel 公司太阳光模拟器

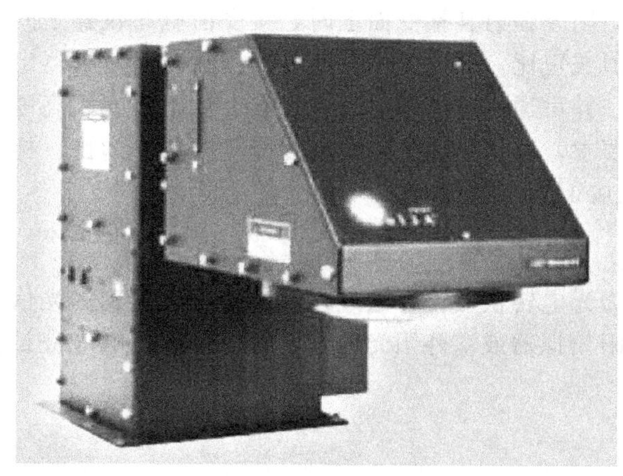

图 5.2 Oriel 公司太阳光模拟器(型号：94023A)

(型号：94023A)。

2. 紫外老化试验箱

考虑到真实气候条件的不可控性及多变性，实验室加速老化测试不仅可以提高测试的速度，复制老化条件，还可以保证实验的准确度和可重复性。紫外老化试验箱是通过模拟自然阳光中的紫外辐射，对材料 EVA 及背板进行加速耐候性试验，以获得材料耐候性的结果。一般采用紫外荧光灯管或者金属卤素灯。与光伏组件紫外预处理老化相关的测试标准主要有 IEC 61215－2005 和 IEC 61646－2008，主要对光强和波段分布设定了限制。目前灯管寿命一般为 1000h，随灯管寿命的衰减，不同灯管 UV 辐射的衰减趋势也不相同。

图 5.3　太阳能 *I－U* 曲线测试仪

3. *I－U* 曲线测试仪

I－U 曲线测试仪用来测量太阳电池组件的电流/电压特性(*I－U* 曲线)，*I－U* 曲线可描述太阳电池组件和阵列的性能。其内部主要包括精密电压源、高精度电流源、数字多用表、任意波形发生器、电压或电流脉冲发生器、可变电子负载及触发控制器等，要求具有精密定时和信道同步等功能来实现较短的测试时间和能力，捕捉器件瞬态性能。*I－U* 测试仪的精度和准确度直接影响组件输出特性的判定，其技术难点是最大功率点的追踪及短路开路的模拟实现。图 5.3 所示为太阳能 *I－U* 曲线测试仪。

4. 总辐射表

总辐射表是测定太阳直接辐射和空间漫射辐射朝向地面水平面部分之总和的仪器。不仅可以测定斜面上的总辐射，倒转时可以测量反射辐射，当加用屏蔽装置遮去直接辐射时，还可测量漫射辐射。该表采用热电效应原理，感应元件采用绕线电镀式多接点热电堆，其表面涂有高吸收率的黑色涂层。当阳光辐射到接受面上时，接受面就与仪器之间产生温差。温差电动势大小与辐射强度近似成正比，因此可根据电压表读数与绝对仪器定标得到的辐照强度得出总辐射表的灵敏度，并可通过对总辐射表进行温度修正和太阳高度角修正来减小测量偏差。按世界气象组织要求，总辐射表一年内精度变化要求不超出：标准表±2.0%、一级表±5.0%、二级表±10.0%。

5. 辐照传感器

辐照传感器一般是利用硅电池片作为光电转换器件，通过内部电路将收集到的光信号转化为电压形式输出，主要用于测试太阳模拟器或室外阳光的真实辐照强度，响应波长范围为 300～1100nm。

5.2.2　太阳模拟器

综上所述，标准地面阳光条件有 1000W/m^2 的辐照度、AM 1.5 的太阳光谱及足够好的均匀性和稳定性，这样的标准阳光在室外能找到的机会很少，而太阳电池又必须在这种条件下测量，因此，唯一的办法是用人造光源来模拟太阳光，即所谓太阳模拟器。

1. 稳态太阳模拟器和脉冲式太阳模拟器

稳态太阳模拟器是在工作时输出辐照度稳定不变的太阳模拟器，它的优点是能提供连续照射的标准太阳光，使测量工作能从容不迫地进行。缺点是为了获得较大的辐照面积，它的光学系统及光源的供电系统非常庞大。因此比较适合于制造小面积太阳模拟器，脉冲式太阳模拟器在工件时并不连续发光，只在很短的时间内(通常是毫秒量级以下)以脉冲形式发光。其优点是瞬间功率可以很大，而平均功率却很小；其缺点是由于测试工作在极短的时间内进行，因此数据采集系统相当复杂，在大面积太阳电池组件测量时，目前一般都采用脉冲式太阳模拟器，用计算机进行数据采集和处理。

2. 太阳模拟器的电光源及滤光装置

用来装置太阳模拟器的电光源通常有以下几种。

1）卤光灯

简易型太阳模拟器常用卤光灯来装置。但卤光灯的色温值在2300K左右，它的光谱和日光相差很远，红外线含量太多，紫外线含量太少。作为廉价的太阳模拟器避免采用昂贵的滤光设备，通常用3cm厚的水膜来滤除一部分红外线，使其近红外区的光谱适当改善，但却无法补充过少的紫外线。

2）冷光灯

冷光灯是由卤钨灯和一种介质膜反射镜构成的组合装置。这种反射镜对红外线几乎是透明的，而对其余光线却能起良好的反射作用。因此经反射后红外线大大减弱而其他光线却成倍增加。和卤钨灯相比，冷光灯的光谱有了大幅度的改善，而且避免了非常累赘的水膜滤光装置。因此目前简易型太阳模拟器多数采用冷光灯。为了使它的色温尽可能提高，和冷光罩配合的卤钨灯常设计成高色温，可达3400K，但使它的寿命大大缩短，额定寿命仅50h，因此需经常更换。

3）氙灯

氙灯的光谱分布从总的情况来看比较接近于日光，但在0.1～0.8μm之间有红外线，比太阳光大几倍。因此必须用滤光片滤除，现代的精密太阳模拟器几乎都用氙灯作为电源，主要原因是光谱比较接近日光，只要分别加上不同的滤光片即可获得AM 0或AM 1.5等不同的太阳光谱。氙灯模拟器的缺点：从光学方面来考虑是它的光斑很不均匀，需要有一套复杂的光学积分装置来使光斑均匀；从电路来考虑是它需要一套复杂而比较庞大的电源及起辉装置。总的来说，氙灯模拟器的缺点是装置复杂，价格昂贵，特别是有效辐照面积很难做得很大。

4）脉冲氙灯

脉冲式太阳模拟选用各种脉冲氙灯作为光源，这种光源的特点是能在短时间内发出比一般光源强若干倍的强光，而且光谱特性比稳态氙灯更接近于日光。由于亮度高，脉冲氙灯通常可放在离太阳电池较远的位置进行测量，因此改善了辐照均匀性，可得到大面积的均匀光斑。

5.3 单体太阳能光伏电池的测试

测量太阳电池的电性能归结为测量它的伏安特性，由于伏安特性与测试条件有关，必须在统一的规定的标准测试条件下进行测量，或将测量结果换算到标准测试条件，才能鉴定太阳电池电性能的好坏，标准测试条件包括标准太阳光(标准光谱和标准辐照度)和标准测试温度，温度可以人工控制。标准太阳光可以人工模拟，或在自然条件下寻找。使用模拟阳光，光谱取决于电光源的种类及滤光、反光系统。辐照度可以用标准太阳电池短路电流的标定值来校准。为了减少光谱失配误差，模拟阳光的光谱应尽量接近标准阳光光谱，或选用和被测量电池光谱响应基本相同的标准太阳电池。图 5.4 为太阳能单体测试仪。

测量伏安特性的原理框图如图 5.5 所示。

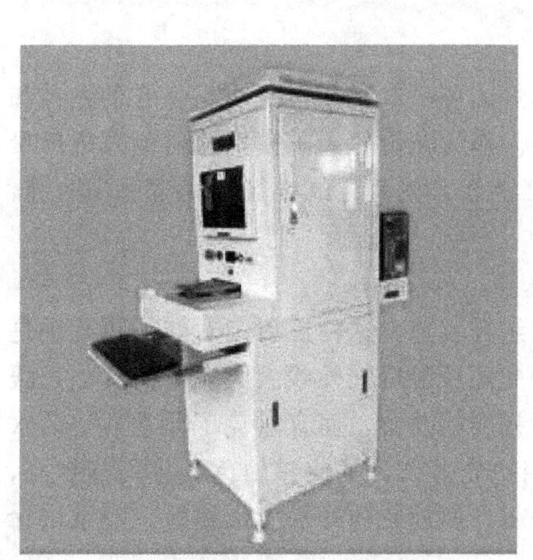

图 5.4　太阳能单体测试仪

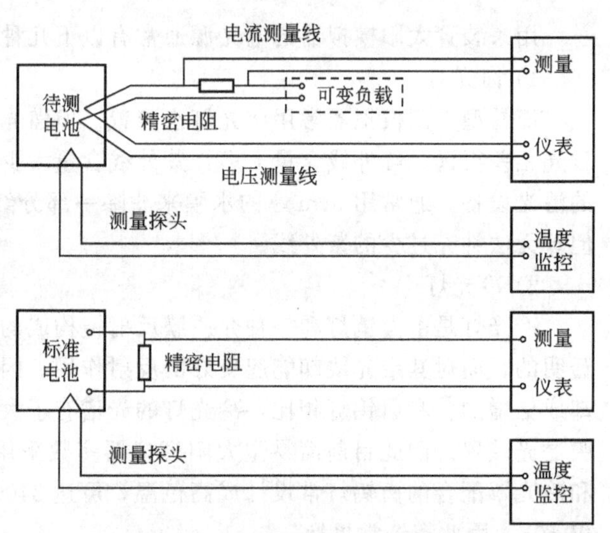

图 5.5　测量伏安特性的原理框图

注意：测量太阳电池的电压和电流，应从被测件的端点单独引出电压线和电流线。

5.3.1　测试内容

太阳电池的测试内容如下。

① 开路电压 U_{oc}。

② 短路电流 I_{sc}。

③ 最佳工作电压 V_m。

④ 最佳工作电流 I_m。

⑤ 最大输出功率 P_m。

⑥ 光电转换效率 η。

⑦ 填充因子 FF。

⑧ 伏安特性曲线或伏安特性。

⑨ 短路电流温度系数 α，简称电流温度系数。

⑩ 开路电压温度系数 β，简称电压温度系数。

⑪ 内部串联电阻 R_s。

⑫ 内部并联电阻 R_{sb}。

对于开路电压 U_{oc} 与短路电流 I_{sc}，由测得的太阳电池的负载特性曲线与 I、U 两轴的交点可得。

对于最佳工作电压 U_m、最佳工作电流 I_m 和最大输出功率 P_m，按照步长取相应的 I、U 值，求得每一点的 P 值($P=IU$)，组成一个功率 P 的数组，然后直接取其中最大值就是最大输出功率 P_m。此时该点(P_m)所对应的电压和电流也就是最佳工作电压 U_m 和最佳工作电流 I_m。

对于填充因子 FF，最大输出功率 P_m 与开路电压(U_{oc})和短路电流之积(I_{sc})($U_{oc}\times I_{sc}$)的比值就称为填充因子 FF。

$$FF=\frac{P_m}{U_{oc}I_{sc}}=\frac{U_m I_m}{U_{oc}I_{sc}} \tag{5-1}$$

填充因子直接影响太阳电池的转换效率，是表征太阳电池性能的优劣的重要参数之一。

对于太阳电池的效率 η，在太阳电池受到光照时输出电功率和入射光功率之比就称为太阳电池的效率，也称为光电转换效率。

伏安特性曲线是太阳电池最主要的参数。它可以直接反映出电池输出功率。在一定太阳光(或模拟阳光)照射下，这条曲线完全由电池的 P-N 特性和电阻分散参数来确定。人们常常把太阳电池的 $I-U$ 特性曲线称为电池负载特性曲线。

5.3.2 测试要求及条件

1. 测试需要的设备

1) 标准太阳电池

标准太阳电池用于校准测试光源的辐射照度。

对 AM 1.5 工作标准太阳电池做定标测试时，用 AM 1.5 二级标准太阳电池校准辐射度。在非定标测试中，一般用 AM 1.5 工作标准辐照度，要求时用 AM 1.5 级标准太阳电池。

2) 电压表

电压表(包括一切测量电压的装置)的精度应不低于 0.5 级。

3) 电流表

电流表内阻应小到能保证在测量短路电流时，被测电池两端的电压不超过开路电压的3%。当要求更精确时，在开路电压的3%以内可利用电压和电流的线性关系来推算完全短路电流。

推荐用数学毫伏表测量取样电阻两端电压降的方法来测量电流。

4) 取样电阻

取样电阻的精确度应不低于±0.2%。必须采用四端精密电阻。

电池短路电流和取样电阻值的乘积应不超过电池开路电压的3%。

5）负载电阻

负载电阻应能从零平滑地调节到 10kΩ 以上。必须有足够的功率容量，以保证在通电测量时不会因发热而影响测量精度。当可变电阻不能满足上述条件时，应采用等效的电子可变负载。

6）函数记录仪

函数记录仪用于记录太阳电池的伏安特性曲线。函数记录仪的精度应不低于 0.5 级。对函数记录仪内阻的要求和对电压表内阻的要求相同。

7）温度计

温度计或测温系统的仪器误差应不超过±0.5℃，测量系统的时间响应应不超过 1s。测量探头的体积和形状应保证它能尽量靠近太阳电池的 PN 结安装。

8）室内测试光源

辐照度、辐照和均匀度、稳定度、准直性及光谱分布均应符合一定的要求。

2. 测试要求的条件

标准规定地面标准阳光光谱采用总辐射的 AM 1.5 标准阳光光谱。

地面阳光的总辐照度规定为 $1000W/m^2$。标准测试温度规定为 25℃。

对定标测试，标准测试温度的允许差为±1℃。对非定标准测试，标准测试温度允许差为±2℃。

如受客观条件所限，只能在非标准条件下进行测试，则必须将测量结果换算到标准测试条件。

5.3.3 测试方法

所规定的测试项目中，开路电压和短路电流可以用电直接测量，其他参数从伏安特性求出。

太阳电池的伏安特性应在标准地面阳光、太阳模拟器或其他等效的模拟阳光下测量。

太阳电池的伏安特性应在标准条件下测试，如受客观条件所限，只能在非标准条件下测试，则测试结果应换算到标准测试条件。

在测量过程中，单体太阳电池的测试温度必须恒定在标准测试温度。可以用遮光法来控制太阳电池组件、组合板或方阵的测试温度模拟阳光的辐照度只能用标准太阳电池来校准，不允许用其他辐照测量仪表。

用于校准辐照度的标准太阳电池应和待测太阳电池具有基本相同的光谱响应。（注：系指同材料、同结构、同工艺的太阳电池）。

1. 直接法测太阳电池负载特性

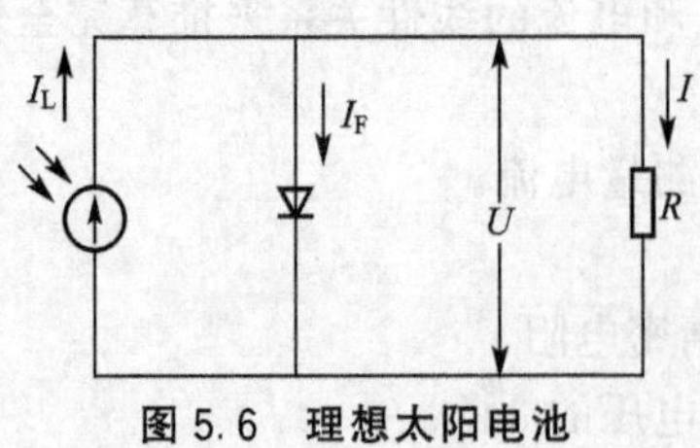

图 5.6 理想太阳电池

理想太阳电池相当于一个电流为左的电流源和一个正向二极管并联，如图 5.6 所示。流过二极管的正向电流为 I_F，流经负载的电流为

$$I = I_L - I_F \tag{5-2}$$

而

$$I_F = I_0 \left[\exp(qU/AKT) - 1\right] \tag{5-3}$$

式中，I_0——二极管的反向饱和电流；

U——负载电阻 R 两端的电压，同时它又是理想电池二极管的正向电压；

A——PN 结的质量因子，与温度无关，理想情况下 $A=1$。

将式(5-3)代入式(5-2)中，就可以得到理想太阳电池的 $I-U$ 特性方程：

$$I=I_L-I_0\left[\exp(qU/AKT)-1\right] \tag{5-4}$$

当负载电阻 $R=0\Omega$ 时，$U=0$，$I_F=0$，则短路电流为

$$I_{sc}=I_L \tag{5-5}$$

又当 $R=\infty$时，电路处于开路状态，此时 $I=0$，$I_L=I_F=I_{sc}$，光生电流全部通过 PN 结，即表示在开路光电压作用下，电池二极管完全导通，因此由式(5-4)、式(5-5)得，开路电压可表示为

$$V_{\infty}=\frac{AKT}{q}\ln\left[\left(\frac{I_{sc}}{I_0}\right)+1\right] \tag{5-6}$$

可见，在负载由 $0\to\infty$变化时，引起 PN 结偏压由 $0\to U_{oc}$变化，使得二极管正向电流由 $0\to I_L$ 变化，以至于负载电流由 $I_{sc}\to 0$ 变化，这给我们一个启示，电池负载特性测量不仅可以通过改变负载特性测得，而且还能够通过改变 PN 结偏压来获得。这是因为光照一定，电池光电流 I_L 一定，如将负载变化所造成的 PN 结偏压变化，改为直接改变 PN 结偏压，从而促成二极管正向电流 I_F 及负载电流 I 的变化，其结果是等效的。这不仅可以获得完整的电池负载特性，还可让实验者更直观深入地认识太阳电池的工作机制。

直接法测负载特性就是依据上面的原理，将负载 R 变为一个可变负载 R_L，以得到从 $0\to\infty$变化的负载，从而得到其负载特性曲线，如图 5.7(a)所示。但是这种方法有一个缺点，那就是实际太阳电池测试电路，由于串联提取电流，有一个取样电阻 R_s，使得电池不能达到短路状态；另外，由于可变负载电阻 R_L 不可能实现由 $0\to\infty$，所以测试电路也达不到开路状态。此时，我们所测得的负载曲线如图 5.7(b)所示，不能和电流密度轴相交，亦不能和电压轴相交。这样我们就不可能从负载曲线上得到如短路电流或开路电压的数值，也就不能正确地描述电池的伏安特性。因此，我们的太阳电池测试采用补偿电路，来避免这样的缺点的出现。

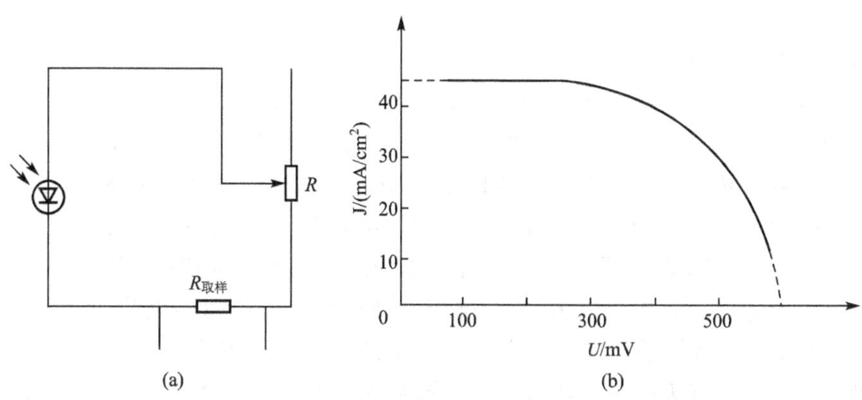

图 5.7　直接法测负载特性

2. 补偿法测试太阳电池负载特性

为弥补直接法所带来的缺陷，采用补偿法来测试太阳电池的负载特性。补偿法测试的

线路示意图如图 5.8 所示。这里的负载电阻，是由两个阻值相同的电阻 r 串联后与可变电位器总电阻 R' 及稳压电源并联所组成补偿电路代替。由可变电位器的动点和两固定电阻 r 引出的导线，与太阳电池、取样电阻一起构成了类似惠斯通电桥的桥路。其中电池、取样电阻 R_S 的支路就相当于惠斯通电桥的检流计支路。

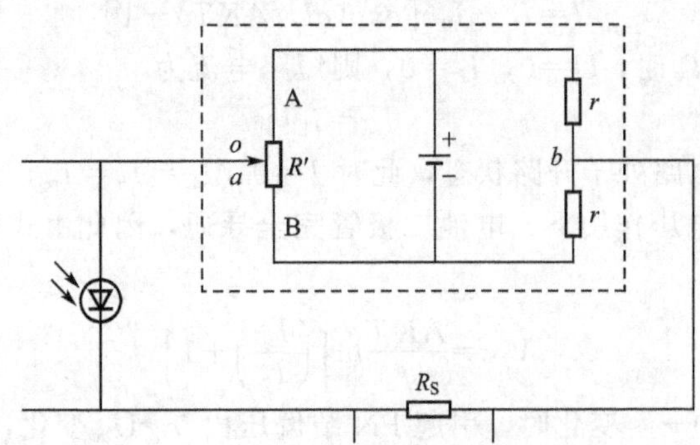

图 5.8　补偿法测负载特性电路示意图

图 5.7 中的虚线所围绕的部分，可通对电位器的调节，在 a，b 两端产生一个从负值变化到 0，再从 0 变化到正值的直流偏压 U_{ab}。这是补偿法测太阳电池光 $I-U$ 特性曲线的关键所在。由于可以产生一负值电压，也避免了直接法中因取样电阻 R_S 所带来的误差。

需要说明的是，这里忽略了 U_{oc} 对桥路的影响，假定电位器的动点在中点位置(即 0 点)时，电桥实现平衡，直流偏压 $U_{ab}=0V$，电池、取样电阻支路 $I=0A$，电池处于开路状态，其两端电压 $U=U_{oc}$。

因为太阳电池开路时，全部光生电流都通过 PN 结，相当于二极管导通，所以如果此时可变电阻离开中间位置向 A 点调整，电桥就将失去平衡，外加电源就可以给电池施加正向偏压。当由中点 0 向 A 滑动时，$U_A > U_B$，这样电池支路里就加进了一个由零开始的逐渐增加的正向偏压，随着离开平衡点 0 的距离的增大，二极管的正向电流为

$$I=-(I_F-I_L) \tag{5-7}$$

此时，相当于 $I-U$ 曲线进入第四象限。

当可变电阻从 0 点起向 B 点方向滑动时，和上述相反，电池开始受外加电源反向偏置。这时 $U_A < U_B$，以至于电池支路里加进一个由零开始的逐渐降低的负偏压 U_-，使得电池 PN 结的实际偏压逐渐减少，I_F 也随之减小，于是流经取样电阻 R 的光电流逐渐增加。当 U_{ab} 给出的反向偏压 U_- 的值正好等于取样电阻 R_S 上的电压 U_S 时，即 U_{ab} 反向偏压 U_- 完全补偿取样电阻上的电压 U_S 时，电池 PN 结处于零偏(即 PN 结截止)，二极管截止 $I_F=0$，此时 $I=I_L=I_{sc}$，光生电流 I_L 全部流经外电路，构成短路电流 I_{sc}。若 U_{ab} 再进一步变负，使得 PN 结负偏了，这时 $I-U$ 特性曲线进入了第二象限。

根据上述的原理方法，可以真正实现太阳电池负载由 0→∞变化的过程，这个过程相当于电池 PN 结由截止到导通的过程。通过利用图 5.7 中虚线框中的部分，实现改变 PN 结偏压，既根据补偿法测得了完整的负载特性，也全面测得了电池的光 $I-U$ 特性，补偿法测得的 $I-U$ 特性，如图 5.9 所示。同时，因本方法给出了由负→零→正变化的直流偏压，因此它还能用于太阳电池的 PN 结的 $I-U$ 特性的测量。

5.3.4 非晶硅太阳能光伏电池的测试

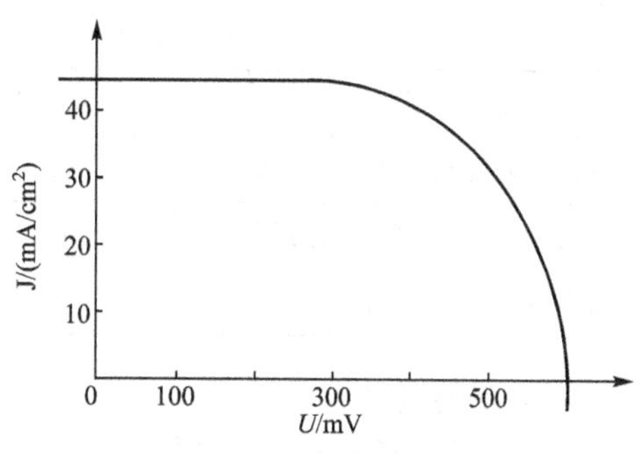

图 5.9 补偿法测得的太阳电池 $I-U$ 特性曲线

非晶硅太阳电池电性能测试方法从原则到具体程序都和单晶硅、多晶硅太阳电池电性能测试相同，但必须注意以下几点区别，否则可能导致严重的测量误差。

1. 校准辐照度

应选用恰当的、专用于非晶硅太阳电池测试的非晶硅标准太阳电池来校准辐照度。如果采用单晶硅或多晶硅太阳电池作为标准来校准辐照度，将会得到毫无意义的测试结果。当然，按照光谱失配的理论，如果所选用的测试光源十分理想，那么，即使用单晶硅标准太阳电池校准辐照度也能获得正确的结果。

2. 光源

用于非晶硅太阳电池电性能测试的光源应尽可能选用在 0.3～0.8μm 波长范围内，光谱特性非常接近 AM 1.5 太阳光谱的太阳模拟器。在自制太阳模拟器的情况下，应当给出 0.3～0.58μm 波长范围内，光谱分布的详细数据或曲线，以便计算光谱失配误差。

3. 光谱响应

非晶硅太阳电池的光谱响应特性与所加偏置光及偏置电压有关，在非标准条件下进行测试和换算时应注意有关情况。

5.4 太阳能光伏电池组件测试及环境试验方法

1. 太阳能光伏电池组件测试内容

1) 组件的额定工作温度

额定工作温度(nominal operating cell temperature，NOCT)的定义是太阳电阻组件在辐照度为 800W/m^2、环境温度为 20℃、风速为 1m/s 的环境条件下，太阳电池的工作温度。某种组件的额定工作温度和它的实际工作温度 t_r 及环境温度 t_e 之间有如下的经验公式：

$$t_r = t_e + \frac{(NOCT - 20)}{80} \qquad (5-8)$$

式中，E——测量时的实际辐照度。

由于太阳电池组件的实际工作温度常难以直接测定，因此采用式(5-8)来进行估算是有意义的。测定了环境温度及辐照度便可根据它的 NOCT 数据来估算实际工作温度。

各种组件的 NOCT 应当由专门机构来测定。某种组件的 NOCT 取决于它的封装情况，以下一组典型的 NOCT 数据(表 5-1)可作为参考标准。

表 5-1 一组典型的 NOCT 数据

组件封装状况	NOCT/℃	组件封装状况	NOCT/℃
用玻璃做基板的无气隙封装	41	采用不带散热片的铝质基板	43
用玻璃做基板的有气隙封装	60	采用塑料基板	47
采用带有散热片的铝质基板	40		

2）电阻的测量

绝缘电阻测量是测量组件输出端和金属基板或框架之间的绝缘电阻。在某些环境试验项目进行前后都需测量绝缘电阻。在测量前先做安全检查，对于已经安装使用的方阵首先应检查对地电位、静电效应，以及金属基板、框架、支架等接地是否良好等，建议最好采用容量足够大的开关设备把待测方阵的输出端短路后再进行测量，可以用普通的兆欧表来测量绝缘电阻，但应选用电压等级大致和待测方阵的开路电压相当的兆欧表。测量绝缘电阻时，大气相对湿度应不大于 75%。

2. 地面用硅太阳电池组件环境试验概况

地面用太阳电池组件长年累月运行于室外环境，必须能反复经受各种恶劣的气候条件及其他多变的环境条件，并保证要在相当长的额定寿命(通常要求 15 年以上)内其电性能不发生严重的衰退，为此在出厂前因按规定抽样进行各项环境模拟试验，以下简略介绍环境试验的具体项目及技术要求。在环境试验项目进行前后(注意：这里是指每一个项目进行前后)均需观察和检查组件外表有无异常现象，最大输出功率的下降是否大于 5%。凡是外观发生异常或最大输出功率下降大于 5%者均为不合格。这是各项试验的共同要求，以下不再逐一说明。

1）温度交变

从高温到低温反复交替变化称为温度交变。交变的温度范围规定为(－40±3)～(＋35±2)℃。凡用钢化玻璃作为盖板的组件应交变 200 次，用优质玻璃作为盖板的组件应交变 50 次。在进行每项试验前后均应测量电性能参数，并观察试验后外表有无异常，以下从略。

2）高温储存

地面用太阳电池组件应在(85±2)℃的高温环境下储存 16h。

3）低温储存

地面用太阳电池组件应在(－40±3)℃的低温环境下储存 16h。

4）恒定湿热储存

地面用太阳组件应在相对湿度为 90%～95%，温度为(40±2)℃的湿热环境下存放 4 天。试验结束进行电性能测试及外观检查，绝缘电阻小于 1MΩ 者为不合格。

5）振动、冲击

振动及冲击试验目的是考核其耐受运输的能力。因此应在良好的包装条件下进行试验。试验条件规定如下。

振动频率：10～55Hz。

振幅：0.35mm。

振动时间：法向 20min，切向 20min。

冲击波形：半正弦、梯形、后峰锯齿，持续 11ms。

冲来的峰值加速度：150m/s^2。

冲击次数：法向、切向各 3 次。

6）盐雾试验

在近海环境中使用的太阳电池组件应进行此项试验，即在温度(35±2)℃×5%NaCl水溶液的雾气中储存 96h 后，检查外观、最大输出功率及绝缘电阻。

7）冰雹试验

模拟冰雹试验所用的钢球质量为(227±2)g，下落高度视组件盖板材料而定，钢化玻璃为 100cm，优质玻璃为 50cm，向太阳电池组件中心下落 1 次。

8）地面太阳光辐照试验

此项试验应在模拟地面太阳光辐照试验箱中进行。模拟太阳光应垂直照射组件，辐照度为 1.12kW+10%，并具有地面阳光光谱分布。每 24h 为一周期，光照 20h，温度为55℃，停照 4h，温度为 25℃。每小时喷水 5min，持续进行 18 个月。最大输出功率下降不得超过 10%。

9）扭弯试验

在 15～35℃的室温环境下，将太阳电池组件的三个角固定，另一个角安装在扭弯测试仪上，使组件的一个短边扭转 1.2°，试验完毕检查外观及电性能。

习　　题

1. 简述标准光源的相关概念。
2. 太阳能光伏电池测试的常规仪器有哪些？
3. 太阳能光伏电池测试的内容有哪些？
4. 非晶硅太阳能光伏电池的测试与单晶硅、多晶硅太阳电池电性能测试的不同点有哪些？
5. 地面用硅太阳电池组件环境试验，其内容有哪些？

第6章 太阳能光伏发电系统

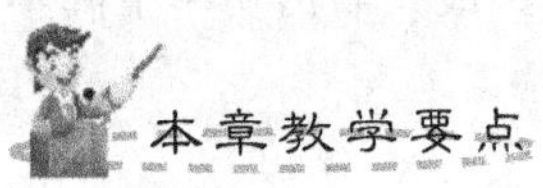

知识要点	掌握程度	相关知识
太阳能光伏发电系统组成	掌握太阳能光伏发电系统组成； 掌握光伏组件、逆变器、蓄电池、控制器在光伏发电系统中的作用及其基本知识	电伏组件的种类及基本要求； 逆变器的技术指标、工作原理； 控制器的工作环节； 蓄电池电解液的配制
光伏发电系统设计过程、光伏发电系统设计方法	掌握光伏发电系统设计过程； 掌握解析法设计光伏发电系统	光伏发电系统设计步骤； 光伏发电系统设计方法
光伏发电系统的安装、检查及故障排除	掌握光伏发电系统的安装步骤； 掌握各光伏发电系统设备的安装方法； 熟悉光伏发电系统的检查项目； 熟悉光伏发电系统运行时的故障及排除	各光伏发电系统设备的安装； 光伏发电系统的安装完毕后检查项目； 光伏发电系统运行故障及排除方法

导入案例

北京市最大屋顶太阳能电站竣工

日前，随着面积为3万平方米的太阳电池在该公司铺设完成，北京市最大的“屋顶太阳能发电站”一期工程已在通州顺利竣工。

太阳能发电具有安全、无噪声、无须消耗燃料、无污染排放等优点，因此正越来越多地被运用。与首都城市副中心建设理念相适应，为打造绿色、低碳、环保型园区，2013年，作为通州老牌园区之一的光机电基地，拉开了“15MW太阳能屋顶发电站项目”建设序幕。

太阳电池发出的是直流电，还需要转换成交流电才能使用。此时，在楼下的配电室里，工人们正抓紧安装着交直流配电柜和光伏并网逆变器等相关电子设备。

“再过几天，我们公司就能用上太阳电池发的电了。”项目负责人蔡先生说，3万平方米的光伏电池，一年能发出约3000MW时的电量。按照规划，光机电基地将于年内安装完成15万平方米的太阳能组件。该项目是北京市重点工程之一，总投资1.4亿元，建成后将成为全市最大的“屋顶太阳能发电站”，总面积相当于21个标准足球场。全部发电后，预计年均发电量约为16000MW时，相当于节约标准煤约5400t，减少二氧化碳排放1.6万t，二氧化硫540t，碳氧化合物270t。

(资料来源：http：//www.nea.gov.cn/2013－07/26/c_132577104.htm.)

通过太阳电池把太阳能转化为电能的发电系统称为太阳能光伏发电系统。目前，工程上广泛使用的用于太阳能光伏发电的光电转换器件是晶体硅太阳电池，其生产技术和工艺都很成熟，已进入大规模产业化生产。

太阳能光伏发电系统的运行方式可分为离网运行和并网运行两大类。

未与公共电网相连接的太阳能光伏发电系统称为离网太阳能光伏发电系统，又称为独立太阳能光伏发电系统，主要应用于远离公共电网的无电地区和特殊场所，如为公共电网难以覆盖的偏远农村、牧区、海岛、高原、沙漠的农牧渔民提供照明、看电视、听广播等的基本生活用电，为通信中继站、沿海与内河航标、输油输气管道保护、气象站、公路道班及边防哨所等特殊处所提供电源。

与公共电网相连接的太阳能光伏发电系统称为联网太阳能光伏发电系统，它是太阳能光伏发电进入大规模商业化发电阶段、成为电力工业组成部分之一的重要方向，也是当今世界太阳能光伏发电技术的主流趋势。特别是其中的光伏电池与建筑相结合的联网屋顶太阳能光伏发电系统，是众多发达国家竞相发展的热点。其发展迅速，市场广阔，前景诱人。

为农村不通电乡镇及村落的广大农牧民解决基本生活用电，并为特殊处所提供基本工作电源，经过30多年的努力，离网太阳能光伏发电系统在我国已有很大的发展。

6.1 太阳能光伏发电系统组成

太阳能光伏发电系统主要涉及的主要设备有太阳能光伏组件、逆变器、控制器、蓄电池。如图6.1所示，为太阳能光伏发电系统的示意图。

为了进一步了解太阳能光伏发电系统，下面将分别介绍这些设备。

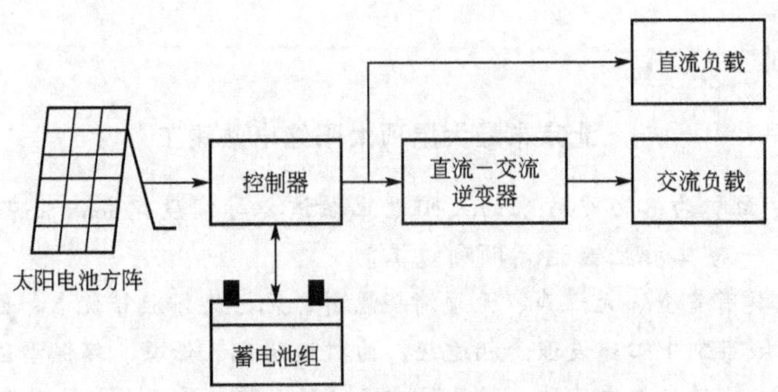

图 6.1　太阳能光伏发电系统示意图

6.1.1　光伏组件(阵列)

太阳电池单体是用于光电转换的最小单元，它的尺寸一般为 4～100cm^2，太阳电池单体工作电压为 0.45～0.5V，工作电流为 20～25mA/m^2，一般不能单独作为电源使用。

把太阳电池单体进行串联、并联并封装后，就成为太阳能光伏组件。太阳能光伏组件是由太阳电池单体群密封而成，是阵列的最小转换单元。其功率一般为几瓦到几十瓦、百余瓦，是可以作为电源使用的最小单元。

太阳能光伏组件再经过串联、并联并装在支架上，就构成了太阳电池阵列，它可以满足负载所要求的输出功率。

为什么单体的太阳电池不能直接用于光伏发电系统的应用呢？这是因为：①单体太阳电池机械强度差，厚度只有 20μm 左右，薄而易碎；②太阳电池易腐蚀，若直接暴露在大气中，电池的转换效率会受到潮湿、灰尘、酸碱物质、冰雹、风沙及空气中含氧量等的影响而下降，电池的电极也会氧化、被锈蚀脱落甚至会导致电池失效；③单体太阳电池的输出电压、电流和功率都很小，工作电压只有 0.45～0.5V，由于受硅片材料尺寸限制，单体电池片输出功率最大也只有 3～4W，远不能满足光伏发电实际应用的要求。

一个光伏阵列包含两个或两个以上的光伏组件，具体需要多少个组件及如何连接组件与所需电压(电流)及各个组件的参数有关。

目前大多数太阳电池片是单晶或多晶硅电池。这些电池正面用退水玻璃，背面用软的东西封装。它就是光伏系统中把辐射能转换成电能的部件。

按照太阳电池的用途、目的、规模，有各种形状的太阳电池组件，下面就几种典型的例子进行介绍。

1. 用于电子产品的组件

为驱动计算器、手表、收音机、电视机、充电器等电子产品，一般需 1.5V 至数十伏的电压。而单个太阳电池产生的电压小于 1V，所以要驱动这些电子产品，必须使多个太阳电池元件串联连接才能达到要求电压。

如图 6.2(a)、(b)示出了民用晶体硅太阳电池组件的结构，是把太阳电池元件排列好，串联连接做成组件。可见，为驱动电子装置，需要一定的高压。而该组装方法存在的问题是成本高，接线点太多；从可靠性的观点来看接线点太多是不利的。

另一种是非晶硅太阳电池。因为非晶硅是靠气体反应形成的，很容易形成薄膜，在一块衬底上便于使多个单元电池串联连接而获得较高的电压输出。

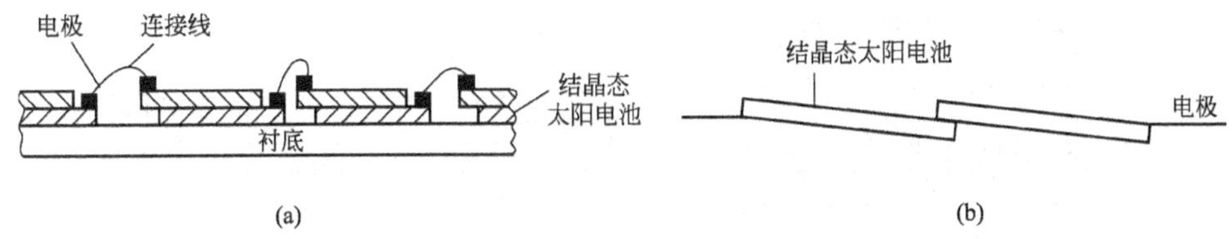

图 6.2 民用晶体硅太阳电池组件的结构

2. 用于电力的组件

电力用的太阳电池一般安装在室外，所以除太阳电池本身以外，还必须采用能经受雨、风、沙尘和温度变化甚至冰雹袭击等的框架、支撑板和密封树脂等进行完好的保护，现在来研究各种电力用的太阳电池组件的结构。

如图 6.3(a)所示的是衬片式结构，是在太阳电池的背后放一块衬片作为组件的支撑板，其上用透明树脂将整个太阳电池封住。支撑板采用纤维钢化塑料(FRP)等。

目前最常用的是图 6.3(b)所示的超光面式结构，在太阳电池的受光面放一块透明基板作为组件的支撑板，其下用填充材料和背面被覆盖材料将太阳电池密封。上面的透明板用玻璃，最好采用透明度和耐冲击强度均好的钢化白玻璃。填充材料主要采用在紫外光照射时透过率衰减较小的聚乙烯醇缩丁醛(PVB)和耐湿性良好的乙烯乙酸乙烯(EVA)。反面涂层多采用金属 Al 同聚氟乙烯(PVF)夹心状结构，使其具有耐湿性和高绝缘性。

此外，对可靠性要求特别高的应用，开发了一种新的封装方式，如图 6.3(c)所示，即在两块玻璃板之间用树脂把太阳电池封入。

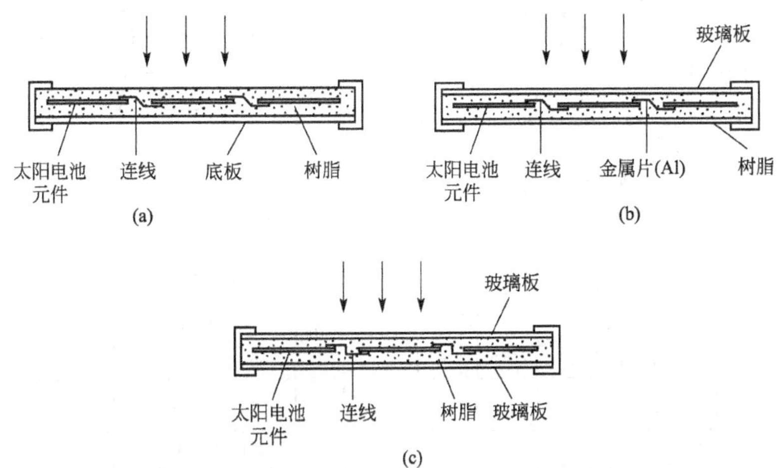

图 6.3 各种结构晶硅太阳电池电力用组件的结构

随着非晶硅太阳电池的发展，也在研究采用同晶体硅太阳电池一样的超光面封装方式，如图 6.4(a)所示，把集成型太阳电池衬底玻璃直接用作受光面的保护板，各单元电池的连接也不用导线，所以能使组件的组装工艺变得特别简单。此外，图 6.4(b)所示的组件类型也在研究之中。今后如更大面积太阳电池的研制取得进展的话，一般估计图 6.4(c)所示的单块衬底型组件是更适合的，这样可以进一步使组件成本降低。

图 6.5、图 6.6 分别给出一单晶硅太阳电池组件和非晶硅太阳电池组件与温度的关系和与光强的关系。与单个电池的温度系数不同，这是因为组件中包括了接线部分的因素。

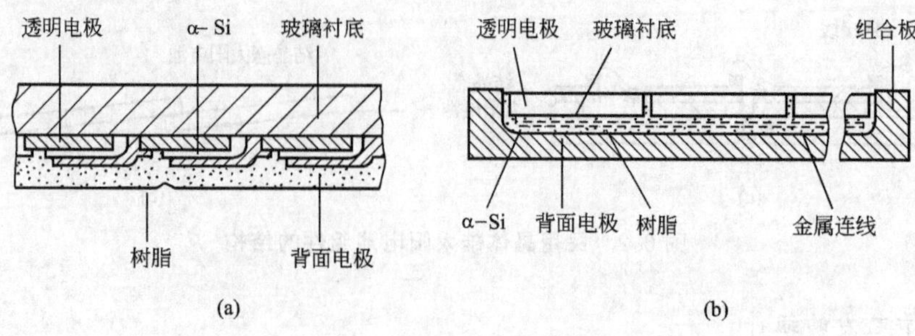

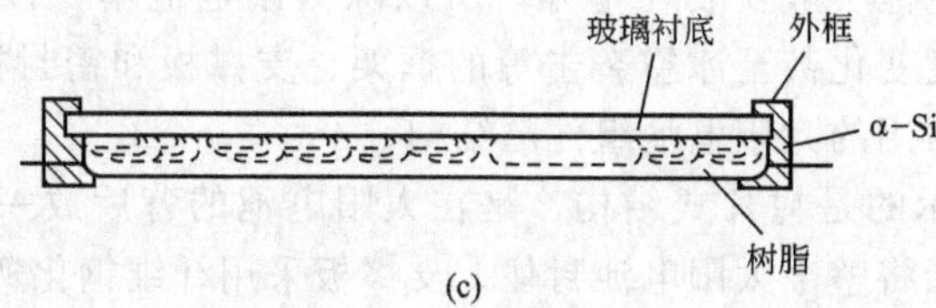

图 6.4　采用非晶硅太阳电池的各种电力用组件的结构

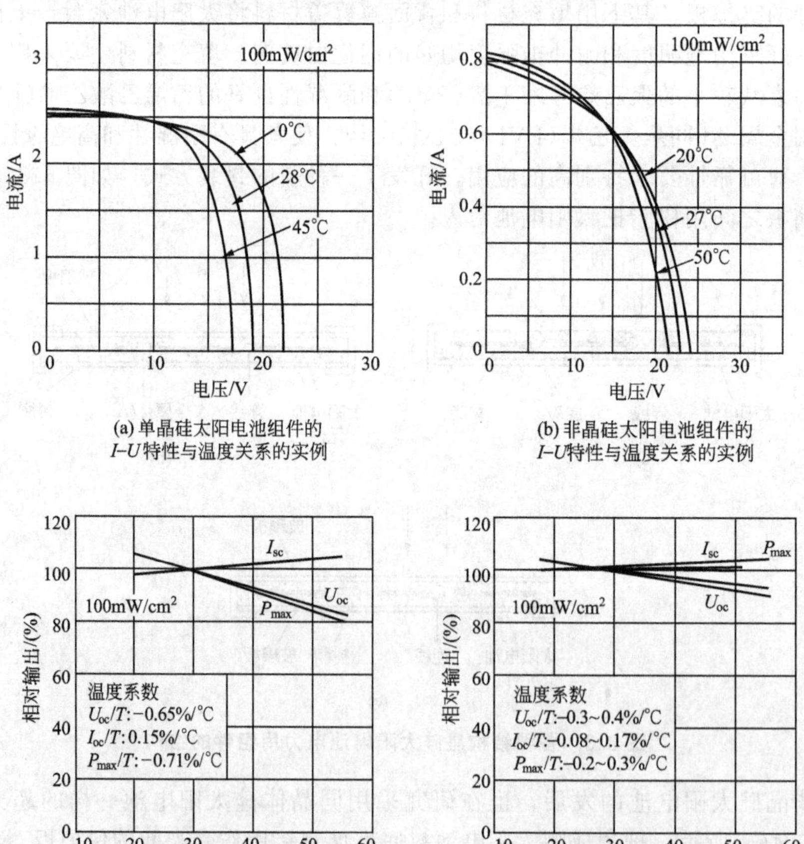

图 6.5　太阳电池组件输出特性与温度关系的实例

单晶硅电池组件的大小：30.2cm×121.7cm；非单晶硅电池组件的大小：37.8cm×71.1cm

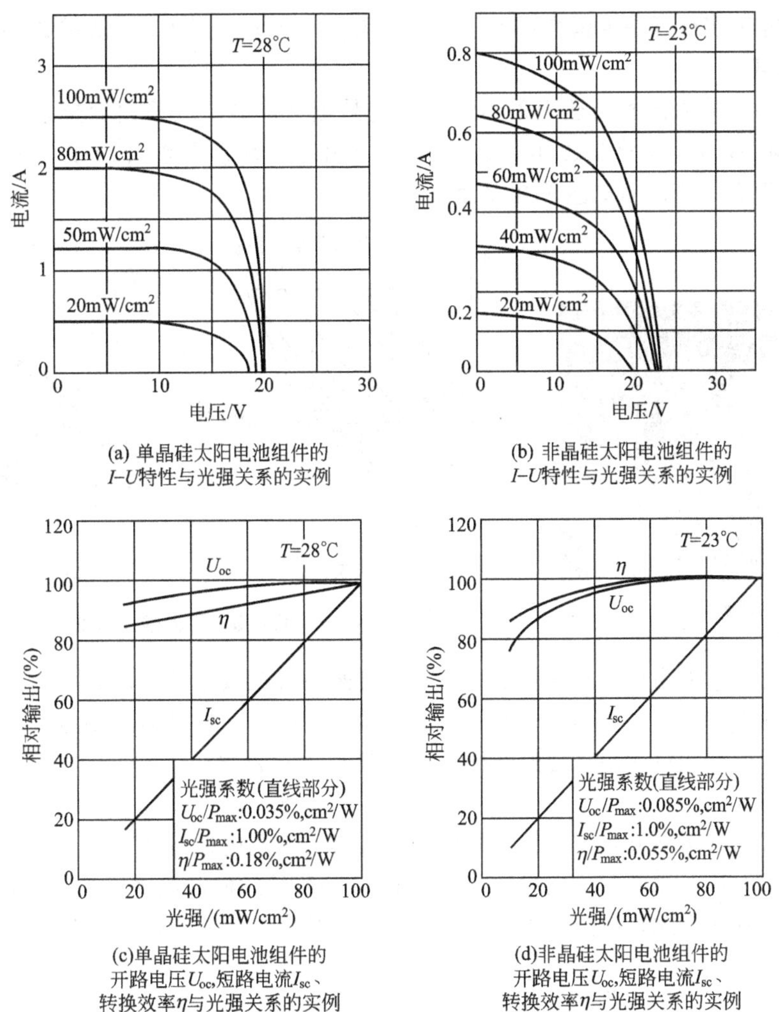

(a) 单晶硅太阳电池组件的 I–U特性与光强关系的实例

(b) 非晶硅太阳电池组件的 I–U特性与光强关系的实例

(c)单晶硅太阳电池组件的开路电压U_{oc},短路电流I_{sc}、转换效率η与光强关系的实例

(d)非晶硅太阳电池组件的开路电压U_{oc},短路电流I_{sc}、转换效率η与光强关系的实例

图 6.6　太阳电池组件输出特性与光强关系的实例

组件大小同图 6.5

由图 6.6 可知，非晶硅太阳电池组件与单晶硅太阳组件相比，其输出对温度的关系较小，转换效率随着光强的减小，在直线范围内比单晶硅的小。

图 6.7 给出了电力用太阳电池组件的一些图片。

图 6.7　电力用太阳电池组件

3. 聚光式组件

聚光式太阳电池发电系统(如图 6.8 所示为其组件)是在聚焦的太阳光下工作的，有关

这方面的研究工作最近在美国取得了较大的进展。它分为透镜式和反光镜式两种。

1）透镜式

聚光所必需的大面积凸透镜采用透镜，它是把分割的凸透镜曲面连接在一起。菲涅耳透镜的形状有圆形和线形之分。如图 6.9(a)示出了线形菲涅耳透镜的实例，太阳光聚焦于配置为点状或线状的太阳电池上。

图 6.8　聚光光伏组件

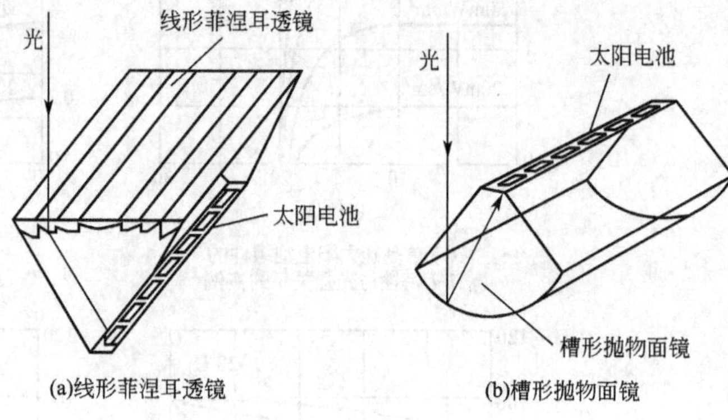

图 6.9　两种聚光方式

太阳电池除了采用单晶硅太阳电池以外，常采用转换效率较高的砷化镓太阳电池。在圆形菲涅耳透镜、聚光比为 500～1000 倍的点聚焦情况下，单晶硅太阳电池的转换效率达 15%～17%，而砷化镓太阳电池的转换效率达到 18%～20%。

2）反光镜式

反光镜式又有两种形式，一种是采用抛物面镜，太阳电池则放在其焦点上，另一种是底面放置太阳电池，侧面配置反光镜，如图 6.9(b)所示的槽形抛物面镜的形式较为常用。

此外还有其他方式，如图 6.10(a)所示为荧光聚光板型太阳电池，是把所吸收的太阳

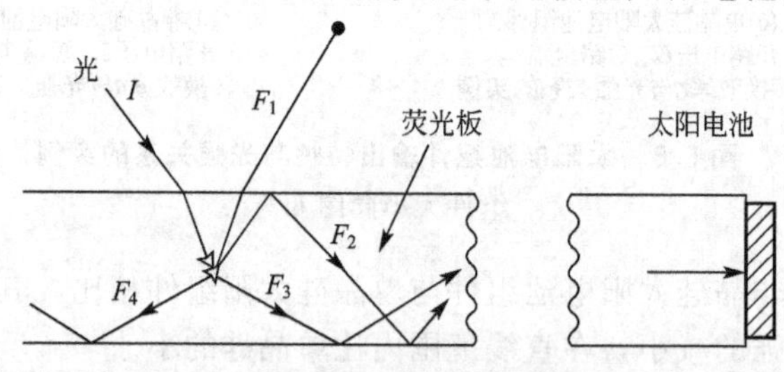

(a)荧光聚光板型太阳电池的原理

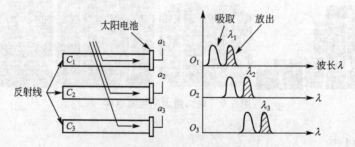

(b)波长分割型荧光聚光板型太阳电池

图 6.10　荧光聚光板型太阳电池

电池光通过荧光板变为荧光，荧光在荧光板内传播，最后被聚集于放置着太阳电池的端部。现在这种荧光聚光板型太阳电池已能做到面积为 $1cm^2$ 的，效率为 1%；面积为 $1600cm^2$ 的，效率为 2.5%。另外在该方式中，正在研究如图 6.10(b)所示的波长为分割型的荧光聚光板型太阳电池，其关键问题是要降低荧光板的价格，提高发光效率，以及提高可靠性等。

4. 混合型组件

光热混合型组件是为更有效地利用太阳能，让太阳光发电又发热的器件。这种混合型组件有聚光型光热混合型组件和聚热型光热混合型组件。

聚光型光热混合型组件如图 6.11所示，聚光型太阳电池背面通过导热媒介物进行聚热。新能源综合开发机构(NEDO)委托研究做系统能得到 5kW 的电输出，25kW 的热输出。

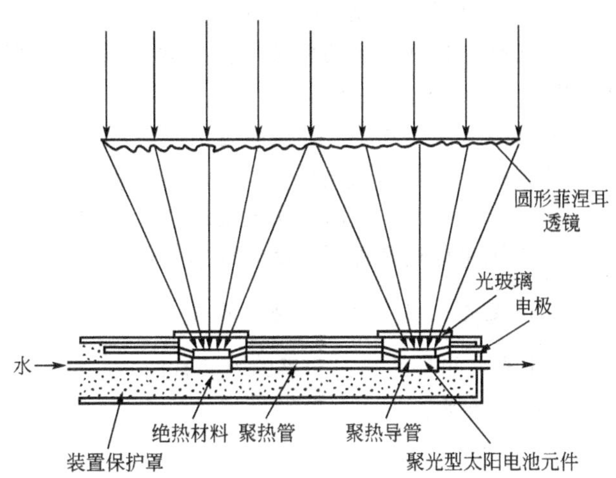

图 6.11 聚光型光热混合型组件

聚热型光热混合型组件是将太阳电池连接到聚热板上而发电的。图 6.11 所示为在真空玻璃管型聚热板上形成非晶硅太阳电池的混合型组件。

非晶硅太阳电池因为在可见光范围吸收系数很大，而在红外线范围反射系数大，所以也起着良好的选择吸收膜的作用，如图 6.12 所示。非晶硅太阳电池被密封在真空玻璃管内，所以不要包封，太阳能的总转换效率达 58%，其中电能转换 5%，热能转换 53%，这对降低成本很有好处。

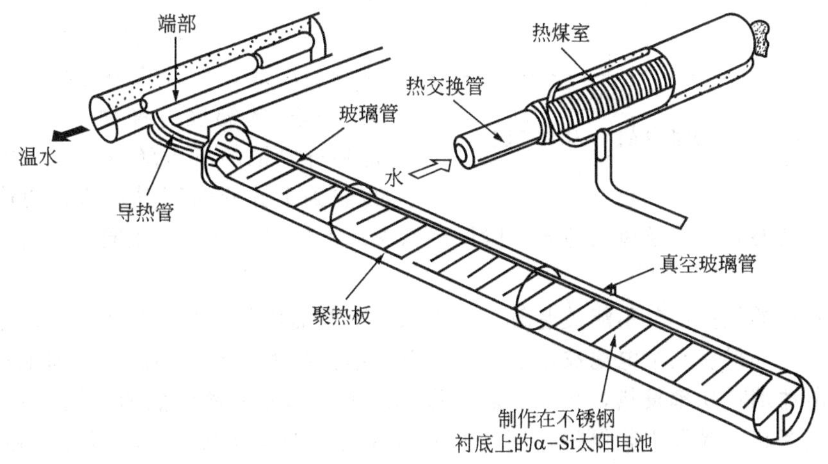

图 6.12 采用非晶硅太阳电池的光热混合型组件

目前，上海交通大学物理系太阳能研究所采用结晶硅太阳电池电力用组件的封装方式，整个组件效率达15%，达到全国先进水平。

5. 太阳能光伏组件的基本要求

太阳电池组件要满足以下要求。

① 能够提供足够的机械强度，使太阳电池组件能经受运输、安装和使用过程中发生的冲击、震动等产生的应力，能够经受住冰雹的冲击力。

② 具有良好的密封性，能够防风，防水，隔绝大气条件下对太阳电池片的腐蚀。

③ 具有良好的电绝缘性能。

④ 抗紫外线辐射能力强。

⑤ 工作电压和输出功率按不同的要求设计，可以提供多种接线方式，满足不同的电压、电流和功率输出要求。

⑥ 因太阳电池片串、并联组合引起的效率损失小。

⑦ 太阳电池片间连接可靠。

⑧ 工作寿命长，要求太阳电池组件在自然条件下能够使用20年以上。

⑨ 在满足前述条件下，封装成本尽可能低。

6. 决定光伏组件的输出功率的四个因素

决定光伏组件的输出功率的因素有四个，分别是负载电阻、太阳辐照度、电池温度和光伏电池的效率。

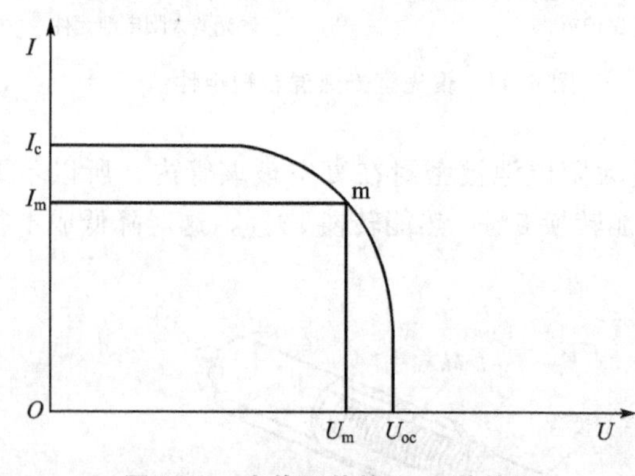

图6.13　光伏组件的 $I-U$ 特性图

对于给定的组件的输出可由其电流-电压($I-U$)曲线来估算。如图6.13所示，在某一温度(T)下太阳的照度也为一定的情况下，通过测定得了的数据绘出了些图，从图6.13中可知有开路电压(U_{oc})，短路电流(I_{sc})，最大功率点m处的电流(I_{mp})和电压(U_{mp})可得组件的功率 $W_m=I_{mp}U_{mp}$。

对于一个给定的电池面积，电流与太阳辐照度成正比且几乎与温度无关，而电压(功率)随温度升高而下降。一般来说，晶体硅电池的电压降为0.5%/℃。由此可以看到组件的温度对其功率的输出影响较大，所以阵列要安装在通风的地方，以保持凉爽；不能在一个屋顶或同一个支撑结构上安装过多的组件。

光伏阵列的任何部分不能被遮蔽，它不像太阳能集热器，如果遮住了光伏组件必须有相同的电流。如果有几个电池被遮蔽，则它们便不会产生电流且会成为反向偏压，这就意味着被遮电池消耗功率发热，久而久之，形成故障。但是有些偶然的遮挡是不可避免的，所以需要用旁路二极管来起保护作用。如果所有的组件是并联的，就不需要旁路二极管，即如果要求阵列输出电压为12V，而每个组件的输出恰为12V，则不需要对每个组件加旁路二极管，如果要求24V阵列(或者更高)，那么必须有2个(或者更多的)组件串联，这时就需要加上旁路二极管，如图 6.14 所示，阻塞二极管是用来控制光伏系统中电流的。

任何一个独立光伏系统都必须有防止从蓄电池流向阵列的反向电流的方法或有保护或失效的单元的方法。如果控制器没有这项功能的话，就要用到阻塞二极管，如图 6.15 阻塞二极管既可在每一并联支路，又可在阵列与控制器之间的干路上，但是当多条支路并联接成一个大系统时，则应在每条支路上用阻塞二极管(图 6.15)以防止由于支路故障或遮蔽引起的电流由强电流支路流向弱电流支路的现象。在小系统中，在干路上用一个阻塞二极管就够了，不要两种都用，因为每个二极管会降压 0.4～0.7V，是一个 12V 系统的 6%，这也是不小的一个比例。

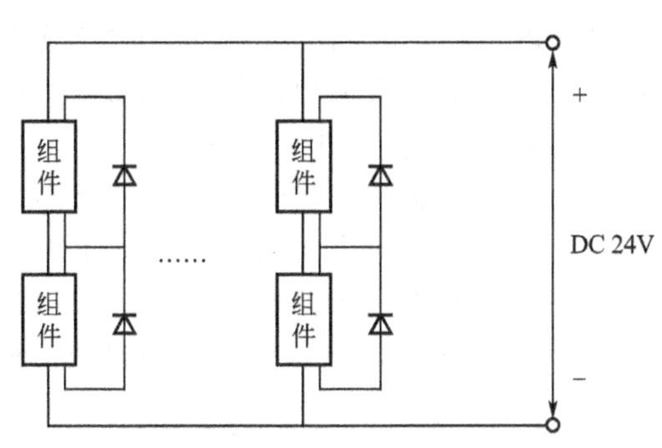

图 6.14　带旁路二极管的串联电池

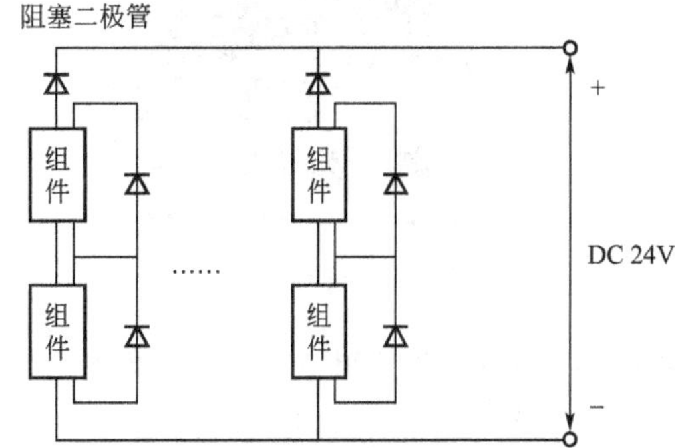

图 6.15　对于 24V 阵列阻塞二极管的接法

6.1.2　逆变器

逆变器也称逆变电源，是将直流电能转变成交流电能的变流装置，是太阳能光伏发电系统、风力发电系统中的一个重要部件。随着微电子技术与电力电子技术的迅速发展，逆变技术也从通过交直流发电机的旋转方式逆变技术，发展到 20 世纪 60—70 年代的晶闸管逆变技术，而 21 世纪的逆变技术多数采用了 MOS-FET、IGBT、GTO、IGCT、MCT 等多种先进且易于控制的功率器件，控制电路也从模拟集成电路发展到单片机控制甚至采用数字信号处理器(DSP)控制。各种现代控制理论如自适控制、自学习控制、模糊逻辑控制、神经网络控制等先进控制理论和算法也大量应用于逆变领域。其应用领域也达到了前所未有的广阔，从毫瓦级的液晶背光板逆变电路到百 MW 级的高压直流输电换流站；从日常生活的变频空调、变频冰箱到航空领域的机载设备；从使用常规化石能源的火力发电设备到使用可再生能源发电的太阳能、风力发电设备，都少不了逆变电源。随着计算机技术和各种新型功率器件的发展，逆变装置也将向体积更小、效率更高、性能指标更优越的方向发展。

1. 逆变器的定义

逆变是针对顺变而言的。整流器把交流电能变换成直流电能的过程称为顺变。那么把直流电能转变换成交流电能的过程就称为逆变，把完成逆变功能的电路称为逆变电路，把实现逆变过程的装置称为逆变器(图 6.16 所示为逆变器的产品图)。

在太阳能光伏发电系统中为什么一定要采用光伏逆变器呢？目前我国光伏发电系统主要是直流系统，即将太阳电池发出的电给蓄电池充电，而蓄电池直接给负载供电，如我国

图 6.16　逆变器产品图

西北地区使用较多的太阳照明系统，以及远离电网的微波站供电系统均为直流系统。此类系统结构简单，成本低廉，但由于负载直流电压的不同(如 12V、24V、48V 等)，很难实现系统的标准化和兼容性。特别是家用电路，如日光灯、电视机、电冰箱、电风扇和大多数动力机械都是利用交流电工作的，即大多数为交流负载。所以利用直流电力供电的光伏电源，很难作为商品进入市场。太阳能光伏系统设置逆变器的目的就是将直流电转换为交流电，便于满足大多数用户负载的需要。

此外，如果电力线受到破坏或被迫关闭，逆变器就要停止向用电设备或电网供电。如果电力线电压偏低或欠压。或出现较大的扰动时，要采用一种用于“非孤岛”逆变器的传感器来感测这种情况。当出现这种情况时，逆变器将自动地关闭向电网供电，或把电力传输到其他地方，从而防止它成为电力发电的“孤岛”。所谓孤岛效应，即电网出现故障后，并联在电网上的光伏并网发电系统依旧可以工作，处于独立运行状态。

逆变器的种类很多，可按照不同的方法进行分类(图 6.17)。

- 按输出电压波形分类
  - 方波逆变器
  - 正弦波逆变器
  - 阶梯波逆变器
- 按输出交流电相数分类
  - 单相逆变器
  - 三相逆变器
  - 多相逆变器
- 按输入直流电源性质分类
  - 电压源型逆变器
  - 电流源型逆变器
- 按主电路拓扑结构分类
  - 推挽逆变器
  - 半桥逆变器
  - 全桥逆变器
- 按功率流动方向分类
  - 单向逆变器
  - 双向逆变器
- 按负载是否有源分类
  - 有源逆变器
  - 无源逆变器
- 按输出交流电的频率分类
  - 低频逆变器
  - 工频逆变器
  - 中频逆变器
  - 高频逆变器
- 按直流环节特性分类
  - 低频环节逆变器
  - 高频环节逆变器

图 6.17　逆变器的分类

2. *逆变技术的发展趋势*

逆变技术的原理早在 1931 年就有人研究过，从 1948 年美国西屋电气公司研制出一台 3kHz 感应加热逆变器至今已有 65 年的历史了，而晶闸管 SCR 的诞生为正弦波逆变器的发展创造了条件，到了 20 世纪 70 年代，可关断晶闸管(GTO)、电力晶体管(BJT)的问世使逆变技术得到发展应用。到了 20 世纪 80 年代，功率场效应管(MOSFET)、绝缘栅极晶体管(IGBT)、MOS 晶体管(MCT)及静电感应功率器件的诞生为逆变器向大容量方向发展奠定了基础，因此电力电子器件的发展为逆变技术向高频化、大容量化发展创造了条件。进入 20 世纪 80 年代之后，逆变技术开始从应用低速器件、低开关频率逐渐向采用高速器件、高开关频率的方向发展，逆变器的体积进一步减小，逆变效率进一步提高，正弦波逆变器的品质指标也得到很大提高。

另外，微电子技术的发展为逆变技术的实用化创造了平台。传统的逆变技术需要通过许多的分立元件或模拟集成电路加以完成，随着逆变技术复杂程度的增加，所需处理的信息量越来越大，而微处理器的诞生正好满足了逆变技术的发展要求，从8位的带有PWM口的微处理器到16位单片机，发展到今天的32位DPS器件，使先进的控制技术(如矢量控制技术、多电平变换技术、重复控制、模糊逻辑控制等)在逆变领域得到较好的应用。

总之，逆变技术的发展是随着电力电子技术、微电子技术及现代控制理论的发展而发展，进入21世纪，逆变技术正向着频率更高、功率更大、效率更高、体积更小的方向发展。

3. 逆变的主要技术指标

表征逆变器性能的基本参数与技术条件内容很多。这里仅就评价光伏发电系统用逆变器经常用到的部分参数做一扼要说明。

1) 额定输出电压

在规定的输入直流电压允许的波动范围内，额定输出电压表示逆变器应能输出的额定电压值。对输出额定电压值的稳定准确度有如下规定。

① 稳态运行时，电压被动范围应有一个限定。例如，其偏差不超过额定值的±3%或±5%。

② 在负载突变(额定负载的0%↔50%↔100%)或有其他干扰因素影响的动态情况下，其输出电压偏差不应超过额定值的±8%或±10%。

2) 输出电压的不平衡度

在正常工作条件下，逆变器输出的三相电压不平衡度(逆序分量与正序分量之比)应不超过一个规定值，以%表示，一般为5%或8%。

3) 输出电压的波形失真度

当逆变器输出为正弦波时，应对允许的最大波形失真度(或谐波含量)做出规定。通常以输出电压的总波形失真度表示，其值不应超过5%(单相输出允许10%)。

4) 额定输出频率

逆变器输出交流电压的频率应是一个相对稳定的值，通常为工频50Hz。正常工作条件下其偏差应在±1%以内。

5) 负载功率因数

负载功率因数表示逆变器带动感性负载的能力。在正弦波条件下，负载功率因数为0.7～0.9(滞后)，额定位为0.9。

6) 额定输出电流(或额定输出容量)

额定输出电流表示在规定的负载功率因数范围内，逆变器的输出电流。有些逆变器产品给出的是额定输出容量，其单位以V·A或kV·A表示。逆变器的额定输出容量是当输出功率因数为1(即纯阻性负载)时，额定输出电压与额定输出电流的乘积。

7) 额定输出效率

逆变器的效率是在规定的工作条件下，其输出功率与输入功率之比，以%表示。逆变器在额定输出容量下的效率为满负荷效率，在10%额定输出容量下的效率为低负荷效率。

8) 保护

① 过电压保护。对于没有电压稳定措施的逆变器，应有输出过电压的防护措施，以使负载免受输出过电压的损害。

② 过电流保护。逆变器的过电流保护，应有保证在负载发生短路或电流超过允许值时及时动作，使其免受浪涌电流的损伤。

9）启动特性

启动特性表征逆变器带负载启动的能力和动态工作时的性能。逆变器应保证在额定负载下能可靠启动。

10）噪声

电力电子设备中的变压器、滤波电感、电磁开关及风扇等部件均会产生噪声。逆变器正常运行时，其噪声应不超过 80dB，小型逆变器的噪声应不超过 65dB。

4. 逆变器的工作原理

逆变器的工作原理是通过功率半导体开关器件的开通和关断作用，把直流电能变换成交流电能的。逆变器尽管种类很多，线路不同，有的也很复杂，但是逆变的最基本原理还是相同的。下面用最简单的单相桥式逆变电路为例，来说明逆变器的逆变过程。单相桥式逆变器工作原理如图 6.18 所示。图(a)中 E 表示输入直流电压，R 表示逆变器的纯电阻性负载。当开关 S_1、S_3 接通后，电流流过 S_1、R 和 S_3 时负载上的电压极性是左正右负；当开关 S_1、S_3 断开，S_2、S_4 接通后，电流流过 S_2、R 和 S_4 时负载上的电压极性反向。若两组开关 S_1、S_3 与 S_2、S_4 以频率 f 交替切换工作时，负载 R 上便可得到频率为 f 的交变电压，其波形如图(b)所示，该波形为一方波，其周期为 $T=1/f$。

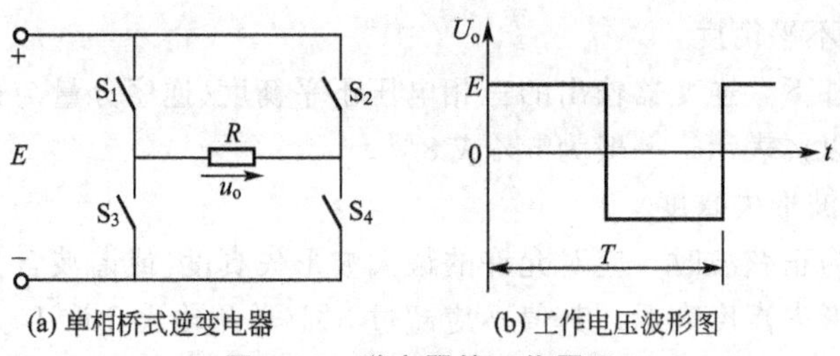

(a) 单相桥式逆变电器　　(b) 工作电压波形图

图 6.18　逆变器的工作原理

5. 对逆变器的基本要求

逆变器也是光伏发电系统中的一个关键部件，光伏发电系统用的逆变器对可靠性和逆变效率有很高的要求，其中，如何提高逆变器的 DC/AC 转换效率是目前企业和科技界面临的重要研究课题。

独立光伏发电系统是指该系统不与公共电网连接，独自成为一个系统。逆变器是独立光伏发电系统中将直流电转换成交流电不可缺少的设备，是影响系统可靠性的主要因素。独立光伏发电系统电路接线较为简单，工作比较可靠，电路集成度高，可靠性也很高。

独立光伏发电系统对逆变器的基本要求如下。

1）运行要良好

这就要求所有组成独立光伏发电系统逆变器的零件性能要好，保护功能多，如对过热、过载、直流极性接反、交流输出短路等的保护。

2）整机效率要高

特别是太低负荷下供电时，仍需有较高的效率，这是独立光伏发电系统专用逆变器性能优于通用逆变器的特点。

3）输出电压的失真度要低

当逆变器的输出电压为方波或非正弦波时，在输出电压中除基波外还有高次谐波。高次谐波电流在电感性负载上产生涡流等附加损耗，导致部件严重发热，不利于电气设备的安全运行。为了与公共电网“合拍”，即波形、频率、周期等一致，逆变器的输出波形最好与电网正弦波相同。

6. 单相电压源逆变器

电压源逆变器是按照控制电压的方式将直流电能转变为交流电能，是逆变技术中最为常见和简单的一种。

从一个直流电源中获取交流电能，有多种方式，但至少应使用两个功率开关器件。单相逆变器有推挽式、半桥式、全桥式三种电路拓扑结构。如果每半个工频周期内只输出一个脉冲，我们称之为方波逆变器。如果每半个周期内有多个脉宽组成，并且脉冲宽度符合正弦波调制(SPWM)规律，则称其为正弦波脉宽调制输出。方波逆变技术实质上是一个单脉冲调制技术。

1）单相推挽式逆变电路

图 6.19 是单相推挽式逆变器的拓扑结构。该电路由 2 只共极的功率开关器件和 1 个初级带有中心抽头的升压变压器组成。若交流负载为纯阻性负载，当 $t_1 \leqslant t \leqslant t_2$ 时 VT_1 功率管加上栅极驱动信号 U_{g1}，VT_1 导通，VT_2 截止，变压器输出端感应出正电压；当 $t_3 \leqslant t \leqslant t_4$ 时，VT_2 功率管加上栅极驱动信号 U_{g2}，VT_2 导通，VT_1 截止，变压器输出端感应出负电压，其波形如图 6.20 所示。

若负载为感性负载，则变压器内的电流波形连续，输出电压、电流波形如图 6.21 所示。单相推挽式逆变器的输出具有 $+U_0$ 和 $-U_0$ 两种状态，实际上是双极性调制，通过调节 VT_1 和 VT_2 的占空比来调节输出电压。

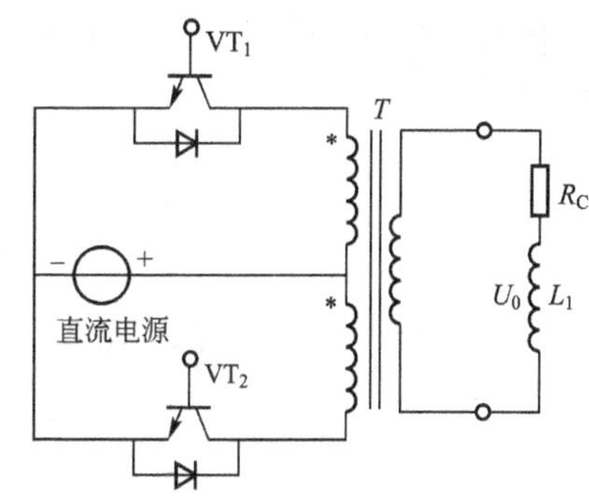

图 6.19 单相推挽式电路拓扑结构

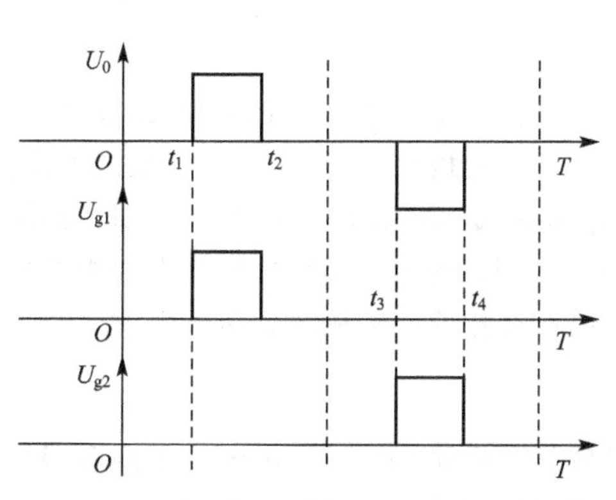

图 6.20 单相推挽式电路波形

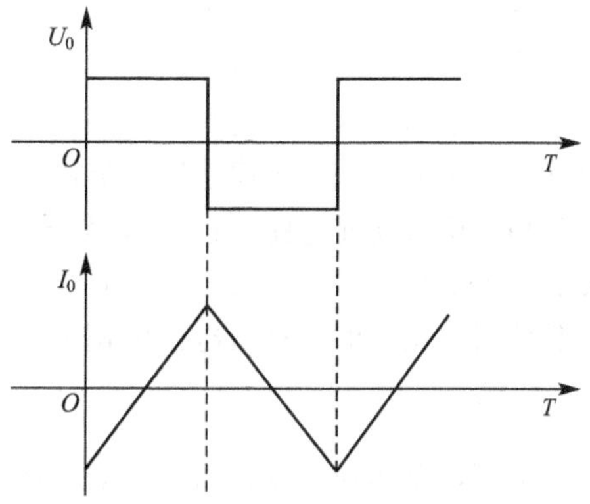

图 6.21 单相推挽式电路感性负载波形

单相推挽式方波逆变器的电路拓扑结构简单，两个功率管可共同驱动，但功率管承受开关电压为 2 倍的直流电压，因此适合应用于直流母线电压较低的场合。另外，变压器的利用率较低，驱动感性负载困难。

2）单相半桥式逆变电路

单相半桥式逆变电路的拓扑结构如图 6.22 所示。

两只串联电容的中点作为参考点，开关器件 VT_1 导通时，电容 C_1 上的能量释放到负载 R_L 上；而当 VT_2 导通时，电容 C_2 上的能量释放到负载 R_L 上；VT_1 和 VT_2 轮流导通时，在负载两端获得了交流电能。单相半桥式逆变电路在功率开关器件不导通时承受直流电源电压 U_d，由于电容 C_1 和 C_2 两端的电压均为 $U_d/2$(假设 $C_1=C_2$)，因此功率开关器件 VT_1 和 VT_2 承受的电流为 $2I_d$，实际上单相半桥式逆变电路和单相推挽式逆变电路在电路结构上是对偶的，读者可自行分析单相半桥式逆变电路的工作过程。

单相半桥式逆变电路结构简单，由于两只串联电容的作用，不会产生磁偏或直流通量，非常适合后级带动变压器负载。当该电路工作在工频(50Hz 或者 60Hz)时，电容必须选取较大的容量，使电路的成本上升，因此该电路主要用于高频逆变场合。

3）单相全桥式逆变电路

单相全桥式逆变电路也称“H 桥”电路，其电路拓扑结构如图 6.23 所示，由两个单相半桥式逆变电路组成。以 180°方波为例说明单相全桥式逆变电路的工作原理，功率开关器件 Q_1 和 Q_4 互补，Q_2 和 Q_3 互补，当 Q_1 和 Q_3 同时接通时，负载电压 $U_0=+U_d$；当 Q_2 和 Q_4 同时接通时，负载电压 $U_0=-U_d$；Q_1、Q_3 和 Q_2、Q_4 轮流导通，负载两端就得到交流电能。

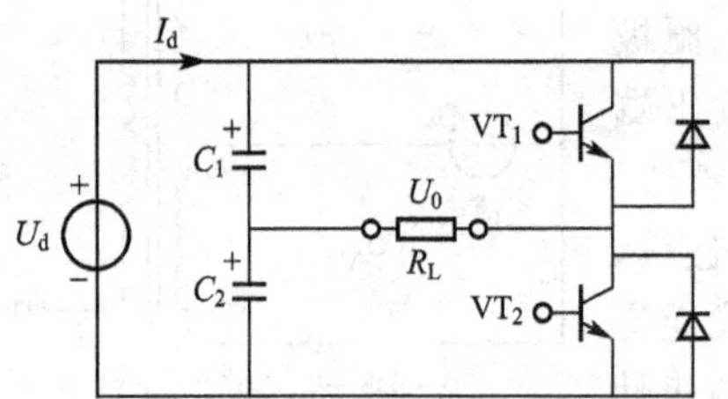

图 6.22　单相半桥式逆变电路的拓扑结构

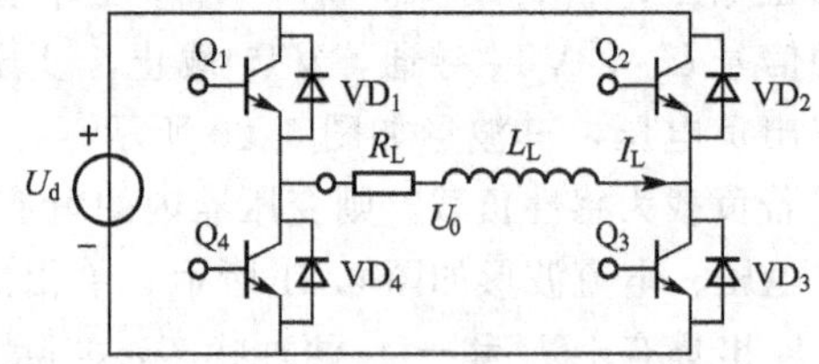

图 6.23　单相全桥式逆变电路拓扑结构

假设负载具有一定的电感，即负载电流落后于电压 φ 角度，在 Q_1Q_3 功率电栅极加上驱动信号时，由于电流的滞后，此时 VD_1VD_3 仍处于导通续流阶段，当经过 y 电角度时，电流过零，电源向负载输送有功功率，同样当 Q_2Q_4 加上栅极驱动信号时 D_2D_4 仍处于续流状态，此时能量从负载馈送回直流侧，再经过 y 电角度后，Q_2Q_4 才真正流过电流。

单相全桥式逆变电路上述工作状况下，Q_1Q_3 和 Q_2Q_4 分别工作半个周期，其输出电压波形为 180°的方波，事实上这种控制方式并不实用，因为在实际的逆变电源中输出电压是需要控制和调节的。输出电压的调节方法主要有移相调压法和脉宽调压法。

7. 三相逆变器

以上所述单相逆变器，由于受到功率器件容量、零线(中性线)电流、电网负载平衡要求和用电负载性质(如三相交流异步电动机等)限制，容量一般都在 1000kV·A 以下，大容量的逆变电路多采用三相形式。三相逆变器按照直流电源的性质分为三相电压型逆变器和三相电流型逆变器。

1）三相电压型逆变器

图 6.24 所示为三相电压型逆变器的基本电路。图中示出了直流电压源的中性点。在

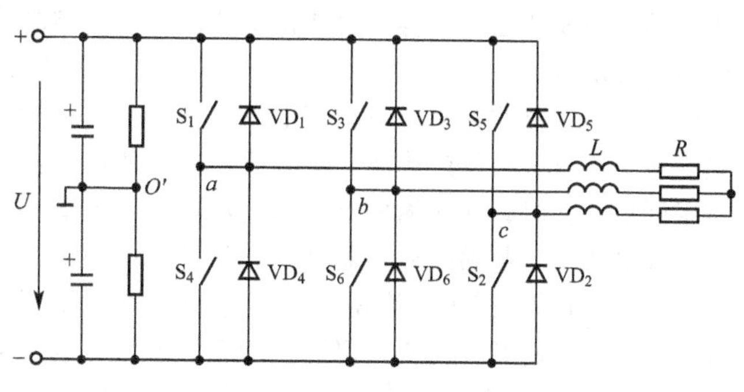

图 6.24 三相电压型逆变电路

大部分应用中并不需要该中性点。S_1～S_6 采用 GTO、GTR、IGBT、MOSFET 等自关断器件，VD_1～VD_6 是与 S_1～S_6 反并联的二极管，其作用是为感性提供持续回路。图中 L 和 R 为负载相电感和相电阻。

① 三相电压型方波逆变器。

图 6.24 中，开关器件 S_1～S_6 使用开关频率较低时，一般适宜作为 0～400Hz 方波逆变器，与其反并联的续流二极管，可采用普通整流二极管。在该电路中，当控制信号为三相互变 120°的方波信号时，可以控制每个开关导通 180°(180°导电型)或 120°(120°导电型)。相邻两个功率器件的导通时间互差 60°。

② 三相电压型 SPWM 逆变器基本原理。

在图 6.24 所示电路中，开关器件用 GTR、IGBT、MOSFET 等开关频率较高的功率器件。以 a 相桥臂为例，在 $0<\omega t\leqslant\pi$ 期间，对开关器件 S_1 施加如图 6.25(a)所示脉宽调制驱动波形，开关器件 S_4 驱动信号为 0。$\pi<\omega t\leqslant 2\pi$ 期间，对开关器件 S_4 施加如图 6.25(b)所示的脉宽调制波形，而 S_1 信号为 0，即将图 6.25 中 6 个功率器件驱动方波信号置换为每个周期 N 个脉冲宽度按正弦规律变化的系列方波信号，即可构成三相电压型 SPWM 逆变器。与方波逆变器的不同点是，在正弦波调制的半个周期内，方波逆变器是连续导通的，而 SPWM 逆变器要分别导通和关断 N 次。

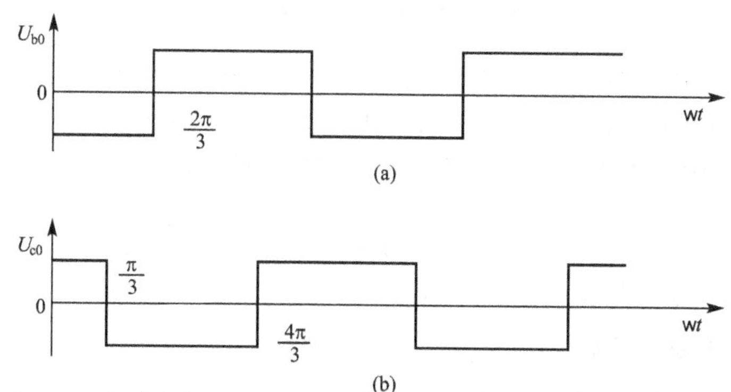

图 6.25 负载中点与直流电源中点连接时逆变器的输出波形

2) 三相电流型逆变器

上面所讨论的逆变电路中的输入直流能量由一个稳定的电压源提供，我们称之为电压源逆变器。其特点是逆变器的脉宽调制时的输出电压的幅值等于电压源的幅值，而电流波形取决于实际的负载阻抗。

根据对偶原理，与之相对偶的是电流源逆变器。电流源逆变器的直流输入电流是一个恒定的直流电流源，需要调制的也就是电流。若一个矩形电流注入负载，电压波形则是在负载阻抗的作用下生成的，其激波频率由开关序列决定，完全和电压源逆变器类似。

在电流源逆变器中，有两种不同的原理可用于控制基波电流的幅值。较常用的是直流电流源的幅值变化法。这种方法使得交流侧的电流控制简单；另外一种方法是用脉宽调制来控制基波电流。

电流源逆变器非常适合应用于联网型应用，特别是在太阳能、风力联网发电系统中，电流源逆变器有着独特的优势。电流源逆变器的特点：直流侧接有较大的直流电感；当负载功率因数变化时，交流输出电流的波形不变，即交流波形输出电流与负载无关；在逆变器的桥式电流中，与功率开关器件串联的是反向阻断二极管。

图 6.26 所示为三相电流型逆变器电路。该逆变器与三相电压型逆变器的情况相同，是由三组上下一对开关构成，但开关动作的方法与电压型的不同是在直流侧串联连接了电抗器 L_d。以便能够减小直流电流 I_s 的脉动，而与逆变器的开关动作无关，所以在开关切换时，也必须保持电流连续。

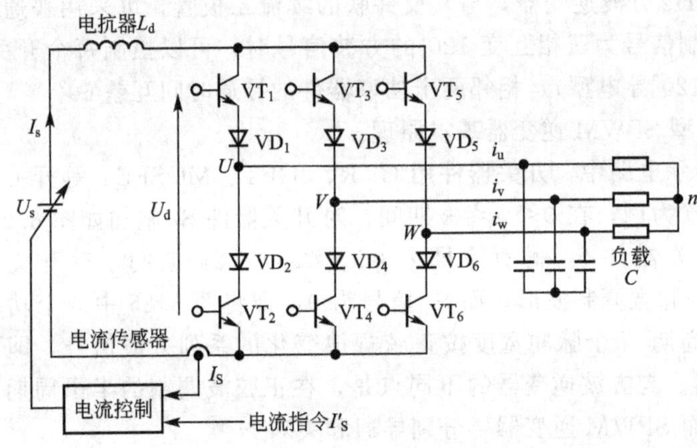

图 6.26　三相电流型逆变器

电流型逆变器的电源即直流电流源，是利用可变电压的电源通过电流反馈控制来实现的。该电源通常采用他激式正交换器或自激式正交换器。但是，仅用电流反馈，不能减小因开关动作形成的逆变器输入电压 U_d 的脉动而产生的电流脉动，所以要与电源串联电抗器 L_d。

这里若注意一下电流型逆变器的各个开关，则发现流过开关的电流是单方向的(0 或者正)，但加在开关上的电压是双向的(正、负)。

8. 逆变器的组合、并联

随着现代电源技术的发展，逆变电源正向着大容量、模块化方向发展，逆变器与逆变器之间互相组合、互备、并联等技术已越来越广泛地在电源变换领域得到应用。随着逆变容量的增大，逆变器的多重叠加技术和多电平(如三电平、五电平等)变换技术也越来越受到重视。下面分别讨论这几种新技术。

1) 逆变器的组合

前面所讨论的三相逆变电路，其电压调节是以公共的控制信号为基准的，由于三相电压是同步调整的，因此对于三相平衡负载(如三相感应电动机等)是合适的，但对于一些单相负载或者一些用电负荷具有一定随机性的负载(如大容量的光伏电站、大功率不间断电源等)则未必适用。

图 6.27(a)是一台 UPS 的逆变和输出电路的示意图。图中虚线框内为输出端交流滤波

器。若将每相输出滤波器的串联阻抗与逆变器每相输出阻抗合并分别用 Z_{As}、Z_{Bs} 和 Z_{Cs} 表示，以 A 相为例，其串联等效阻抗可表达为

$$Z_{As}=R_{As}+j\omega L_{As}$$

式中，R_{As} 和 L_{As}——分别为等效串联电阻和电感。

若负载为不平衡，则各相电流幅值不等，电源输出电压矢量如图 6.27(b)所示。由图可见，各相电压将不对称。若逆变器采用三相半桥结构和同步调压方式，面对上述现象将无法解决。为了在不平衡负载下使输出的电压保持平衡对称(或者说输出电压的平衡和对称度被限制在允许范围内)，逆变电路必须具有分相独立调压的功能，也即每相输出电压的幅值和相位都可以独立进行控制。这样，即使在不平衡负载下，负载电压依然可以做到平衡对称，而这在三相半桥结构中是无法实现的。

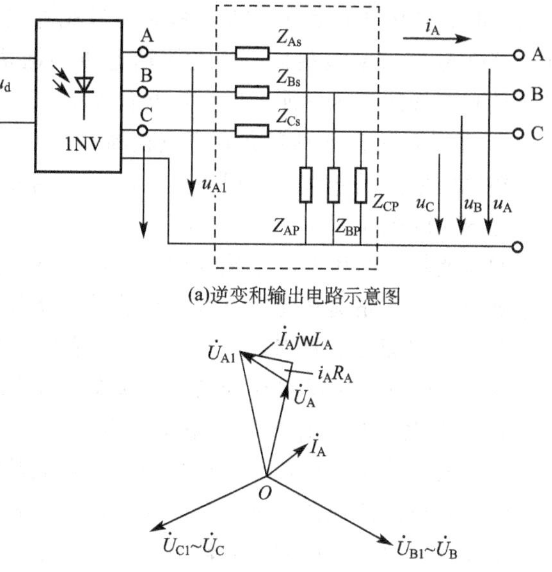

图 6.27　逆变和输出电路示意图

2）逆变器的并联

逆变器并联系统具有增容灵活、可靠性高、易于大批量标准化生产等优点，特别适合应用在电力、通信领域，以及负载停电概率有较高要求的场合。$N+1$ 冗余并联逆变技术是采用 N 个相同变量、电压的逆变并联达到额定输出功率。第 $N+1$ 个模块并联工作作为余量，当 $N+1$ 个模块中的任意一个出现故障时，可将故障模块迅速切出，其余 N 个模块仍能正常运行并提供 100%的负载功率。

逆变器并联技术与高频开关电源模块的并联技术不同，由于高频开关电源模块的输出为直流，可采用二极管阻断的方式防止模块之间的环流，而逆变器输出为交流，在一个工频周期内电压波形是随时变化的，因此其并联技术的难度远大于高频开关电源并联系统。另外，逆变器的并联技术也远比发电厂同步发电机并联技术复杂。

9. 逆变器的选用

在选用独立光伏发电系统用的逆变器时，应注意以下几点。

1）足够的额定输出容量和过载能力

逆变器的选用，首先要考虑的是它要具有足够的额定容量，以满足最大负荷下设备对电功率的需求。对以单一设备为负载的逆变器来说，其额定容量的选取较为简单；当用电设备为纯阻性负载或功率因数大于 0.9 时，选取逆变器的额定容量为用电设备容量的 1.1～1.15 倍即可。逆变器以多个设备为负载时，逆变器容量的选取就要考虑几个用电设备同时工作的可能性，专业术语称为“负数同时系数”。

2）较高的电压稳定性能

在独立光伏发电系统中均以蓄电池为储能设备。当标称电压为 12V 的蓄电池处于浮充

电状态时，端电压可达 13.5V，短时间过充电状态可达 15V。蓄电池带负荷放电终了时端电压可降至 10.5V 或更低。蓄电池端电压的起伏可达标称电压的 30%左右。这就要求逆变器具有较好的调压性能，以保证光伏发电系统用稳定的交流电压供电。

3）在各种负载下具有高效率或较高效率

整机效率高是光伏发电用逆变器区别于通用型逆变器的一个显著特点。10kW 级通用型逆变器实际效率只有 70%～80%，将其用于光伏发电系统时将带来总发电量 20%～30%的电能耗。光伏发电系统专用逆变器，在设计中应特别注意减少自身功率损耗，以提高整机效率。这是提高光伏发电系统技术经济指标的一项重要措施。在整机效率方面对光伏发电专用逆变器的要求是：kW 级以下逆变器额定负荷效率为 80%～85%，低负荷效率为 65%～75%；10kW 级逆变器额定负荷效率为 85%～90%，低负荷效率为 70%～80%。

4）良好的过电流保护与短路保护功能

光伏发电系统在正常运行过程中，因负载故障、人员误操作及外界干扰等原因而引起的供电系统过流或短路，是完全可能出现的。逆变器对外电路的过电流及短路现象最为敏感，是光伏发电系统中的最弱环节。因此，在选用逆变器时，必须要求它对过电流及短路有良好的自我保护功能。这是目前提高光伏发电系统可靠性的关键所在。

5）维护方便

高质量的逆变器在运行若干年后，因元器件失效而出现故障，应属正常现象。除生产厂家需有良好的售后服务系统外，还要求生产厂家在逆变器生产工艺、结构及元器件选型方面，应具有良好的可维护性。例如，损坏的元器件要有充足的备件或容易买到，元器件的互换性要好。在工艺结构上，元器件要容易拆装，更换方便。这样，即使逆变器出现故障，也可以迅速得到维护并恢复正常。

10. 光伏电站逆变器的操作使用与维护检修

1）操作使用

① 应严格按照逆变器使用维护说明书的要求进行设备的连接和安装。在安装时，应认真检查：线径是否符合要求，各部件及端子在运输中是否有松动，应绝缘的地方是否绝缘良好，系统的接地是否符合规定。

② 应严格按照逆变器使用维护说明书的规定操作使用。尤其是，在开机前要注意输入电压是否正常，在操作时应注意开、关机的顺序是否正确，各表头和指示灯的指示是否正常。

③ 逆变器一般均有断路、过流、过压、过热等项目的自动保护，因此在发生这些情况时，不用人工停机。自动保护的保护点，一般在出厂时已设定好，因此不用再进行调整。

④ 逆变器机柜内有高电压，操作人员一般不得打开柜门，柜门平时应锁死。

⑤ 在室温超过 30℃时，应采取散热降温措施，以防止设备发生故障，并延长设备使用寿命。

2）维护检修

① 应定期检查逆变器各部分的接线是否牢固，有无松动现象，尤其应认真检查风扇、功率模块、输入端子、输出端子及接地等。

② 逆变器一旦报警停机，不能马上开机，应查明原因并修复后再行开机。检查应严格按逆变器维护手册的规定步骤进行。

③ 操作人员必须经过专门培训，并应达到能够判断一般故障产生原因并能进行排除的水平。例如，能熟练地更换熔断器、组件及损坏的电路板等。未经培训的人员，不得上岗操作使用设备。

④ 如发生不易排除的事故或事故的原因不明时，应做好关于事故的详细记录，并及时通知生产厂家解决。

11. 逆变器实例

1）PWM 方波逆变器产品实例——JKFN－2430 型方波逆变器

JKFN－2430 型方波逆变器为 24V/300W 方波逆变器，其功能是将蓄电池的 24V 直流电压变换为 220V 单相交流电输出，作为太阳能光伏电源系统的配套电子设备用来对交流负载(照明灯具和黑白、彩色电视机)进行供电。

尽管方波逆变器谐波失真大且带电感性负载能力差，但由于它的电路结构简单、产品价格低，所以当前在交流户用光伏系统中仍有很大市场。

(1) 技术指标。

① 额定输出功率：300W。

② 逆变输出电压：220V±10%。

③ 逆变输出频率：(50±1)Hz。

④ 直流输入电压：24V(21～28V)。

⑤ 逆变转换效率：≥80%。

⑥ 环境温度：0～50℃。

⑦ 环境相对湿度：<90%。

(2) 方波逆变器的电路结构和工作原理。

方波逆变器的电路原理框图如图 6.28 所示。

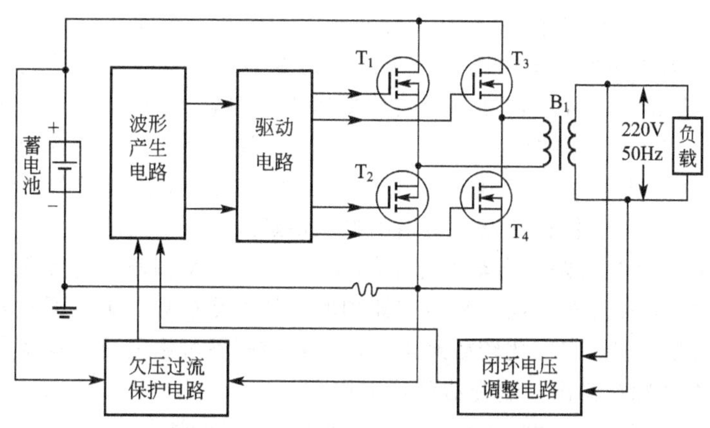

图 6.28　方波逆变器的电路原理框图

① 波形产生电路：目前方波逆变器通常采用固定频率的 PWM 脉宽调制技术产生一组频率为 50Hz 脉冲宽度可变的方波脉冲，经驱动电路送全桥功率转换电路 T_1～T_4 进行功率放大，再由升压变压器 B_1 输出 220V、50Hz 的交流电供各种交流负载使用。

本机波形产生电路采用美国硅通用公司生产的 SG3525A 单片 PWM 控制芯片，它包括双端输出逆变器所需的各种基本电路，并且有工业型电路的全部特点。SG3525A 是专用于驱动MOSFET场效应功率开关器件的大规模集成电路，内部电路功能齐全，包括PWM脉冲产生电路、欠压锁定电路、慢启动电路、输出限流关断电路、基准电压源、防止“共态导通”的死区控制电路等，是当前方波逆变器波形产生电路最广泛使用的优选芯片。

② 功率驱动电路：尽管本机功率开关器件采用电压控制型MOSFET功率模块，但对几百瓦以上的方波逆变器仍需增加功率驱动电路。过去通常使用的驱动模块(如M57919L、EXB840等)由悬浮供电、隔离变压器和若干集成电路组成，电路结构复杂，工作可靠性较差。本机采用国际整流器公司生产的IR2130单片式智能功率驱动集成电路，集控制电路、电平转换、低阻抗输出和识别保护等为一体，不仅能承受两倍的正常母线电压，而且能允许地线瞬时达500V。该驱动集成电路只需几个外围分立元件，即可使桥式功率转换电路的逻辑控制信号与MOS栅极器件完整连接，采用它可使功率系统的设计时间缩短、尺寸减小、成本降低、可靠性提高。该驱动电路采用了600V BCD MOS工艺，集成了低压模拟电路和高压功率器件的数字电路，其源极耐压为600V，可用于任何使用交流输入电压有效值为300V的系统。此外，它能将功率部分与控制部分隔离开，使得操作系统需要的数字和模拟集成电路能够使用不同的逻辑电平。

③ 功率转换电路：逆变器的功率转换电路可分为双管推挽、双管半桥和四管全桥三种电路。本机采用四管全桥式功率转换电路，具有较强的驱动和过载能力，若功率管选用适当，电路可承受5～7倍的冲击电流，而且变压器初级只需一个绕组，所以桥式电路尤其适用于驱动电冰箱、水泵等感性负载。

功率开关器件采用MOSFET场效应模块，它具有高输入阻抗；低驱动电流(驱动电流在数百纳安数量级时，输出电流可达数十或数百安培)；开关速度快；高频特性好(无少数载流子存储延时效应)；负电流温度系数(有良好的电流自动调节和温度均匀分布的能力，不会形成局部热斑，可避免热电恶循环和二次击穿)；安全工作区域大；理想的线性特性(在绝大部分工作范围内，器件的增益保持不变，放大信号的失真很小)等优点。所以目前大多数逆变器定型产品均采用MOSFET模块作为功率开关器件。

④ 闭环电压调整电路：输出电压稳定度是逆变器的主要技术指标之一，它表征逆变器输出电压的稳压能力。性能良好的逆变器要求电压调整率应在±3%以内，负载调整率应在±6%以内。本机采用取样变压器和CMOS运算放大器对输出交流电压进行取样，并和给定的基准电压相比较后，控制SG3525A的9脚，改变输出方波的脉冲宽度，达到稳定输出交流电压的目的。使逆变器满足输出电压稳定度的技术要求。

⑤ 欠压和过流保护电路：当蓄电池单体电压小于1.8V或输出电流超过额定值时，逆变器必须停止工作，以保护蓄电池和逆变器功率器件不受损坏。本机通过对蓄电池电压和输出电流进行取样，和给定值比较后经运算放大器控制不可恢复可控硅器件的导通，关断SG3525A的PWM脉冲输出，逆变器停止工作。

2) 正弦波逆变器产品实例(JKSN-1000型正弦波逆变器)

正弦波逆变器是一种将蓄电池48V直流电转换成220V正弦波单相交流电的电子设备，广泛应用于邮电、电力、铁路、石油及部队等部门，用来对各种220V交流供电的仪器、仪表、计算机及程控交换机等通信设备提供高质量而又不允许中断的供电电源。

(1) 功能及特点。

① 欠压保护功能：当蓄电池电压低于43V时，为避免蓄电池过放电，延长蓄电池寿命，本机应立即关机。

② 短路和过载保护功能：当逆变器输出发生过载或短路时，机器会发出声音警告信号或自动断开电源空气开关。

③ 逆变器输出谐波很少的纯净正弦波，以保证用电设备的严格要求。

④ 机器采用无接点的功率 MOS 模块，以提高逆变器的逆变转换效率。

(2) 技术指标。

① 额定输出功率：1000W。

② 逆变输出电压：220V±10%。

③ 逆变输出频率：(50±1)Hz。

④ 直流输入电压：48V(43～57V)。

⑤ 输出波形失真度：<5%。

⑥ 逆变转换效率：≥80%。

⑦ 环境温度：0～50℃。

⑧ 环境相对湿度：<90%。

3) 正弦波逆变器硬件结构和工作原理

正弦波逆变器电路原理图如图 6.29 所示。

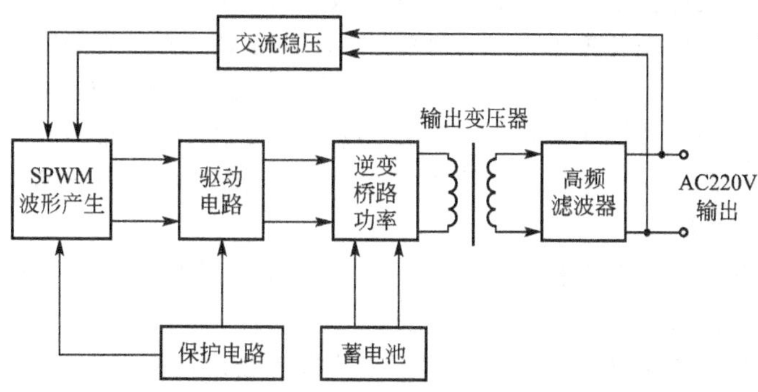

图 6.29 正弦波逆变器电路原理图

正弦波逆变器由 SPWM 波形产生电路、驱动电路、逆变功率桥路、输出变压器、高频滤波器、交流稳压电路及保护电路等环节组成。

① SPWM 正弦脉宽调制波形发生器：本机采用 SA838 专用芯片产生单相 50Hz 的 SPWM 正弦脉宽调制波形，倒相后形成两路相位相反的脉冲去控制逆变全桥的四个功率器件导通和截止。

② 光耦隔离驱动电路：由于全桥功率转换电路上、下半桥供电电源不共地，所以驱动器必须采用悬浮地电位的独立直流电源供电。SPWM 信号也应采用光电耦合器隔离传送，以保证逆变器的正确驱动和供电。当逆变器采用 MOSFET 功率模块时，设计驱动电路还应考虑开通和关断时栅极电压应有足够快的上升和下降速度，要用小内阻的驱动源对栅极电容充电，以提高功率模块的开通速度；关断时要提供低电阻放电回路，使 MOSFET 快速关断。因为 MOS 器件对电荷积累特别敏感，所以驱动电路必须保持放电回路畅通，确保功率模块安全工作。

③ 逆变器功率转换电路：本机采用四管全桥功率转换电路，具有较强的驱动和过载能力，若功率管选用适当，电路可承受 5～7 倍的冲击电流，而且变压器初级只需一个绕

组，所以桥式电路尤其适用于驱动电冰箱、水泵等感性负载。

④ 滤波器：要将逆变器主电路产生的 SPWM 脉宽调制信号转换为逆变器输出的正弦交流电压，必须接入专门设计的正弦化 LC 滤波器，滤除 SPWM 信号中的高频开关频率，并使逆变器输出的正弦交流电压中高次谐波降低到指标允许范围内。

⑤ 保护电路：为了防止逆变器输出过载产生大电流而烧坏功率开关器件，本机设计有直流过流、交流过流、交流过压等多种保护电路。采用先进的霍尔电量传感器检测各种被保护参数，经过保护控制电路处理后，一旦主电路出现超出设定值的大电流，立即驱动继电器接点或无触点开关，断开功率转换电路供电或有关部件。以保证逆变器安全可靠工作。

4）逆变器的安装

① 用不少于 $4mm^2$ 的导线将蓄电池和逆变器机壳后背板上的 DC 输入接线端子连接。(注意：必须检查连接的正、负极性和蓄电池标称电压。)

② 将用电负载的电源插头插入后背板上的交流输出插座。(插入前最好检查用电器是否短路或损坏。)

5）逆变器操作使用

① 在确认蓄电池标称电压和正、负极性连接无误后打开后背板的空气开关 K_1。

② 打开前面板的电源开关 K_2，由于该设备为慢启动，所以需等待几秒钟，前面板的输出交流电压数字显示为 AC210～230V 范围内后方可打开负载用电器的电源开关。

③ 如发现前面板“欠压告警灯 LV”或“过载告警灯 OC”点亮时，应立即关断逆变器电源开关，检查蓄电池是否已过放电，用电器功率是否大于 1000W 或负载是否短路，故障排除后方可再次开机。

④ 关机时，应先关断前面板电源开关 K_2，再关断后背板电源开关 K_1。

6）逆变器的维护和注意事项

① 开机前应检查蓄电池的标称电压和正、负极性连接是否正确。

② 请不要使用电动机、磁饱和变压器、电感型日光灯等电感性负载，以防负载关断时产生的高压反电动势损坏逆变器。

③ 如逆变器工作时突然停机，且面板故障指示灯 LV 或 OC 点亮，则说明有如下故障：a. 蓄电池电压过低；b. 外接用电器短路或过载；c. 机器内部出现故障。如属于前两种故障，请用户自行排除。如果是第三种故障，请与生产厂家或代理供应商联系，不可自行打开机器。

④ 为保持本机工作正常、延长机器使用寿命，请将本机安装在通风顺畅，无过热、过湿的环境中。

6.1.3 控制器

在独立运行的太阳能光伏发电系统和光伏/风力混合发电系统中，必须配备储能蓄电池。蓄电池起着储能和调节电能的作用。当日照充足或风力很大而产生的电能过剩时，蓄电池将多余的电能储存起来；当系统发电量不足或负载用电量大时，蓄电池向负载补充电能，并保持供电电压的稳定。

蓄电池，尤其是铅酸蓄电池，需要在充电和放电过程中加以控制，频繁的过充电或过放电都会影响蓄电池的寿命。过充电会使蓄电池大量出气(电解水)，造成水分散失和活性物质脱落；过放电则容易加速栅板的腐蚀和不可逆硫酸化。为了保证蓄电池不受过充电和过放电的损害，必须有一套控制系统来防止蓄电池的过充电和过放电，这套系统称为充放电控制器。控制器通过检测蓄电池的电压或荷电状态，判断蓄电池是否已经达到过充点或过放点，并根据检测结果发出继续充、放电或终止充、放电的指令。

随着独立型太阳能光伏发电系统、风力发电系统和光伏/风力混合发电系统容量的不断增加，设计者和用户对系统运行状态和运行方式合理性的要求越来越高，系统的安全性也更加突出和重要。因此，近年来设计者又赋予控制器更多的保护和监测功能，使早期的蓄电池充电控制器发展成今天比较复杂的系统控器。此外，控制器在控制原理和使用的元器件方面也有了很大发展和提高。目前先进的系统控制器已经使用了微处理器，实现了软件编程和智能控制。

如图6.30所示为某厂家生产的控制器。

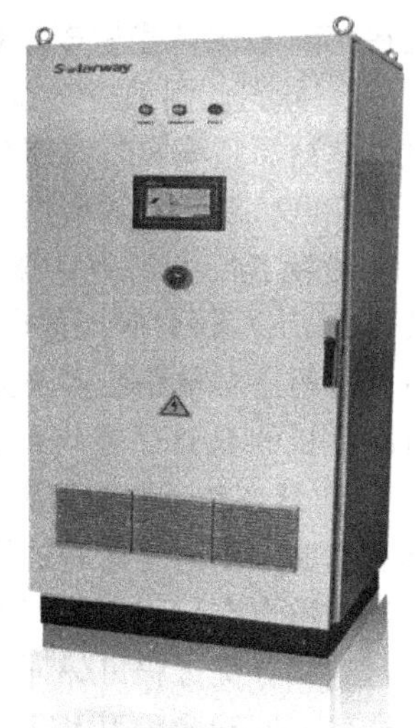

图6.30　光伏控制器

1. 控制器的功能

① 高压(HVD)断开和恢复功能：控制器应具有输入高压断开和恢复连接的功能。

②欠压(LVG)告警和恢复功能：当蓄电池电压降到欠压告警点时，控制器应能自动发出声光告警信号。

③ 低压(LVD)断开和恢复功能：这种功能可防止蓄电池过放电。通过一种继电器或电子开关连接负载，可在某给定低压点自动切断负载。当电压升到安全运行范围时，负载将自动重新接入或要求手动重新接入。有时，采用低压报警代替自动切断。

④ 保护功能：

a. 防止任何负载短路的电路保护。

b. 防止充电控制器内部短路的电路保护。

c. 防止夜间蓄电池通过太阳电池组件反向放电保护。

d. 防止负载、太阳电池组件或蓄电池极性反接的电路保护。

e. 在多雷区防止由于雷击引起的击穿保护。

⑤ 温度补偿功能：当蓄电池温度低于25℃时，蓄电池应要求较高的充电电压，以便完成充电过程。相反，高于该温度，蓄电池要求充电电压较低。通常铅酸蓄电池的温度补偿系数为－5mV/℃ 。

2. 控制器的基本技术参数

① 太阳电池输入路数：1～12路。

② 最大充电电流。

③ 最大放电电流。

④ 控制器最大自身耗电不得超过其额定充电电流的1%。

⑤ 通过控制器的电压降不得超过系统额定电压的5%。

⑥ 输入/输出开关器件：继电器或MOSFET模块。

⑦ 箱体结构：台式、壁挂式、柜式。

⑧ 工作温度范围：－15～＋55℃。

⑨ 环境相对湿度：90%。

3. 控制器的分类

光伏充电控制器基本上可分为五种类型：并联型、串联型、脉宽调制型、智能型和最大功率跟踪型。

① 并联型控制器：当蓄电池充满时，利用电子部件把光伏阵列的输出分流到内部并联电阻器或功率模块上去，然后以热的形式消耗掉。因为这种方式消耗热能，所以一般用于小型、低功率系统，如电压在12V以内、电流在20A以内的系统。这类控制器很可靠，没有如继电器之类的机械部件。

② 串联型控制器：利用机械继电器控制充电过程，并在夜间切断光伏阵列。它一般用于较高功率系统，继电器的容量决定充电控制器的功率等级。比较容易制造连续通电电流在45A以上的串联控制器。

③ 脉宽调制型控制器：以PWM脉冲方式控制光伏阵列的输入。当蓄电池趋向充满时，脉冲的频率和时间缩短。按照美国桑地亚国家实验室的研究，这种充电过程形成较完整的充电状态，它能增加光伏系统中蓄电池的总循环寿命。

④ 智能型控制器：采用带CPU的单片机(如Intel公司的MCS 51系列或Microchip公司的PIC系列)对光伏电源系统的运行参数进行高速实时采集，并按照一定的控制规律由软件程序对单路或多路光伏阵列进行切离/接通控制。对大中型光伏电源系统，还可通过单片机的RS232接口配合调制解调器进行远距离控制。

⑤ 最大功率跟踪型控制器：将太阳电池的电压U和电流I检测后相乘得到功率P，然后判断太阳电池此时的输出功率是否达到最大。若不在最大功率点运行，则调整脉宽，调制输出占空比D，改变充电电流，再次进行实时采样，并做出是否改变占空比的判断。通过这样寻优过程可保证太阳电池始终运行在最大功率点，以充分利用太阳电池方阵的输出能量。同时采用PWM调制方式，使充电电流成为脉冲电流，以减少蓄电池的极化，提高充电效率。

4. 充电控制

蓄电池充电控制通常是由控制电压或控制电流来完成的。一般而言，蓄电池充电方法有三种：恒流充电、恒压充电和恒功率充电，每种方法具有不同的电压和电流充电特性。

光伏发电系统中，一般采用充电控制器来控制充电条件，并对过充电进行保护。最常用的充电控制器有完全匹配系统、并联调节器、部分并联调节器、串联调节器、齐纳二线管(硅稳压管)、次级方阵开关调节器、脉冲宽度调制(PWM)开关、脉冲充电电路。针对不同的光伏发电系统可以选用不同的充电控制器，主要考虑的因素是要尽可能的可取、控制精度高及成本低。所用开关器件，可以是继电器，也可是MOS晶体管。但采用脉冲宽度调制型控制器，往往包含最大功率的跟踪功能，只能用MOS晶体管作为开关器件。此外，控制蓄电池的充电过程往往是通过控制蓄电池的端电压来实现的，因而光伏发电系统中的充电控制器又称为电压调节器。下面具体介绍几类充电控制系统。

1) 完全匹配系统

完全匹配系统是一个串联二极管的系统，如图6.31所示。该二极管常用硅PN结或肖特基二极管，以阻止蓄电池在太阳低辐射期间向光伏方阵放电。

蓄电池充电电压在蓄电池接收电荷期间是增加的。光伏方阵的工作点如图6.32所示。

随着电流的减少，工作点从 a 点移向 b 点。

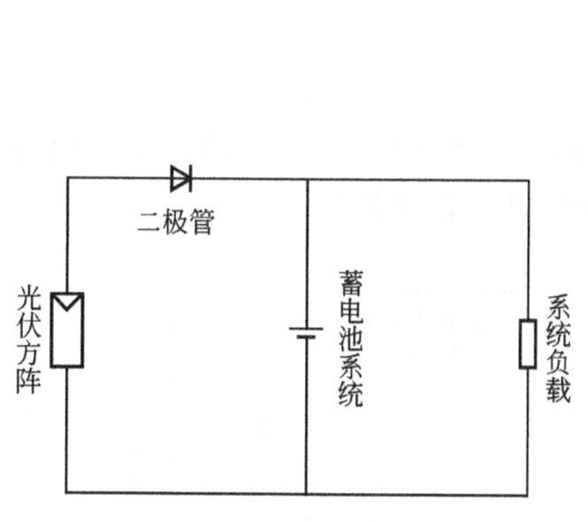

图 6.31 完全匹配系统电路图

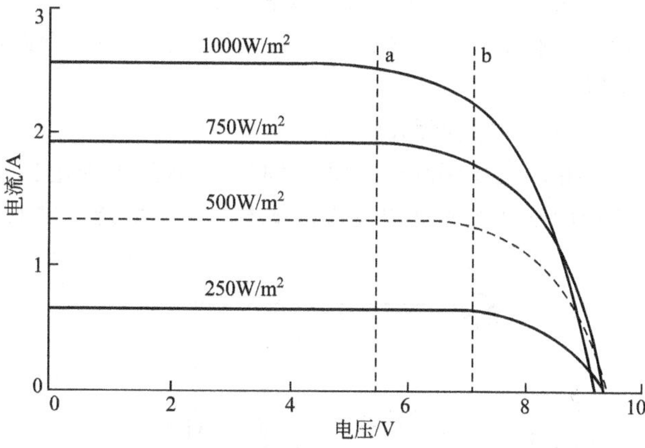

图 6.32 光伏方阵供给蓄电池的电流随蓄电池电压的变化

必须先选好 a 点和 b 点之间的工作电压范围，以确保光伏方阵和蓄电池特性的最佳匹配。

这种充电控制系统的问题是，光伏方阵在变化的太阳辐射条件下，其工作曲线是不确定的。采用这种系统设计，蓄电池只能在太阳高辐照度时达到满充电，而在低辐照度时将减少方阵的工作效率。

2）并联调节器

并联调节器是目前用于光伏发电系统的最普遍的充电调节电路。一般是使用一台并联调节器以使充电电流保持恒定，如图 6.33 所示。

调节器根据电压、电流和温度来调节蓄电池的充电。它是通过并联电阻把晶体管连到蓄电池的并联电路上实现对过充电保护的。通常调节器用固定的电压门限去控制晶体管开关的接通或切断。

通过并联分流的电能可用于辅助负载的供电，以充分利用光伏方阵的输出电能。

3）部分并联调节器

如图 6.34 所示，使用部分并联调节器的目的在于降低光伏方阵的电压，从而实现两阶段电压特性。部分并联调节器的优点是降低了晶体管的开路电压，但其缺点是附加了对线路连接的要求，一般很少使用。

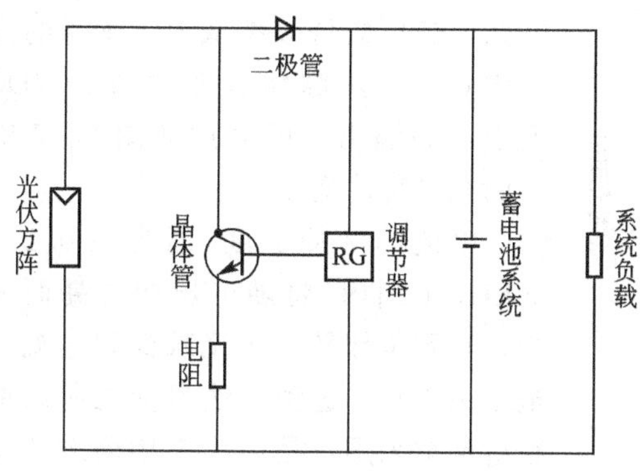

图 6.33 并联调节器电路图

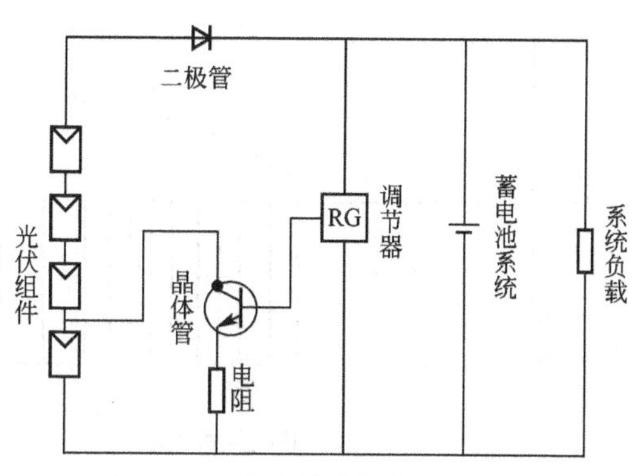

图 6.34 部分并联调节器电路图

4）串联调节器

如图 6.35 所示，在串联调节器中，蓄电池两端电压是恒定的，而其电流随串联晶体管调节器变化着。这种晶体管调节器通常是一个两阶段调节器。串联晶体管代替了所需的串联二极管。

5）脉冲宽度调制开关

脉冲宽度调制开关用于 DC/DC 转换的充电控制电路，它的电路如图 6.36 所示。由于这种调制开关的复杂性和高成本，在小型光伏发电系统中难以普遍使用。

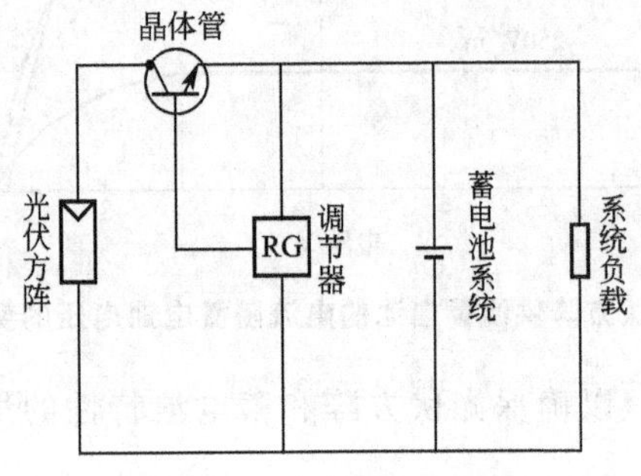

图 6.35　串联调节器电路图

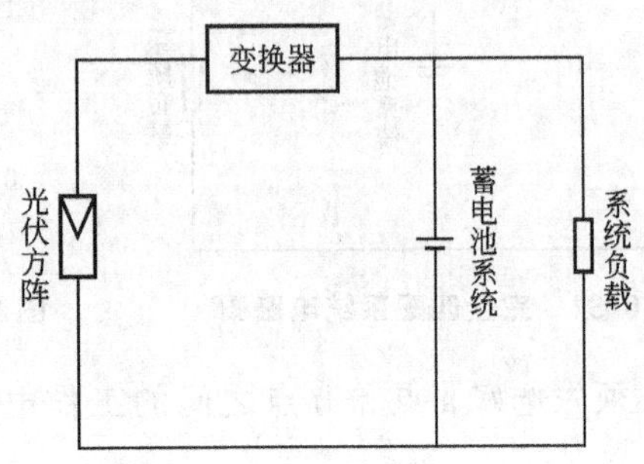

图 6.36　用于 DC/DC 变换器的调制开关电路图

无论如何，采用脉冲宽度调制的 DC/DC 转换原理表现出很多吸引人的特点，特别在大型系统中更是如此。这些特点如下。

① 输给 DC/DC 变换器的光伏方阵电压能够随着可能使用的升高的或降低的变换器而改变。这对于在那些光伏方阵和蓄电池分置间隔较大的地方特别有用。光伏方阵电压在一个中心点上能被提高或降低到蓄电池的电压值，以减少电缆中的功率损失。

② 能向蓄电池提供良好控制的充电特性。

③ 能用于跟踪光伏方阵的最大功率点。

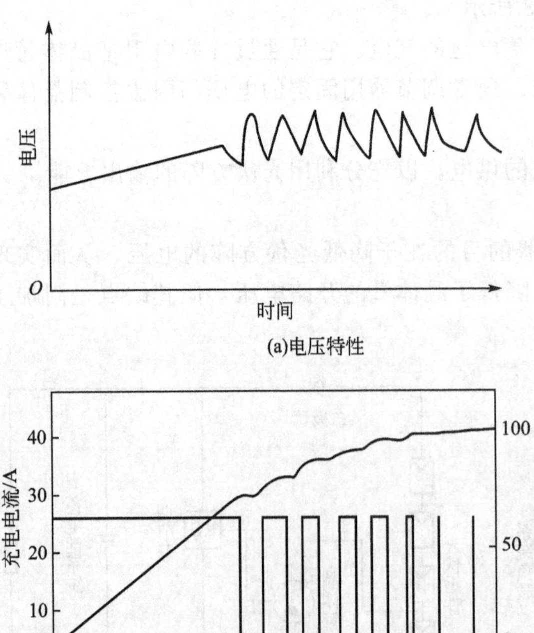

图 6.37　脉冲宽度调制用于 DC/DC 变换的特性

这种 DC/DC 变换器普遍用于大型光伏发电系统，然而，它们却以 90%～95%的低效率抵消了本身的许多优点。采用脉冲宽度调制 DC/DC 变换器的输出，可通过如图 6.37 所示的充电特性变化。

电流的脉冲宽度（通常在 0.1～20kHz 范围内）将随电压的升高而减少，直到全部平均电流减少到电流充电量级为止。这种方法目前之所以更普遍地被采用，是因为它用固态开关取代继电器，可以达到更高的开关频率范围。

6）脉冲充电

脉冲充电像脉冲宽度调制一样，现在已日益普遍地被采用了，这是由于其低成本的固态开关技术所致。脉冲充电电路如图 6.38 所示。蓄电池被恒流充电，使其电压达到一个较高的门限，如图 6.39 所示。然后，调节器断开，直到其电压降低到一个较低的门限。选择这两个门限，可以确保蓄电池在达到满充电条件时，能在高电压下以较低的输入电流运行。

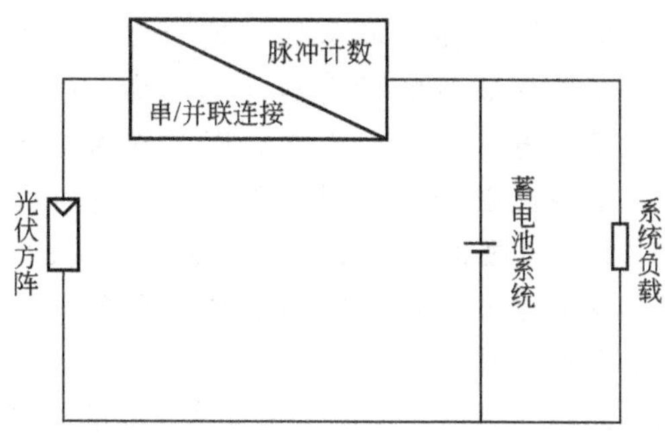

图 6.38 脉冲充电电路图

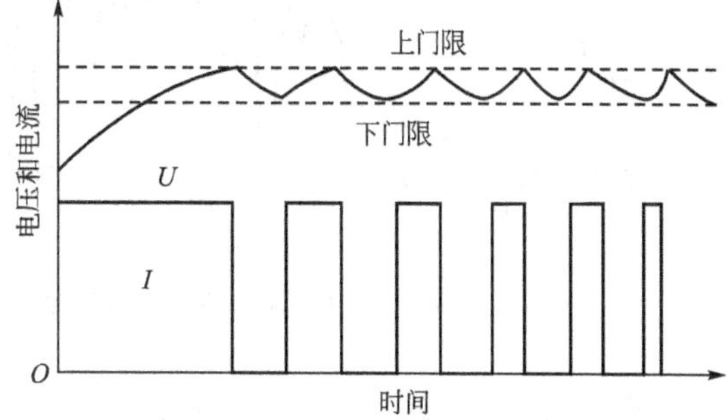

图 6.39 脉冲充电调节器的充电特性

典型的滞后为每单元电池 50mV，所以一个铅酸蓄电池循环在 2.45～2.50V（当其达到满充电条件时）。为了使这个系统工作得更好，这些门限值应该至少每月达到一次，而每周不应多于一次。

采用脉冲充电电路时，并入一个真实的限压器是必不可少的。因为限压器可以防止继电器的过度通断，在蓄电池电压太大，超过其设计限度时，引起的这种现象会长时间存在。

在这里展现的各种充电曲线中，除了完全匹配的系统以外，蓄电池的工作电压都被限定在图 6.40 所示曲线的（a，b）区间之内。基于这个假定，流通的电流应接近于短路电流 I_{sc}。

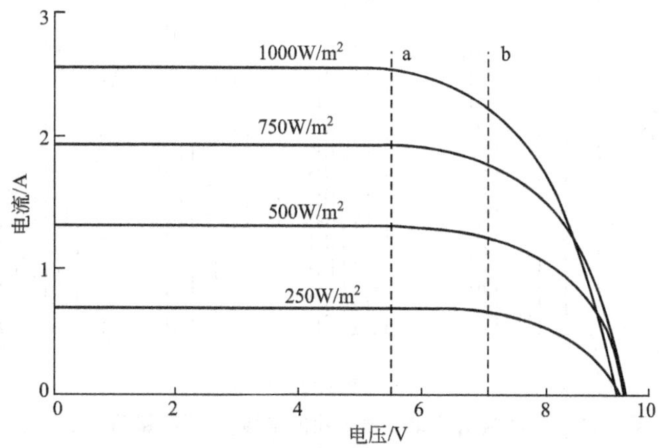

图 6.40 由光伏方阵向蓄电池供给的电流随蓄电池电压而变化

假定太阳处于连续的高辐射强度的状态，在一个被变化着的云量覆盖的实际光伏发电系统中，通常实际的充电曲线变化很大，如图 6.41 所示。在低云量覆盖状态的光伏发电

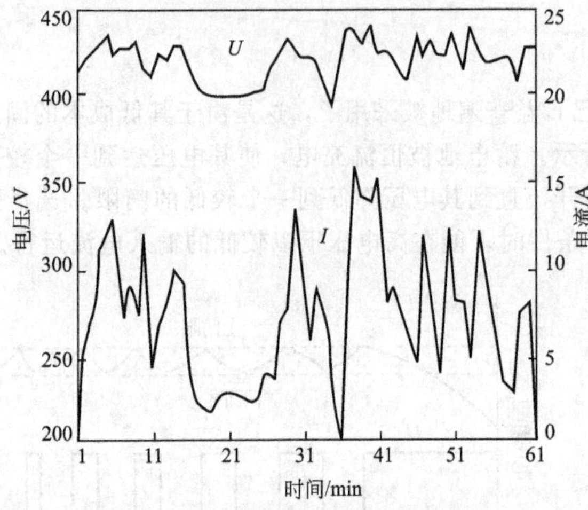

图 6.41　光伏发电系统的实际充电特性

系统中，日辐射曲线可以考虑为正弦曲线。

5. 放电保护

应该使用一种针对完全放电状态的保护方法，特别对铅酸蓄电池更应如此，对镉镍蓄电池只是在一个较小的范围内使用放电保护就可以了。为了确保满意的蓄电池使用寿命，防止单个电池反向或失效，以及确保关键负载总能处在被供电的状态，这种保护是必要的。如果系统估算是正确的，这种保护在正常的蓄电池使用期间不会经常操作。

理想情况下，确保一个蓄电池在放电条件下正确使用的关键，是精确测量蓄电池的充电状态。不幸的是，铅酸蓄电池和镉镍蓄电池都难以确定给出其充电状态下的可测量特性。

1) 限定放电容量到 C_{100}

图 6.42 示出了一个典型的铅酸蓄电池以不同负载电流放电时的放电特性。图中清楚地表明，蓄电池容量随放电功率的减少而增加。初始电压和最终放电电压(在这里，负载必须断开)取决于放电电流。

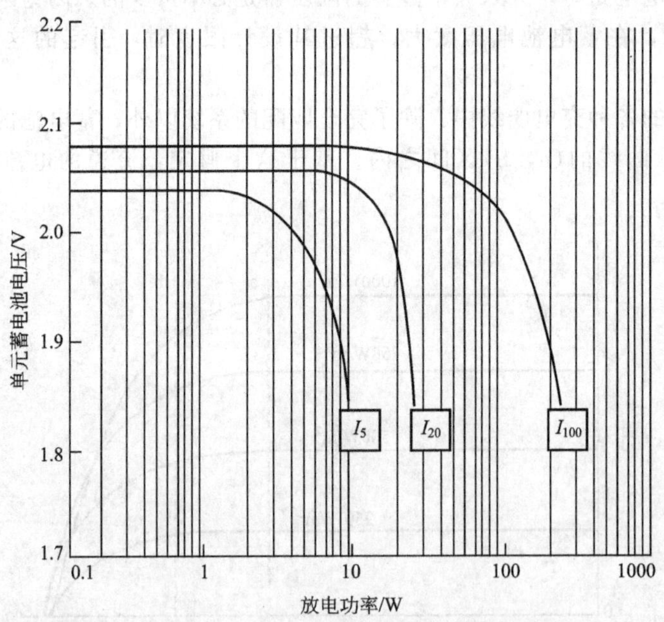

图 6.42　各种放电功率下蓄电池的容量(标称容量为 100A·h)

在大多数光伏发电系统中，蓄电池被估计为可连续运行几天，其负载电流通常是 100h 电流，表示为 I_{100}。在这种情况下，通过限定最终放电电压为 I_{100} 的限制条件，可以保护蓄电池系统。

在那些负载电流变化大的系统(如像一个独立的为民用事业供电的光伏发电系统)中，放电容量必须不超过C_{100}的安时容量。如果超过，蓄电池就能完全放电，从而导致蓄电池寿命的大幅度减少。图 6.43(a)示出，在放电电流小于I_{100}的情况下，全部的蓄电池放电是可能的。图 6.43(b)示出，通过限定放电容量C_{100}，常常能避免这种情况发生。

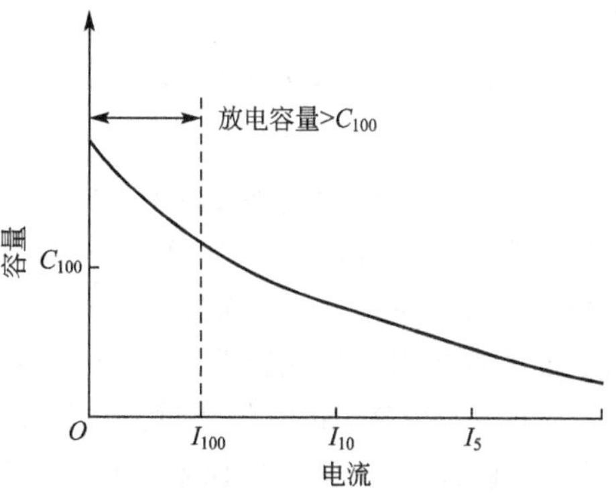

(a) 低于I_{100}时，放电容量大于C_{100}

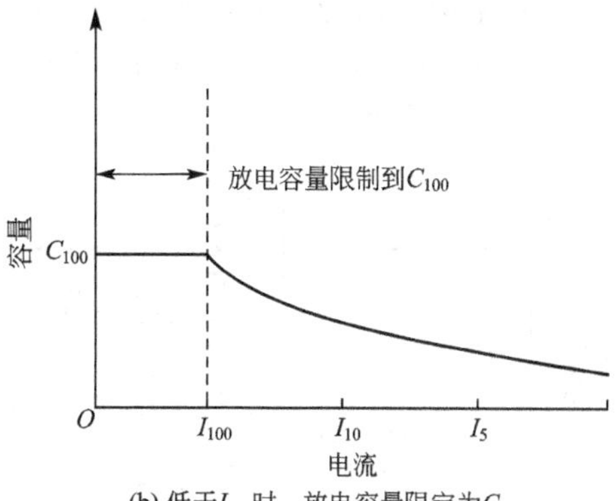

(b) 低于I_{100}时，放电容量限定为C_{100}

图 6.43　限定放电容量到 C_{100}

很多小型光伏发电系统用的蓄电池，在它们C_{100}的额定值下是完全放电的。在这种状态下，它们的电解浓密度大约为 1.03kg/L，这一数值已低到足以使铅溶解，随之造成永久性损坏。所以，这种蓄电池一定不能放电到它们的C_{100}额定值，当蓄电池电解液密度达到1.10kg/L时，就必须停止放电。

2）自动放电保护

自动放电保护可由下列方法之一完成。

在小型光伏发电系统中的最简单、最普通的保护方法是在一个预定的电压值将负载从蓄电池上断开，并将这种情况通过发光二极管或蝉鸣器提示给用户。某些这类设备能提供小量的备用功率。这种方法的主要优点是简单和低成本。

另一种方法是在调节器控制下被连接到若干负载输出上采用这种配置，用户能连续地使用如照明那样的主要负载，而非主要负载将被断开。当然，用户必须适当确定具有优先供电权的是哪些负载。

在用于自动深放电保护的系统中，必须清楚地确定出对负载进行重新连接的依据，以适应其应用。有如下一些普遍性要求。

① 在那些蓄电池寿命必须充分重视，而负载又非常关键的地方，负载可以保持断开，直到在充电调节下蓄电池电压升到一个高电平时为止。这个电平应使回到蓄电池的电荷量达到最佳化。

② 当一个遥控装置不可能定期访问或是只有该装置被占有时(如隔离间)才有负载要求的地方，除非用户重新设置一个外部开关，否则，负载不成重新连接。这样就减少了无人看管期间蓄电池循环的可能性。

③ 在那些负载供电是关键性的系统中，当蓄电池重新存贮小量电荷之后，可能出现重新连接。在这种情况下，指示器应告诉用户蓄电池处于低充电状态，以便使负载耗电维持在最小值。

户用光伏发电系统主要由太阳电池组件、蓄电池和负载三部分组成，其充、放电控制比较简单，市场已有成熟的定型产品出售，用户可以酌情选用。对于光伏电站，其充、放电控制设备还包含系统控制和负载控制等功能，往往需要根据用户要求进行专门设计。

6. 简易太阳电池充放电控制器

1）电路结构

本系统电路结构电路如图 6.44 所示。双电压比较器 LM393 两个反相输入端 2 脚和 6 脚连接在一起，并由稳压管 ZD1 提供 6.2V 的基准电压做比较电压，两个输出端 1 脚和 7 脚分别接反馈电阻，将部分输出信号反馈到同相输入端 3 脚和 5 脚，这样就把双电压比较器变成了双迟滞电压比较器，可使电路在比较电压的临界点附近不产生振荡。R_1、R_{P1}、C_1、A1、Q1、Q2 和 J1 组成过充电压检测比较控制电路；R_3、R_{P2}、C_2、A2、Q3、Q4 和 J2 组成过放电压检测比较控制电路。电位器 R_{P1} 和 R_{P2} 起调节设定过充、过放电压的作用。可调三端稳压器 LM371 提供给 LM393 稳定的 8V 工作电压。被充电电池为 12V 65A·h 全密封免维护铅酸蓄电池；太阳电池用一块 40W 硅太阳电池组件，在标准光照下输出 17V、2.3A 左右的直流工作电压和电流；D1 是防反充二极管，防止硅太阳电池在太阳光较弱时成为耗电器。

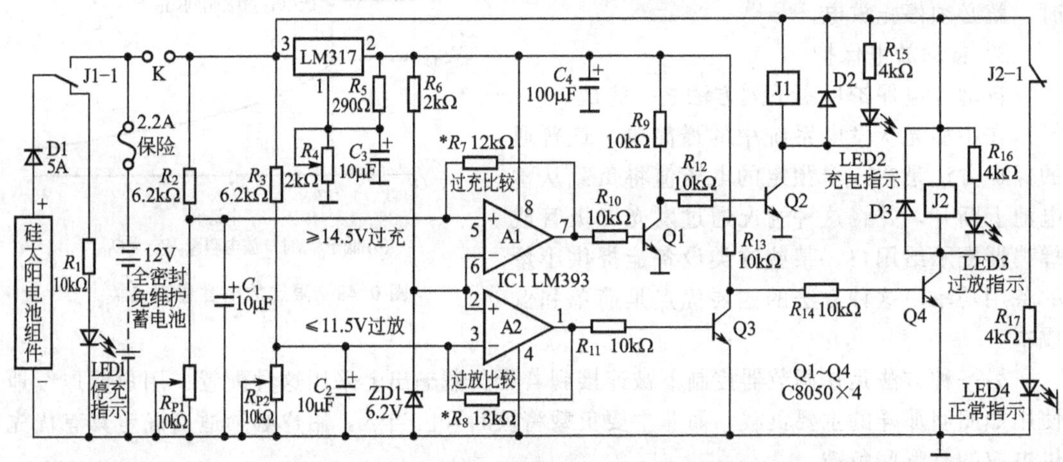

图 6.44　简易太阳电池充放电控制器电路图

2）工作原理

当太阳光照射的时候，硅太阳电池组件产生的直流电流经过 J1－1 常闭触点和 R_1，使 LED1 发光，等待对蓄电池进行充电；K 闭合，三端稳压器输出 8V 电压，电路开始工作，过充电压检测比较控制电路和过放电压检测比较控制电路同时对蓄电池端电压进行检测比较。当蓄电池端电压小于预先设定的过充电压值时，A1 的 6 脚电位高于 5 脚电位，7 脚输出低电位使 Q1 截止，Q2 导通，LED2 发光指示充电，J1 动作，其接点 J1－1 转换位置，硅太阳电池组件通过 D1 对蓄电池充电。蓄电池逐渐被充满，当其端电压大于预先设定的过充电压值时，A1 的 6 脚电位低于 5 脚电位，7 脚输出高电位使 Q1 导通，Q2 截止，LED2 熄灭，J1 释放，J1－1 断开充电回路，LED1 发光，指示停止充电。

当蓄电池端电压大于预先设定的过放电压值时，A2 的 3 脚电位高于 2 脚电位，1 脚输出高电位使 Q3 导通，Q4 截止，LED3 熄灭，J2 释放。其常闭触点 J2－1 闭合，LED4 发光，指示负载工作正常；蓄电池对负载放电时端电压会逐渐降低，当端电压降低到小于预先设定的过放电压值时，A2 的 3 脚电位低于 2 脚电位，1 脚输出低电位使 Q3 截止，Q4 导通，LED3 发光指示过放电，J2 动作，其接点 J2—1 断开，正常指示灯 LED4 熄灭。另一常闭接点 J2－2(图中未绘出) 也断开，切断负载回路，避免蓄电池继续放电。闭合 K，蓄电池又充电。

7. 普通型柜式充放电控制器产品实例——JKCK－48V/50A 型光伏电源控制器

1) 功能和控制器主电路

JKCK－48V/50A 型光伏电源控制器是用于太阳能电源系统中，控制太阳电池给蓄电池充电，以及蓄电池给负载供电的电子设备。控制器主电路图如图 6.45 所示。

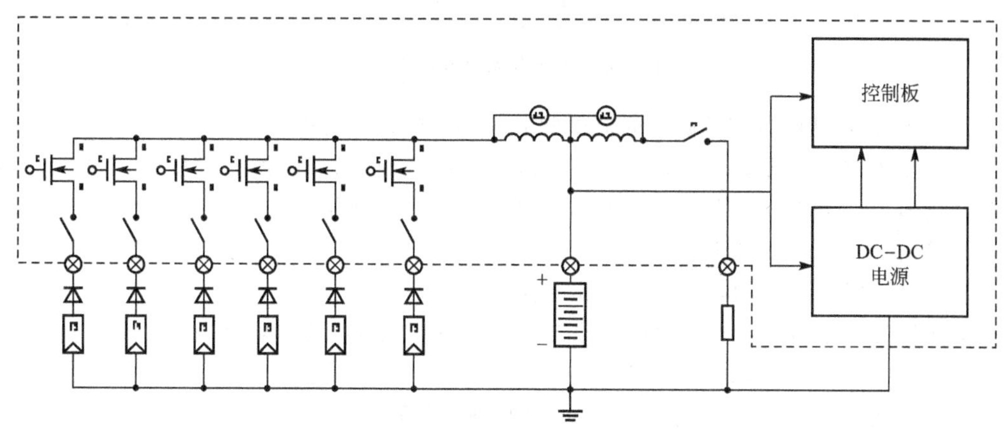

图 6.45 JKCK－48V/50A 型光伏电源控制器主电路图

2) 主要技术指标

① 太阳电池：额定输入功率为 2500W，6 路方阵输入，最大充电电流为 50A。

② 蓄电池：标称电压 48V。

③ 输出：48V/50A。

④ 防反充：晚上或阴雨天气时，阻断蓄电池电流倒流向太阳电池。

⑤ 充满控制：当蓄电池电压上升到 56.4V(±0.5V)时，进行充满控制，将太阳电池方阵逐路切离充电回路，充满恢复电压为 52V(±0.5V)。

⑥ 欠压指示及告警：当蓄电池电压下降到 44V(±0.5V)时，进行过放指示并蜂鸣器告警。通知用户应立即给蓄电池充电，否则蓄电池将过放电，从而影响蓄电池的寿命，欠压恢复电压为 48V(±0.5V)。

3) 太阳能光伏电源系统结构框图

太阳能光伏电源系统结构框图如图 6.46 所示。

4) 工作原理

JKCK－48V/50A 型光伏电源控制器接入 6 路太阳电池方阵，给标称为 48V 的蓄电池组充电，输出为 48V/50A。

当蓄电池电压上升到 56.4V(±0.5V)时，进行充满控制，将太阳电池方阵逐路切离充电回路。充满 1～充满 6 指示被切离充电回路的方阵组数(充满 1 表示第一路被切离，充满 2 表示第二路被切离，充满 3 表示第三路被切离，充满 4 表示第四路被切离，充满 5 表示第五路和第六路被切离，充满 6 表示第六路被切离)。当蓄电池电压下降到 52V

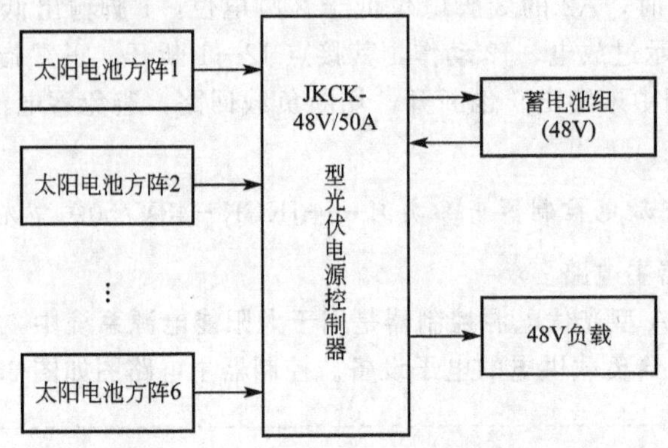

图 6.46　太阳能光伏电源系统框图

(±0.5V)时，重新将方阵逐路接入充电回路，相应的指示灯灭。

当蓄电池电压下降到 44V(±0.5V)时，进行过放指示，面板上过放指示灯亮，同时蜂鸣器告警。当蓄电池电压回升到 48V(±0.5V)时，过放指示灯灭。

5) 控制器面板及布局说明

① 面板说明。图 6.47 为控制器布局连线图。

太阳能充电电流表：显示太阳电池方阵向蓄电池充电的充电电流。

蓄电池电压表(100V)：显示蓄电池电压。

输出电流表(20A)：显示蓄电池向负载的供电电流。

充满 1～充满 6 指示灯：充满指示灯指示被切离充电回路的方阵路数。

欠压指示灯：当蓄电池电压下降到 44V 时，欠压指示灯亮。

② 布局说明。

空气开关：K_1 为第 1 路太阳电池方阵的正极输入端和开关；K_2 为第 2 路太阳电池方阵的正极输入端和开关；K_3 为第 3 路太阳电池方阵的正极输入端和开关；K_4 为第 4 路太阳电池方阵的正极输入端和开关；K_5 为第 5 路太阳电池方阵的正极输入端和开关；K_6 为第 6 路太阳电池方阵的正极输入端和开关。K_7 为 48V 正极输出端和开关。

FU 是主控制板熔断器，60A。

6) 使用与维护

① 打开机器包装，安装固定好机器，查看机内元器件是否松动。

② 参看控制器布局连线图(图 6.47)按步骤接线：

a. 将主控制板熔断器 FU 拔下，并将空气开关 K_1～K_7 打到关断状态。

b. 将蓄电池的负极连至汇流条，蓄电池的正极连至下边的 FU 下端。前面板的蓄电池电压表应有指示。

c. 将第 1～6 路太阳电池方阵的正极连接到空气开关 K_1～K_6 的下端，负极连接到下边的汇流条。

d. 将 DC－48V 负载的正极(48V 端)连接到输出空气开关 K_7 的下端，负极连接到下边的汇流条。

注意：

① 必须按照上述步骤，先连接蓄电池，再连接太阳电池，最后连接负载。

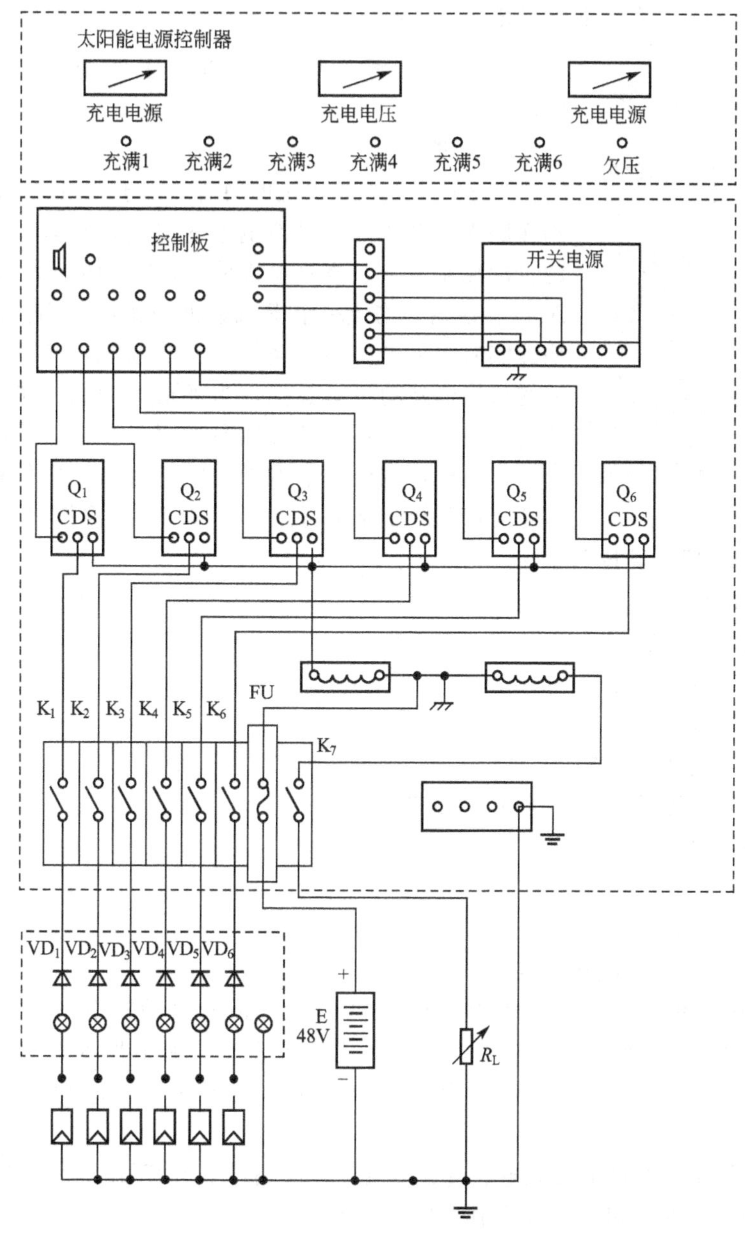

图 6.47 太阳能控制布局连线图

② 控制器内下边的汇流条为控制器的负端，供连接第 1～6 路太阳电池方阵的负极、蓄电池组的负极及负载的负极使用。

③ 确认导线连接完全无误后，安上熔断器 FU，合上空气开关 K_1～K_6。初次开机时，在有日照的情况下前面板的太阳能充电电流表应有指示。再合上空气开关 K_7，待负载开机后，前面板的输出电流表应有指示。

④ 维护：JKCK－48V/40A 型太阳能电源控制器为全自动控制设备，不用人工操作。如无电压输出，请检查空气开关 K_7 是否合上、熔断器 FU 是否熔断。如控制器失去控制，请检查熔断器 FU 是否熔断。

8. 智能型壁挂式充放电控制器产品实例

图 6.48　某厂家智能型壁挂式充放电控制器

如图 6.48 所示为某厂家生产的智能型壁挂式充放电控制器。

1) 功能

JKZK 光伏电源智能控制器是用于太阳能电源系统中，控制多路太阳电池方阵对蓄电池充电，以及蓄电池给负载供电的自动控制设备。该控制器采用高速 CPU 微处理器和高精度 A/D 转换器，构成一个微机数据采集和监测控制系统。既可快速实时采集光伏系统当前的工作状态，又可详细积累太阳能光伏发电站的历史数据，为评估太阳能光伏发电系统设计的合理性及检验系统部件质量的可靠性提供了准确而充分的依据。此外，该控制器还具有串行通信数据传输功能，可将多个光伏系统子站进行集中管理和远距离控制。

2) 智能控制器主要技术指标

系统工作电压：－48V。

最大充电电流：100A。

最大放电电流：50A。

太阳电池输入路数：4 路。

蓄电池输入路数：2 路。

输入输出开关器件：继电器或 MOSFET 模块。

箱体结构：壁挂式。

工作温度范围：－15～＋55℃。

环境相对湿度：90％。

3) 智能控制器的功能和特点

① 采用先进的“强充(boost)/递减(taper)/浮充(float)自动转换充电方法”(参见控制器充电流程图)，依据蓄电池组端电压的变化趋势自动控制 6 路太阳电池方阵的依次接通或切离，既可充分利用宝贵的太阳电池资源，又可保证蓄电池组安全而可靠地工作。

当电压系统出现蓄电池过充电、过放电及工作回路过电流等故障时，控制器可立即发出声光告警信号，并且切断主电路中的有关回路。

② 蓄电池强充电/递减方式充电/浮充电自动转换。

强充电转递减充电的上限电压可调范围：54～68V。

浮充电保持的电压可调范围：48～54V。

(浮充电上限电压和下限电压之差：2～3V)。

强迫进入强充电的电压可调范围：48～60V。

③ 蓄电池过放电告警(声、光)。

蓄电池过放点的电压可调范围：42～48V。

蓄电池过放恢复点的电压可调范围：42～60V。

④ 过压自动保护。

蓄电池过压点的电压可调范围：56～72V。

蓄电池过压恢复点的电压定在低于过压点4V处。

⑤ 控制门限的确定值可由键盘输入调整，进入调整需输入口令，以免非专职人员误操作。

⑥ 采用高精度12位串行A/D转换器，对“当前状态参数”进行实时快速采集，并存至断电不丢失数据的EEPROM中。该存储器还可保存前32天的“历史数据”。

⑦“当前数据”、“历史数据”及“控制设置参数”等可由4×4矩阵按键选择，并由16×2字符液晶显示器显示工作状态及统计数据：

- 太阳电池：6路太阳电池方阵的充电电流。
- 总充电电流：0～100A。
- 蓄电池电压：标称48V(0～80V)。
- 负载电压：0～80V。
- 负载电流：0～50A。
- 通信参数设置显示：波特率9600。
- 数据格式：8位数据位，1位终止位，无奇偶校验位。
- 统计数据：

过去32天每天的充电电量：1200A·h。

过去32天每天的放电电量：1200A·h。

过去32天每天的最高蓄电池电压：0～80V。

过去32天每天的最低蓄电池电压：0～80V。

- 充电控制设置显示(默认值)：

强充电上限电压：60V。

递减电压下限：56V。

浮充电压上限：56V。

浮充电压下限：54V。

进入强充电压：49.6V。

状态转变延时：1min。

- 输出控制设置显示：

蓄电池过放电电压：44.8V。

蓄电池过放恢复电压：51.2V。

蓄电池过压点：64V。

过放、过压切断输出前的延时时间：200s。

注：a. 开机上电时显示蓄电池电压。

b. 当10min无键按下时，自动关闭液晶屏。

⑧ 通信功能：主站与每台控制器可以进行远距离数据传送。

4）控制器的组成及各部分的作用

智能控制器的硬件组成如图6.49所示。

① 信号调理电路。

a. 直流电压信号：如蓄电池端电压，太阳电池方阵开路电压，负载电压等。其中太阳电池方阵电压测量时，由于该电源系统采用蓄电池正极接地方式，将导致太阳电池电压

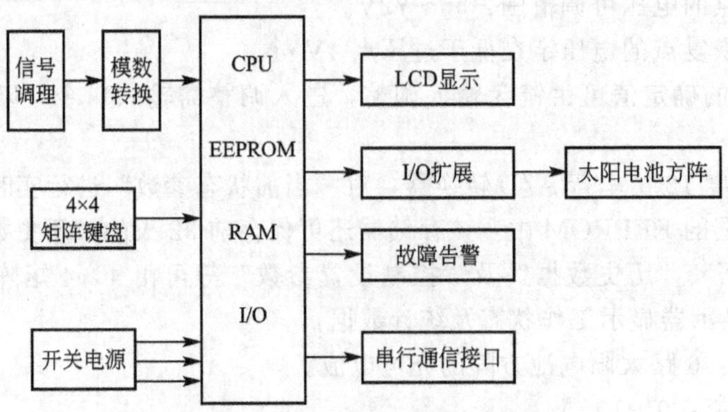

图 6.49　智能控制器硬件组成框图

的测量在白天为负电压，晚上为正电压(对控制器参考地而言)。

b. 直流电流信号：如蓄电池充电电流、放电电流、太阳电池方阵电流等。

c. 温度信号：环境温度。

② 多路模拟开关和串行 A/D 转换器。

以上不同类型的模拟信号，不论是正负极性的直流电压，高至 100A 的直流电流，还是微弱信号的温度传感器，经信号调理后统一变成 5V 的标准信号。但该控制器采用 12 位串行 A/D 转换器，每一时刻只能处理一路模拟输入信号，因此需经多路模拟开关，由 CPU 发出选通地址，经串行 A/D 转换器依次转换为对应的 12 位二进制数字信号，送 CPU 进行数据处理。因该控制器输出输入的开关量较多，占用大量的 I/O 口线，所以采用串行 A/D 转换器只占用少量 I/O 口线，以便省出口线供其他开关量使用。此外，采用 12 位串行 A/D 转换器，可提高采样信号的测量精度。

③ CPU、EEPROM、RAM、I/O 单片微处理器。

本机采用 ATMEL 公司的单片机，具有集成度高、内存容量大、工作电压范围宽、运行速度快、功耗低等独特优点。它不需增加外围芯片即可独立构成一个完整的 8 位微处理器单片机，是近年来新推出的很有推广价值的新型芯片。

④ LCD 液晶显示器。

采用 16 位×2 行带背光字符型液晶显示器模块，具有字符显示清晰、屏幕显示格式可灵活编程、背光亮度高、对比度可控、耗电小等优点。为避免平时不需观察屏幕也一直开亮度显示，本控制器可定时查询，如果超过 10min 无按键操作，将自动关闭 LCD 液晶显示器，以节约功耗，当需要显示时，按任意键可自动恢复显示。

⑤ 4×4 自定义矩阵键盘。

由于该机采集当前数据、历史数据和控制设置参数较多，而 LCD 液晶显示器只有两行，每行显示 16 个字符，所以设计有 4×4 矩阵键盘，分别定义 16 个按键，通过选择不同的按键，可使 LCD 液晶显示器分屏显示蓄电池电压、负载电压、6 路太阳电池方阵电压、充电电流、放电电流等参数，前 32 天的历史数据浏览和控制设置参数的改变，也可选择对应按键进行操作。

该键盘设计为防潮型薄膜键盘，厚度薄、尺寸小、密封性能好、按键通断可靠性高。

⑥ RS232 异步串行通信接口。

对于偏远地区(高山、海岛、边疆等)的光伏电站，由于交通不便，技术和经济力量薄弱，为保证光伏系统长期可靠运行，本控制器设计有 RS232 异步串行通信接口，可将下位机采集存储的“当前数据”、“历史数据”、“控制设置参数”串行传输至上位机。

5）充电流程框图

充电流程框图如图 6.50 所示。

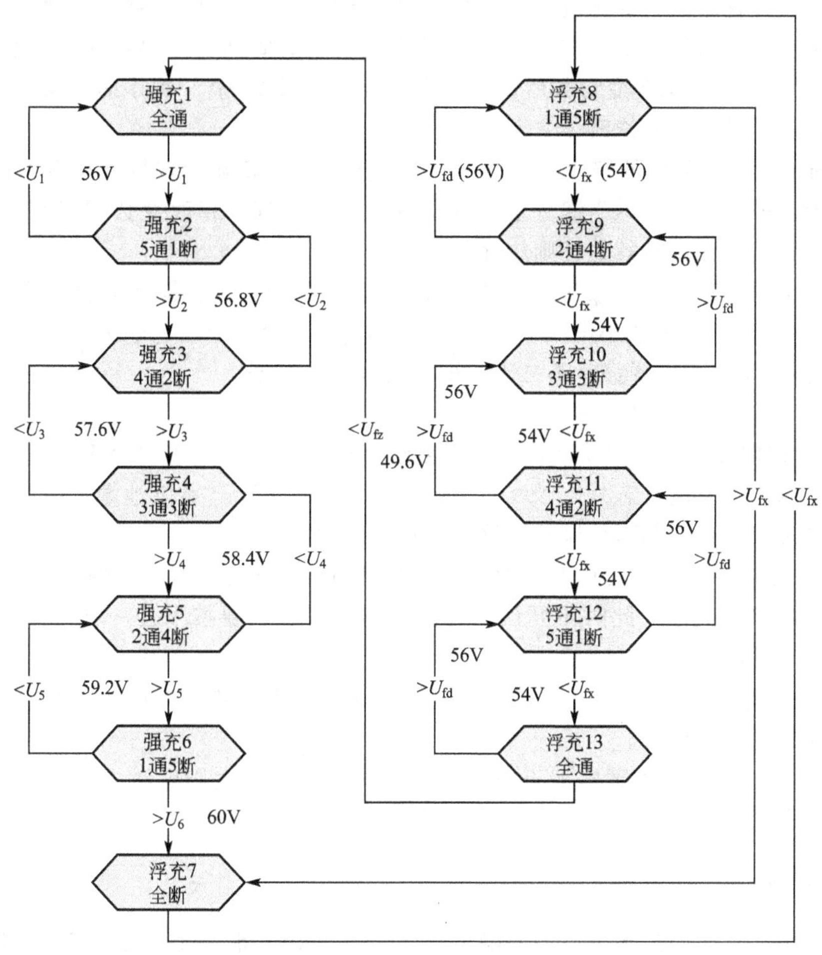

图 6.50　充电流程框图

注：① $X=1\sim6$，X 通 X 断表示 6 路太阳电池方阵的工作状态；

② $U_1\sim U_6$ 为递减充电方式的 6 个中间给定值；

③U_{fx}，U_{fd} 为浮充电方式的最大电压和最小电压；

④ U_{fz} 为强迫浮充电转强充电方式的设定电压。

6）智能控制器使用方法

打开面板电源开关，LCD 液晶显示器显示开机工作时间。

①“当前数据”的显示：按下面板上自定义键盘的对应按键，LCD 液晶显示器将对应显示“太阳电池方阵电压、电流”、“蓄电池电压”、“负载电压”、“充电电流”、“放电电流”等数据。

②“控制设置参数”的修改：按下键盘的“控制设置”键，输入口令数字码后，再依

次显示“最大强充电压”、“强充递减电压”、“浮充最大电压”、“浮充最小电压”、“强迫转强充电压”、“蓄电池温度补偿系数”、“状态改变延时时间”等原有数值。按下“加”或“减”键，可分别改变某设置参数，直到显示“存改变数据吗?”提示时，按“加”键表示存，按其他键表示不存。

③“负载设置参数”的修改：依次按下“负载设置”键，将分别显示蓄电池“过压告警点”、“欠压告警点”、“欠压恢复点”、“状态改变延时时间”等参数的原来数值，同上，按“加”或“减”键分别改变参数后，待出现“存改变数据吗?”提示时，再按“加”键存储记忆，按其他键则放弃修改。

④“通信设置参数”的修改：按下“通信设置”键，将显示现场光伏电站的站号的原来值，同上，按“加”、“减”键分别改变参数后，待出现“存改变数据吗?”提示时，再按“加”键存储记忆，按其他键则放弃修改。

⑤“历史数据”浏览：按下“历史数据浏览”键，LCD 液晶显示器显示上月第一天“当天最大电压”、“当天最小电压”、“当天充电电量”、“当天放电电量”四个数。然后按“加”或“减”键，则分屏显示第二天、第三天等历史数据。

7）智能控制器的维护与保养

① 智能控制器的自检验功能：按下“系统自检”键后，再按“确认”键，则 LCD 液晶显示器显示出“充电状态号”、“六个太阳电池方阵通断”、“蓄电池端电压”等。由此可根据“控制设置参数”判断控制器电路工作是否正常。

② 本机为减小功耗，设计有定时自动灭屏程序，当超过 10min 无按键操作时，LCD 液晶显示器将自动关闭。此时不要误认为是机器故障，只要按下任一键，LCD 液晶显示器即可恢复正常显示。

③ 如果按键后 LCD 液晶显示器仍不显示，则应检查右侧板内稳压电源板上的熔丝是否烧断，若是则更换即可。

④ 注意，本机设计为蓄电池正极接地，应将蓄电池和太阳电池方阵的正极共同接在右下方铜块上。

6.1.4 蓄电池

蓄电池组是太阳能光伏电站的储能装置，它的作用是将太阳电池方阵从太阳辐射能转换来的直流电转换为化学能储存起来，以供应用。

光伏电站中与太阳电池方阵配套的蓄电池组通常是在半浮充电状态下长期工作的，它的电能量比用电负荷所需要的电能量要大，因此，多数时间处于浅放电状态。当冬季和阴天由于太阳辐射能减少而出现太阳电池方阵向蓄电池组充电不足时，可启动光伏电站备用的电源——柴油发电机组，给蓄电池组充电，以保持蓄电池组始终处于浅放电状态。

太阳能光伏发电系统对储能蓄电部件的基本要求是：①自放电率低；②使用寿命长；③深放电能力强；④充电效率高；⑤少维护或免维护；⑥工作温度范围宽；⑦价格低廉。

固定式铅酸蓄电池性能优良、质量稳定、容量较大、价格较低，是我国光伏电站目前主要选用的储能较量。因此，下面将重点地对固定式铅酸蓄电池的结构、原理与使用维护等进行介绍。

1. 铅酸蓄电池的分类

以产品的结构形式分类，铅酸蓄电池可以分为开口式、富液免维护式、玻璃丝棉(AGM)隔板吸附式阀控密封型、阀控胶体型等几大类产品。国内铅酸蓄电池主要是AGM吸附式和胶体两类阀控密封型蓄电池产品，目前AGM吸附式蓄电池在市场上占主导地位。胶体蓄电池尽管有放电性能好、极板不易弯曲、寿命长等优点，但由于生产难度大、技术水平高、国内胶体材料不稳定、生产成本高等原因，国内只有少数几家蓄电池厂在生产，而且用户反映产品质量并没有明显的提高。据国外权威蓄电池研究机构报道，胶体动力型蓄电池综合技术指标和寿命明显优于普通的AGM吸附式蓄电池，胶体蓄电池是动力型铅酸蓄电池的发展方向。

2. 铅酸蓄电池的结构及工作原理

1）铅酸蓄电池的结构

铅酸蓄电池主要由正极板组、负极板组、隔板、容器、电解液及附件等部分组成。

极板组是由单片极板组合而成，单片极板又由基极(又叫极栅)和活性物质构成。

铅酸蓄电池的正负极板常用铅锑合金制成，正极的活性物是二氧化铅，负极的活性物质是海绵状纯铅。

极板按其构造和活性物质形成方法分为涂膏式和化成式。涂膏式极板在同容量时比化成式极板体积小、自重轻、制造简便、价格低廉，因而使用普遍；缺点是在充放电时活性物质容易脱落，因而寿命较短。化成式极板的优点是结构坚实，在放电过程中活性物质脱落较少，因此寿命长；缺点是笨重，制造时间长，成本高。

正极板是指铅酸蓄电池的阳极板，是发生氧化反应的电极。它是以结晶紧密、疏松多孔的二氧化铅作为存储电能的活性物质，正常颜色为红褐色。铅酸蓄电池的每个单元也分为正极和负极，阳极是放电时的负极、充电时的正极。

负极板是铅酸蓄电池的阴极板，是发生还原反应的电极。它是以海绵状的金属铅作为存储电能的物质，正常颜色为深灰色。负极板是放电时的正极、充电时的负极。

隔板位于两极板之间，防止正负极板接触而造成短路。隔板分为玻璃纤维隔板、微孔橡胶隔板、塑料隔板等。隔板的作用是吸收电解液，并将正负极板隔开而互不短路。隔板可以防止极板的弯曲和变形，防止活性物质的脱落，降低电池的内阻。因此隔板材料要有足够的机械强度和多孔性，还要有良好的绝缘性能和耐酸性、亲水性。

铅酸蓄电池的电解液是稀硫酸溶液；胶体蓄电池的电解质是一定浓度的硫酸和硅凝胶的胶体电解质。电解液是用蒸馏水稀释纯浓硫酸而成。其密度视电池的使用方式和极板种类而定，一般在25℃时充电后的电解液密度取值为1.200～1.300g/cm^3(充电后)。电解质在铅酸蓄电池中的作用是参加电化学反应，传导溶液的正负离子，扩散极板在反应时产生的温度。电解质是影响电池容量和使用寿命的主要因素。

电池槽、电池盖就是蓄电池的外壳。它为整体结构，壳内由隔壁分成3个或6个互不相通的单格，格子底部有突起的筋条，用来搁置极板组。筋条间的空隙用来堆放从极板上脱落下来的活性物质，以防止极板短路。外壳材料要保证电池密封，有优良的耐腐蚀、耐热和耐机械力性能，一般选用硬橡胶或ABS工程塑料。

跨桥的作用是并联电池单体的所有正负极板，以确保电池的容量及传导电流。跨桥的材料是耐腐蚀铅合金。

安全阀的作用是维持电池正常的内部压力，防止外界空气和杂质的进入。安全阀一般用三元乙丙橡胶制作。

接线端子的作用是实现电池与外界的连接，传导电流。接线端子的材质一般是钢材镀银。

铅酸蓄电池的结构如图 6.51 所示。

图 6.51　铅酸蓄电池的构造

2）铅酸蓄电池的工作原理

铅酸蓄电池是通过充电将电能转换为化学能储存起来，使用时再将化学能转换为电能释放出来的化学电源装置。它是用两个分离的电极浸在电解质中构成。由还原物质构成的电极为负极。由氧化态物质构成的电极为正极。当外电路接近两极时，氧化还原反应就在电极上进行，电极上的活性物质就分别被氧化还原了，从而释放出电能，这一过程称为放电过程。放电之后，若有反方向电流流入电池时，就可以使两极活性物质回复到原来的化学状态。这种可重复使用的电池称为二次电池或蓄电池。如果电池反应的可逆变性差，那么放电之后就不能再用充电方法使其恢复初始状态，这种电池称为原电池。

电池中的电解质通常是电离度大的物质，一般是酸和碱的水溶液，但也有用氨盐、熔融盐或离子导电性好的固体物质作为有效的电池电解液的。以酸性溶液（常用硫酸溶液）作为电解质的蓄电池，称为酸性蓄电池。铅酸蓄电池视使用场地，又可分为固定式和移动式两大类。

铅酸蓄电池单体的标称电压为 2V。实际上，电池的端电压随充电和放电的过程而变化。

铅酸蓄电池在充电终止后，端电压很快下降至 2.3V 左右。放电终止电压为 1.7～1.8V。若再继续放电，电压急剧下降，将影响电池的寿命。

铅酸蓄电池的使用温度范围为－40～＋40℃。

铅酸蓄电池的安时效率为 85％～90％，瓦时效率为 70％，它们随放电率和温度而改变。

凡需要较大功率并有充电设备可以使电池长期循环使用的地方，均可采用蓄电池。铅酸蓄电池价格较廉，原材料易得，但维护手续多，而且能量低。碱性蓄电池维护容易，寿命较长，结构坚固，不易损坏，但价格昂贵，制造工艺复杂。从技术经济性综合考虑，目前光伏电站应以主要采用铅酸蓄电池作为贮能装置为宜。

3. 与铅酸蓄电池相关的概念

① 电池充电。

电池充电是外电路给蓄电池供电，使电池内发生化学反应，从而把电能转化成化学能并储藏起来的操作。

② 过充电。

过充电是对完全充电的蓄电池或蓄电池组继续充电。

③ 放电。

放电是在规定的条件下，电池向外电路输出电能的过程。

④ 自放电。

电池的能量未通过放电就进入外电路，像这种损失能量的现象称为自放电。

⑤ 活性物质。

在电池放电时发生化学反应从而产生电能的物质，显正极和负极储存电能的物质统称为活性物质。

⑥ 放电深度。

放电深度是指蓄电池使用过程中放电到何种程度开始停止。

⑦ 板极硫化。

在使用铅酸蓄电池时要特别注意的是，电池放电后要及时充电，如果长时期处于半放电或充电不足，甚至过充电情况下或者长时间充电和放电都会形成 $PbSO_4$ 晶体。这种大块晶体很难溶解，无法恢复原来的状态，导致板极硫化以后充电就困难了。

⑧ 容量。

容量是在规定的放电条件下电池输出的电荷。其单位常用安时(A·h)。

⑨ 相对密度。

相对密度是指电解液与水的密度的比值，来检验电解液的强度。相对密度与温度变化有关。25℃时，满充的电池电解液相对密度值为 1.265。密封式电池的相对密度值无法测量。纯酸溶液的密度为 1.835g/cm^3，完全放电后降至 1.120g/cm^3。电解液注入水后，只有待水完全闭合电解液后才能准确测量密度。融入过程需要数小时或者数天，但是可以通过充电来缩短时间。每个电池的电解液的密度均不相同，即使同一个电池在不同的季节，电解液密度也不一样。大部分铅酸电池的密度在 1.1～1.38g/cm^3 范围内，满充之后一般为 1.23～1.3g/cm^3。常用液态密度计来测量电解液的相对密度值。

高温或者低温中的电池，相对密度也会受影响。这种情况一般会在电池上标明。电池效率受放电电流的影响，因此应避免大放电电流输出导致的效率下降，以及影响电池的使用寿命。

⑩ 运行温度。

电池运行一段时间，就感到烫手，由此可知，铅酸电池具有很强的发热性。当运行温度越过 25℃，每升高 10℃，铅酸电池的使用寿命就减少 50%。所以电池的最高运行温度应比外界低，对于温度变化超过±5℃的情况，最好带温度补偿充电措施；电池温度传感器应安装在阳极上，且与外界绝缘。

铅酸蓄电池的常用技术术语如下。

① 蓄电池的电压。

蓄电池每单格的标称电压为2V，实际电压随充放电的情况而变化。充电结束时，电压为2.5～2.7V，以后慢慢地降至2.05V左右的稳定状态。

如用蓄电池做电源，开始放电时电压很快降至2V左右，以后缓慢下降，保持在1.9～2.0V。当放电接近结束时，电压很快降到1.7V；当电压低于1.7V时，便不应再放电，否则要损坏极板。停止使用后，蓄电池电压自己能回升到1.98V。

② 蓄电池的容量。

铅酸蓄电池的容量是指电池蓄电的能力，通常以充足电后的蓄电池放电至端电压到达规定放电终了电压时电池所放出的总电量来表示。在放电电流为定值时，电池的容量用放电电流和时间的乘积来表示，单位是安培小时(A·h)，简称安时。

蓄电池的"标称容量"是在蓄电池出厂时规定的该蓄电池在一定的放电电流及一定的电解液温度下单格电池的电压降到规定值时所能提供的电量。

蓄电池的放电电流常用放电时间的长短来表示(即放电速度)，称为"放电率"，如30小时放电率、20小时放电率、10小时放电率等。其中以20小时率为正常放电率。所谓20小时放电率，表示用一定的电流放电，20h可以放出的额定容量。通常额定容量用字母C表示。因而C20表示20小时放电率，C30表示30小时放电率。

③ 放电率。

根据蓄电池放电电流的大小，放电率分为时间率和电流率。时间率是指在一定放电条件下，蓄电池放电到终了电压时的时间长短，常用时率和倍率表示。根据IEC标准，放电的时间率有20小时放电率、10小时放电率、5小时放电率、3小时放电率、1小时放电率、0.5小时放电率，分别标示为20h、10h、5h、3h、1h、0.5h等。电池的放电倍率越高，放电电流越大，放电时间就越短，放出的相应容量越少。

④ 终止电压。

终止电压是指在蓄电池放电过程中，电压下降到不宜再放电时(非损伤放电)的最低工作电压。为了防止电池不被过放电而损害极板，在各种标准中都规定了在不同放电倍率和温度下放电时电池的终止电压。一般10小时放电率和3小时放电率放电的终止电压为每单体1.8V，1小时放电率的终止电压为每单体1.75V。由于铅酸蓄电池本身的特性，即使放电的终止电压继续降低，电池也不会放出太多的容量，但终止电压过低对电池的损伤极大，尤其当放电达到0V而又不能及时充电时将大大缩短蓄电池的寿命。对于太阳能光伏发电系统用的蓄电池，针对不同型号和用途，放电终止电压设计也不一样。终止电压视放电速率和需要而规定。通常，小于10h的小电流放电，终止电压取值稍高一些；大于10h的大电流放电，终止电压取值稍低一些。

⑤ 电池电动势。

蓄电池的电动势在数值上等于蓄电池达到稳定时的开路电压，电池的开路电压是无电流状态时的电池电压。当有电流通过电池时所测量的电池端电压的大小将是变化的，其电压值既与电池的电流有关，又与电池的内阻有关。

⑥ 浮充寿命。

蓄电池的浮充寿命是指蓄电池在规定的浮充电压和环境温度下，蓄电池寿命终止时浮充运行的总时间。

⑦ 循环寿命。

蓄电池经历一次充电和放电，称为一个循环(一个周期)。在一定的放电条件下，电池使用至某一容量规定值之前，电池所能承受的循环次数，称为循环寿命。影响蓄电池循环寿命的因素是综合因素，不仅与产品的性能和质量有关，而且与放电倍率和深度、使用环境和温度及使用维护状况等外在因素有关。

⑧ 过充电寿命。

过充电寿命是指采用一定的充电电流对蓄电池进行连续过充电，一直到蓄电池寿命终止时所能承受的过充电时间。其寿命终止条件一般设定在容量低于10小时放电率额定容量的80%。

⑨ 自放电率。

蓄电池在开路状态下的储存期内，由于自放电而引起活性物质损耗，每天或每月容量降低的百分数称为自放电率。自放电率指标可衡量蓄电池的储存性能。

⑩ 电池内阻。

电池的内阻不是常数，而是一个变化的量，它在充放电的过程中随着时间不断地变化，这是因为活性物质的组成、电解液的浓度和温度都在不断变化。铅酸蓄电池的内阻很小，在小电流放电时可以忽略，但在大电流放电时，将会有数百毫伏的电压降损失，必须引起重视。

蓄电池的内阻分为欧姆内阻和极化内阻两部分。欧姆内阻主要由电极材料、隔膜、电解液、接线柱等构成，也与电池尺寸、结构及装配因素有关。极化内阻是由电化学极化和浓差极化引起的，是电池放电或充电过程中两电极进行化学反应时极化产生的内阻。极化内阻除与电池制造工艺、电极结构及活性物质的活性有关外，还与电池工作电流大小和温度等因素有关。电池内阻严重影响电池工作电压、工作电流和输出能量，因而内阻越小的电池性能越好。

4. 蓄电池的型号

据JB 2599－2012部颁标准的有关规定，铅酸蓄电池的名称由单体蓄电池的格数、型号额定容量、电池功能和形状等组成。通常分为三段表示(如图6.52所示)：第一段为数字，表示单体电池的串联数。每一个单体蓄电池的标称电压为2V，当单体蓄电池串联数(格数)为1时，第一段可省略，6V、12V蓄电池分别用3和6表示。第二段为2～4个汉语拼音字母，表示蓄电池的类型、功能和用途等。第三段表示电池的额定容量。蓄电池常用汉语拼音字母的含义见表6－1。

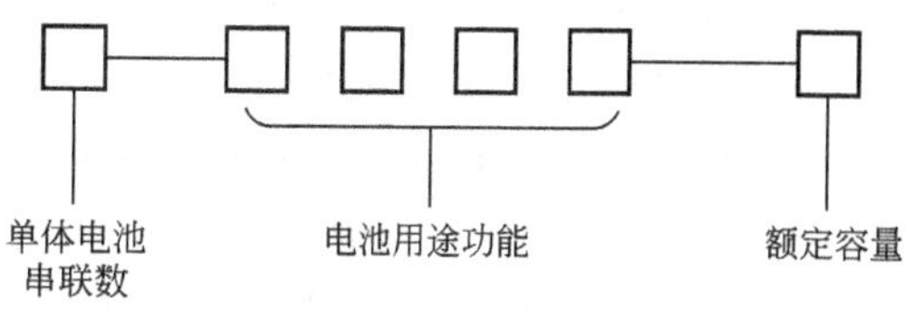

图6.52 铅酸蓄电池的名称组成

表6－1 蓄电池常用字母含义

第一个字母	含义	第2、3、4个字母	含义
Q	启动型	A	干荷电式
G	固定型	M	密封式
D	电力机车	F	阀控式

（续）

第一个字母	含义	第2、3、4个字母	含义
N	内燃机车	W	免维护
T	铁路客车	H	湿荷电式
M	摩托车	WF	微型阀控式
EV	电动道路车用	P	排气式
C	船舰用	J	胶体式
CN	储能用	JR	卷绕式
DZ	电动助力车用		
MT	煤矿特殊		

例如，6-QA-120表示有6个单体电池串联，标称电压为12V，启动型蓄电池，装有干荷电式极板，20小时放电率额定容量为120A·h。

GFM-800表示为1个单体电池，标称电压为2V，固定型阀控密封式蓄电池，20小时放电率额定容量为800A·h。

6-GFMJ-120表示有6个单体电池串联，标称电压为12V，固定型阀控密封式胶体蓄电池，20小时放电率额定容量为120A·h。

虽然各蓄电池生产厂家的产品型号有不同的解释，但产品型号中的基本含义不会改变，通常都是用上述方法表示。

5. 电解液的配制

电解液的主要成分是蒸馏水和化学纯硫酸。硫酸是一种剧烈的脱水剂，若不小心溅到身上会严重腐蚀人的衣服和皮肤，因此配制电解液时必须严格按照操作规程进行。

1) 配制电解液的容器及常用工具

制电解液的容器必须用耐酸耐高温的瓷、陶或玻璃容器，也可用衬铅的木桶或塑料槽。除此之外，任何金属容器都不能使用。搅拌电解液时只能用塑料棒或玻璃棒，不可用金属棒搅拌。为了准确地测试出电解液的各项数据，还需几种专用工具。

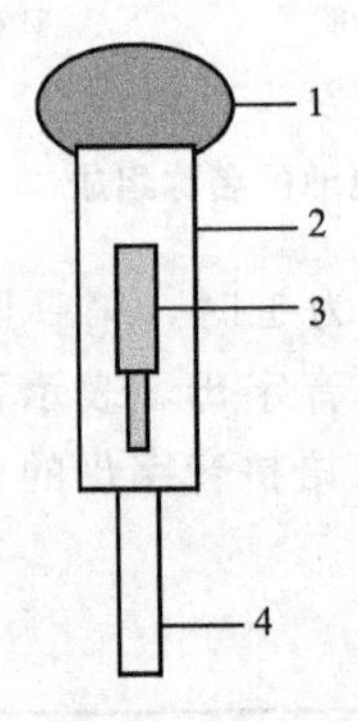

图6.53 电液密度计

1—橡皮球；2—玻璃管；3—密度计；4—橡皮插头

(1) 电液密度计。

电液密度计(图6.53)是测量电解液浓度的一种仪器。它由橡皮球、玻璃管、密度计和橡皮插头构成。

使用电液密度计时，先把橡皮球压扁排出空气，将橡皮插头插入电解液中，慢慢放松橡皮球将电解液吸入玻璃管内。吸入的电解液以能使管内的密度计浮起为准。测量电解液的浓度时，温度计应与电解液面相互垂直，观察者的眼睛与液面平齐，并注意不要使密度计贴在玻璃管壁上；观察读数时，应当略去由于液面张力使表面扭曲而产生的读数误差。

常用电液密度计的测量范围在1.100～1.300，准确度可达1‰。

(2) 温度计。

温度计一般有水银温度计和酒精温度计两种。区分这两种温度计的方法，是观察温度计底部球状容器内液体的颜色，酒精温度计的颜色是红色，水银温度计的颜色是银白色。由于在使用酒精温度计时，一旦温度计破损，酒精溶液将对蓄电池板栅有强烈的腐蚀作用，所以一般常用水银温度计来测电解液的温度。

(3) 蓄电池电压表。

蓄电池电压表也称高率放电叉，是用来测量蓄电池单格电压的仪表。

当接上高率放电电阻丝时，蓄电池电压表可用来测量蓄电池的闭路电压(即工作电压)。卸下高率放电电阻丝，可作为普通电压表使用，用来测量蓄电池的开路电压。

2) 配制电解液的注意事项

配制电解液必须注意安全，严格按操作规程进行，应注意以下事项。

① 要用无色透明的化学纯硫酸，严禁使用含杂质较多的工业用硫酸。

② 应用纯净的蒸馏水，严禁使用含有有害杂质的河水、井水和自来水。

③ 应在清洁耐酸的陶瓷或耐酸的塑料容器中配制，避免使用不耐温的玻璃容器，以免被硫酸和水混合时产生的高温炸裂。

④ 配制人员一定要做好安全防护工作。要戴胶皮手套，穿胶靴及耐酸工作服，并戴防护镜。若不小心将电解液溅到身上，要及时用碱水或自来水冲洗。

⑤ 配制前按所需电解液的密度先粗略算出蒸馏水与硫酸的比例。配制时必须将硫酸缓慢倒入水中，并用玻璃棒搅动，千万不能用铁棒和任何金属棒搅拌，千万不要将水倒入硫酸中，以免强烈的化学反应飞溅伤人。

⑥ 新配制的电解液温度高，不能马上灌注电池，必须待稳定降至30℃时倒入蓄电池中。

⑦ 灌注蓄电池的电解液，其密度调在$(1.27\pm0.01)g/cm^3$。

⑧ 由于电解液的密度会随温度的变化而变化(温度每上升1℃，电解液密度减小$0.0007g/cm^3$)，所以测量密度时应根据实际温度进行修正，见表6-2、表6-3。

表6-2 电解液与蒸馏水的配比表

电解液密度/(g/cm^3)	体积之比		质量之比	
	浓硫酸	蒸馏水	浓硫酸	蒸馏水
1.180	1	5.6	1	3.0
1.200	1	4.5	1	2.6
1.210	1	4.3	1	2.5
1.220	1	4.1	1	2.3
1.240	1	3.7	1	2.1
1.250	1	3.4	1	2.0
1.260	1	3.2	1	1.9
1.270	1	3.1	1	1.8
1.280	1	2.8	1	1.7
1.290	1	2.7	1	1.6
1.400	1	1.9	1	1.0

表 6-3　电解液在不同温度下对密度计读数的修正数值

电解液温度/℃	密度修正数值	电解液温度/℃	密度修正数值	电解液温度/℃	密度修正数值
+45	+0.0175	+10	−0.0070	−25	−0.0315
+40	+0.0140	+5	−0.0105	−30	−0.0350
+35	+0.0105	+0	−0.0140	−35	−0.0385
+30	+0.0070	−5	−0.0175	−40	−0.0420
+25	+0.0035	−10	−0.0210	−45	−0.0455
+20	0	−15	−0.0245	−50	−0.0495
+15	−0.0035	−20	−0.0280		

6. 蓄电池的充放电

1）蓄电池充放电的原理

在蓄电池充、放电时，正极、负极活性物质和电解液同时参加化学反应。铅酸蓄电池充、放电化学反应的方程式如下。

正极：

$$PbO_2 + H_2SO_4 \longrightarrow PbSO_4 + H_2O$$

负极：

$$Pb + H_2SO_4 \longrightarrow PbSO_4 + H_2$$

总反应：

$$PbO_2 + H_2SO_4 + Pb \longrightarrow PbSO_4 + H_2O + H_2$$

从以上的化学反应方程式中可以看出，铅酸蓄电池充放电时，正极的活性物质二氧化铅和负极的活性物质金属铅都与硫酸电解液反应，生成硫酸铅，电化学上把这种反应称为“双硫酸盐化反应”。在蓄电池刚放电结束时，正、负极活性物质转化成的硫酸铅是一种结构疏松、晶体细密的物质，活性程度非常高。在蓄电池充电过程中，正、负极疏松细密的硫酸铅，在外界充电电流的作用下会重新变成二氯化铅和金属铅，蓄电池又处于充足电的状态。由此可以知道以上反应是可逆的。正是这种可逆转的电化学反应，使蓄电池实现了储存电能和释放电能的功能。人们在日常使用中，通常使用蓄电池的放电功能，把充电作为对蓄电池的维护。铅酸蓄电池在充足电的情况下可以长时间保持电池内化学物质的活性，而在蓄电池放出电以后，如果不及时充足电，电池内的活性物质很快就会失去活性，使蓄电池内部产生不可逆转的化学反应。所以对太阳能蓄电池及其他用途的铅酸蓄电池，应对蓄电池充足电保存，并定期给电池充电。

蓄电池在太阳电池系统中的充电方式主要采用“半浮充方式”进行。这种充电方法是指太阳电池方阵全部时间都同蓄电池组并联浮充供电，白天浮充电运行，晚上只放电不充电。

2）半浮充电方式的特点

白天，当太阳电池方阵的电势高于蓄电池的电势时，负载由太阳电池方阵供电，多余的电能充入蓄电池，蓄电池处于浮充电状态。

当太阳电池方阵不发电或电动势小于蓄电池电势时，全部输出功率都由蓄电池组供电，由于阻断二极管的作用，蓄电池不会通过太阳电池方阵放电。

3）充电注意事项

① 干式荷电蓄电池加电解液后静置 20～30min 即可使用。若有充电设备，应先进行 4～5h 的补充充电，这样可充分发挥出蓄电池的工作效率。

② 无充电设备时，在开始工作后，4～5 天不要启动用电设备，用太阳电池方阵对蓄电池进行初充电，待蓄电池冒出剧烈气泡时方可启用用电设备。

③ 充电时误把蓄电池的正、负极接反，如蓄电池尚未受到严重损坏，应立即将电极调换，并采用小电流对蓄电池充电，直至测得电解液密度和电压均恢复正常后方可启用。

④ 蓄电池亏电情况的判断和补充充电。

4）使用中的蓄电池造成电池亏电的原因

① 在太阳能资源较少的地方，由于太阳电池方阵不能保证设备供电的要求而使蓄电池充电不足。

② 每年的冬季或连续几天无日照的情况下，用电设备照常使用而造成蓄电池亏电。

③ 用电器的耗能匹配超过太阳电池方阵的有效输出能量。

④ 几块电池串联使用时，其中一块电池由于过载而导致整个电池组亏电。

⑤ 长时间使用一块电池中的几个单格而导致整块电池亏电。

5）蓄电池是否亏电的判断方法

① 观察到照明灯泡发红、电视图像缩小、控制器上电压表指示低于额定电压。

② 用电液密度计量得电解液密度减小。蓄电池每放电 25%，密度降低 0.04g/cm^3，见表 6-4。

表 6-4 蓄电池不同充、放电程度与电解液密度、电瓶电压表电压之间的关系

容量放出程度	充足电时	放出 25% 储存 75% （电解液密度降低 0.04g/cm^3）	放出 50% 储存 50% （电解液密度降低 0.08g/cm^3）	放出 75% 储存 25% （电解液密度降低 0.12g/cm^3）	放出 100% 储存 0% （电解液密度降低 0.16g/cm^3）
电解液的相应密度(20℃时)/(g/cm^3)	1.30 1.29 1.28 1.27 1.26 1.25	1.26 1.25 1.24 1.23 1.22 1.21	1.22 1.21 1.20 1.19 1.18 1.17	1.18 1.17 1.16 1.15 1.14 1.13	1.14 1.13 1.12 1.11 1.10 1.09
电瓶电压表指示/V	1.7～1.8	1.6～1.7	1.5～1.6	1.4～1.5	1.3～1.4

③ 用蓄电池电压表测量电流放电时的电压值，在 5s 内保持的电压值即为该单格电池在大负荷放电时的端电压。端电压值与充、放电程度之间的关系见表 6-4。使用电瓶电压表时，每次不得超过 20s。

6）补充充电方法

当发现蓄电池处于亏电状态时，应立即采取措施对蓄电池进行补充充电。有条件的地方，补充充电可用充电机充电。不能用充电机充电时，也可用太阳电池方阵进行补充充电。

使用太阳电池方阵进行补充充电的具体做法是，在有太阳的情况下关闭所有用电器，用太阳电池方阵对蓄电池充电。根据功率的大小，一般连续充电3～7天基本可将电池充满。蓄电池充满电的标志，是电解液的密度和电池电压均恢复正常，电池注液口有剧烈气泡产生。待电池恢复正常后，方可启用用电设备。

7）蓄电池的自放电

蓄电池在开路不用时，其容量会自行逐渐下降，这就是自放电现象。蓄电池正极和负极在开路不用时都会产生自放电，其原因如下。

(1) 正极的自放电原理。

① 正极活性物质中若存在二价的铁离子，会被氧化为三价的铁离子而造成正极活性物质的还原。

② 正极板栅中金属铅、锑、银等的氧化，造成的正极自放电。

$$PbO_2+Pb+2H_2SO_4 = 2PbSO_4+2H_2O$$

$$PbO_2+Ag+2H_2SO_4 = PbSO_4+AgSO_4+2H_2O$$

$$5PbO_2+2Sb+6H_2SO_4 = (SbO_2)_2SO_4+5PbSO_4+6H_2O$$

③ 极板孔隙深处和极板的外表面硫酸浓度之差会引起浓差，电池也一样会造成正极的自放电。

④ 负极氧气的产生。

$$PbO_2+H_2+H_2SO_4 = PbSO_4+2H_2O$$

⑤ 电解质中杂质的存在。隔板或电解质中若存在容易被氧化的杂质，会引起正极活性物质的还原。

(2) 负极产生自放电的原因。

负极处的活性物质(铅粉)，电极电位比氢负，于是会在硫酸溶液中产生以下的置换H_2的反应(这种现象称为铅自溶)：

$$Pb+H_2SO_4 \longrightarrow PbSO_4+H_2\uparrow$$

影响铅自溶的原因如下。

① 氧气从正极处溢出。正极PbO_2反应产生的O_2容易在负极被还原，即

$$Pb+\frac{1}{2}O_2+H_2SO_4 = H_2O+PbSO_4$$

容易促使负极的铅自溶。

② 负极表面存在金属杂质。若这些杂质(铅、锑、银)的氢超电势值(氢析出的超电势)低时，就能与负极处的活性物质形成储能微电池，从而加速铅的自溶速度。

③ 电解质中杂质的影响。与负极活性物质产生的微电池一样促使负极铅自溶。蓄电池在放电状态下生成$PbSO_4$，总会有一部分下沉，从而变成不能还原的$PbSO_4$(只有$PbSO_4$在充电时能顺利地还原成Pb与$PbSO_2$，电池的寿命才会长)，从而缩短了蓄电池的寿命。另外，$PbSO_4$的下沉，往往还会造成电池内部的短路。

6.2 太阳能光伏发电系统设计

太阳能光伏系统设计时，必须考虑诸多因素，进行各种调查，了解系统设置用途、负

载情况，决定系统的类型、构成，选定适宜场所、设置方式、阵列的容量、太阳电池的方位角、倾斜角、可设置的面积、台架类型及布置方式等。

6.2.1 太阳能光伏发电系统设计概述

1. 太阳能光伏系统设计时的调查

一般来说，太阳能光伏系统设计时应调查如下项目。

① 太阳能光伏系统设计时，首先需要与用户协商确定发电出力、设置场所、经费预算、实施周期及其他特殊条件。

② 进行建筑物的调查，如建筑物的形状、结构、屋顶的构造、当地的条件(日照条件等)及方位等。

③ 电气设备的调查，如电气方式、负荷容量、分电盘、用电合同的状况、设备的安装场所(逆变器、连接箱及配线走向等)。

④ 施工条件的调查，如搬运设备的道路、施工场所、材料安放场所及周围的障碍物等。

下面将对太阳能光伏系统设置的用途、负载情况的调查，决定系统的类型、构成，选定设置场所、设置方式，对太阳电池的方位角、倾斜角、可设置的面积等密切相关的问题进行讨论。

2. 太阳能光伏系统设置的用途、负载情况

① 设置对象及用途：首先，要明确在何处设置太阳能光伏系统，是在建筑物的屋顶上设置还是在地上、空地等处设置；其次，太阳电池产生的电力用在何处，即为何种负载等。

② 负载的特性：要弄清楚负载是直流负载还是交流负载，是昼间负载还是夜间负载。一般来说，住宅、公共建筑物等处为交流负载，因此需要使用逆变器。由于太阳能光伏系统只能在白天有日光的条件下才能发电，因此可直接为昼间负载提供电力，但对夜间负载来说则要考虑装蓄电池。

③ 在负载大小已知的情况下，对独立系统来说，要针对负载的大小来设计相应的太阳能光伏系统的容量以满足负载的要求。

3. 系统的类型、构成的选定

系统的类型、构成取决于系统使用的目的、负载的特点及是否有备用电源等。对构成系统的各部分设备的容量进行设计时必须事先决定系统的类型，其次是负载的情况、太阳电池阵列的方位角、倾斜角、逆变器的种类等。

1）系统类型的选定

系统类型根据是独立系统还是并网系统可以有许多种类。独立型太阳能光伏系统根据负载的种类可分成直流负载直接型、直流负载蓄电池使用型、交流负载蓄电池使用型、直/交流负载蓄电池使用型等系统。并网系统也有许多种类，如有潮流、无潮流并网系统，切换式系统，防灾系统等。

2）系统构成的选定

系统构成的选定除了太阳电池外，还包括功率调节器、接线盒等。对安装蓄电池的系

统，还要选定蓄电池、充放电控制器等。

4. 发电系统的类型、设置场所、设置方式的选定

发电系统的类型就是指所设计的发电系统是独立发电系统，还是并网发电系统或者是太阳能发电与市电互补系统。发电系统的安装主要是指太阳电池组件或太阳电池方阵的安装，其安装场所和方式可分为杆柱安装、地面安装、屋顶安装、山坡安装、建筑物墙壁安装及建材一体化安装等。

1）杆上设置型

杆上设置型是将太阳能光伏系统设置在金属、混凝土及木制的杆、塔上，如公园内的照明、交通指示灯的电源等。

2）地上设置型

地上设置型分为平地设置型及斜面设置型。平地设置型是在地面上打好基础，然后将台架安装在此基础上。斜面设置型与平地设置型基本相同，只是地面或地基是倾斜的。

3）屋顶设置型

屋顶设置型可分为整体型、直接型、架子型及空隙型四种。整体型为与建筑物相结合进行设置的方式。直接型是指建材一体型，以及将太阳能阵列与屋顶紧靠的设置方式。架子型是指在屋顶上设置的台架上设置太阳能阵列的方式。空隙型是指与屋顶的倾斜面一致，但在太阳能阵列与屋顶之间留有一定空隙的设置方式。

4）高楼屋顶设置型

高楼屋顶设置型是指在高楼屋顶设置的台架上，设置太阳能光伏系统的方式。

5）墙壁设置型

墙壁设置型分为建材一体型、壁面设置型及窗上设置型。建材一体型是指利用太阳电池阵列具有发电与壁材的功能，二者兼顾的设置方式。壁面设置型是指在场地的壁面上设置太阳电池阵列的分式。窗上设置型是指太阳电池阵列除了具有发电的功能外，还作为窗材使用的方式。

5. 当地太阳能资源及气象地理条件

1）太阳电池的方位角、倾斜角的选定

太阳电池阵列的布置、方位角、倾斜角的选定是太阳能光伏系统设计时最重要的因素之一。所谓方位角，一般是指东、西、南、北方向的角度，对于太阳能光伏系统来说，方位角以正南为0°，顺时针方向(西)取正(如+45°)，逆时针方向(东)取负(如-45°)，倾斜角为水平面与太阳电池组件之间的夹角。倾斜角为0°时表示太阳电池组件为水平设置，90°则表示太阳电池组件为垂直设置。

① 太阳电池的方位角的选择。

一般来说，太阳电池的方位角取正南方向(0°)，以使太阳电池的单位容量的发电量最大。如果受太阳电池设置场所，如屋顶、土地、山、建筑物的阴影等的限制时，则考虑与屋顶、土地、建筑物等的方位角一致，以避开山、建筑物等的阴影的影响。例如，在已有的屋顶上设置时，为了有效地利用屋顶的面积，应选择与屋顶的方位一致。如果旁边的建筑物或树木等的阴影有可能对太阳电池阵列产生影响，则应极力避免，以适当的方位角设置。另外，为了满足昼间最大负载的需要，应将太阳电池阵列的设置方位角与昼间最大负载出现的时刻相对应进行设置。因此，太阳电池的方位角可以选择南向、屋顶或土地的方

位角，避开建筑物或树木等阴影的角度，以及昼间最大负载出现时的角度等。

② 太阳电池的倾斜角的选定。

最理想的倾斜角可以根据太阳电池午间发电量最大时的年间最大倾斜角来选择。但是，在已建好的屋顶设置时则可与屋顶的倾斜角相同。有积雪的地区，为了使积雪能自动滑落，倾斜角一般选择 50°～60°。所以，太阳电池阵列的倾斜角可以选择年间最大倾斜角、屋顶的倾斜角及使雪自动滑落的倾斜角等。

③ 可设置的面积。

设置太阳电池阵列时，要根据设置的规模、构造、设施方式等决定可设置的面积。可设置的面积受到条件的限制时，要考虑地点的形状、所需的发电容量及周围的环境等，对太阳电池阵列的配置、阵列进行设计，使太阳能光伏系统的出力最大。

2）平均日照时数和峰值日照时数

日照时数是指在某个地点，一天当中太阳光达到一定的辐照度(一般以气象台测定的 120W/m^2 为标准)时一直到小于此辐照度所经过的时间。日照时数小于日照时间。

平均日照时数是指某地的一年或若干年的日照时数总和的平均值。例如，某地 1985—1995 年实际测量的年平均日照时数是 2053.6h，日平均日照时数就是 5.63h。

峰值日照时数是将当地的太阳辐射量，折算成标准测试条件(辐照度 1000W/m^2)下的时数。例如，某地某天的日照时间是 8.5h，但不可能在这 8.5h 中太阳的辐照度都是 1000W/m^2，而是从弱到强再从强到弱变化的，若测得这天累计的太阳辐射量是 3600W/m^2，则这天的峰值日照时数就是 3.6h。因此，在计算太阳能光伏发电系统的发电量时一般都采用平均峰值日照时数作为参考值。表 6－5 是水平面年总辐射量与日平均峰值日照时数间的对应关系表。

表 6－5　水平面年总辐射量与日平均峰值日照时数间的对应关系表

年总辐射量/(kJ/cm^2)	740	700	660	620	580	540	500	460	420
年总辐射量/[(kW・h)/m^2]	2055	1945	1833	1722	1611	1500	1389	1278	1167
日平均峰值日照时数/h	5.75	5.42	5.10	4.78	4.46	4.14	3.82	3.50	3.19

3）全年太阳能辐射总量

在设计太阳能光伏发电系统容量时，当地全年太阳能辐射总量也是一个重要的参考数据。应通过气象部门了解当地近几年甚至 8～10 年的太阳能辐射总量年平均值。通常气象部门提供的是水平面上的太阳辐射量，而太阳电池一般都是倾斜安装，因此还需要将水平面上的太阳能辐射量换算成倾斜面上的辐射量。

4）最长连续阴雨天数

所谓最长连续阴雨天数也就是需要蓄电池向负载维持供电的天数，从发电系统本身的角度说，也称系统自给天数。也就是说，如果有几天连续阴雨，太阳电池方阵就几乎不能发电，只能靠蓄电池来供电，而蓄电池深度放电后又需尽快地将其补充好。连续阴雨天数可参考当地年平均连续阴雨天数的数据。对于不太重要的负载(如太阳能路灯等)也可根据经验或需要在 3～7 天内选取。在考虑连续阴雨天因素时，还要考虑两段连续阴雨天之间的间隔天数，以防止第一个连续阴雨天到来使蓄电池放电后，还没有来得及补充，就又来了第二个连续阴雨天，使系统在第二个连续阴雨天内根本无法正常供电。因此，在连续阴雨天比较多的南方地区，设计时要把太阳电池和蓄电池的容量都考虑得稍微大一些。

6. 太阳电池阵列的设计

1）太阳电池组件的选定

太阳电池组件的选定一般应根据太阳能光伏系统的规模、用途、外观等而定。太阳电池组件种类较多，现在比较常用的是单晶硅、多晶硅及非晶硅太阳电池。

2）太阳电池阵列容量的计算

3）台架设计

台架设计时应考虑设置地点的状况、环境等因素，要考虑风压的作用力、固定载荷、积雪载荷(北方地区)及地震载荷等。

7. 光伏发电系统的设计方法

一般来说，太阳能光伏发电系统设计所用的方法大致可分为解析法和模拟法两类，如图 6.54 所示。

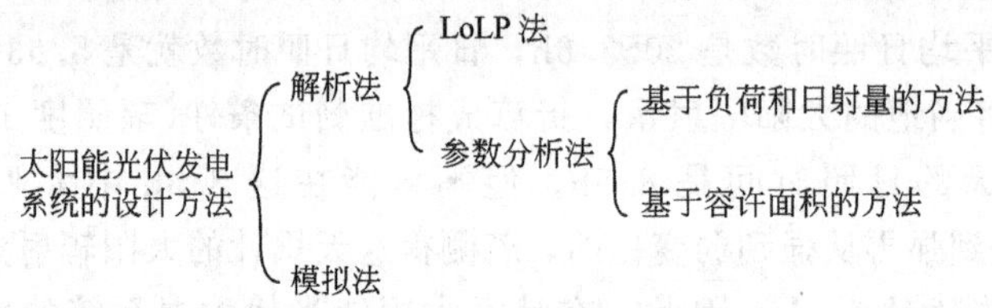

图 6.54　太阳能光伏发电系统的设计方法分类

对于解析法而言，首先要组建表示系统动态的代数式，之后要使用电脑或设计图线，按照公式依次顺序求解，旨在求得设计中所必需的未知数。然而，由于各种状态量和系数是不规则变动着的，直接处理就相当困难，其中的一种处理方法是将系统以概率变数记述。此法作为理论上的处理是灵活的，但在使用时缺乏实用性。具有代表性的此类方法是 LoLP(Loss of Load Probability，缺电概率)法，用这一方法可在设计上反映独立系统的停电概率。

解析法的第二种近似法是参数分析法。这种方法是将复杂的非线性太阳能光伏发电系统的工作简化为线性系统。首先，作为前提，表现在以某一期间的能量平均值代替所有的参数。当然这么做会在某些部分产生矛盾，但可以导入修正参量。按照此种方法，设计中可直接利用所列公式，于是设计就变得极为简单了。

即使对于系统设计的入门者来说，参数分析法也是易于理解的，特别是在系统的初步计划阶段可迅速地反复进行研究，是一种实用价值较高的方法。这便是本书着重推荐参数分析法的理由。

模拟法是将系统的状态动态地表现成太阳辐射与负荷等的模型，实际上是再现系统的工作状态。它是一种适合于利用计算机的方法。一般而言，就像太阳电池和蓄电池等的特性所表示的理论公式那样，计算系统 30min 的状态量，就可以模拟一年内的系统运行。作为特别重要的数据，有必要用 30min 的日照强度和负荷用电量甚至用更长时间的量值来进行计算。

用模拟法，由于可以正确地表示日射模型和负荷模型的偏离，所以对比参数分析法来说，可以较为精确地对系统做出事先评价。对于已运用参数分析法的基本设计而言，往往可用模拟法做进一步的确认。此外，也可以反过来先研究模拟结果，再用参数分析法中的参数确定。

8. 参数分析法

太阳电池板接受的太阳光能是通过光电器件转换成电能供给负荷的，而在这一过程中，存在种种使效率和输出功率衰减的因素。其中的主要因素如图 6.55 所示。将它们定义为设计参数，并将各个设计参数以累积的形式表示，可以建立如图 6.55 所示的模式。依此来推定供给负荷的能量，并实施系统装置的容量设计计算。

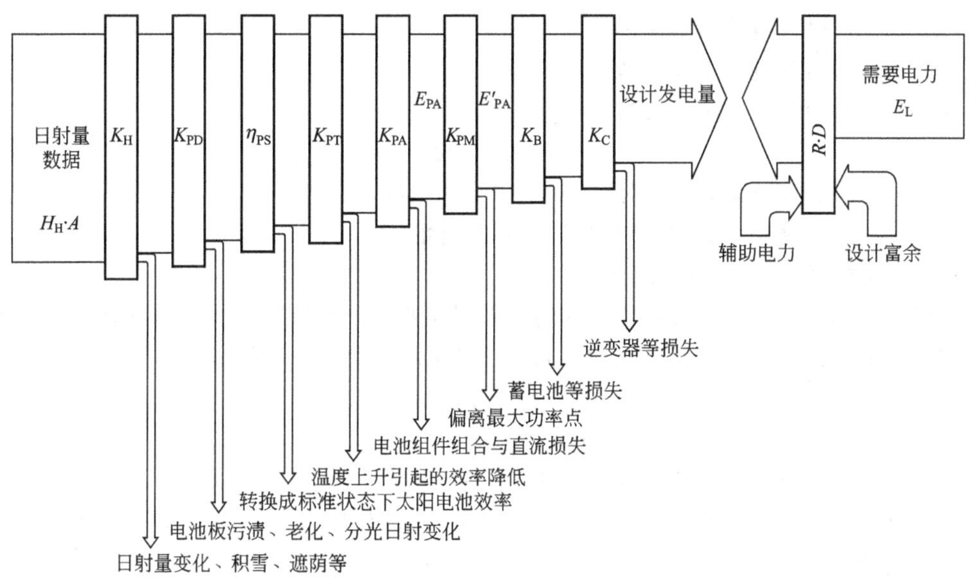

图 6.55　主要设计参数的关系设计图

1) 基本公式

在设计太阳能光伏发电系统时，为了确定太阳电池组件等的系统构成部件的容量，以供给预定负荷所需的电力，可以使用下列的计算公式。

(1) 电池板容量的计算(负荷一定的情况)。

在所供给电力的负荷及其使用的电量和负荷类型确定的情况下，若将图 6.55 表示的能量公式化，则给出式(6-1)。展开此式，得出满足负荷要求的电池板容量 P_{AS}的计算公式(式 3-3)。

$$H_A \cdot A \cdot \eta_{PS} \cdot K = E_L \cdot D \cdot R \tag{6-1}$$

$$\eta_{PS} = P_{AS}/(G_S \cdot A) \tag{6-2}$$

$$P_{AS} = \frac{E_L \cdot D \cdot R}{(H_A/G_S) \cdot K} \tag{6-3}$$

式中，H_A——某期间太阳电池板面得到的太阳辐射量，(kW·h)/m^2；

A——太阳电池板面积，m^2；

η_{PS}——标准状态下太阳电池的转换效率；

K——综合设计系数；

E_L——某期间负荷需要的电量，kW·h；

D——太阳能发电对负荷的供电保证率；

R——设计富余系数(安全系数)；

P_{AS}——标准状态下太阳电池板的出力，kW；

G_S——标准状态下太阳辐射强度(1kW/m²)。

$$D=E_P/(E_P+E_U) \tag{6-4}$$

$$E_U=E_{UF}+E_{UT} \tag{6-5}$$

式中，E_P——某期间太阳能光伏发电系统的发电量(kW·h)；

E_U——(辅助)电能(kW·h)；

E_{UF}——来自系统的电能(kW·h)；

E_{UT}——输向系统的电能(kW·h)。

$$R=R_S\cdot R_L \tag{6-6}$$

式中，R_S——设计安全系数(弥补系统设计中全体不确定的地方)；

R_L——设计富余系数(含负荷能量需要的余量)。

(2) 电池板面积一定的场合。

如同住宅用光伏发电系统那样，在用地面积需要充分设置时，太阳电池板容量，若暂不考虑组件的转换效率，可按下式计算光伏发电系统向负荷或系统输送的发电量。

$$E_P=P_{AS}\cdot(H_A/G_S)\cdot K \tag{6-7}$$

$$P_{AS}=\eta_{PS}\cdot A\cdot G_S \tag{6-8}$$

式中，E_P——太阳能光伏发电系统的发电量，kW·h。

在计算光伏发电系统相关参数时，除这里叙述的参数以外，还存在几个要出现的参数。它们的表示与式(6-7)完全相同。

$$E_P=P_{AS}\cdot Y_P=P_{AS}\times 8760F_C \tag{6-9}$$

$$Y_P=\frac{H_A}{G_S}\cdot K=Y_I\cdot K=8760F_C \tag{6-10}$$

$$F_C=\frac{Y_P}{8760},\quad Y_I=H_A/G_S \tag{6-11}$$

式中，Y_P——等价系统运行时间，h；

F_C——某期间系统利用率；

Y_I——等价日照时间，h。

这些参数在评价太阳能光伏发电系统的实际运行特性时也很适用，通常将 K 称为系统出力系数。

2) 蓄电池容量的计算

(1) 稳定负荷系统。

在负荷的用电量比较均衡时，如负荷在特定时间使用电力集中时那样，可用式(6-12)计算。

$$B_{kW\cdot h}=(E_{LBd}\cdot N_d\cdot R_B)/(C_{BD}\cdot U_B\cdot \delta_{BD}) \tag{6-12}$$

式中，$B_{kW\cdot h}$——蓄电池容量，kW·h；

E_{LBd}——负荷每天由蓄电池的供电量，kW・h/d；

N_d——无日照连续天数，d；

R_B——蓄电池设计余量；

C_{BD}——容量降低系数(若以规定的放电时间率给出，取 $C_{BD}=1$)；

U_B——蓄电池可以利用的放电范围；

δ_{BD}——蓄电池放电时的电压下降率。

这里因为 E_{LBd} 是以蓄电池输出端定义的，所以有必要计算功率调节回路系数。

$$E_{LBd}=\frac{\eta_{BA}\cdot\gamma_{BA}/KC}{1+\eta_{BA}\cdot\gamma_{BA}-\gamma_{BA}}E_{Pd} \tag{6-13}$$

式中，E_{Pd}——系统发电量，kW・h/d。

(2) 按照日照强度控制负荷容量的系统。

雨天或夜间的用电量最低，往往设计为不停电的运行方式。此时，上述无日照连续天数期间，蓄电池容量仅向负荷供给最低的电力。

$$B_{kW\cdot h}=\frac{[E_{LE}-P_{AS}\cdot(H_{AI}/G_S)\cdot K]\cdot N_d\cdot R_B}{C_{BD}\cdot U_B\cdot\delta_{BD}} \tag{6-14}$$

式中，E_{LE}——负荷需要的最低电量；

H_{AI}——无日照连续天数期间所得到的平均电池板面的太阳辐射量，kW/d。

蓄电池的容量因放电时间率的不同而异。也就是说，放电时间率越小，放电电流越大，则蓄电池的容量就越小。因此，要根据负荷大小及系统运行时间长短决定蓄电池的放电时间率，再决定蓄电池的容量。

(3) 混合系统。

混合系统是指设置有辅助发电机的光伏发电系统。根据系统的要求可以即刻启动。对于配有功率十分大的柴油发电机组的混合系统来说，上述式(6-12)通常选定 $N_d=2$(d)来计算。详细一些，还有必要按照模拟法等方法进行专门研究，因为涉及的推算比较复杂，这里就省略了。

3) 逆变器容量的计算

(1) 独立运行系统。

$$P_{in}=P_{LA_{max}}\cdot R_{rush}\cdot R_{in} \tag{6-15}$$

式中，P_{in}——逆变器容量，kV・A；

$P_{LA_{max}}$——预计增设的负荷最大功率容量(最大视在功率)；

R_{rush}——冲击电流率；

R_{in}——设计富余系数(也称安全系数，通常选用值为1.5～2.0)。

冲击电流率考虑了启动发电机等对负荷带来的最大冲击电流，是以在发电机依次启动的条件下，最后启动的最大容量的发电机来计算的。若设最大容量时的稳定电流为 I_a，最大容量的发电机定常电流为 I_b，最大容量的发电机的冲击电流为 I_m，则

$$R_{rush}=(I_a-I_b+I_m)/I_a \tag{6-16}$$

(2) 混合运行系统。

系统逆变器要有最大的电力跟踪控制功能，以便尽可能多地将太阳电池板所发的电能输送到系统中去。一方面因逆变器负荷较低而使效率降低，另一方面又因价格随容量上升，考虑到这些因素，理应避免使设备容量过大。稍加粗略地思考一下便可知道，当日射

强度接近最大值时，太阳电池温度上升，太阳电池板出力下降，逆变器效率也就随之下降，故逆变器容量可以小于太阳电池板的容量。

$$P_{in}=P_{AS}\cdot C_{A} \tag{6-17}$$

式中，C_A——太阳电池板容量的衰减系数，通常取 0.8～0.9。

9. 太阳能光伏发电系统的整体配置

太阳能光伏发电系统的整体配置主要是根据计算出的太阳电池方阵和蓄电池容量，来合理地选配其他电力电子设备，并根据需要和系统的大小决定各个相关附属设施的取舍。例如，有些中小型太阳能光伏发电系统由于容量或者环境的因素，就可以不考虑配置防雷接地系统和监控测量系统等。

1）直流接线箱的选型

直流接线箱也称直流配电箱，小型太阳能光伏发电系统一般不用直流接线箱，电池组件的输出线直接接到控制器的输入端子上。直流接线箱主要是在大中型太阳能光伏发电系统中，用于把太阳电池组件方阵的多路输出电线集中输入、分组连接，不仅使连线井然有序，而且便于分组检查、维护，当太阳电池方阵局部发生故障时，可以局部分离检修，不影响整体发电系统的连续工作。

图 6.56 是单路输入直流接线箱内部基本电路，它由分路开关、主开关、避雷防雷器件、接线端子等构成，有些直流接线箱还把防反充二极管也放在其中。

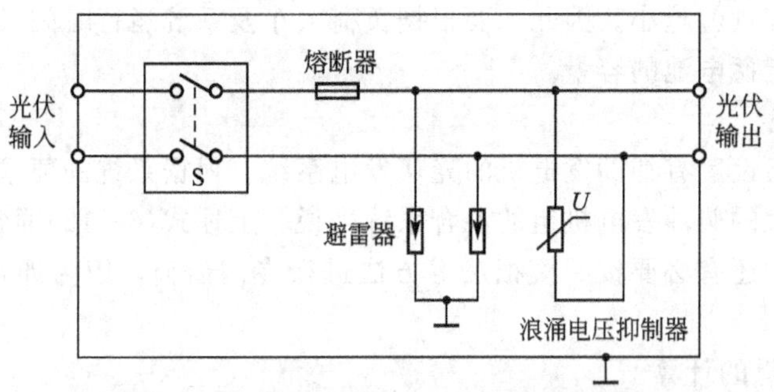

图 6.56　单路输入直流接线箱内部电路图

直流接线箱一般由逆变器生产厂家或专业厂家生产并提供成型产品。选用时主要考虑根据光伏方阵的输出路数、最大工作电流和最大输出功率等参数进行选择。当没有成型产品提供或成品不符合系统要求时，就要根据实际需要自己设计制作了。

2）光伏逆变器的选型

光伏逆变器选型时一般是根据光伏发电系统设计确定的直流电压来选择逆变器的直流输入电压，根据负载的类型确定逆变器的功率和相数，根据负载的冲击性决定逆变器的功率余量。逆变器的持续功率应该大于使用负载的功率，负载的启动功率要小于逆变器的最大冲击功率。在选型时还要考虑为光伏发电系统将来的扩容留有一定的余量。

在离网(独立)光伏发电系统中，系统电压的选择应根据负载的要求而定。负载电压要求越高，系统电压也应尽量高，当系统中设有 12V 直流负载时，系统电压最好选择 24V、48V 或以上，这样可以使系统直流电路部分的电流变小。系统电压越高，系统自流就越小，从而可以使系统损耗变小。

在并网光伏发电系统中，逆变器的输入电压是每块(每串)太阳电池组件峰值输出电压或开路电压的整数倍(如 17V、34V 或 21V、42V 等)，并且在工作时，系统工作电压会随着太阳能辐射强度随时变化，且此并网型逆变器的输入直流电压有一定的输入范围。

3）蓄电池的选型

蓄电池的选型一般是根据光伏发电系统设计和计算出的结果，来确定蓄电池或蓄电池组的电压和容量，选择合适的蓄电池种类及规格型号，再确定其数量和串/并联连接方式等。为了使逆变器能够正常工作，同时为了给负载提供足够的能量，必须选择容量合适的蓄电池组，使其能够提供足够大的冲击电流来满足逆变器的需要，以应付一些冲击性负载(如电冰箱、冷柜、水泵和电动机等)在启动瞬间产生的很大电流。

利用下面的公式可以用来验证前面设计计算出的蓄电池容量能否满足冲击性负载功率的需要：

$$蓄电池容量\geqslant\frac{5\text{h}\times逆变器额定功率}{蓄电池(组)额定电压}$$

式中，蓄电池容量单位是 A·h，逆变器功率单位是 W，蓄电池电压单位是 V。蓄电池选型举例见表 6-6。

表 6-6 蓄电池选型举例

逆变器额定功率/W	蓄电池(组)额定电压/V	蓄电池(组)容量/(A·h)
200	12	>100
500	12	>200
1000	12	>400
2000	12	>800
2000	24	>400
3500	24	>700
3500	48	>350
5000	48	>500
7000	48	>700

4）直流输送电缆的选型

在太阳能光伏发电系统中，低压直流输送部分使用的电缆因为使用环境和技术要求的不同，对不同部件的连接有不同的要求，总体要考虑的因素有电缆的绝缘性能、耐热阻燃性能、抗老化性能及线径规格等。具体要求如下。

① 组件与组件之间的连接电缆，一般使用组件接线盒附带的连接电缆直接连接，长度不够时还可以使用专用延长电缆。依据组件功率大小的不同，该类连接电缆有截面积为 2.5mm^2、4.0mm^2、6.0mm^2 的三种规格。这类连接电缆使用双层绝缘外皮，具有优越的防紫外线、水、臭氧、酸、盐的侵蚀能力，以及优越的全天候能力和耐磨损能力。

② 蓄电池与逆变器之间的连接电缆，要求使用通过 UL 测试的多股软线，尽量就近连接。选择短而粗的电缆可使系统减小损耗，提高效率，增强可靠性。

③ 电池方阵与控制器或直流接线箱之间的连接电缆，也要求使用通过 UL 测试的多股

软线，截面积规格根据方阵输出最大电流而定。

各部位直流电缆截面积依据下列原则确定：组件与组件之间的连接电缆、蓄电池与蓄电池之间的连接电缆、交流负载的连接电缆，一般选取的电缆额定电流为各电缆中最大连续工作电流的1.25倍，电池方阵与方阵之间的连接电缆、蓄电池(组)与逆变器之间的连接电缆，一般选取的电缆额定电流为各电缆中最大连续工作电流的1.5倍。

5）监控测量系统与软件的选型

太阳能光伏发电中的监控测量系统是各相关企业针对太阳能光伏发电系统开发的软件平台，一般可配合逆变器系统对系统进行实时监视记录和控制，系统故障记录与报警及各种参数的设置，还可通过网络进行远程监控和数据传输，监控测量系统运行界面一般可以显示当前发电功率、日发电量累计、月发电量累计、年发电量累计、总发电量累计、累计减少 CO_2 排放量等相关参数。

6）交流配电柜的选型

交流配电柜是太阳能光伏发电系统中，连接在逆变器与交流负载之间的接受和分配电能的电力设备，它主要由开关类电器(如空气开关、切换开关、交流接触器等)、保护类电器(如熔断器、防雷器等)、测量类电器(如电压表、电流表、电能表、交流互感器等)及指示灯、母线排等组成。交流配电柜按照负荷功率大小分为大型配电柜和小型配电柜；按照使用场所的不同，分为户内型配电柜和户外型配电柜；按照电压等级不同，分为低压配电柜和高压配电柜。

中小型太阳能光伏发电系统一般采用低压供电和输送方式，选用低压配电柜就可以满足输送和电力分配的需要。大型光伏发电系统大都采用高压配供电装置和设施输送电力，并入电网，因此要选用符合大型发电系统需要的高低压配电柜和升、降压变压器等配电设施。

交流配电柜一般可以由逆变器生产厂家或专业厂家设计生产并提供成型产品。当没有成型产品提供或成品不符合系统要求时，就要根据实际需要自己设计制作了。

无论是选购还是设计生产光伏发电系统用交流配电柜，都要符合下列各项要求。

① 造型和制造都要符合国家标准要求，配电和控制回路都要采用成熟可靠的电子线路和电子器件。

② 操作方便，运行可靠，双路输入时切换动作准确。

③ 发生故障时能够准确、迅速切断事故电流，防止故障扩大。

④ 在满足需要、保证安全性能的前提下，尽量做到体积小、自重轻、成本低。

⑤ 当在高海拔地区或较恶劣的环境条件下使用时，要注意加强机箱的散热。并在设计时对低压电器元件的选用留有一定余量，以确保系统的可靠性。

⑥ 交流配电柜的结构应为单面或双面门开启结构，以方便维护、检修及更换电器元件。

⑦ 配电柜要有良好的保护接地系统。主接地点一般焊接在机柜下方的箱体骨架上，前后柜门和仪表盘等都应有接地点与柜体相连，以构成完整的接地保护，保证操作及维护检修人员的安全。

⑧ 交流配电柜还要具有负载过载或短路的保护功能。当电路有短路或过载等故障发生时，相应的断路器应能自动跳闸或熔断器熔断，断开输出。

10. 太阳能光伏发电的相关设计

1）太阳能光伏组件支架和基础的设计

（1）太阳能光伏组件方阵支架的设计。

① 杆柱安装类支架的设计。

杆柱安装类支架一般应用于各种太阳能路灯、庭院灯、高速公路摄像机太阳能供电等，设计时需要有太阳电池组件的长宽尺寸及电池组件背面固定孔的位置、孔距等尺寸，还要了解使用地的太阳电池组件最佳倾斜角或者在系统设计中确定的经过修正的最佳倾斜角等。设计支架可以根据需要设计成倾斜角固定、方位角可调、倾斜角和方位角都可调等。基本设计原理示意图如图 6.57 所示。

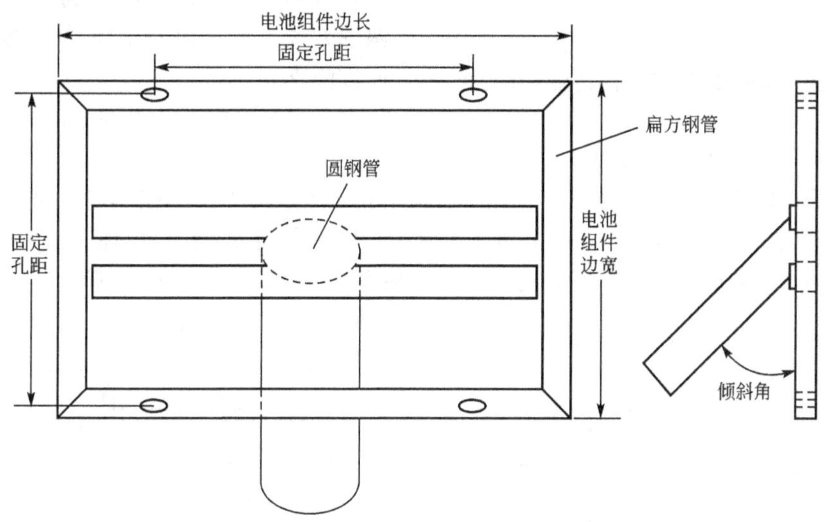

图 6.57 杆柱安装类支架设计示意图

支架的框架材料一般选用扁方钢管或角钢制作，立柱选用圆钢管。材料的规格大小和厚度要根据电池板尺寸和自重来定，表面要进行喷塑或电镀处理。

② 屋顶类支架的设计。

屋顶类支架的设计要根据不同的屋顶结构分别进行，对于斜面屋顶可设计与屋顶斜面平行的支架，支架的高度离屋顶面 10cm 左右，以利于太阳电池组件的通风散热，也可以根据最佳倾斜角角度设计成前低后高的支架，以满足电池组件的太阳能最大接收量。平面屋顶一般要设计成三角形支架，支架倾斜面角度为太阳电池的最佳接收倾斜角，三种支架设计示意如图 6.58 所示。

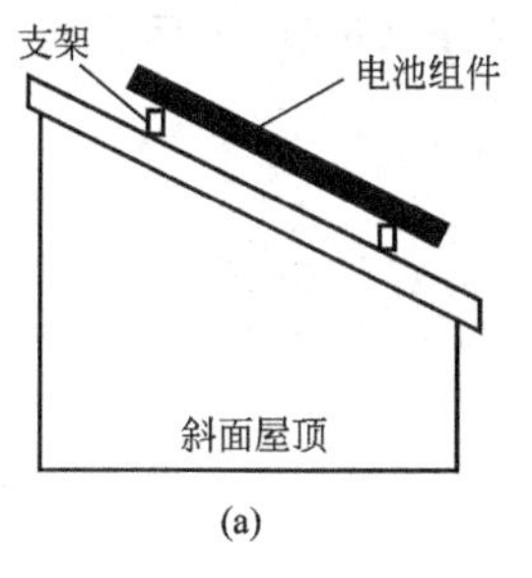

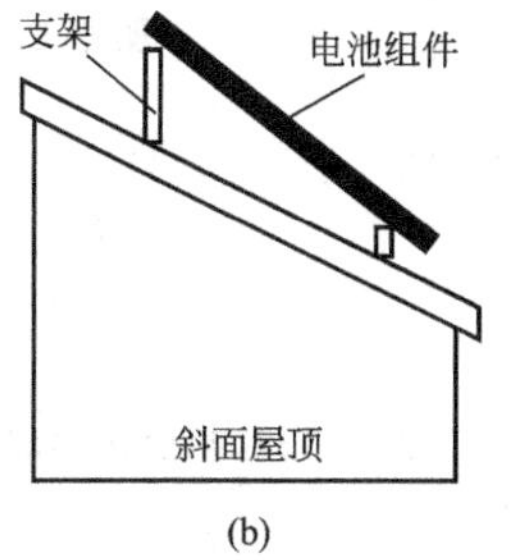

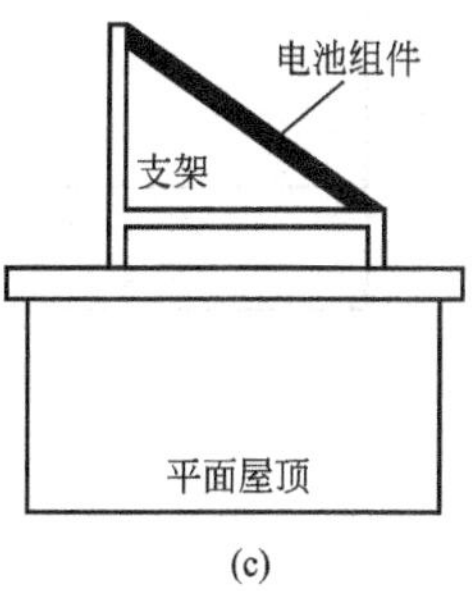

图 6.58 屋顶支架设计示意图

如果在屋顶采用混凝土水泥基础固定支架的方式时，需要将屋顶的防水层揭开一部分，抠开混凝土表面，最好找到屋顶混凝土中的钢筋，然后和基础中的预埋件螺栓焊接在一起。不能焊接钢筋时，也要使做基础部分的屋顶表面凹凸不平，增加屋顶表面与混凝土基础的附着力，然后对屋顶防水层破坏部分做二次防水处理。

图 6.59　国内某厂家设计的地面方阵支架

③ 地面方阵支架的设计。

地面用光伏方阵支架一般是用角钢制作的三角形支架，其底座是水泥混凝土基础，方阵组件排列有横向排列和纵向排列两种方式。图 6.59 为国内某厂家设计的地面方阵支架。

(2) 太阳能光伏组件基础的设计。

① 杆柱类安装基础的设计。

杆柱类安装基础和预埋件尺寸如图 6.60 所示，具体尺寸大小根据杆柱高度不同列于表 6-7，该基础适用于金属类电线杆、灯杆等，当蓄电池需要埋入地下时，按照图 6.60(b)设计施工，图中 ϕ 为穿线管直径，根据需要在 25～40mm 选择。

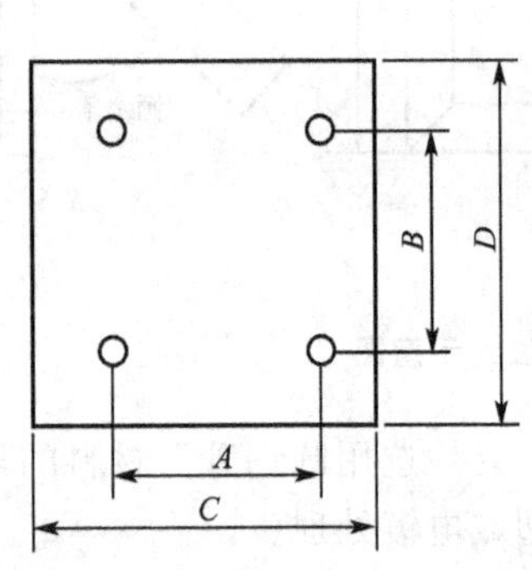

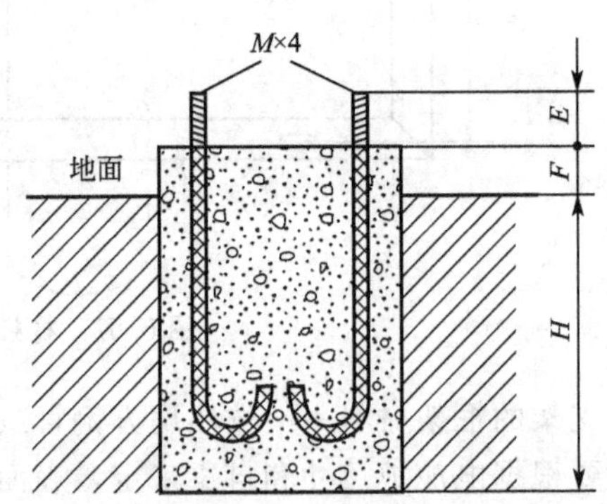

(a) 无蓄电池地埋箱基础

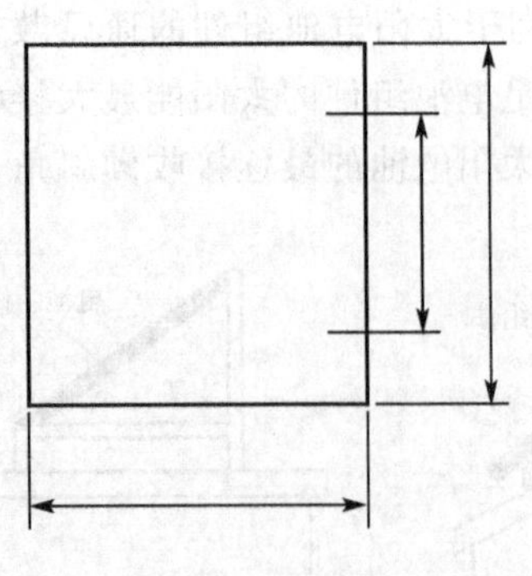

图 6.60　杆柱类安装基础尺寸示意图

(b) 有蓄电池地埋箱基础

表 6-7 杆柱类安装基础尺寸表

杆柱高度/m	A(mm)×B(mm)	C(mm)×D(mm)	E/mm	F/mm	H/mm	M/mm
3～4.5	160×160	300×300	40	40	≥500	14
5～6	200×200	400×400	40	40	≥600	16
6～8	220×220	400×400	50	50	≥700	18
8～10	250×250	500×500	60	60	≥800	20
10～12	280×280	600×600	60	60	≥1000	24

注：A、B 为预埋件螺杆中心距离；C、D 为基础平面尺寸；E 为露出基础面的螺杆高度；F 为基础高出地面高度；H 为基础深度；M 为螺杆直径。

② 地面方阵支架基础的设计。

地面方阵支架的基础尺寸如图 6.61 所示，对于一般土质每个基础地面以下部分根据方阵大小一般选择 400mm×400mm×400mm(长×宽×高)和 500mm×500mm×400mm(长×宽×高)两种规格。在比较松散的土质地面做基础时，基础部分的长宽尺寸要适当放大，高度要加高，或自制成整体基础。对于大型光伏发电系统的光伏方阵基础要根据《建筑地基基础设计规范》(GB 50007—2011)中的相关要求进行勘察设计。

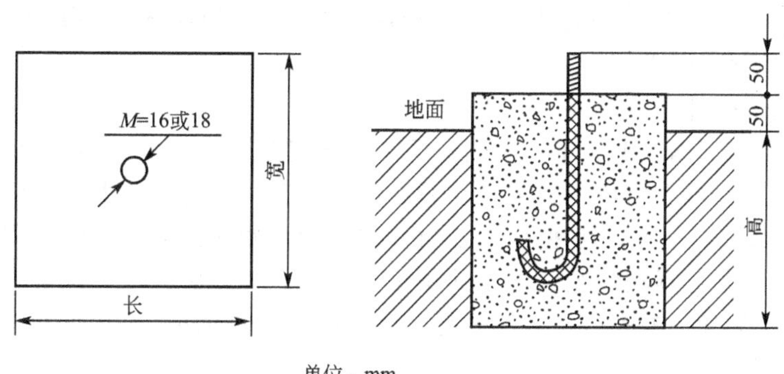

图 6.61 地面方阵支架尺寸示意图

③ 混凝土基础制作的基本技术要求。

a. 基础混凝土水泥、砂石混合比例一般为 1∶2。

b. 基础上表面要平整光滑，同一支架的所有基础上表面要在同一水平面上。

c. 基础预埋螺杆要保证垂直并在正确位置，单螺杆要位于基础中央，不要倾斜。

d. 基础预埋件螺杆高出混凝土基础表面部分螺纹在施工时要进行保护，防止受损。施工后要保持螺纹部分干净，如粘有混凝土要及时擦干净。

e. 在土质松散的沙土、软土等位置做基础时，要适当加大基础尺寸。对于太松软的土质，要先进行土质处理或重新选择位置。

11. 系统的优化设计

系统优化的目标是，主要通过检验安装的实际日照强度、光反射度、外部环境温度、风力和光伏发电系统各个部件的运行性能及其之间的相互作用等方面，使光伏发电系统所发电量最大。

1）优化光伏电池入射光照强度

① 追踪太阳法。追踪太阳的轨迹可以明显增强光伏电池的日照强度。通过跟踪太阳轨迹，光伏发电量一天可增加10%～30%。尤其是在夏天可增加高达25%～30%，冬天略有增加。为了更好地跟踪太阳的轨迹，不但要知道太阳的高度角和方位角，还要知道太阳运行的轨迹。这就要求追踪装置以固定的倾角从东往西跟踪太阳的轨迹。双轴追踪装置比单轴追踪装置好，因为双轨跟踪装置可以随着太阳性轨迹的季节性变化而变化。为了降低成本、提高效率，可以采用人工跟踪，每天每隔2～3h，对着太阳进行调节。

② 减少光反射法。由于太阳入射角大，太阳高，辐照度也大；反之入射角小，辐照度也小，因此最好使光线垂直入射，从而可以避免反射损失。然而，固定安装的光伏发电系统，光线基本上无法垂直入射，因此反射损失是无法避免的。低纬度地区的反射损失可高达35%～45%。为了降低材料的反射率，提高吸收率，可以在材料的吸热体上制备一层黑色涂层。反射损失可以通过其他改变光伏电池表面属性的方法，以更好地匹配入射光线的折射系数。

③ 腐蚀光伏电池表面。目前企业有意将光伏电池表面进行腐蚀，即有意让光伏电池表面凹凸不平，这样能通过临近的相对侧面反射，重新入射至光伏电池表面，来减少电池表面的反射散失。

④ 选择安装结构。入射角过小，辐照度也太小，表面看起来，太阳利用率不高，但可以选择安装结构(如V形安装结构)，就能将无效入射光偏移至有效使用区。至于什么样的形状安装结构最好还需研究。

2）替换建筑材料

利用太阳能阳面墙发电成本比较高，因为太阳能阳面墙除了日照强度较低(因为它不可能跟踪太阳)外，反射损耗也很大。在靠近赤道地区，太阳仰角很高，反射损耗达到入射日照强度的42%。但是，使用太阳能阳面墙的费用(尤其目前过多强调阳面墙的装修情况下)比传统墙面加屋顶安装光伏电池的做法更节约成本。如果在光伏电池表面形成不同的抗反射涂层使阳面墙外表呈现多种颜色，给人一种非常美丽、舒服的感觉，无疑会提高用户购买的欲望。

3）光伏电池

要充分考虑纬度、光谱、温度、遮蔽、位置、接线等实际运行条件对光伏电池输出的影响，使光伏电池发电可行、适用、环保，效益也高。

4）光伏发电模块、光伏发电机

通过按制光伏发电系统(机)的光学、温度及电气参数，包括各光伏发电模块的接口等，引入新的理念和观点来改善光伏发电系统(机)的安装，提高发电量。当然，新理念也体现在如何在控制成本最小的情况下替代建筑物的表面，实现很好的建筑物-光伏发电系统的集成。

5）直流-交流转换、并网设备

从成本收益率的角度选择各种不同的方案(级联型逆变器、String逆变器、集成逆变器模块)。

6.2.2 离网型太阳能光伏发电系统设计

离网型太阳能光伏系统的设计步骤没有统一的格式，要根据已知条件，如太阳电池设置可能的面积、负载的情况、所选定的系统等来决定其设计方法。这里采用了几种不同设计方法来对几种不同的系统进行设计。一般地，离网型太阳能光伏系统采用以下步骤设计。

① 设置场所的状况、数据、负载的决定。

② 电器设备的消费电流的决定。

③ 太阳电池一日所需发电电流量的决定。

④ 太阳电池最大输出电压的计算。

⑤ 太阳电池的选定(太阳电池组件、容量、种类等)。

⑥ 太阳电池的并联、串联的连接方法。

⑦ 蓄电池的容量计算。

⑧ 蓄电池的选定。

⑨ 无放电控制器的选定。

⑩ 逆变器的选定。

⑪ 逆流防止二极管的选定。

使用参数分析法对离网型太阳能光伏系统进行设计时，首先必须根据负载的消费功率、用途等决定系统的构成。离网型太阳能光伏系统根据负载的种类，是否使用蓄电池、逆变器，可分为以下几种：直流负载直接型、直流负载蓄电池使用型、交流负载蓄电池使用型、直/交流负载蓄电池使用型等。下面分别介绍这些系统的设计方法。

离网型太阳能光伏系统设计时，首先要弄清太阳电池使用场所的日射条件、电气设备的使用条件等。然后根据所使用的电器的消费功率决定太阳电池的容量。如果使用蓄电池，还必须决定蓄电池的容量。

1. 直流负载直接型系统的设计

对于直流负载直接型系统，根据所使用的电器的电气特性，选择的太阳电池的容量会有很大的差异。由于该系统不用蓄电池，一般来说，太阳电池的容量为使用电气设备的容量的 2 倍左右。

2. 直流负载蓄电池使用型系统的设计

对于直流负载蓄电池使用型系统及交流负载蓄电池使用型系统，太阳电池容量的计算方法如图 6.62所示。

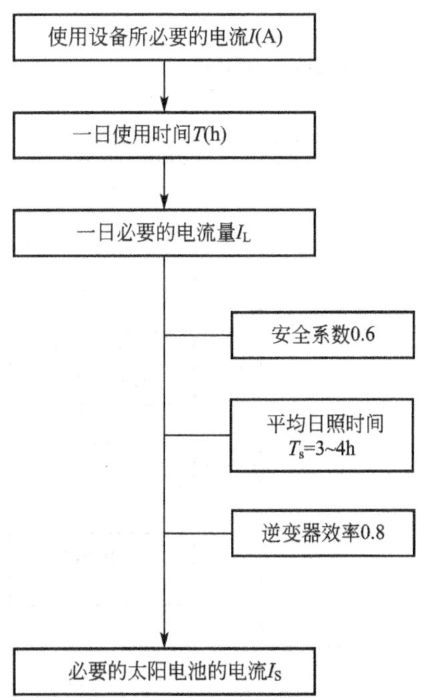

图 6.62 太阳电池容量的计算方法

图 6.62 中的一日必要的电流量 I_L 及必要的太阳电池的电流 I_S 可分别由式(6－18)和式(6－19)计算。

一日必要的电流量

$$I_L = I \times T(\text{A} \cdot \text{h/d}) \qquad (6-18)$$

必要的太阳电池的电流

$$I_S = I_L / [0.6 \times (3\sim4) \times 0.8] \qquad (6-19)$$

蓄电池的容量的计算方法如图 6.63 所示。其中，蓄电池容量由式(6-20)进行计算。

$$C=I_L\times(3\sim4)/[0.75\times(0.5\sim0.7)\times0.8] \tag{6-20}$$

下面举例说明实际系统的设计方法。这里假定直流负载为荧光灯，电压为12V，功率为4W。荧光灯作为庭院灯使用，每天夜间使用5h。计算方法如图6.62所示。

1）系统的构成

由于太阳电池只需向荧光灯供电，而且为直流负载，因此不需要逆变器，考虑采用直流负载蓄电池使用型系统。

2）太阳电池容量的计算

在已知负载的消费功率的前提下，需要根据负载的消费功率决定太阳电池的容量。

电器所必要的电流

$$I=\frac{4\text{W}}{12\text{V}}\approx0.33\text{A}$$

一日所必要的电流量

$$I_L=0.33\text{A}\times5\text{h}\approx1.7\text{A}\cdot\text{h}$$

选择太阳电池容量时，选平均日射时间为3h，必要的太阳电池的电流

$$I_S=\frac{1.7\text{A}\cdot\text{h}}{0.6\times3}\approx0.94\text{A}\cdot\text{h}$$

可见，选择动作电压为15V，$I_S=0.95\text{A}\cdot\text{h}$的太阳电池较为合适。

3）蓄电池容量的计算

由前面的计算可知，$I_L=1.7\text{A}\cdot\text{h}$，连续雨天日为7日，由于蓄电池每天重复充放电，因此放电深度取0.5，蓄电池容量为

$$C=1.7\text{A}\cdot\text{h}\times7/0.75\times0.5\approx31.7\text{A}\cdot\text{h}$$

选32A·h的蓄电池即可。由于系统未使用逆变器，因此以上的计算中省略了逆变器效率，将逆变器效率当作1处理。

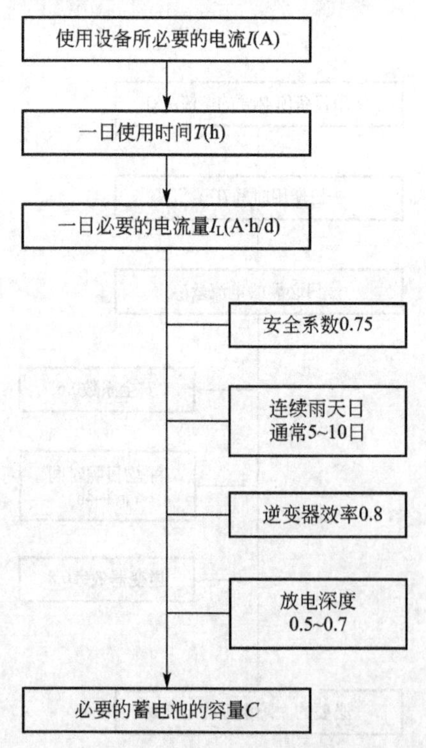

图6.63　蓄电池容量的计算方法

3. 交流负载蓄电池使用型系统的设计

由于一般的家庭电器为交流负载，因此必须将直流电转换成交流电，这就需要使用逆变器。因此，在计算太阳电池容量及蓄电池容量时，必须考虑逆变器的问题，计算方法如图6.62、图6.63所示。这里以收音机、电视机为例说明设计方法。

使用电器：收音机(AC 220V、50Hz、10W)、电视机(AC 220V、50Hz、60W)，总功率为70W。每日使用时间：收音机为1h，电视机为4h。

1）系统的构成

由于负载为交流负载，所以采用交流负载蓄电池使用型系统。

2）太阳电池容量的计算

由于使用12V的蓄电池，因此，收音机、电视机的消费电流如下。

收音机的消费电流为

$$I_{R}=\frac{10W}{12V}\approx 0.83A$$

电视机的消费电流为

$$I_{TL}=\frac{60W}{12V}=5A$$

一日所必要的电流量：

收音机：

$$I_{RT}=0.83A\times 1h=0.84A\cdot h$$

电视机：

$$I_{TL}=5A\times 4h=20A\cdot h$$

总的消费电流量：

$$0.83+20A\cdot h=20.83A\cdot h$$

平均日射时间为 3h，则

$$I_{S}=\frac{20.83A\cdot h}{0.6\times 3\times 0.8(h)}\approx 14.5A$$

可以选择动作电压 15V，$I_{OP}=1.2A$ 的太阳电池 12 枚，其输出功率为 216W。

3）蓄电池容量的计算

前面的计算可知，一日所必要的电流量为 20.83A·h，连续雨天日为 7 日，由于蓄电池每天重复充放电，因此放电深度取 0.5，蓄电池容量为

$$C=20.83A\cdot h\times\frac{7}{0.75\times 0.5\times 0.8}\approx 486A\cdot h$$

选 500A·h 的电池即可。

4）逆变器

前面说过逆变器是一种将直流电转换成交流电的装置。对于本设计系统来说，要将 12V 的直流电变成 220V 的交流电。由于收音机与电视机的消费功率为 70W，因此必须选择 70W 以上容量的逆变器。逆变器的容量一般用单位(V·A)来表示，其容量通常取消费功率的 1.5 倍左右。

根据以上计算，太阳电池的输出功率为 216W；电压为 15V；太阳电池 12 枚；蓄电池的电压为 12V，容量为 500A·h；逆变器的输入电压为 12V，输出电压为 220V/50Hz，容量为 330V·A。

4. 直/交流负载蓄电池使用型系统的设计

为了说明直/交流负载蓄电池使用型系统的设计方法，这里假定直流负载为 12V/36W 的电灯，一日使用时间为 2h；交流负载为 220V/24W 的计算机，一日使用时间为 3h。考虑到雨天、夜间使用的需要，假定蓄电池存储的电力能满足使用 5 天的需要。根据以上要求可选择直/交流负载蓄电池使用型系统。下面说明直/交流负载蓄电池使用型的太阳能光伏系统的设计方法。

1）电器的消费电流的决定

电器的消费功率、额定电压已知时，电器的消费电流可由式(6-21)确定。

$$\text{消费电流}=\text{消费功率}/\text{额定电压}\qquad(6-21)$$

对于直流 12V/36W 的电灯来说，电灯的消费电流为 36W/12V=3A。

由于计算机为交流负载，因此应计算出交流消费电流，然后换算成直流消费电流。计算机的交流消费电流为 24W/20V=1.2A。

直流消费电流为 24W/12V=2A。

2) 太阳电池一日所需发电电流量的决定

出于太阳电池的设置条件与气象、污染状况等有关，并非一直处于最佳的发电状况，因此需要对太阳电池的出力进行修正。一般用式(6-22)计算太阳电池一日所需发电电流量。

$$\text{太阳电池一日的必要发电电流量} = \frac{\text{一日的消费电流量}}{\text{出力修正系数} \times \text{蓄电池充放电损失修正系数} \times \text{其他修正系数}} \tag{6-22}$$

式中，出力修正系数与气象条件、电池板的污染状况、老化率有关，一般取 0.85，蓄电池的充放电损失系数与蓄电池的充放电效率有关，一般取 0.95；其他的修正系数与逆变器的转换效率、损失有关，详见使用说明书。

太阳电池一日所需发电电流量被确定之后，则需要根据太阳电池设置地区的平均日照时间决定太阳电池的必要电流。太阳电池的必要电流根据式(6-23)确定。

$$\text{太阳电池必要电流} = \frac{\text{太阳电池一日的必要发电电流量}}{\text{一日平均日照时间}} \tag{6-23}$$

平均日照时间一般根据一日的日照时间来决定，太阳电池所使用的地区不同则平均日照时间也不同。对于一般的地区来说，将日射量换算成 $1000\mathrm{W/m^2}$ 时，平均日照时间为 2.6～4h。这里以平均日照时间为 3.3h 为例。

由于所使用的电灯为直流电器，式中的其他修正系数可取 1；而计算机为交流负载，需要通过逆变器将太阳电池的直流电转换成交流电。这里假定逆变器的转换效率为 80%，需要说明的是逆变器的转换效率与制造厂家、产品有关，请参阅厂家的产品说明书。

太阳电池一日所需发电电流量的计算如下：

$$\text{太阳电池一日的必要发电电流量} = \frac{3\mathrm{A} \times 2\mathrm{h}}{0.85 \times 0.95 \times 1\mathrm{d}} + \frac{2\mathrm{A} \times 3\mathrm{h}}{0.85 \times 0.95 \times 0.8\mathrm{d}} \approx 16.7\mathrm{A \cdot h/d}$$

$$\text{太阳电池的必要电流} = \frac{16.7\mathrm{A \cdot h/d}}{3.3\mathrm{h/d}} = 5.06\mathrm{A}$$

将太阳电池与太阳的光线成直角设置时，太阳电池的出力最大。太阳电池的设置角度一般选择一年之中发电效率最高的南向与水平面的角度，设置场所内选择一年中日照时间最短日(冬至前后)的日中(上午 9 时到下午 3 时)，太阳电池无阴影的地方。如果条件允许可以设置能够根据冬、夏调整太阳电池角度的台架，使太阳电池的出力增加。

3) 太阳电池的最大出力电压的计算

太阳电池的最大出力电压可根据式(6-24)进行计算。二极管的作用在于当太阳电池不发电时，防止蓄电池的电流流向太阳电池。

$$\text{太阳电池的最大出力电压} = \text{蓄电池的公称电压} \times \text{满充电系数} + \text{二极管电压降} \tag{6-24}$$

这里使用铅酸电池，其公称电压为 12V，满充电系数为 1.24，使用硅整流二极管，其电压降为 0.7V，太阳电池的最大出力电压的计算如下。

太阳电池的最大出力电压＝12V×1.24＋0.7V＝15.58V

4）太阳电池的选定

太阳电池的必要电流及最大电压决定之后，可参考太阳电池的规格选择适当的太阳电池。由于太阳电池的出力受光的强度的影响发生大的变化，另外，太阳电池的出力也受其设置场所的方位、角度的影响。有时难以得到足够的电能，因此，在选择太阳电池时必须考虑这些因素并留有余地。

5）太阳电池并联、串联的连接方法

一枚太阳电池往往难以满足实际负载的需要，因此必须将数枚太阳电池并联或串联连接，以满足电压、电流及功率的需要。数枚太阳电池并联或串联使用时，应尽量使用同一规格的太阳电池。因为不同规格的数枚太阳电池并联或串联使用时，由于相互出现电压不等现象，有时难以充分发挥太阳电池的功能。

串联连接是将同一规格的各太阳电池的正极与负极分别连接的方法。这种连接方法可使输出电压增加，但输出电流保持不变。

某太阳电池厂家制造的太阳电池的规格如下。

最大出力：50W。

最大输出电压：15.9V。

最大输出电流：3.15A。

2枚太阳电池串联时：

最大出力：100W(50W×2)。

最大输出电压：31.8V(15.9V×2)。

最大输出电流：3.15A(不变)。

并联连接是将同一规格的数枚太阳电池的正极全部相连，然后将负极全部相连，使输出电流增加，而输出电压不变的连接方法。

同样，如果太阳电池的规格如上，2枚太阳电池并联连接时：

最大出力：100W(50W×2)。

最大输出电压：15.9V(不变)。

最大输出电流：6.3A(3.15A×2)。

由此可知，将两枚太阳电池并联使用时，可以满足前面算出的太阳电池的必要电流5.06A，最大输出动作电压15.58V的需要。

6）蓄电池的容量计算

计算蓄电池容量时，需要考虑蓄电池充放电损失，如发热损失。蓄电池保守率用来对蓄电池充放电时的损失进行使正。保守率一般为0.8左右。蓄电池的容量由式(6-25)计算。

$$\text{蓄电池的容量}=\frac{\text{一日的消费电流量}\times\text{连续无日射保障日数}}{\text{蓄电池保守率}} \tag{6-25}$$

代入以上数据，可计算出蓄电池的容量。

$$\text{蓄电池的容量}=\frac{16.7\text{A}\cdot\text{h/d}\times 5\text{d}}{0.8}\approx 104\text{A}\cdot\text{h}$$

7）蓄电池的选定

太阳电池与蓄电池一起使用时，必须对蓄电池进行合理的选择并对其进行维护。选择蓄电池时必须考虑负载容量、蓄电池的放电深度、设置环境、价格成本及使用寿命等因素。另外，由于系统长时间处于停止状态时，蓄电池会出现过充电，过多地消费蓄电池的电解液，从而导致蓄电池破损。因此，系统经常使用对蓄电池有利。

蓄电池的种类较多，目前铅蓄电池及碱蓄电池用得较广。一般来说，铅蓄电池容量大、价格较便宜，但自重较重，期待寿命一般在3～15年。而碱蓄电池寿命长，一般为12～20年，大电流放电特性较好、自重较轻，但价格较高。太阳能光伏系统一般使用容量较大、价格比较便宜的铅蓄电池。

8）充放电控制器的选定

充放电控制器由逆流防止二极管、夜间继电器、温度修正装置等构成。逆流防止二极管用来防止蓄电池的电流流向太阳电池。夜间继电器的作用是根据照度传感器及太阳电池的输出电压判断出日落，然后将蓄电池与负载连接。温度修正装置具有检测出蓄电池的温度，然后对充电电压进行修正的功能。

充放电控制器的选择与太阳电池输入电流、负载电流有关，设计时要留有一定的余地，一般用保守率来表示，保守率一般取0.85。蓄电池输入电流、负载电流分别由式(6-26)和式(6-27)计算。

$$\text{蓄电池的输出电流}=\frac{\text{太阳电池的短路电流}}{\text{保守率}} \tag{6-26}$$

$$\text{负载电流}=\frac{\text{直流电流的最大出力}}{\text{系统电压}\times\text{保守率}} \tag{6-27}$$

将有关数据代入上式，可以计算出蓄电池输入电流、负载电流：

$$\text{蓄电池的输出电流}=\frac{6.9\text{A}}{0.85}\approx 8.12\text{A}$$

$$\text{负载电流}=\frac{36\text{W}}{12\text{V}\times 0.85}\approx 3.5\text{A}$$

充放电控制器的最大输入电压必须大于太阳电池的开放电压(这里为19.8V)，以防止充放电控制器受到损坏。

9）逆变器的选定

逆变器是一种将直流电转换成交流电的装置。根据转换的原理可分为正弦波形、模拟正弦波形及矩形波形等种类。正弦波逆变器与一般家庭所供给的商用电源的电压波形相同。模拟正弦波逆变器转换效率较高、体积小、轻便，但价格较高。矩形波逆变器较便宜，但有运转噪声。

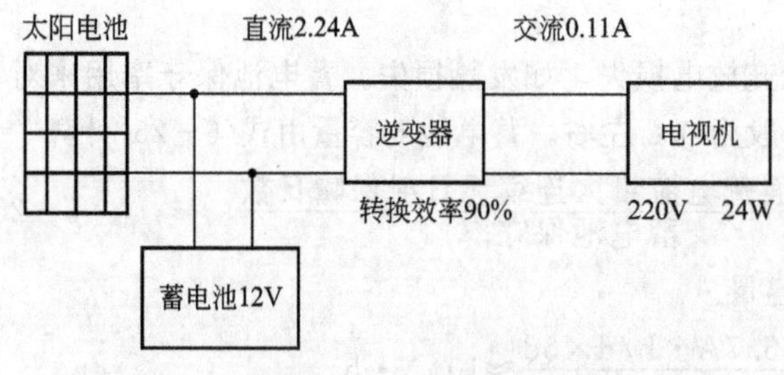

图6.64 逆变器的输入电流与输出电流的关系

选定逆变器时，需要计算出逆变器的输入、输出电流。这里假定所使用的逆变器的效率为90%，逆变器的输入、输出电流可由下式计算。必须注意逆变器的输入电流与输出电流是不同的，如图6.64所示。

$$\text{逆变器的输出电流}=\frac{\text{交流输出}}{\text{交流电压}} \tag{6-28}$$

$$\text{逆变器输入电流}=\frac{\text{逆变器输出电流}\times\text{交流电压}}{\text{系统电压}\times\text{转换效率}} \tag{6-29}$$

由于计算机负载为24W，220V，逆变器的输出电流、输入电流计算如下。

$$逆变器输出电流=\frac{24\text{W}}{220\text{V}}\approx 0.11\text{A}$$

$$逆变器输入电流=\frac{0.11\text{A}\times 220\text{V}}{12\text{V}\times 0.9}\approx 2.24\text{A}$$

对于直/交流负载蓄电池使用型系统的各部分连接来说，原则上应将逆变器与蓄电池直接相连。由于220V的电器在开关接通的瞬间会超过额定功率，如果将其与充放电控制器连接，流过的大电流会导致充放电控制器损坏。但是，如果流向逆变器的最大电流小于充放电控制器的额定负载电流，则可按蓄电池、充放电控制器、逆变器的顺序连接。

6.2.3 并网型太阳能光伏发电系统设计

并网系统是目前发展较为迅速的太阳能光伏应用方式。随着光伏建筑一体化(BIPV)的飞速发展，各种各样的光伏并网发电技术都得到了广泛的应用。光伏并网发电包括如下几种形式：①纯并网光伏系统；②只有UPS功能的并网光伏系统；③并网光伏混合系统。

首先我们介绍确定并网光伏系统的最佳倾角。

并网光伏发电系统有着与独立光伏系统不同的特点，在有太阳光照射时，光伏发电系统向电网发电，而在阴雨天或夜晚时，光伏发电系统不能满足负载需要时又从电网买电。这样就不存在倾角的选择不当而造成夏季电量浪费、冬季对负载供电不足的问题。在并网光伏系统中唯一需要关心的问题就是如何选择它的最佳倾角，使太阳电池组件全年的发电量最大。通常该倾角值为当地的纬度值。

对于上述并网光伏系统的任何一种形式，最佳倾角的选择都需要根据实际情况进行考虑，需要考虑太阳电池组件支安装地点的限制，尤其对于现在发展迅速的光伏建筑一体化工程。组件倾角的选择还要考虑建筑的美观度，需要根据实际需要对倾角进行小范围的调整，而且这种调整不会导致太阳辐射吸收的大幅降低。对于纯并网光伏系统，系统中没有使用蓄电池，太阳电池组件产生的电能直接并入电网，系统直接给电网提供电力。系统采用的并网逆变器是单向逆变器，因此系统不存在太阳电池组件和蓄电池容量的设计问题。光伏系统的规模取决于投资大小。

目前很多的并网系统采用具有UPS功能的并网光伏系统，这种系统使用了蓄电池，所以在停电的时候，可以利用蓄电池给负载供电，还可以减少停电造成的对电网的冲击。系统蓄电池的容量可以选择比较少，因为蓄电池只是在电网故障的时候供电，考虑到实际电网的供电可靠性，蓄电池的自给天数可以选择1～2天；该系统通常使用双向逆变器处于并行工作模式。

① 将市电和太阳能电源并行工作。对于本地负载，如果太阳电池组件产生的电足够负载使用，太阳电池组件在给负载供电的同时将多余的电能反馈给电网。

② 如果太阳电池组件产生的电能不够用，则将自动启用市电给本地负载供电，市电还可以自动给蓄电池充电，保证蓄电池长期处于浮充状态，延长蓄电池的使用寿命。

③ 如果市电发生故障，即市电停电或者是市电供电品质不合格，电压超出负载可接受的范围，系统就会自动从市电断开，转成独立工作模式，由蓄电池和逆变器给负载供电。一旦市电恢复正常，即电压和频率都恢复到允许的正常状态以内，系统就会断开蓄电池，转成并网模式工作。

6.3 太阳能光伏发电系统安装与维护

6.3.1 太阳能光伏发电系统的安装

太阳能光伏发电系统是涉及多种专业领域的发电系统，不仅要进行合理可靠、经济实用的优化设计，选用高质量的设备、部件，还必须进行认真、规范的安装施工和检测调试。系统容量越大，电流电压越高，安装调试工作就越重要。否则，轻则会影响光伏发电系统的发电效率，造成资源浪费，重则会频繁发生故障，甚至损坏设备。另外还要特别注意在安装施工和检测全过程中的人身安全、设备安全、电气安全、结构安全及工程安全问题，做到规范施工、安全作业，安装施工人员要通过专业技术培训合格，并在专业工程技术人员的现场指导和参与下进行作业。

太阳能光伏发电系统的安装施工分为两大类：一是太阳电池方阵在屋顶或地面的安装，以及配电柜、逆变器、避雷系统等电气设备的安装；二是太阳电池组件间的连线及各设备之间的连接线路铺设施工。

1. 太阳电池组件及方阵的安装施工

1）安装位置的确定

在光伏发电系统设计时，就要在计划施工的现场进行勘测，确定安装方式和位置，测量空装场地的尺寸，确定电池组件方阵的朝向方位角和倾斜角。太阳电池方阵的安装地点不能有建筑物或树木等遮挡物，如实在无法避免，也要保证太阳能方阵在上午 9 时到下午 4 时能接收到阳光。太阳电池方阵与方阵的间距等都应严格按照设计要求确定。

2）电池方阵基础与支架的施工

(1) 土建支架基础施工。

由于场地面积大，用全站仪从控制点测放出区域的主控线及高程，做好标记及保护，用经纬仪及卷尺测放开挖线，以轴线为单位采用机械挖掘，基槽清理完后，再复核测放基础线。

钢筋制作前先除锈、调直，下料时将同规格钢管根据长短搭配，统筹安排，一般先断长料，后断短料，以减少接头损耗，绑扎应牢固，绑扎时应注意相邻绑扎点的铁丝扣要成 8 字形，尽量避免网片歪斜变形。

模板拼缝需粘贴密封条以保证浇筑混凝土不会漏浆，为防止模板下口跑浆、安装模板后在外侧下部缝隙处抹水泥砂浆，混凝土强度达到规范要求时方可拆除模板。拆除时保证混凝土表面及棱角不受损。

混凝土的配制严格按照已确定的配合比配制，不得随意更改配合比，搅拌要均匀。混凝土浇筑过程中，要保证混凝土保护层厚度及钢筋位置的正确性。

预埋件安装在混凝土初凝之前将预埋件安装在混凝土柱上表面。预埋件安放时，必须保证表面平整，严格控制尺寸偏差。

(2) 支架安装。

支架作为光伏系统的支撑骨架，其安装的质量关系到系统的安全稳定运行。根据太阳电池组件的形状，在不影响承载力、抗风力的情况下，支架一般采用角钢、方管、槽钢、C形钢等轻型钢结构。考虑长期室外使用的情况，支架都经过热镀锌处理，以增加支架的抗腐蚀能力。因并网运行光伏电站的支架数量巨大和现场施工制作条件，为节约现场制作时间，支架在选送至现场前，均按设计好的尺寸在工厂内进行加工、制作，并进行热镀锌处理成为半成品，运至现场后直接组合安装。

支架的安装关键点在于支架尺寸与基础之间的尺寸吻合。支架与基础的连接一般采用与预埋螺栓连接或与预埋件焊接连接。螺栓连接时对螺栓预埋的准确度要求较高。如果螺栓预埋的位置不对，则组合后的支架立柱无法与预埋螺栓连接上。支架立柱与螺栓连接后，可通过螺栓、螺帽对支柱上下调整，以达到对支架安装太阳电池组件整体平面的调整。焊接连接时，则对基础表面的水平高度偏差要求较高。如果偏差过大，则造成安装太阳电池组件的平面会起伏不平。焊接处按要求做防腐处理。与基础连接完，且支架安装完成合格后即可安装太阳电池组件。故支架安装前应协同土建专业办理交接手续，验收合格后方可进行支架的安装。

3）电池组件的安装

（1）太阳能光伏电池组件在存放、搬运、安装等过程中，不得碰撞或受损，特别要注意防止组件玻璃表面及背面的背板材料受到硬物的直接冲击。

（2）组件安装前应根据组件生产厂家提供的出厂实测技术参数和曲线，对电池组件进行分组，将峰值工作电流相近的组件串联在一起，将峰值工作电压相近的组件并联在一起，以充分发挥电池方阵的整体效能。

（3）将分好组的组件依次摆放到支架上，并用螺栓穿过支架和组件边框的固定孔，将组件与支架固定。

（4）按照方阵组件串并联的设计要求，用电缆将组件的正负极进行连接。对于接线盒直接带有连接线和连接器的组件，在连接器上都标注有正负极性，只要将连接器接插件直接插接即可。电缆连接完毕，要用绑带、钢丝卡等将电线固定在支架上，以免长期风吹摇动造成电缆磨损或接触不良。

（5）安装中要注意方阵的正负极两输出端不能短路，否则可能造成人身事故或引起火灾。在阳光下安装时，最好用黑塑料薄膜、包装纸片等不透光材料将太阳电池组件遮盖，以免输出电压过高影响连接操作或造成施工人员触电的危险。

（6）太阳电池组件安装完毕之后要先测量总的电流和电压，如果不合乎设计要求，就应该对各个支路分别测量。当然为了避免各个支路互相影响，在测量各个支路的电流与电压时，各个支路要相互断开。

2. 既有建筑上光伏发电系统的安装

既有建筑光伏发电系统是将既有建筑与光伏系统进行综合设计与利用。由于我国既有建筑面积容量大、屋面空间利用效率低、单位面积能耗巨大，对既有建筑平屋面进行光伏设计具有光伏发电系统靠近用户，光伏装机容量较小，满足于用户需求并支持现有电网运行，用户自行控制，减少输配线损失，起到调峰降压等作用。由于国外市场的萎缩，大量企业开始注重国内市场的开拓与发展，使大量新技术新设备得以应用；因此当前我国发展光伏与既有建筑结合恰面临前所未有的机遇。但是对于大量现存的既有建筑而言，太阳能光伏设备的安装较为不易，如适当的预埋件尚未安装，改造时给太阳能装置的安装造成了

图 6.65 既有建筑上安装光伏发电系统

一定的障碍，如增加建筑负荷可能损害建筑结构，破坏既有建筑保温构造等，因此寻找一种适合我国既有建筑实际状况，又具有较高经济性的系统安装方式显得较为迫切。图 6.65 为既有建筑上安装光伏发电系统。

1) 既有建筑平屋面光伏系统的设计安装优势

建筑物屋顶作为吸收太阳光部件有其特有的优势，如日照条件好，不易被遮挡，可以充分接受太阳辐射，系统可以紧贴屋顶结构安装，减小风力的不利影响，并且太阳能光伏板可以替代保温隔热层遮挡屋面，有效地利用了屋顶空间。

2) 既有建筑平屋面光伏系统的设计安装注意事项

(1) 排布要求。

① 光伏阵列布局。阵列设计需要保证在冬至日当天光照辐射强度最好的时间段中(上午 9 时至下午 3 时)前排光伏组件的阴影不应影响后排光伏组件正常工作。如果太阳电池不能被日光直接照到，那么只有散射光用来发电，此时的发电量比直射光照的发电量要减少 10%～20%。因此在选择敷设方阵时应尽量留出空间，使发电效率达到最高。另外，当纬度较高时，方阵之间的距离加大，相应地设置屋面的面积也会增加，需在设置方阵阵列时，分别选取每一个方阵的构造尺寸，将其高度调整到合适值，从而利用其高度差使方阵之间的距离调整到最小，使屋面的场地得到充分的应用，节约空间资源。

② 阴影的影响。阴影分为随机阴影和系统阴影。随机阴影产生的原因、时间和部位都不能确定。如果阴影持续的时间很短，虽然不会对电池板的输出功率产生明显的影响，但在蓄电池浮充工作状态下，控制系统有可能因为功率的突变而产生误动作，造成系统的不可靠。系统阴影是周围比较固定的建筑、树木，以及建筑本身的女儿墙、冷却塔、楼梯间、水箱等遮挡而成，由于持续时间长会对光伏系统输出功率产生明显影响的水平。因此系统需要具有相应的容错能力，不会因瞬间的阴影产生误动作(如启动保护电路)；对于系统阴影要认真勘查现场，进行回避，进行合理设计。

③ 高效利用。为了获得较多太阳光，屋面坡度宜采用光伏组件全年获得电能最多的倾角。一般情况下可根据当地维度±10°来确定屋面坡度，低纬度地区还要特别注意保证屋面的排水功能。

(2) 构造要求。

① 安装在坡屋面的光伏组件宜根据建筑设计要求，选择顺坡镶嵌设置或顺坡架空设置方式。顺坡架空在坡屋面上的光伏组件与屋面间宜留出大于 100mm 的通风间隙。控制通风间隙的目的有两个：一是通过加强屋面通风降低光伏组件背面升温；二是保证组件的安装维护空间。设计良好的冷却通风系统，是因为光伏组件的发电效率随着表面工作温度的上升而下降。理论和实验证明，在光伏组件屋面设计空气通风通道，可使组件的电力输出提高 8.3%，组件的表面温度降低 15℃左右。因此光伏系统的设计安装特别重要。

② 对于原有防水侧已经破坏的屋面，支座基座部位应做附加防水层。光伏组件支座

与结构层相连时，附加防水层应包到支座和金属埋件的上部，形成较高的泛水，地脚螺栓周围缝隙容易渗水，应做密封处理。附加层宜空铺，空铺宽度不应小于200mm。为了防止卷材防水层收头翘边，避免雨水从开口处渗入防水层下部，应按设计要求做好收头处理。卷材防水层应用压条钉压固定，或用密封材料封严。

③ 需要经常维修的光伏组件周围屋面、检修通道、屋面出入口及人行通道上面应设置刚性保护层保护防水层，一般可铺设水泥砖。

3）既有建筑平屋面安装光伏系统的分类

① 独立基础式安装。独立基础式安装系统适合于屋面荷载小和风荷载小的地区，一般适用于中低层建筑。光伏安装系统基础采用混凝土浇筑预制，尺寸长、宽、高可自定，在混凝土块顶面预埋地脚螺栓平放在水泥屋顶上。它具有不破坏原有屋面防水层、保温层，点式基座利于屋面排水等特点；同时预制的混凝土块方便屋顶吊装，减少人工，降低成本，适用于工程造价低、施工速度快的工程项目。

② 条形基础式安装。条形基础式安装系统适合荷载量较大的平面屋顶。底部框架使用优质铝导轨，预埋螺栓固定，支撑件材料为不锈钢，牢固美观，铝合金导轨与单元连接设计，无须现场二次加工。适用于任意规格晶硅组件及部分薄膜组件；在水泥基础面上安装预埋地脚螺栓，根据实际需要设计调节安装角度具有较高的适应性；基座布置方面与屋面排水方向不垂直，利于屋面排水；所需人工量较少，适用于工程造价不高的项目。

③ 负重基础式安装。负重式安装系统，无须破坏原有防水层，适用于平面屋顶荷载量较大的情况。底部框架使用优质铝导轨，固定采用水泥块或石块等重物，支撑件材料为不锈钢，牢固美观，独创的铝合金导轨与单元连接设计，无需现场二次加工。不破坏原有防水层，无需防水处理；适用于任意规格晶硅组件及部分薄膜组件；底框上安装可调负重框，上面放置水泥块、石块等；根据实际需要设计安装角度。但基座布置方向与屋面排水方向垂直，不利于屋面排水增加了屋面荷载，不适合于降雨量大又不能很好解决排水问题的屋面工程项目。

④ 全钢可调式安装。全钢可调式系统安装支架后，立柱可以自由做长度调整，立柱上的安装固定座可以多角度旋转，在施工现场可以非常方便地实现光伏组件在高度和角度上的调整。支架结构件全部采用镀锌型钢，强度好，成本低；安装角度在一定范围内可自由调整，以适应不同安装场地；采用通用组件固定方式，方便可靠；利于屋面排水，工程适用范围较广。

⑤ 工程塑料固定式安装。工程塑料固定式系统中的承重部件采用工程塑料制造。工程塑料由聚酰胺制作，该塑料不但要求能在高温下保持极低的蠕变性，在低温下也表现出了优异的韧性和刚性；高比例玻璃纤维增强的聚酰胺还具有优异紫外耐受性和耐候性，在户外条件下寿命长达20年，能满足如雪载、风压等的承重要求；系统制造工艺中，使用扣接、骨架和挡板来排水和布线，使得部件非常轻巧和易于安装，太阳能板在平顶上的安装变得更加简单快捷，且具有良好的太阳能装置成本效益，适用于户外工程项目施工。

4）既有建筑平屋面安装光伏系统的方法

对于住宅用太阳能光伏系统，太阳电池的屋顶安装方法有两种：一种是在屋顶已有的瓦或金属屋顶上固定台架，然后在其上安装太阳电池；另一种是将建材一体型太阳电池组件直接安装在屋顶上。对于前一种安装方法来说可分为紧拉固定线方式和支撑金具方式。

① 屋顶安装型太阳电池阵列。屋顶安装型太阳电池阵列有整体式、直接式、间隙式及架子式四种不同的形式，表 6-8 为四种不同形式的屋顶安装型太阳电池阵列的安装方法、优点及缺点。

表 6-8　屋顶安装型太阳电池阵列的分类

方式	施工方法	优点	缺点
整体式	直接安装在屋顶的框架中	外形美观	适用于新建的屋顶
直接式	在屋顶的水平板上直接安装	适用于已建屋顶，可与使用的瓦互换，外形美观	组件升温容易
间隙式	在已有的屋顶上设置安装台架（与屋顶面平行）	组件的温升不高	由于设置了安装台架，会影响强度
架子式	在已有的屋顶上设置安装台架（与屋顶面垂直）	可得到最佳的安装角，组件的温升不高	外形不太美观，由于设置了安装台架，会影响强度

② 紧拉固定线方式是在屋顶的瓦上固定台架，太阳电池放在台架上，然后用数根铁丝将台架拉紧固定的方式，如图 6.66 所示。

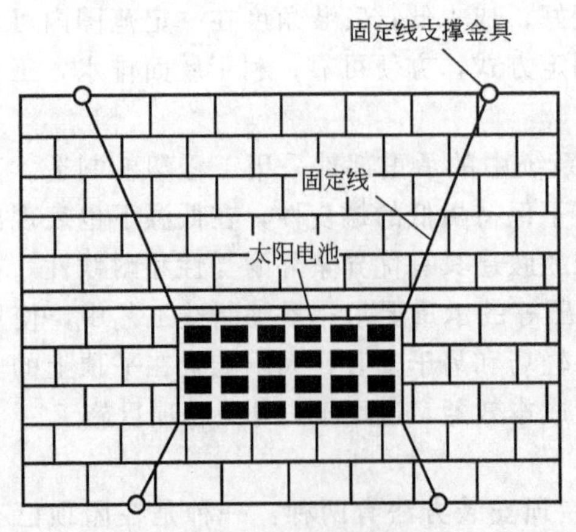

图 6.66　紧拉固定线方式

③ 建材一体型太阳电池组件的安装方法。在已使用的屋顶材料上用螺钉将支撑部分用金具固定，然后在其上固定台架，如图 6.67 所示为屋顶设置的概念图，图 6.68 所示为支撑金具方式。

3. 光伏控制器和逆变器等电气设备的安装

1) 控制器的安装

小功率控制器安装时要先连接蓄电池，再连接太阳电池组件的输入，最后连接负载或逆变器。安装时注意正负极不要接反。大中功率控制器安装时，由于长途运输的原因，要先

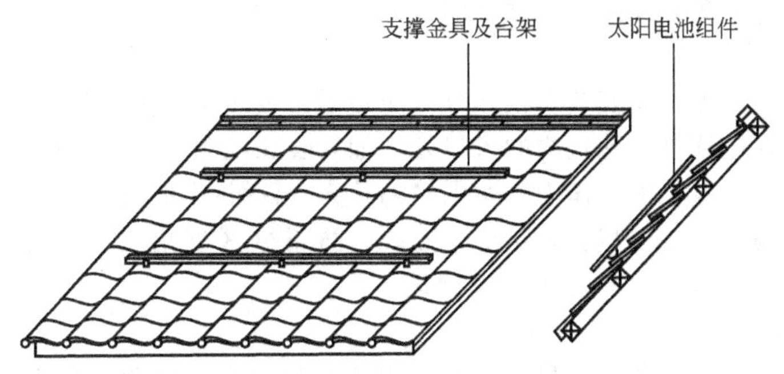

图 6.67 屋顶设置的概念图

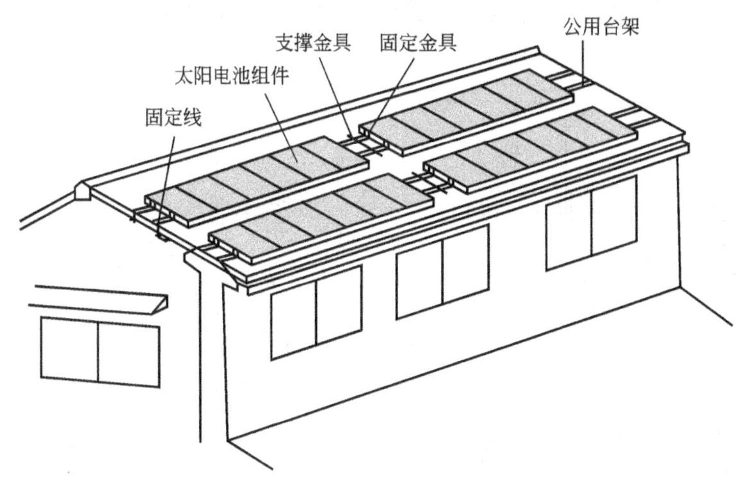

图 6.68 支撑金具方式的安装实例

检查外观有无损坏，内部连接线和螺钉有无松动等，中功率控制器可固定在墙壁或者摆放在工作台上，大功率控制器可直接在配电室内地面安装。控制器若需要在室外安装时，必须符合密封防潮要求。控制器接线时要将工作开关放在关的位置，先连接蓄电池组输出引线，再连接太阳电池方阵的输出引线，在有阳光照射时闭合开关，观察是否有正常的直流电压和充电电流，一切正常后，可进行与逆变器的连接。

2）逆变器的安装

逆变器在安装前同样要进行外观及内部线路的检查，检查无误后先将逆变器的输入开关断开，再与控制器的输出接线连接，接线时要注意分清正负极极性，并保证连接牢固。接线完毕，可接通逆变器的输入开关，待逆变器自检测正常后，如果输出无短路现象，则可以打开输出开关，检查升温情况和运行情况，使逆变器处于试运行状态。

逆变器的安装位置确定可根据其体积、质量大小分别放置在工作台面、地面等，若需要在室外安装时，必须符合密封防潮要求。

4. 防雷与接地系统的安装施工

1）防雷器的安装

① 安装方法。

防雷器的安装比较简单，防雷器模块、火花放电间隙模块及报警模块等，都可以非常方便地组合并直接安装到配电箱中标准的 35mm 导轨上。

② 安装位置的确定。

一般来说，防雷器都要安装在根据分区防雷理论要求确定的分区交界处。B 级(Ⅲ级)防雷器一般安装在电缆进入建筑物的入口处，如安装在电源的主配电柜中。C 级(Ⅱ级)防雷器一般安装在分配电柜中，作为基本保护的补充。D 级(Ⅰ级)防雷器属于精细保护级防雷，要尽可能地靠近被保护设备端进行安装。防雷分区理论及防雷器等级是根据 DIN VDE 0185 和 IEC 61312 - 1 等相关标准确定。

③ 电气连接。

防雷器的连接导线必须保持尽可能短，以避免导线的阻抗和感抗产生附加的残压降。如果现场安装时连接线长度无法小于 0.5m 时，则防雷器的连接方式必须使用 V 字形方式连接，如图 6.69 所示。同时，布线时必须将防雷器的输入线和输出线尽可能地保持较远距离的排布。

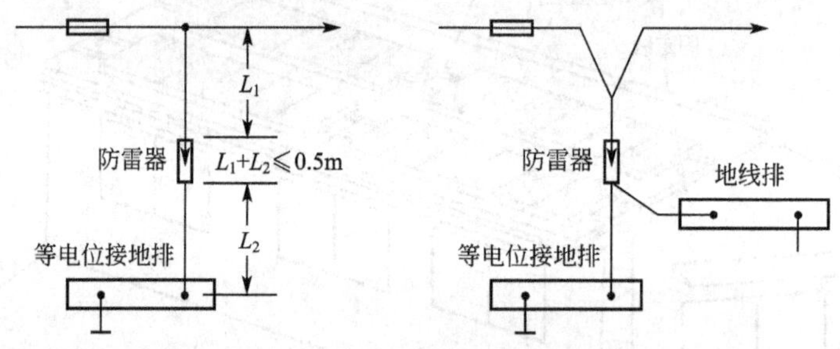

图 6.69　防雷器连接方式示意图

另外，布线时要注意将已经保护的线路和未保护的线路(包括接地线)分隔开，绝对不要近距离平行排布，它们的排布必须有一定空间距离或通过屏蔽装置进行隔离，以防止从未保护的线路向已经保护的线路感应雷电浪涌电流。

防雷器连接线的截面积应和配电系统的相线及零线(L_1、L_2、L_3、N)的截面积相同或按照表 6 - 9 方式选取。

表 6 - 9　防雷器连接线截面积选取对照表

截面积类型	导线截面积/mm^2（材质：铜）		
主电路导线截面积	≤35	50	≥70
防雷器接地线截面积	≥16	25	≥35
防雷器连接线截面积	10	16	25

④ 零线和地线的连接。

零线的连接可以分流相当可观的雷电流，在主配电柜中，零线的连接线截面积应不小于 $16mm^2$，当在一些用电量较小的系统中，零线的截面积可以相应选择得较小些。防雷器接地线的截面积一般取主电路截面积的一半，或按照表 6 - 9 提供的方式选取。

⑤ 接地和等电位连接。

防雷器的接地线必须和设备的接地线或系统保护接地可靠连接。如果系统存在雷击保护等电位连接系统，防雷器的接地线最终也必须和等电位连接系统可靠连接。系统中每一个局部的等电位连接排也都必须和主等电位连接排可靠连接，连接线的截面积必须满足接地线的最小截面积要求。

⑥ 防雷器的失效保护方法。

基于电气安全的原因，任何并联安装在市电电源相对零线或相对地线之间的电气元件，为防止故障短路，必须在该电气元件前安装短路保护器件，如空气开关或熔断器。防雷器也不例外，在防雷器的入线处，也必须加装空气开关或熔断器，目的是当防雷器因雷击保护击穿或因电源故障损坏时，能够及时切断损坏的防雷器与电源之间的联系，待故障防雷器修复或更换后，再将保护空气开关复位或将熔断的熔丝更换，防雷器恢复保护待命状态。

为保证短路保护器件的可靠起效，一般C级防雷器前选取安装额定电流值为32A(C类脱扣曲线)的空气开关，B级防雷器前可选择额定电流值为63A的空气开关。

(2) 接地系统的安装施工。

① 接地体的埋设。

在进行配电室基础建设和太阳电池方阵基础建设的同时，在配电机房附近选择一处地下无管道、无阴沟、土层较厚、潮湿的开阔地面，一字排列挖直径1m、深2m的坑2或3个(其中的1或2个坑用于埋设电气设备保护等地线的接地体，另一个坑用于单独埋设避雷针地线的接地体)，坑与坑的间距应不小于3m。坑内放入专用接地体或自行设计制作的接地体，接地体应垂直放置在坑的中央，其上端离地面的最小高度应大于等于0.7m，放置前要先将引下线与接地体可靠连接。

将接地体放入坑中后，在其周围填充接地专用降阻剂，直至基本将接地体掩埋。填充过程中应同时向坑内注入一定的清水，以使降阻剂充分起效。最后用原土将坑填满整实。电气设备保护等接地线的引下线最好采用截面积35mm^{2}接地专用多股铜芯电缆连接，避雷针的引下线可用直径8mm圆钢连接。

② 避雷针的安装。

避雷针的安装最好依附在配电室等建筑物旁边，以利于安装固定，并尽量在接地体的埋设地点附近。避雷针的高度根据要保护的范围而定，条件允许时尽量单独接地。

5. 蓄电池的安装

1) 蓄电池与控制器的连接

连接蓄电池一定要注意按照控制器的使用说明书的要求，而且电压一定要符合要求。若蓄电池的电压低于要求值时，应将多块蓄电池串联起来，使它们的电压达到要求。

2) 安装蓄电池的注意事项

① 加完电解液的蓄电池应将加液孔盖拧紧，防止有杂质掉入电池内部。胶塞上的通气孔必须保持畅通。

② 各接线夹头和蓄电池极柱必须保持紧密接触。导线接好后，需在各连接点涂上一层薄凡士林油膜，以防接点锈蚀。

③ 蓄电池应放在室内通风良好、不受阳光直射的地方。距离热源不得少于2m。室内温度应经常保持在10～25℃。

④ 蓄电池与地面之间应采取绝缘措施，如垫置木板或其他绝缘物，以免因电池与地面短路而放电。

⑤ 放置蓄电池的位置应选择在离太阳电池方阵较近的地方。连接导线应尽量缩短；

导线线径不可太细。这样可以减少不必要的线路损耗。

⑥ 酸性蓄电池和碱性蓄电池不允许安置在同一房间内。

⑦ 对安置蓄电池较多的蓄电池室，冬天不允许采用明火保温，应用火墙来提高室内温度。

6. 汇流箱的安装

汇流箱的作用是将若干组串联回路并联连接到汇流箱内，形成较大的直流电流，再连接到逆变器，转换成交流电源。汇流箱安装时，要考虑组件串联回路到汇流箱的距离，以及汇流箱到逆变器的距离，距离越远，损耗越大。故汇流箱安装时须考虑适当的位置，同时要考虑维修方便。汇流箱内有防雷模块，要保证可靠接地。

汇流箱内接线要做到横平竖直，美观大方。每个回路须做好标识，如组串回路出现异常情况，可迅速找到对应的电池组件。目前很多专家在研究汇流箱的监控方式，也取得了一定的成效，如监测串联回路的电流，根据电流的变化判断汇流箱的工作情况，

7. 线缆的铺设与连接

1）太阳能光伏发电系统连接线缆铺设注意事项

① 不得在墙和支架的锐角边缘铺设电缆，以免切割、磨损伤害电线绝缘层引起短路，或切断导线引起断路。

② 应为电缆提供足够的支撑和固定，防止风吹等对电缆造成机械损伤。

③ 布线的松紧度要适当，过于张紧会因热胀冷缩造成断裂。

④ 考虑环境因素影响，线缆绝缘层应能耐受风吹、日晒、雨淋、腐蚀等。

⑤ 电缆接头要特殊处理，要防止氧化和接触不良，必要时要镀锡或锡焊处理。

⑥ 同一电路馈线和回线应尽可能绞合在一起。

⑦ 线缆外皮颜色选择要规范，如火线、零线和地线等颜色要加以区分。

⑧ 线缆的截面积要与其线路工作电流相匹配，截面积过小，可能使导线发热，造成线路损耗过大，甚至使绝缘外皮熔化，产生短路甚至火灾。特别是在低电压直流电路中，线路损耗尤其明显。截面积过大，又会造成不必要的浪费。因此系统各部分线缆要根据各自通过电流的大小进行选择确定。

⑨ 当线缆铺设需要穿过楼面、屋面或地面时，其防水套管与建筑体之间的缝隙必须做好防水密封处理，建筑表面要处理光洁。

2）线缆的铺设与连接

太阳能光伏发电系统的线缆铺设与连接主要以直流布线工程为主，而且串联、并联接线场合较多。因此施工时要特别注意正负极性。

① 在进行光伏电池方阵与直流接线箱之间的线路连接时，所使用导线的截面积要满足最大短路电流的需要。各组件方阵串的输出引线要做编号和正负极性的标记，然后引入直流接线箱。线缆在进入接线箱或房屋穿线孔时，要做个防水弯，以防积水顺电缆进入屋内或机箱内。

② 当太阳电池方阵在地面安装时要采用地下布线方式，地下布线时要对导线套线管进行保护，掩埋深度距离地面在 0.5m 以上。

③ 交流逆变器输出的电气方式有单相二线制、单相三线制、三相三线制、三相四线制等，连接时注意相线和零线的正确连接。

6.3.2 太阳能光伏发电系统的维护

1. 太阳能光伏发电系统的日常检查和定期维护

太阳能光伏发电系统的运行维护分为日常检查和定期维护，其运行维护和管理人员都要有一定的专业知识、高度的责任心和认真负责的态度，每天检查光伏发电系统的整体运行情况，观察设备仪表和计量检测仪表的显示数据，定时巡回检查，做好检查记录。

1）光伏发电系统的日常检查

在光伏发电系统的正常运行期间，日常检查是必不可少的，一般对于大于20kW容量的系统应当配备专人巡检，容量20kW以内的系统可由用户自行检查。日常检查一般每天或每班进行一次。

日常检查的主要内容如下所示。

① 观察电池方阵表面是否清洁，及时清除灰尘和污垢，可用清水冲洗或用干净纱布擦拭，但不得使用化学试剂清洗。检查了解方阵有无接线脱落等情况。

② 注意观察所有设备的外观锈蚀、损坏等情况，用手背触碰设备外壳检查有无温度异常，检查外露的导线有无绝缘老化、机械性损坏，箱体内有否进水等情况。检查有无小动物对设备形成侵扰等其他情况。设备运行有无异常声响，运行环境有无异味，如有应找出原因，并立即采取有效措施予以解决。

若发现严重异常情况，除了立即切断电源，并采取有效措施外，还要报告有关人员，同时做好记录。

③ 观察蓄电池的外壳有无变形或裂纹，有无液体渗漏。充、放电状态是否良好，充电电流是否适当。环境温度及通风是否良好，并保持室内清洁，蓄电池外部是否有污垢和灰尘等。

2）光伏发电系统的定期维护

光伏发电系统除了日常巡检以外，还需要专业人员进行定期的检查和维护，定期维护一般每月或每半月进行一次，一般包括以下内容。

① 检查、了解运行记录，分析光伏发电系统的运行情况，对于光伏发电系统的运行状态做出判断，如发现问题，立即进行专业的维护和指导。

② 设备外观检查和内部的检查，主要涉及活动和连接部分导线，特别是大电流密度的导线、功率器件、容易锈蚀的地方等。

③ 对于逆变器应定期清洁冷却风扇并检查是否正常，定期清除机内的灰尘，检查各端子螺栓是否紧固，检查有无过热后留下的痕迹及损坏的器件，检查电线是否老化。

④ 定期检查和保持蓄电池电解液相对密度，及时更换损坏的蓄电池。

⑤ 有条件时可采用红外探测的方法对光伏发电方阵、线路和电器设备进行检查，找出异常发热和故障点，并及时解决。

⑥ 每年应对光伏发电系统进行一次系统绝缘电阻及接地电阻的检查测试，以及对逆变控制装置进行一次全项目的电能质量和保护功能的检查和试验。

所有记录特别是专业巡检记录应存档妥善保管。

总之，光伏发电系统的检查、管理和维护是保证系统正常运行的关键，必须对光伏发电系统认真检查，妥善管理，精心维护，规范操作，发现问题及时解决，才能使光伏发电系统处于长期稳定的正常运行状态。

2. 太阳能光伏组件方阵的检查维护

① 应保持太阳电池方阵采光面的清洁，如积有灰尘，应先用清水冲洗，然后用干净的纱布将水迹擦干，切勿用有腐蚀性的溶剂冲洗或用硬物擦拭。遇风沙和积雪后，应及时进行清扫。一般应至少每月清扫一次。

② 值班人员应注意太阳电池方阵周围有没有新生长的树木、新立的电线杆等遮挡太阳光的事物，以免影响太阳电池组件充分地接收太阳光。一经发现，要报告电站负责人，及时加以处理。

③ 带有向日跟踪装置的太阳电池方阵，应定期检查跟踪装置的机械和电性能是否正常。

④ 太阳电池方阵的支架可以固定安装，也可按季节的变化调整电池方阵与地面的夹角，以便太阳电池组件更充分地接收太阳光。调整的角度是：①春分以后的接收角是当地的纬度减 11°48′；②秋分以后的接收角是当地的纬度加 11°48′；③全年平均的接收角是当地的纬度±5°。

⑤ 要定期检查太阳电池方阵的金属支架有无腐蚀，并根据当地具体条件定期进行油漆。方阵支架应良好接地。

⑥ 在使用中应定期(如一个月)对太阳电池方阵的光电参数包括其输出功率进行检测，以保证方阵不间断地正常供电。

⑦ 遇大雨、冰雹、大雪等情况，太阳电池方阵一般不会受到损坏，但应对电池组件表面及时进行清扫、擦拭。

⑧ 应每月检查一次各太阳电池组件的封装及接线接头，如发现有封装开胶进水、电池变色及接头松动、脱线、腐蚀等，应及时进行处理。不能处理的，应及时向领导报告。

3. 固定型铅酸蓄电池的管理和维护

1) 日常的检查和维护

(1) 值班人员或蓄电池工要定期进行外部检查，一般每班或每天检查一次。

检查内容：

① 室内温度、通风和照明。

② 玻璃缸和玻璃盖的完整性。

③ 电解液液面的高度，有无漏出缸外。

④ 典型电池的密度、电压、温度是否正常。

⑤ 母线与极板等的连接是否完好，有无腐蚀，有无凡士林油。

⑥ 室内的清洁情况，门窗是否严密，墙壁有无剥落。

⑦ 浮充电流值是否适当。

⑧ 各种工具仪表及保安工具是否完整。

(2) 蓄电池专责技术人员或电站负责人会同蓄电池工每月进行一次详细检查。

检查内容：

① 每个电池的电压、密度和温度。

② 每个电池的液面高度。

③ 极板有无弯曲、硫化和短路。

④ 沉淀物的厚度。

⑤ 隔板、隔棒是否完整。

⑥ 蓄电池绝缘是否良好。

⑦ 进行充、放电过程情况，有无过充电、过放电或充电不足等情况。

⑧ 蓄电池运行记录簿是否完整，记录是否及时正确。

(3) 日常维护工作的主要项目。

① 清扫灰尘，保持室内清洁。

② 及时检修不合格的落后电池。

③ 清除漏出的电解液。

④ 定期给连接端子涂凡士林。

⑤ 定期进行充电放电。

⑥ 调整电解液液面高度和密度。

2) 检查蓄电池是否完好的标准

(1) 运行正常，供电可靠。

① 蓄电池组能满足正常供电的需要。

② 室温不得低于0℃，不得超过30℃；电解液温度不得超过35℃。

③ 各蓄电池电压、密度应接近相同，无明显落后的电池。

(2) 构件无损，质量符合要求。

① 外壳完整，盖板齐全，无裂纹缺损。

② 台架牢固，绝缘支柱良好。

③ 导线连接可靠，无明显腐蚀。

④ 建筑符合要求，通风系统良好，室内整洁无尘。

(3) 主体完整，附件齐全。

① 极板无弯曲、断裂、短路和生盐。

② 电解液质量符合要求，液面高度超出极板10～15mm。

③ 沉淀物无异状、无脱落，沉淀物和极板之间距离在10mm以上。

④ 具有温度计、密度计、电压表和劳保用品等。

(4) 技术资料齐全准确，应具有：

① 制造厂说明书。

② 每个蓄电池的充、放电记录。

③ 蓄电池维修记录。

3) 管理维护工作的注意事项

① 蓄电池室的门窗应严密，防止尘土入内；要保持室内清洁，清扫时要严禁将水洒入蓄电池；应保护室内干燥，通风良好，光线充足，但不应使日光直射蓄电池上。

② 室内要严禁烟火，尤其在蓄电池处于充电状态时，不得将任何火焰或有火花发生的器械带入室内。

③ 蓄电池盖，除工作需要外，不应挪开，以免杂物落于电解液内，尤其不要使金属物落入蓄电池内。

④ 在调配电解液时，应将硫酸徐徐注入蒸馏水内，用玻璃棒搅拌均匀，严禁将水注入硫酸内，以免发生剧烈爆炸。

⑤ 维护蓄电池时，要防止触电，防止蓄电池短路或断路，清扫时应用绝缘工具。

⑥ 维护人员应戴防护眼睛和护身的防护用具。当有溶液落到身上时，应立即用 50% 苏打水擦洗，再用清水清洗。

4）蓄电池正常巡视的检查项目

① 电解液的高度应高于极板 10～20mm。

② 蓄电池外壳应完整、不倾斜，表面应清洁，电解液应不漏出壳外。木隔板、铅卡子应完整、不脱落。

③ 测定蓄电池电解液的密度、液温及电池的电压。

④ 电流、电压正常，无过充、过放电现象。

⑤ 极板颜色正常，无断裂、弯曲、短路及生盐等情况。

⑥ 各接头连接应紧固、无腐蚀，并涂有凡士林。

⑦ 室内无强烈气味，通风及附属设备完好。

⑧ 测量工具、备品备件及防护用具完整良好。

4. 光伏控制器和逆变器的检查维护

光伏控制器和逆变器的操作使用要严格按照使用说明书的要求和规定进行。开机前要检查输入电压是否正常；操作时要注意开关机的顺序是否正确，各表头和指示灯的指示是否正常。

控制器和逆变器在发生断路、过电流、过电压、过热等故障时，一般都会进入自动保护而停止工作。这些设备一旦停机，不要马上开机，要查明原因并修复后再开机。

逆变器机箱或机柜内有高压，操作人员一般不得打开机箱或机柜，柜门平时要锁死。

当环境温度超过 30℃时，应采取降温散热措施，防止设备发生故障，延长设备使用寿命。

经常检查机内温度、声音和气味等是否异常。

控制器和逆变器的维护检修：严格定期查看控制器和逆变器各部分的接线有无松动现象(如熔断器、风扇、功率模块、输入和输出端子及接地等)，发现接线有松动要立即修复。

5. 配电柜及输电线路的检查维护

检查配电柜的仪表、开关和熔断器有无损坏；各部件接点有无松动、发热和烧损现象；漏电保护器动作是否灵敏可靠；接触开关的触点是否有损伤。

配电柜的维护检修内容主要有：定期清扫配电柜，修理更换损坏的部件和仪表；更换和紧固各部件接线端子；箱体锈蚀部位要及时清理并涂刷防锈漆。

定期检查输电线路的干线和支线，不得有掉线、搭线、垂线、搭墙等现象；不得有私拉偷电现象；定期检查进户线和用户电表。

6. 防雷接地系统的检查和维护

① 每年雷雨季节前应对接地系统进行检查和维护。主要检查连接处是否紧固、接触是否良好、接地体附近地面有无异常，必要时挖开地面抽查地下隐蔽部分锈蚀情况，如果发现问题应及时处理。

② 接地网的接地电阻应每年进行一次测量。

③ 每年雷雨季节前应对运行中的防雷器利用防雷器元件老化测试仪进行一次检测，雷雨季节中要加强外观巡视，发现防雷模块显示窗口出现红色及时更换处理。

7. 光伏发电监控检测系统的检查

大型光伏电站都有完善的监控检测系统，所有跟电站运行相关的参数都会通过 rs485 通信的方式汇总并通过显示系统实时显示。

通过显示系统可看到实时显示的累计发电量、方阵电压、方阵电流、方阵功率、电网电压、电网频率、实际输出功率、实际输出电流等参数信息。在检查过程中可以通过比对存档在微机上的历史记录以及相关操作手册上的数据来发现电站当前运行状况是否正常。

当发现电站运行异常时要及时找出异常原因并加以排除，如无法解决则应及时上报。

8. 太阳能光伏系统的试验方法

对太阳能光伏系统一般需进行绝缘电阻试验、绝缘耐压试验、接地电阻试验、太阳电池阵列的出力检查与测定、系统并网保护装置试验等。

1）绝缘电阻试验

为了了解太阳能光伏系统各部分的绝缘状态，判断是否可以通电，需要进行绝缘电阻试验。一般在太阳能光伏系统开始运行、定期检查及确定事故点时进行。

绝缘电阻试验包括太阳电池电路及功率调节器电路的绝缘电阻试验。进行太阳电池电路的绝缘电阻试验时，先用短路开关将太阳电池阵列的输出端短路。根据需要选用 500V 或 1000V 的绝缘电阻计，使太阳电池阵列通过与短路电流相当的电流，然后测量太阳电池阵列的输出端子对地间的绝缘电阻。绝缘电阻值一般在 0.1MΩ 以上。图 6.70 为太阳电池阵列的绝缘电阻试验电路图。

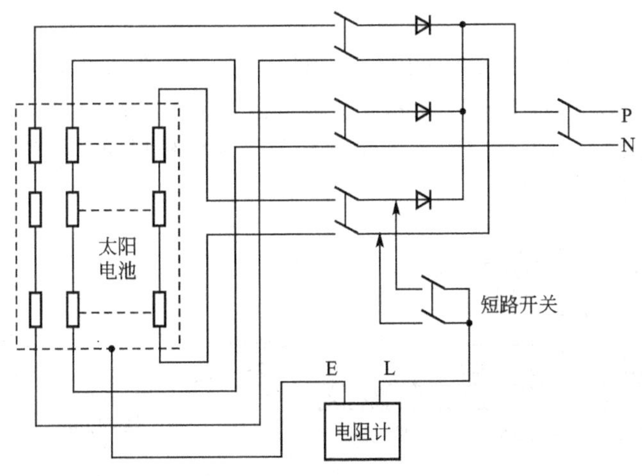

图 6.70 太阳电池阵列的绝缘电阻试验电路图

功率调节器电路的绝缘电阻试验电路如图 6.71 所示。绝缘电阻计为 500V 或 1000V，根据功率调节器的额定电压选择不同电压等级的绝缘电阻计。

试验项目包括输入回路的绝缘电阻试验及输出回路的绝缘电阻试验。进行输入回路的绝缘电阻试验时，首先将太阳电池与接线盒分离，并将功率调节器的输入回路和输出回路短路，然后测量输入回路与大地间的绝缘电阻。进行输出回路的绝缘电阻测量时，同样将

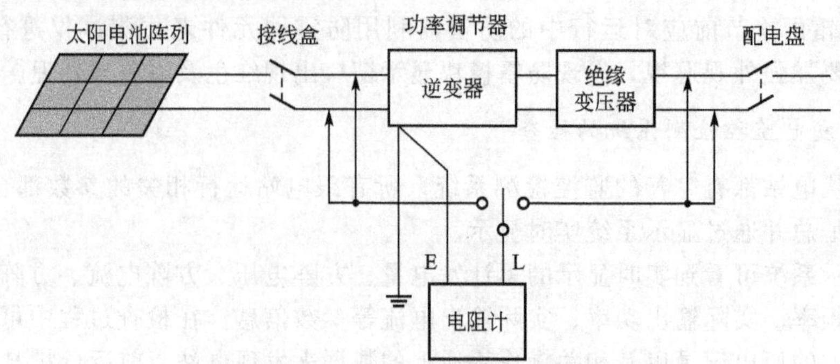

图 6.71　功率调节器的绝缘电阻试验电路图

太阳电池与接线盒分离，并将功率调节器的输入回路和输出回路短路，然后测量输出回路与大地间的绝缘电阻。功率调节器的输入、输出绝缘电阻值一般在 0.1MΩ 以上。

2）绝缘耐压试验

对于太阳电池阵列和功率调节器，根据要求有时需要进行绝缘耐压试验，测量太阳电池阵列电路和功率调节器电路的绝缘耐压值。测量的条件一般与前述的绝缘电阻试验相同。

进行太阳电池阵列电路的绝缘耐压试验时，将标准太阳电池阵列开路电压作为最大使用电压，对太阳电池阵列电路加上最大使用电压的 1.5 倍的直流电压或 1 倍的交流电压，试验时间为 10min 左右，检查是否出现绝缘破坏。进行绝缘耐压试验时一般将避雷装置取下，然后进行试验。

进行功率调节器电路的绝缘耐压试验时，试验电压与太阳电池阵列电路的绝缘耐压试验相同，试验时间为 10min，检查是否出现绝缘破坏。

3）接地电阻试验

接地电阻测量时一般使用接地电阻计、接地电极及两个辅助电极对接地电阻进行测量，接地电阻试验的方法如图 6.72 所示。接地电极与辅助电极的间隔为 10m 左右，并成直线排列。将接地电阻计的 E、P、C 端子分别与接地电极以及其他辅助电极相连，使用接地电阻计可测出接地电阻值。

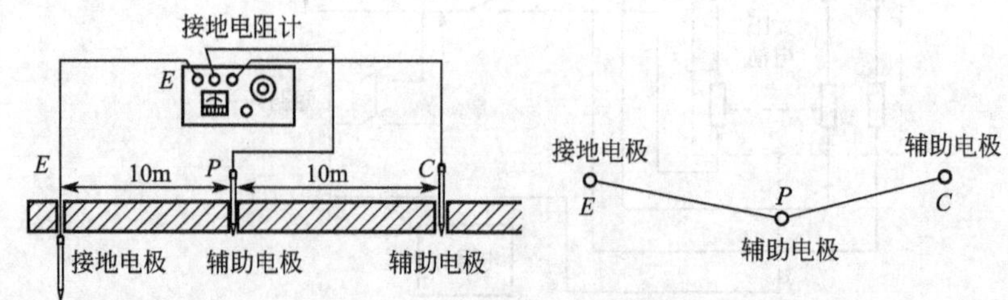

图 6.72　接地电阻试验方法

4）太阳电池阵列的出力试验

为了使太阳能光伏系统满足所需出力，一般将多枚太阳电池组件并联、串联构成。判断太阳电池组件串联、并联是否有误需要进行检查、试验。定期检查时可根据已测量的太阳电池阵列的出力发现动作不良的太阳电池组件及配线存在的缺陷等问题。

太阳电池阵列的出力试验包括太阳电池阵列的开路电压试验及短路电流试验。进行太阳电池阵列的出力试验时，首先测量各并联支路的开路电压，以便发现动作不良的并联支路、不良的太阳电池组件及串联接线出现的问题。太阳电池阵列的短路电流试验可以发现异常的太阳电池组件。

5）系统并网保护装置试验

系统并网保护装置试验包括继电器的动作特性试验，以及单独运转防止功能等试验。系统并网保护装置的生产厂家不同，所采用的单独运转防止功能的方式也不同。因此，可以采用厂家推荐的方法进行试验，也可以委托厂家进行试验。

9. 太阳能光伏发电系统设备的调试

1）光伏方阵的检测

(1) 开路电压和短路电流的测量。

光伏板在安装前必须逐个进行开路电压和短路电流的测量。开路电压的测量必须在光伏板被阳光照热前进行，因为组件的输出电压会随着温度的上升而下降。短路电流的测量直接受日照强度的影响，故只能对光伏板的输出电流特性做一个估计。最好在正午最强的条件下测量光伏板，测量时使光伏板平面垂直正对阳光，现场测量结果与产品说明书给出的数据差别在5%～10%。

当整个安装工作完成后，测量光伏方阵总的开路电压。当阳光照射在方阵上时，判断并测量光照的强度并与生产厂家的说明书比较，以判断方阵的运行情况。

(2) 绝缘电阻的测量。

在无光照的情况下，短接光伏方阵输出端，测量输出端与接地端的绝缘电阻 R，测试结果应符合 $R \geqslant 40(\mathrm{M\Omega \cdot m^2})$/光伏组件总面积$(\mathrm{m^2})$。

2）逆变器的调试

① 调试前检查控制电源已送电，确认直流盘柜、低压交流盘柜送电已完成。

② 闭合低压交流柜断路器，用万用表在逆变器侧测量电网侧电压和频率是否满足并网要求(电网线电压允许范围：210～310V，电网频率正常范围：47～51.5Hz)。

③ 闭合并网逆变器电网侧断路器，在直流侧断路器断开的情况下，观察并网逆变器的上电和LCD液晶显示器界面显示情况，并网逆变器启动是否正常，是否符合并网要求。

④ 先任意闭合直流配电柜至并网逆变器之间的一个直流输出断路器，在并网逆变器侧检查直流电压的极性是否正确，直流电压是否满足逆变器的并网需求。

⑤ 闭合并网逆变器直流侧2个输入断路器，拔出控制模块输出总线，启动逆变器进行虚拟并网，查看逆变器的控制软件部分是否工作正常。

⑥ 如果虚拟并网测试通过后，停止逆变器工作，断开逆变器交流侧断路器，恢复控制模块输出总线，再次启动并网逆变器，进行小功率情况下逆变器的运行测试。

⑦ 闭合直流配电柜所有接入汇流箱的直流断路器，在大功率情况下查看逆变器的运行情况。

⑧ 功能测试：通过按键操作，测试逆变器。开关机测试：利用紧急停机按钮，测试逆变器紧急停机是否正常。

3）系统联调

调试步骤：先调试光伏组件串，合格后再依次调试光伏方阵、光伏发电系统直流侧和整个光伏发电系统，直到合格。

① 全面检查各支路接线的正确性，再次确认直流回路正负极性的正确性。

② 确认逆变器直流输入电压极性正确，闭合逆变器直流输入断路器。

③ 空载下闭合逆变器交流输出断路器，检测并确认交流输出电压值及相位正确。

④ 逐一启动交流负载，直到全部负载工作正常、相位一致。

⑤ 系统运行状态调整：全面调试光伏系统的运行状态，试验各项保护功能。

⑥ 电网故障测试：电网侧断路器断开时，光伏并网发电系统应立即停止运行；电网侧断路器闭合时，光伏并网发电系统应能恢复正常的工作状态。

4）太阳能光伏系统的试运行

在完成了以上分部调试后，应对逆变器、高低压配电装置分别送电试运行。送电时应核对所送电压等级、相序，特别是低压试运行时应注意空载运行时电压、起动电流及空载电流。在空载不低于1h以后，检查各部位应无不良现象，然后逐步投入各光伏方阵支路实现光伏系统的满负荷试运行，并做好负载试运行电压值、电流值的记录。

10. 太阳能光伏发电系统故障的排除

1）太阳电池组件与方阵的常见故障

太阳电池组件的常见故障有外电极断路、内部断路、旁路二极管短路、旁路二极管反接、热斑效应、接线盒脱落、导线老化、导线短路、背膜开裂、EVA与玻璃分层进水、铝边框开裂、电池玻璃破碎、电池片或电极发黄、电池栅线断裂、太阳电池板被遮挡等。可根据具体情况检查更换或修理。

2）蓄电池的常见故障及解决方法

阀控密封蓄电池常见故障有外壳开裂、极柱断裂、螺栓断裂、失水、漏液、胀气、不可逆硫酸盐化、电池内部短路等，可归纳为下面几个方面。

（1）蓄电池外观方面故障见表6-10。

表6-10 蓄电池外观方面故障

故障现象	故障原因	故障后果	解决方法
电池壳裂纹或碎裂	运输或撞击损坏	电池液干涸或接地故障	更换损坏的蓄电池
电池爆炸，壳盖碎裂	电池内短路产生火花点燃电池内部或外在原因累积的气体	不能支持负载，严重时易造成设备损坏	更换损坏的蓄电池
	超期服役和维护不良的蓄电池都有爆炸的隐患		不使用超期服役的电池
电池端子上有腐蚀	制造过程残留的电解液或电池端子密封不严渗漏的电解液腐蚀了端子	增加了接触电阻，连接部位发热并加大电压降	拆下连接线，清洁连接面再安装，并涂保护油脂，渗漏严重时必须更换蓄电池
电池端子上有熔化的油脂痕迹	因为连接松动或接触面有污物造成接触不良，使连接处发热	输出电压下降，使用时间缩短，端子损坏	重新拧紧松动连接，清除连接处污物后再连接

（续）

故障现象	故障原因	故障后果	解决方法
电池壳发热膨胀	因为高温环境、过大浮充电压或充电电流，或上述故障的组合，造成热失控	电池失水严重，缩短使用寿命，严重时电池外壳熔化，释放臭鸡蛋味的硫化氢气体	改善环境条件；纠正导致热失控的项目；换掉膨胀严重的电池
	蓄电池超期服役	电池内阻增大，有爆炸危险	更换超期服役的电池

（2）电池温度升高故障见表6-11。

表6-11 电池温度升高故障

故障现象	故障原因	故障后果	解决方法
电池温度升高	环境温度升高	缩短电池使用寿命	降低环境温度
	未安装空调		安装空调
	电池柜通风不良		改善通风条件
	浮充电压过高		纠正充电系统
	浮充电流过大		更换短路电池
	电池内部有短路		更换短路电池

（3）蓄电池组浮充总电压过高或过低故障见表6-12。

表6-12 蓄电池组浮充总电压过高或过低故障

故障现象	故障原因	故障后果	解决方法
25℃时，系统浮充电压平均大于每只13.8V，即电池单体大于2.3V	电池板输出设计不正确，控制器输出设置不正确，控制器内部电路或元件故障	过度充电会导致蓄电池析出气体过多和电解液干涸及发生热失控的危险	重新核实电池板输出电压；调整控制器的输出设置；检修或更换控制器
25℃时，系统浮充电压平均小于每只13.5V，即电池单体小于2.25V	电池板输出设计不正确，控制器输出设置不正确，控制器内部电路或元件故障	充电不足会缩短负载工作时间或使蓄电池容量逐步丧失，严重时会造成电池失效	重新核实电池板输出电压；调整控制器的输出设置；检修或更换控制器
	个别电池单格短路	故障电池发热并影响该电池组的充电电压	更换故障电池

（4）单只蓄电池浮充电压过高或过低故障见表6-13。

表 6-13 单只蓄电池浮充电压过高或过低故障

故障现象	故障原因	故障后果	解决方法
电池浮充电压小于13.2V，即电池单体小于2.2V	该电池可能有单格短路的现象	缩短负载工作时间，浮充电流增大，放电时单格发热，潜在的热失控危险	更换故障电池
个别电池浮充电压大于14.5V，即电池单体大于2.42V	该电池存在没有完全断路的单体，使电池虚连接	无法为负载正常供电，并可能产生引爆电池内部气体的电弧	更换故障电池

3）光伏控制器常见故障

光伏控制器的常见故障包括：因电压过高造成损坏，蓄电池极性反接损坏，因雷击造成损坏，工作点设置不对或漂移造成充放电控制错误，空气开关或继电器触点拉弧，功率开关晶体管器件损坏等。可根据具体情况维修或更换控制器系统。

4）逆变器常见故障

逆变器的常见故障包括：因运输不当造成损坏，因极性反接造成损坏，因内部电源失效损坏，因遭受雷击而损坏，功率开关器件损坏，因输入电压不正常造成损坏，输出熔断器损坏等。可根据具体情况检修或更换逆变器系统。

习　题

1. 简述太阳能光伏发电系统的组成。
2. 太阳能光伏发电系统设计的方法有哪些？其基本过程是怎样的？
3. 用解析法设计太阳能光伏发电系统的具体步骤有哪些？
4. 简述太阳能光伏发电系统安装步骤。
5. 光伏发电系统安装完毕后的检查项目有哪些？
6. 简述光伏发电系统运行的一般故障及排除方法。

第7章 太阳能光伏发电系统案例分析

知识要点	掌握程度	相关知识
独立光伏系统的特点	熟知独立光伏系统的特点	西门子法和改良西门子法
独立光伏系统的设计方法	掌握蓄电池组容量和电池方阵容量的设计	蓄电池组容量的设计； 电池方阵容量的设计
光伏并网系统	熟知几种并网电力系统	几个光伏并网系统的实例

导入案例

保利协鑫光伏 200MW 太阳能电站落户宿迁

2013 年 8 月 20 日，宿迁 200MW 光伏电站项目签约仪式在宿城区举行。苏州保利协鑫光伏电力投资有限公司副总裁顾华敏、高级经理陈先余，江苏中青能源建设有限公司副总经理茆亚军，宿城区领导卞建军、赵赛花等出席签约仪式。

签约仪式上，卞建军代表区委、区政府对 200MW 光伏电站项目成功签约表示热烈祝贺。他强调，相关部门要加大项目帮办服务力度，全力支持项目建设，为项目开工建设创造优良环境。他同时希望苏州保利协鑫能够加大投入力度，加快项目建设步伐，推动项目早日竣工投产。

顾华敏在签约仪式上简要介绍了公司产业布局、产业优势和发展战略，并表示将致力于宿城区新能源产业发展，以绿色环保的光电资源惠及宿城区人民，为政府实施节能减排、建立低碳型社会做出积极贡献。

据了解，苏州保利协鑫光伏电力投资有限公司是保利协鑫旗下专业从事大中型光伏电站、风力发电项目的开发、投资、建设和运营的业务板块。协鑫新能源整合光伏、电力产业优势，积极进行光伏电站项目开发，目前在中国已运营光伏、风力电站规模超过 100MW，在建项目 560MW，储备开发项目 1000MW。公司秉承“把绿色能源带进生活”的理念，致力于持续提供优质的绿色能源和服务，持续改善人类生存环境。同时强调资源的有效保护和综合利用，重点开发大中型荒漠、荒山、滩涂、水面电站，实现经济效益和环境效益的有效结合。

（资料来源：http：//www. solarzoom. com/article - 35528 - 1. html.）

7.1 离网型太阳能光伏发电系统

独立光伏系统因不与公用电网相连接，且受日照条件、温度、云层、风沙等气象条件影响较大，加之一般太阳电池负载特性较软，为了太阳能光伏系统的稳定运行，在系统中除太阳电池组件方阵以外还需具备一定的储能元件，在光伏系统中现行使用的常规储能元件一般为免维护铅酸蓄电池，别外还需有其他元件，如光伏控制器等，所以独立光伏系统的建设成本一般较高，且维护成本也较高，就单以蓄电池来说，常规以蓄电池的使用寿命两年来看，独立光伏发电系统的维护成本也是一个不小的投入。对于独立光伏发电系统的高成本，这就决定了现行应用的独立系统只能在边远地区和示范工程中使用。

7.1.1 独立光伏系统的设计方法

太阳照在地面，太阳电池方阵上的辐射能受到大气层厚度、地理位置、系统安装所在地的气候和气象、地形等众多因素的影响，其能量在不同时间内都有很大变化。因此，太阳能光伏系统的设计，需要考虑的因素是多方面的。但有一点，光伏系统的设计是在太阳电池方阵所处的环境下既要考虑现场的地理位置、太阳辐射能、气象和地形等因素，同时设计还要考虑到系统效率和经济效益，以保持系统高性价比。下面就独立光伏系统设计过程的各因素来分别予以介绍。

1. 蓄电池组容量设计

能够和太阳电池配套使用的蓄电池有多种，但考虑到系统的经济性，目前广泛使用的是铅酸免维护蓄电池，因为铅酸免维护蓄电池的免维护特性与其对环境污染较少的特点，使其很适用于性能可靠的太阳能光伏系统，特别是无人值守工作站。

铅酸蓄电池的储能作用对保证连续供电的意义是很重大的。当太阳电池方阵所转换电力不够时，要靠蓄电池储存的电能来提供负载用电需要；当太阳电池方阵发电量过剩时，是靠蓄电池将多余的电能储存起来。所以太阳电池方阵的发电量的不足和过剩值，是确定蓄电池容量的重要因素。除此之外，连续阴雨天期间的负载用电量也靠蓄电池供给。所以连续阴雨天期间的耗电量也是确定蓄电池容量的依据。因此，蓄电池容量的计算公式为

$$B_c = A \times Q_L \times N_L \times T_0 / C_c \tag{7-1}$$

式中，A——安全系数，取值在1.1～1.4；

Q_L——负载日平均耗电量，其值等于工作电流乘以日工作小时数；

N_L——连续阴雨天数；

T_0——温度修正系数，一般在0℃以上取1，－10～0℃取1.1，－10℃以下取1.2；

C_c——蓄电池放电深度，一般铅酸蓄电池取0.75，碱性镍镉蓄电池取1.2。

$$T_0 = (-\infty \sim +\infty)℃ \tag{7-2}$$

$$N_s = \frac{U_{min}}{U_{opt}} = (U_f + U_d + U_c)/U_{opt} \tag{7-3}$$

$$H = H_t \times 2.778/1000(\mathrm{h}) \tag{7-4}$$

$$B_t = A \times Q_L \times N_L \times T_0 / C_c \tag{7-5}$$

$$Q_d = I_{opt} \times H \times K_{op} \times C_z \tag{7-6}$$

$$B_{sp} = A \times Q_L \times N_L (\mathrm{A \cdot h}) \tag{7-7}$$

$$N_p = (B_{sp} + N_g \times Q_L)/(Q_d \times N_g) \tag{7-8}$$

$$P = P_o \times N_s \times N_p \tag{7-9}$$

2. 太阳电池方阵容量设计

太阳电池方阵是由太阳电池组件经过串并联组合而成的，所以计算太阳电池方阵容量的时候要考虑太阳电池组件的串联数目和并联数。

将太阳电池组件按一定数目串联起来就可以获得工作所需的电压。太阳电池方阵对蓄电池充电时，太阳电池组件的串联数必须适当。串联数过少，串联起来的组件电压低于蓄电池的浮充电压，方阵就无法对蓄电池充电。串联数过多，串联后的输出电压远高于浮充电压时，充电电池也不会明显增加，造成一定的浪费。因此，只有当太阳电池组件的串联电压等于合适的浮充电压时，才能达到最佳的充电状态。

其串联数目 $N_s = U_{min}/U_{opt} = (U_f + U_d + U_c)/U_{opt}$，其中 N_s 为太阳电池组件串联数目，U_{min} 为太阳电池方阵输出的最小工作电压；U_{opt} 为太阳电池组件的最佳工作电压；U_f 为蓄电池的浮充电压；U_d 为二极管的压降，对硅二极管一般取0.7V；U_c 为其他因素引起的电压降。

要计算太阳电池组件并联数目，首先要确定标准光强下的平均日辐射时数 H、太阳电池组件日发电量 Q_d 和两组最长连续阴雨天之间的最短间隔天数 N_g 等几个参数。其中日

辐射时数 $H=H_t\times 2.778/1000$(h)，H_t 的水平太阳辐射数据请参照“我国主要城市的辐射参数表”，为将日辐射量换算为标准光强下的平均日辐射时数的系数。太阳电池组件日发电量 $Q_d=I_{opt}\times H\times K_{op}\times C_z$，其中 I_{opt} 为太阳电池组件最佳工作电压，K_{op} 为斜面修正系数，C_z 为修正系数，主要为组合、衰减、灰尘和充电效率等损失，一般取 0.8。两组最长连续阴雨天之间需补充的蓄电池容量(A·h)$B_{sp}=A\times Q_L\times N_L$。太阳电池组件并联数目 $N_p=(B_{sp}+H_g\times Q_L)/(Q_d\times N_g)$。在两连续阴雨天数之间的最短间隔天数内的发电量，除供负载发电耗电使用，还需要补足蓄电池在最长连续阴雨天内所耗电量。

太阳电池方阵功率 $P=P_0\times N_S\times N_p$，其中 P_0 为太阳电池组件的额定功率。

7.1.2 光伏电站系统工程设计案例——“内蒙古太阳村”光伏供电系统试验示范项目

“内蒙古太阳村”项目是中国科学技术部和意大利环境与领土部的科技合作项目之一。2002 年 4 月 8 日，中意双方签订协议，确定锡林郭勒盟苏尼特右旗为项目的示范点，科学技术部国际合作公司和内蒙古自然能源研究所为项目的中方执行单位，意大利 EniTechnology 公司为意方执行单位。

项目的示范内容主要包括村落光伏电站、光伏电泵提水系统、户用光伏发电供电系统。经中意双方执行单位的研究与考察，选定苏尼特右旗的新民镇架子山村为试验村。村落光伏电站的电站容量为 19.4kW，包括一个 8kW 的光伏电泵提水系统，为全村 38 户居民提供日常生活和部分生产用电，实现居民区的绿化，达到改善该村周围生态环境的目的。光伏电泵提水系统灌溉了两个干旱草场，安装容量为 16kW，供电能力能够喷灌 80～100 亩自然草场。“户用光伏发电供电系统”的安装总户数为 151 户，其中 76 户是 350W 的光伏供电系统、75 户为 500W 的光伏供电系统。

2004 年 9 月，项目所需的意大利设备运至示范地苏尼特右旗，同年 10 月中旬，技术人员开始安装设备，12 月 4 日全部安装完毕。2005 年年初，建成的太阳村各个系统进行了试运行，对三种系统进行了性能测试和调整。目前，项目已经开始运行，农牧民对太阳村的运行状况反映良好。

1. 项目背景

1）西方发达国家太阳能资源利用现状

2004年左右，世界范围内太阳能光伏技术和光伏产业发展迅速。意大利、美国、德国、日本等国家纷纷制定了中长期发展规划来推动光伏技术和光伏产业的发展。20 世纪 80 年代以来，全球光伏电池的生产持续高速增长，平均年增长率达到 15%；2004 年，最近 10 年的平均年增长率为 25%，近 5 年的年平均增长率为 34%，成为全球增长最快的高新技术产业之一。

到 2004 年，世界上已经建成了 10 多座 MW 级的光伏发电系统、6 个 MW 级的联网光伏电站。据当时预测，到 2010 年，世界光伏市场的容量将达到 2 万 MW，到 21 世纪中叶，光伏市场的容量将达到 50 万 MW；到 2050 年，光伏发电将达到世界总发电量的 10%～20%。

2）中国太阳能资源及利用概况

中国蕴含丰富的太阳能资源，辐射总量达到 $3.3\times 10^3\sim 8.4\times 10^6$ kJ/m²·a，全国总面积 2/3 以上地区年日照时数大于 2000h。内蒙古、新疆、西藏、青海、甘肃、宁夏等地区的总辐射量和日照时数均居全国之首，表 7-1 为各地区太阳能资源分布情况。

表 7-1 中国太阳能资源的分布

类型	地区	年日照时数/h	年辐射总量/[kJ/(m² · a)]
1	新疆东南部、西藏西部、青海西部、甘肃西部	2800～3300	160～200
2	新疆南部、西藏东南部、青海东部、宁夏南部、甘肃中部、内蒙古、山西北部、河北西北部	3000～3200	140～160
3	新疆北部、甘肃东南部、山西南部、陕西北部、河北东南部、山东、河南、吉林、辽宁、云南、广东南部、福建南部、江苏北部、安徽北部	2200～3000	120～140
4	湖南、广西、江西、浙江、湖北、福建北部、广东北部、陕西南部、江苏南部、安徽南部、黑龙江	1400～2200	100～120

尽管中国太阳能资源丰富，但是光伏产业的发展同国际光伏产业的水平仍存在较大的距离。那时，中国的光伏产业年增长率为 15%，远低于世界光伏产业每年 34%的发展速度。1999 年，世界光伏组件的产量是 200MW，而中国的光伏组件产量只有 3MW，仅占世界产量的 1.5%。

中国的太阳能光伏发电主要表现在如下几个方面。

① 户用光伏系统：户用光伏系统是解决中国边远无电地区居民和社会用电问题的重要方式。到 2002 年，中国累计推广 10～100W_p 的户用光伏发电系统近 30 万台，光伏电池组件总功率 6MW 左右，其中 10～20W_p 的小系统应用较多。

② 独立/村级光伏电站：几 kW 到 MW 级的独立光伏电站具有质量稳定、维护方便、安全可靠、故障率低等优点，适用于人口相对集中的无电县、乡、村，到 2003 年年底，中国小型独立光伏电站的总容量将达到 20MW。

③ 中国的太阳能屋顶计划和光伏并网发电只在北京、深圳、西宁等小范围地区进入了实验阶段。

④ 光伏泵水系统在中国还处于示范实验阶段。

由于中国光伏发电成本高，相关技术正处于不断发展和成熟的过程中，借鉴和运用意大利等国家近年在光伏产业和光伏市场方面的成功经验尤为重要。

3）立项依据

苏尼特右旗地处内蒙古锡林郭勒盟西北部，位于东经 111°03′～114°16′，北纬 41°55′～43°47′，全旗总面积 26700km²，海拔 900～1400m，最高点为 1670m。苏尼特右旗为太阳能资源丰富的地区之一，年日照 3200h，平均各月水平面上的太阳辐射强度见表 7-2。

表 7-2 苏尼特右旗平均各月水平面上的太阳辐射强度

辐射强度/(MJ/m²)	1月	2月	3月	4月	5月	6月
直接辐射	187.56	228.8	328.77	383.6	460.1	480.5
散射辐射	95.27	123.2	193.05	255.1	288.8	249.4
总辐射量	282.9	351.3	542.6	637.7	761.5	726.6

（续）

辐射强度/(MJ/m^2)	7月	8月	9月	10月	11月	12月
直接辐射	449.4	401.6	362.7	291.4	195.8	164.2
散射辐射	247.2	203.1	168.9	137.6	95.5	85.15
总辐射量	693.4	612.8	538.1	423.6	285.7	249.4

苏尼特右旗共辖10个苏木乡4个镇，新民镇是最大的农牧业镇，全镇占地面积 $280km^2$，5个行政村，38个自然村，总人口11255人，现有耕地2.1万亩(其中水浇地有800亩)。当时，新民镇还有13个自然村没有通电，村民生活不便，经济落后。

经中意双方执行单位的调查研究，确定新民镇架子山村为该项目的示范村，且所选的牧区和农区示范点距离近，位于208国道旁，交通通信便利，便于项目的管理和实施，可促进项目在未来的可持续发展。

2. 项目应用技术介绍

太阳能光伏发电具有许多其他发电方式无法比拟的优点：不消耗燃料、不受地域限制、规模灵活、无污染、安全可靠、维护简单、寿命较长等。光伏电池技术通过利用半导体材料的光伏电效应原理直接将太阳辐射能转换为电能，并与储能装置、测量控制装置和直流—交流转换装置相配套，构成光伏发电系统。

“内蒙古太阳村”项目共包括以下三个部分。

1) 村落“光伏电站”

村落“光伏电站”实际上是一个光/柴互补供电系统。系统由20kW太阳电池、20kW柴油发电机组、220W/1700A的铅酸蓄电池组、控制器和逆变器等组成。如图7.1及图7.2所示为“内蒙古太阳村”光伏电站系统。

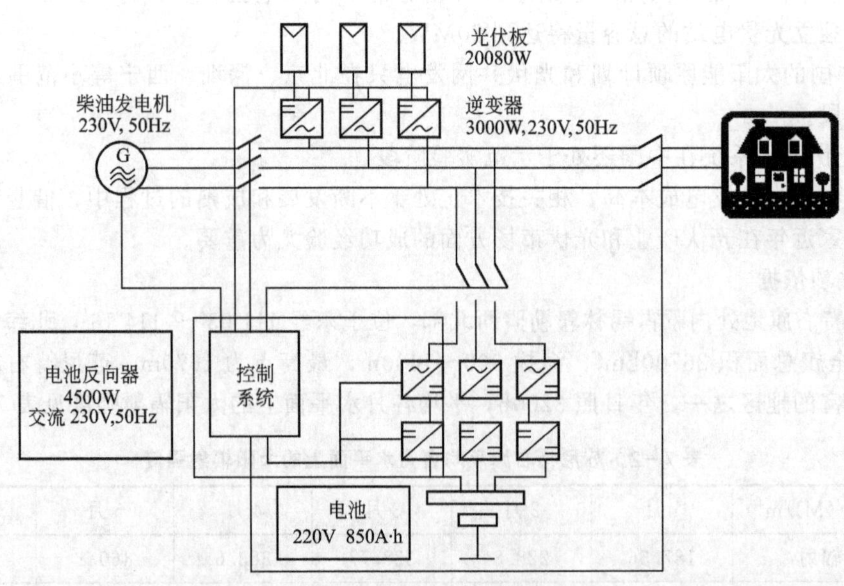

图7.1 村落光伏电站系统

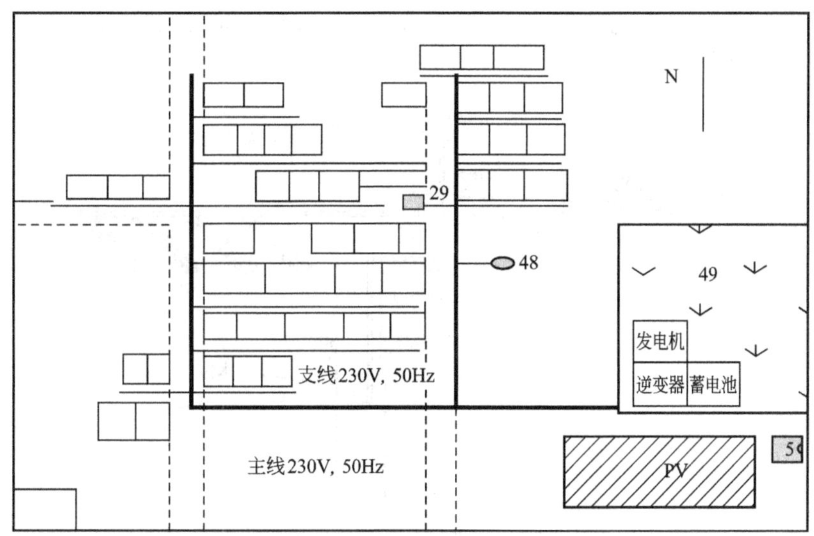

图 7.2 内蒙古太阳村线路布置

该系统可为全村 38 户居民供日常生活和部分生产用电，通过电力提水灌溉牧草，实现居民区的绿化，改善该村周围的生态环境。图 7.3 为光伏电站外景。

图 7.3 光伏电站外景

2）光伏电泵提水系统

示范点所安装的光伏电泵提水系统总容量为 16kW，每个系统 8kW。系统由太阳电池、控制器和 2.2kW 水泵 2 台等组成，如图 7.4 所示。

光伏电泵提水系统能够在无人看管的情况下实现自动泵水工作，早晨太阳升起时，只要太阳电池达到启动潜水泵的功率，潜水泵将自动接通电源开始泵水，随着太阳辐射强度的逐渐增强，泵水量增多，中午泵水量最大；下午随着太阳辐射强度的减弱，泵水量逐渐减少直至停止。

2004 年前后，因多种原因该旗草场退化严重。利用太阳能发电提水浇灌牧草，可为当地牧民找出一条利用可再生能源改良退化沙化草原的途径。根据当地牧民介绍：如果在草的生长期内，10 天给牧草浇一次水，天然草场的产草量可达 1200 斤/亩；人工草场产草量可达 8000 斤/亩。据测算，一口井可分别灌溉人工草场 20～30 亩，天然牧场 60～80

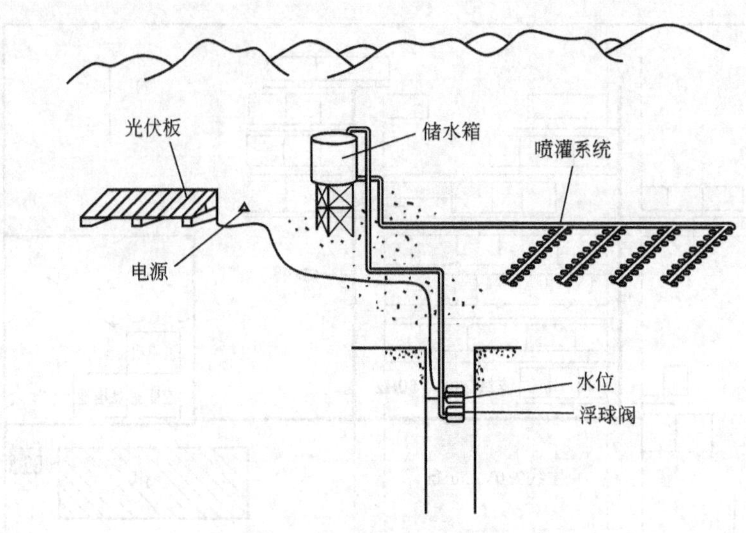

图 7.4 光伏泵水系统原理图

亩。该项目在运行中选择 2 个水资源比较丰富的分散牧户作为示范点进行光伏供电提水灌溉，种草养牧。每个示范点喷灌自然草场面积 80～100 亩，每个示范点安装太阳电池总容量为 8kW。示范点以提水灌溉为主，兼顾生活用电。灌溉方式采用定点式喷灌设备。

3）分散的“户用光伏供电系统”

户用光伏供电系统有两种，即容量为 350W 和 500W。

350W 系统由 3 块峰值功率为 117W 的光伏电池、4 块 12V130A · h 的铅酸蓄电池、光伏充电控制器和 1000W 的逆变器组成。

图 7.5 分散的 500W 户用光伏系统

500W 系统由 4 块峰值功率为 125W 的光伏电池、12 块 2V 的 385A · h 铅酸蓄电池、光伏充电控制器和 1200W 的逆变器组成。图 7.5 为分散的 500W 户用光伏系统。

3. 项目执行过程

“内蒙古太阳村”示范项目是国家科学技术部和意大利环境与领土部的合作项目之一。2004 年 9 月，项目所需设备由意大利运到内蒙古呼和浩特并转运至示范地苏尼特右旗，12 月 4 日设备全部安装完毕。目前，项目正处于运行阶段。项目的执行主要包括前期准备、工程质量管理、工程任务的执行三个部分。

1）工程实施前的准备

(1) 技术资料的准备。

意大利方完成系统配置、设备安装原理图、主要设备的基础施工图及相关技术资料。内蒙古自然能源研究所完成图纸资料的翻译、相关的图样的补充设计和其他完善工作。

(2) 施工队伍的组织。

① 负责海关及运输——2 人。

② 村落系统——一组 12 人。

③ 泵水系统——一组 4 人。

④ 户用系统——五组 15 人。

(3) 工具配备与材料保障。

① 汽油发电机组 7 台。

② 专用电锤及若干只专用钻头等工具 7 套。

③ 购置了安装工程中必备材料。

2) 工程质量管理

① 在设备正式安装前，意大利技术人员对村落电站系统、光伏泵水系统和光伏户用发电系统安装技术人员做了理论方面的培训和现场实际操作演示。

② 成立了现场技术指导小组，意大利技术人员 2 人，中方 1 人(包括基础建设和设备安装)。

③ 组建了 5 人验收小组(意方 2 人，意大利技术人员验收泵水系统中方 3 人)，对陆续完工的土建或安装工程进行验收。

3) 工程任务的执行

工程任务涉及三部分内容，即土建工程、海关和运输、设备的安装调试和验收等。

(1) 土建工程。

① 村落系统电站机房 1 座。

② 村落系统光电板混凝土基础 1 座。

③ 村落系统路灯杆混凝土基础 40 个。

④ 村落系统观察井及配电箱底座的砌砖。

⑤ 村落系统输配电电缆沟。

⑥ 泵水系统及网围栏混凝土基础 3 座(分布在 3 个村子)。

⑦ 户用系统光电板混凝土基础 151 块(每块重近 2t)。

(2) 海关与运输。

① 办理免税、报关、清关等相关手续。

② 把意方所提供设备(30 个集装箱)从天津港运抵呼和浩特市并入库。

③ 把意方所提供设备从呼和浩特运抵施工现场。

④ 从西苏旗将浇筑好的 151 块户用系统光电板混凝土基础座用吊车运抵各户施工现场。

(3) 安装任务。

① 村落电站系统。

室外工作：144 块光电板、40 根街灯杆、61 个配电箱、2 台灌溉用的潜水泵及输水管线等。

室内工作：电站房内诸设备(配电柜、逆变器、控制柜、110 个蓄电池、柴油发电机等)、避雷器、输配电系统内诸设备、材料及所配的 40 盏灯、34 户 102 盏户内照明用灯、室内布线及开关插座等。

② 泵水系统。

120 块光电板、控制室内诸设备(控制器、变频器、开关设备等)、4 台水泵及对应输水管线、水上平台等，共分三个施工现场。

③ 户用系统。

526 块光电板(76 户 350W，75 户 500W)、1204 个蓄电池、151 个户用进线箱及控制柜、453 盏灯、室内布线及开关插座等，共有 151 个施工现场。

表 7－3 为工程的实际进度表。

表 7－3　工程的实际进度表

工程名称		时间	实际进度	备注
土建工程		8 月 1 日	正式启动	
		9 月 4 日	全面启动	
		9 月 17 日	电站房、光电板基础及电缆沟完成	可进行同步安装工作
		9 月 30 日	村落及泵水系统主体工程完工	未含网围栏基础
		10 月 2 日	户用系统 151 块光电板基础浇筑完成	工程主体完工
		10 月 10 日	土建工程全部完工	网围栏基础完成
运输工程		8 月 13 日	意方提供的 30 个集装箱货物到达天津港	
		8 月 21 日	意方提供的货物运抵呼和浩特、入库	
		9 月 18 日	151 个户用光电板基础座运送工作开始	
		9 月 26 日	第一批货物运抵施工现场及西苏入库	
		10 月 6 日	第二批货物运抵施工现场及西苏入库	
		10 月 12 日	第一批电解液运抵西苏旗	
		10 月 13 日	呼和浩特清库；所有货物全部运抵西苏旗	
		11 月 14 日	第二批电解液运抵西苏旗	
		11 月 15 日	意方空运货物(避雷器等)运抵呼和浩特	重发之货
		11 月 16 日	意方空运货物(避雷器等)运抵施工现场	村落电站
		11 月 22 日	151 个户用光电板基础座全部运抵用户	
安装工程	村落系统	10 月 10 日	开始安装	
		11 月 3 日	除避雷器及 40 盏路灯外全部完成	
	泵水系统	10 月 15 日	开始安装	
		11 月 4 日	全部安装完毕	
	户用系统	10 月 14 日	开始安装	
		11 月 22 日	共安装了 123 户	

（续）

工程名称	时间	实际进度	备注
验收工作	10月25日	对朱日和镇大口井泵水系统进行验收	
	10月26日	开始对户用系统进行验收	
	11月3日	对塞汗乌力吉苏木泵水系统进行验收	
	11月16日	对都仁乌力吉苏木泵水系统进行验收	
	11月22日	共对户用系统进行了51户的验收工作	

4. 项目执行方介绍：内蒙古自然能源研究所

内蒙古自然能源研究所具有一支技术力量比较雄厚，富有实际工作经验的科研队伍；主要从事风能太阳能应用技术的研究、产品的开发和应用推广工作。曾开发过风光互补发电供电系统；小型风力发电机产品开发和应用。“八五”期间完成国家科学技术部的“大陆型风/柴发电供电系统”；“九五”期间完成国家科学技术部“内蒙古新能源试验示范基地建设”；“十五 ”期间承担国家科学技术部西部新能源行动中的“新型1000W户用风力发电机的研究与开发”等任务。

研究所曾和美国能源部合作完成户用风光互补发电系统的技术开发及系统试验示范；和荷兰壳牌公司合作完成“小型户用光伏发电系统的性能考核及定期测试项目”。

完成“内蒙古太阳村”项目的过程中又一次证明了内蒙古自然能源研究所承担国际科技合作项目的能力。意大利设备到达天津港后只用了8天的时间，完成了海关手续并把30个大型集装箱的设备运到呼和浩特的仓库。在气候条件和施工条件非常差的无电的边远牧区，在横跨26700km^{2}的155个不同地点进行安装，用了不到一个半月的时间完成安装调试任务。

5. 评论

项目的实施不仅可以解决农牧区能源短缺的问题，同时可以扩大种草、种树的水浇灌地面积，提高单产，促进加工业发展。

意大利提供的设备很先进，光伏充电控制器和逆变器能够在低于－20℃的环境下正常工作，可以在无人看管的情况下，自动地比较准确地调节对蓄电池的充电；光伏泵水系统能够根据太阳的辐射强度自动控制潜水泵的泵水量。

但蓄电池在低于－20℃时，其容量降低的程度不一致，会造成少数2V单体电池的损坏。泵水系统和村落光伏供电系统中，太阳电池板组件方阵，两排之间距离太近，在12月和1月有遮挡现象，这对光电转换和太阳电池板本身不利。

7.1.3 光伏电站系统工程设计案例——“西藏那曲地区双湖光伏电站”

西藏那曲地区双湖光伏电站工程是由原国家计委及电力工业部批准的我国无水力资源无电县的电力建设项目。此项目由中国节能投资公司投资，并由西藏工业电力厅于1993年2月在北京主持招标投标，中国科学院电工研究所参与竞争，中标承建。

在1993年5月签订了工程承包合同以后，双湖光伏电站工程建设组人员赴现场进行

了现场勘察设计，于1993年年底前完成了技术施工设计工作。该电站1994年11月7日顺利建成发电。在双湖供电线路改造工程及用户灯具改装工作完成之后，于1995年6月20日正式向用户供电。这是当时我国最大的太阳能光伏电站，也是世界上5000m以上高海拔地区最大的太阳能光伏电站。1995年9月22日，在西藏自治区计委的组织下，由有关部门和专家共同组成的太阳能光伏电站工程验收委员会对双湖25kW光伏电站进行了验收。与会领导和专家一致认为：双湖25kW光伏电站的技术设计指标、设备性能、土建工程质量均达到合同的要求，且认定该项工程为优良工程。1995年12月通过了专家委员会的技术鉴定。这个项目荣获1997年中国科学院科技进步二等奖。

双湖25kW光伏电站的系统工程设计和建设，为我国用太阳能光伏发电技术解决无电县、无电乡的供电问题做出了贡献，并积累了宝贵的经验。这里较为详实地进行介绍，以供有关专业科技人员参阅。

1. 双湖光伏电站设计的基本指导思想

双湖光伏电站是西藏用太阳能光伏发电技术解决无电县县城供电问题的7个光伏电站之一，是那曲地区第一座用招标形式建设的无电县光伏电站。它既有示范的作用，又有研究试验的意义。在进行电站技术设计时，明确了以下述的基本原则为设计指导思想。

(1) 强化可靠性设计，以保证电站建设的运行质量。要正确处理技术设计的先进性和实用性之间的关系。各部分的设计都从藏北高原的特殊地理和自然条件出发，着眼于双湖极其困难的交通、通信状况，始终把可靠性放在第一位，选择最成熟、最有把握的技术路线。在采用具有试验研究意义的先进技术的同时，有成熟的常规技术做后盾，有后备的应急线路设计，各部分设计均留有充分的余量，有防护性互锁及多种保护措施，使设备在任何情况下都不会出现恶性事故，以保证电站的正常运行。

(2) 以发展的眼光，做长远的计划。在设计时即充分考虑到将来电站扩容的需要。在线路设计、设备容量和土建工程等方面，尽可能按扩容的情况考虑设计，做到一次设计、一次施工，尽量减少将来扩容时的工作量，降低扩容费用。

(3) 由于工程经费的原因，限制了光伏电站的容量规模，增加了技术设计的难度。因此，在总体设计中要认真考虑提高系统效率的问题，以降低系统造价。根据当地情况，充分利用已有的基础和条件，做实事求是的设计考虑。另外，在光伏电站建设的同时，就考虑节电的措施，以满足双湖地区最低负荷的供电需求，力求取得最大的技术经济效益。

(4) 双湖特别行政区是光伏电站的用户和受益者，也是光伏电站的运行、维护和管理单位。因此在设计中要认真听取地方的意见，充分考虑地方用户部门的利益和要求。

2. 双湖特别行政区的地理概况及基本气象资料

双湖位于藏北那曲地区西北的羌塘高原，平均海拔5000m以上。总面积$12\times10^4km^2$，其中96%的土地被荒漠和高山草甸覆盖，属于纯牧业县。全区共有7个乡镇，总人口7000多人，其中藏族占98%。

双湖境内有野牛、野驴、羚羊、狗熊等多种野生动物，是我国最大的羌塘野生动物自然保护区的主要地域。在1976年以前，双湖是真正的无人区，后经有组织的移民、开发，才发展到这样的规模。1992年人均收入900多元，位居那曲地区前列。双湖特别行政区政府几经搬迁，才落址现在的位置。光伏电站的地理坐标为东经89°，北纬33.5°，海拔高度5100m，距地区行署所在地那曲约900km，离最近的铁路线青海格尔木站1600km，当时仅有一条简陋的公路与外界相通。该区城镇人口约 2000 人，共计 400 多户。

双湖的气候具有明显的高原特性，干旱、少雨，风、沙、雪、雹等自然灾害频繁。年平均温度仅 2.1℃，最低气温达−40 ℃，6 月仍有降雪天气，采暖期长达 10 个月以上。平均风速 4.5m/s，最大风速 28m/s。7 月为雨季，阴雨天气较多。双湖的太阳能资源极为丰富，年日照时数高达 3000h，太阳能年总辐射量在 7000MJ/m^2 以上，且总辐射量全年分布比较均衡，季节差值较小，非常适宜于应用太阳能光伏发电技术。1993 年 6 月 11 日在双湖实测的太阳辐射强度数值见表 7－4。

表 7－4　双湖太阳辐射强度(1993 年 6 月 11 日)

时间	辐射强度/(W/m^2)	时间	辐射强度/(W/m^2)
9：00	910	13：00	1150
9：30	990	14：00	1150
10：00	1030	15：00	1150
10：30	1070	16：00	1130
11：00	1100	17：00	1130
11：30	1120	18：00	1080
12：00	1130	19：00	830

3. 双湖城镇 1993 年供、用电负荷实况及 1995 年负荷预测

经实地调查了解，双湖所在地 1993 年的用电负荷情况是：照明灯具总数 389 个，包括居民住房、学校、医院、炉站、商店、银行、办公室、招待所等的灯具，其中 14 盏为 40W 日光灯，其余全部是 100W 白炽灯泡；有电视机 58 台，收音机 118 台；当时尚无洗衣机、电冰箱等其他家用电器；公共用电主要是电视台用电约 1kW，大功率的医疗设备一般不用。光伏电站建成前，当地由柴油发电机组供电，另外邮局自建 2kW 光伏电站独立使用。当时双湖有 3 台柴油发电机，其中一台 50kV·A 的已完全报废，一台 120kV·A 的因故障已停机待修多年。正在使用的是一台 1983 生产的 50kV·A 柴油发电机，每天晚间发电 4h，主要供照明及看电视之用。由于用电负荷大且高原缺氧，柴油机发电效率低，其最大实测输出功率不到 30kV·A。

根据光伏电站主要用于解决照明及看电视等生活用电，同时兼顾公共用电的原则，当时曾对双湖光伏电站 1995 年的负荷和用电量进行了预测。预测是以 1993 年负荷情况为基础，考虑一定的增长比例来计算的，同时拟将照明灯具全部采用 20W 高效节能灯。双湖城镇 1993 年用电负荷实况及 1995 年光伏电站用电负荷预测情况详见表 7－5。

表 7－5　双湖城镇 1993 年用电负荷实况及 1995 年用电负荷预测值

负载	1993 年负荷实况			1995 年负荷预测值				平均日用电时间/h	日用电量/(kW·h)	
	数量/台(只)	功率/W	总功率/kW	增加比例/(%)	数量/台(只)	功率/W	总功率/kW		1993 年	1995 年
灯具	389	100	38.9	30	506	20	10.1	3	116.7	30.3
电视机	58	65	3.77	40	81	65	5.27	4	15.1	21.1

（续）

负载	1993年负荷实况			1995年负荷预测值				平均日用电时间/h	日用电量/(kW·h)	
	数量/台(只)	功率/W	总功率/kW	增加比例/(%)	数量/台(只)	功率/W	总功率/kW		1993年	1995年
收音机	118	30	3.54	50	177	30	5.31	2	7.1	10.6
电视台	1		1				1.5	4	4	6
医院			0				3	2	0	6
其他			0				4	3	0	12
合计	47.2			29.2					142.9	86

从表7-5可以看出，由于采用高效节能灯具，使得光伏电站的照明用电负荷大幅下降，预计1995年总负荷功率为29.2MW，平均每天用电量86.0kW·h。预测值与光伏电站建成后实际负荷情况基本符合。

4. 双湖光伏电站的技术及工程设计

1）总体技术方案及基本工作原理

根据双湖的特殊情况及当地用电负荷预测，双湖光伏电站宜建成一个独立运行的光伏发电系统，配以适当容量的柴油发电机组作为后备电源，以在应急情况下启用。电站由太阳电池阵列、储能蓄电池组、直流控制系统、逆变器、整流充电系统、柴油发电机组、供电用电线路及相关的房屋土建设施组成。按照给定的要求及条件，根据电站设计的基本原则和指导思想，经优化设计和计算，电站各部分的主要性能参数如下。

① 太阳电池标称功率：25kW。
② 储能蓄电池组：300V/1600A·h。
③ 逆变器：30V·A/380V，50Hz三相正弦波输出。
④ 直流控制系统：容量60 M，300V分路输入控制。
⑤ 交流配电系统：180kV·A，220V/380V三相四线两路输出。
⑥ 整流充电系统：75kW，直流300～500V可调。
⑦ 柴油发电机组：50kW(或120kW)。

光伏电站的基本工作原理：在晴好天气条件下，太阳光照射到太阳电池阵列上，由太阳电池这种半导体器件把太阳光的能量转变为电能，通过直流控制系统给蓄电池组充电。需要用电时，蓄电池组通过直流控制系统向逆变器送电。逆变器将直流电转换成通常频率和电压的交流电，再经交流配电系统和输电线路，将交流电送到用户家中给负载供电。当蓄电池组放电过度或因其他原因而导致电压过低时，可启动后备柴油发电机组，经整流充电设备给蓄电池组充电，保证系统经由逆变器正常供电。在系统无法用逆变器供电的情况下，如出现逆变器损坏、线路及设备的故障和进行检修等，柴油发电机组作为应急电源可以通过交流配电系统和输送电线路直接给用户供电。

在总体技术方案设计中，充分考虑到将来扩容的需要和保证可靠性的要求，各部分的性能参数都留有充分的余量。直流控制系统、交流配电系统及配电线路都是两路工作设计，留有输出/输入接口，以便接入第二套逆变器。这样，在将来扩容时，只需要增加太阳电池和蓄电池的容量，接上第二台逆变器即可供电。

图 7.6 为双湖光伏发电系统的总体构成方框图。

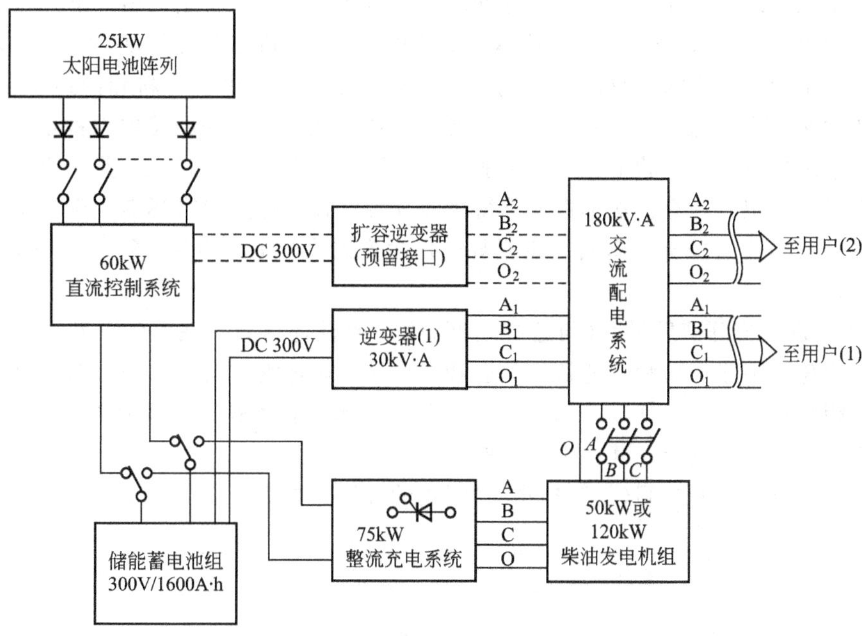

图 7.6 双湖光伏发电系统的总体构成方框图

2）太阳电池阵列

太阳电池是直接将太阳光能转换成电能的关键部分。根据双湖 1995 年负荷预测值，采用已被实际验证正确的设计计算方法进行设计计算，结果确定双湖光伏电站太阳电池的功率总容量为 25kW。太阳电池选用云南半导体厂生产的优质单晶硅组件，其 NDLXW 系列硅太阳电池组件参数规范见表 7-6。

表 7-6 太阳电池组件参数规范

型号＼参数	参数规范			
	U_R/V	I_R/mA	P_m/W	η/(%)
38D1010X400	16.9	2250	38	13
35D1010X400	16.9	2070	35	12
32D1010X400	16.9	1895	32	11
16D480X325	16.8	980	16.5	10
5D280X205X2	16.8	330	5.5	10
3D320X230	3.3～9.9	990～330	3.3	10

双湖光伏电站选用上表中 38D1010X400 和 35D1010X400 两种组件，其平均峰值功率以 36W 计，则选购 704 块组件其总功率为 25.41kW。光电场由 16 个太阳电池支架组成阵列，每个支架上固定 44 块太阳电池组件。22 块太阳电池组件串联而成一个子方阵，其工作电压已超过 370V，可以满足 300V 蓄电池在任何情况下的充电需要。两个支架共 4 个子

方阵并联成一个支路单独接入直流控制系统，便于实现分路控制。太阳电池阵列共有8个支路。这种太阳电池阵列的布局，既符合尽可能减少线路损失、规范化和美观大方的设计思想，又是现场勘察设计结果的最佳选择。对光电场的设计，特别提出如下几点。

① 方阵组合系数要高。为了提高双湖25kW$_p$光伏电站的系统效率，首先要求提高方阵组合系数是十分必要的。我们注意到国产太阳电池组件，由于材料和制造工艺等原因，其伏安特性曲线不能达到比较完美一致的要求，从而在方阵串联回路中组件电流特性和在并联回路中组件电压特性的不一致性可能导致方阵组合功率损失过大，影响全系统效率的提高。本设计限定方阵组合功率损失不得大于4%，低于有关国家标准1个百分点。为保证方阵组合效率达到96%，曾对云南半导体厂生产的太阳电池组件进行了严格测试、筛选和优化组合等。

② 认真进行方阵前后排间(与遮挡物间)距离的设计计算。在设计安装太阳电池方阵时，为了避免周围建筑物和其他物体的遮蔽，以及太阳电池方阵前排对后排的遮蔽，须进行最佳间距的设计计算。这也是选择安装地点，计算占地面积时必须考虑的问题。因为太阳电池方阵的局部被遮蔽，其输出功率的损失是很大的。

太阳电池方阵前后排间(与遮挡物间)距离的计算公式为

$$\frac{D}{H}=\tan\varphi-\frac{\sin\delta}{\frac{1}{2}\sin2\varphi\sin\delta+\cos2\varphi\cos\delta\cos[\arccos(-\tan\varphi\tan\delta)-\psi]} \qquad (7-10)$$

式中，D——太阳电池方阵与遮挡物之间的距离；

H——遮挡物高度或前排太阳电池方阵高度；

δ——太阳赤纬(冬至日δ取$-23.45°$)；

φ——太阳电池安装地的纬度；

ψ——地球旋转角，由于地球每小时旋转15°，日出后、日落前0.5h、1h、1.5h、22h时，ψ分别为7.5°、15°、22.5°、30°。

考虑到双湖城镇的地域开拓及要为以后扩容预留场地的因素，对方阵前后排间距、光伏电站围墙高度和围墙与第一排方阵的距离等，都设计得很宽松，不存在遮蔽问题。

③ 对方阵的支架和基础结构设计来说，最主要的是牢固和耐久，要能抗当地最大风力(风速达28m/s)。支撑44块太阳电池组件的每组方阵基础，均为钢筋混凝土结构，且夯实地埋于地下，露出地面的水泥墩，由槽钢连为一体，十分坚固。这种基础结构曾用于新疆帕米尔高原(海拔4600m以上)的红旗拉甫光伏电站，可抗风速达40m/s的最大风力。处于北纬33.5′的双湖，太阳电池方阵的方位是正南设置，支架的倾斜角设计为30°，以便在7、8月雨季时能更多地接收太阳光能。考虑到当地太阳辐射能的直射分量大，倾角本可采用跟踪变动构造，但是综合考虑到强风和当地使用水平等因素，仍采用倾角固定结构，以保证安全可靠。

④ 采用了旁路二极管及阻塞二极管。在串联回路，特别是像这样多个组件的串联回路中，如单个组件或单个电池被遮光，可能造成该组件或该电池产生反向电压，因为受其他串联组件的驱动，电流被迫通过遮光区域，产生不希望的加热，严重时可能对组件造成永久性的损坏。采用一个二极管来旁路可以减少加热和损失的电流。因此，对于这种先串联后并联的接线方式，组件必须内接有旁路二极管。同样，在并联的回路中，如果有部分组件被遮光，将产生反向电流时，阻塞二极管可防止这种现象的产生。

⑤ 要妥善接地。从安全角度上讲，对 30V 以上的系统必须实施可靠的接地措施。本光电场中所有的组件和方阵支架都采取接地措施，以防止 25kW 太阳电池组件方阵产生的高电压和大电流在人不慎接触到组件或方阵带电部位时，可能导致烧灼、火花乃至致命的危险，确保安全。

3）储能蓄电池组

蓄电池容量的设计计算主要根据用电负荷和连续阴雨天数来确定，计算可按式(7-11)。

$$C=\frac{D\times P_0}{U\times F_0\times F_i}\times K \tag{7-11}$$

式中，C——蓄电池容量(一般取 kW·h)；

D——蓄电池供电支持的天数(一般取 3d)；

P_0——负载平均每天用电量(一般取 86kW·h)；

U——蓄电池放电深度(一般取 0.8)；

F_0——交流配电路效率(一般取 0.95)；

F_i——逆变器效率(一般取 0.9)；

K——蓄电池放电容量修正系数(一般取 1.2)。

将各数值代入式(7-11)，则得

$$C=453\text{kW}\cdot\text{h}$$

设工作电压为 300V，则得到蓄电池的容量 $Q=1510\text{A}\cdot\text{h}$。

为了减少占地面积，以及考虑将来扩容时更为方便合理，可以选择容量为 1600A·h 的固定式干荷铅酸蓄电池 150 只串联成 300V/1600A·h 的储能蓄电池组。

GGM-1600 固定式铅酸蓄电池单体电池结构及尺寸可参见山东淄博蓄电厂的产品说明书。

4）逆变器

逆变器的容量可由式(7-12)确定。

$$P=\frac{L\cdot N}{S\cdot M}\cdot B \tag{7-12}$$

式中，L——负荷功率；

N——用电同时率；

S——负荷功率因数；

M——逆变器负荷率；

B——各相负荷不平衡系数。

根据当时的预测，1995 年光伏电站总负荷为 31.1kW，假定用电同时率为 60%，负荷功率因数为 0.9，逆变器工作在额定容量的 85%，即 $M=0.85$，以及 $B=1.2$，则得到逆变器额定功率 $P=29.3\text{kV}\cdot\text{A}$。按照可靠性第一的设计原则，我们选用了德国 Sun Power 公司的进口逆变器，其主要性能参数如下。

① 额定功率：30kV·A。

② 输入电压：DC300V。

③ 工作电压范围：DC278～375V。

④ 输出电压：AC220V/380V 50Hz 三相正弦波。

⑤ 整机效率：90%～94%。

⑥ 保护功能：欠压，过压，过流，短路。

⑦ 工作方式：连续。

⑧ 环境温度：0～40℃。

⑨ 外形尺寸：1200mm×800mm×1800mm。

5）直流控制系统

直流控制系统的主要功能是控制储能蓄电池组的充电、放电，进行有关参数的检测、处理，以及执行对光伏电站运行的控制和管理。双湖 25kW 光伏电站的直流控制系统设计，除采用了常规手动控制、电子线路模拟控制之外，还采用了计算机控制技术，用于对系统进行数字化的监测、控制和管理。这种设计指导思想不仅是为了提高该光伏电站的运行管理水平，也是为以后更大容量的光伏电站进行全面的计算机控制和管理做一些必要的技术准备。三种控制集于一身，完善地体现了运用先进技术和高可靠性的一致性。

(1) 直流控制系统的主要技术参数。

① 容量：60kW。

② 电压：300V。

③ 输入类别：光电充电/整流充电。

④ 光电输入：12 路，每路 20A。

⑤ 输出：2 路，每路 120A。

⑥ 操作方式：手动/自动/计算机控制。

(2) 直流控制系统的控制、保护功能。

① 光电充电的电流、电压检测控制。

② 放电自动定时开关控制。

③ 过放告警、过放保护控制。

④ 过流及短路保护控制。

(3) 直流控制系统检测和处理的数据。

① 太阳辐射强度、环境温度、光伏电池温度。

② 光伏方阵接收的太阳辐射能。

③ 充电总电流。

④ 蓄电池电压。

⑤ 光电充电的电量。

⑥ 柴油发电机充电的电量。

⑦ 蓄电池组输出的直流电量。

(4) 直流控制系统常规表头的显示功能。

① 为光伏方阵充电的各支路电流。

② 充电总电流。

③ 充电电压(蓄电池端电压)。

④ 放电输出总电流。

⑤ 放电输出支路电流。

⑥ 放电输出支路电压。

(5) 状态指示功能。

① 工作方式指示：手动/自动/计算机控制。

② 充电方式指示：光电充电/柴油机充电。

③ 各支路充电指示。

④ 放电输出支路指标。

⑤ 过放告警指示。

⑥ 故障保护指示。

基于通用性、成熟性和开发性的考虑，计算机控制系统采用一台 IBM PC 兼容工业控制机，以对光伏电站的运行状况，包括充电情况、放电情况和供电情况等进行实时监测，对光伏电站运行状况的变化做出分析，对电站运行情况异常做出判断并进行实时自动控制，以及对系统数据的存储、显示、打印、计算和统计等进行集成管理。主要控制对象是太阳电池充电控制开关、逆变器放电控制开关和交流配电送电控制开关。

当系统以计算机控制方式工作时，具有上述全部数据检测处理和控制保护功能，系统的工作状态及检测的数据和计算处理的结果都在工业计算机硬盘中存储起来，同时可在监视器屏幕上显示，或用打印机打印输出。这些数据可用来对电站的工作情况及太阳能资源等进行分析研究，具有一定的科研实验意义。当系统在自动方式工作时，具有常规的蓄电池充、放电自动控制和保护功能，以保证整个系统的自动运行。而万一工业计算机及自动控制方式都不能工作时，可采用手动操作，仍可以保证光伏电站的正常运行。

在直流控制系统的技术设计中，采取如下技术措施，以进一步保证系统的可靠性。

① 独立的供电电源。

② 输出/输入线路采用光电隔离技术。

③ 信号采样部分采用光电传感器模块。

6）交流配电系统

蓄电池直流电经逆变器变成 50Hz 正弦交流电以后，经由交流配电系统输出，直接向用户供电。交流配电系统还有对负荷进行控制管理的功能。交流配电系统设计的主要技术要求如下。

① 容量：两路逆变器供电 2×30V·A；一路柴油发电机组供电 120V·A。

② 电压形式：AC220V/380V，三相四线。

③ 具有逆变器/柴油机供电切换功能，并有互锁保护。

④ 具有输入欠压，缺相保护，输出短路保护。

⑤ 常规模拟表头测量显示电流、电压、电量、负荷功率因数。

交流配电系统的设计选用符合国家技术标准的 PGL 低压配电屏，它是适用于发电厂、变电站中作为交流 50Hz、额定工作电压不超过交流 380V 低压配电系统中配电、照明之用的统一设计产品。其结构为开启式，具有良好的保护接地系统，可双面进行维护。外形尺寸为 1000mm×600mm×2200mm。

在交流配电系统设计研究制中，要特别注意以下几点。

① 双湖海拔高度在 5000m 以上，由于气压低，空气密度小，散热条件差，在设计交流配电系统的容量时留有较大的余量，以降低工作时的温升，保证电气设备有足够的绝缘强度。

② 本系统以柴油发电机组作为后备电源，以增加光伏电站的供电保证率，减少蓄电池容量。为了确保逆变器和柴油发电机组的安全运行，必须杜绝逆变器与柴油发电机组同时供电的极端危险局面出现。在本交流配电系统中，从技术上保证了两种电源绝对可靠的互锁。只要逆变器供电操作步骤没有完全排除，柴油发电机组供电就绝对不可能进行。

③ 为下一步扩容的需要，可以在交流配电系统中增加一路 30kV·A 的输入、输出接口。

7）整流充电设备

整流充电设备的作用是将柴油发电机组发出的交流电变成直流电，给储能蓄电池组充电。双湖光伏电站整流充电设备设计的主要技术要求如下。

① 容量：75kW。

② 输入：三相交流 380V。

③ 输出：直流 300～500V，可调。

④ 最大输出电流：150A。

⑤ 保护功能：输入缺相告警，输出过流、短路保护，电压预置断开或限流。

整流充电设备选用 KGCA 系列三相桥式可控硅调压整流电路。由 KC－04 集成触发电路、PI 调节控制电路、检测及脉冲功放等部分组成。采用屏式结构，所有部件都装在同一箱体内，仪表、指示灯及控制钮均装在面板上。工作状态设有“稳流”、“稳压”及“手动”三种，可进行恒流或恒压充电。其外形尺寸为 900mm×562mm×2200mm。

8）配套柴油发电机组

柴油发电机组的功能是作为后备电源以保证光伏电站系统能够可靠供电。按照总体方案设计，规定在下述两种情况下，可以启动柴油发电机组。

① 在储能蓄电池组亏电，无法满足用电负荷需要时，及时启动柴油发电机组，经整流充电设备给蓄电池组充电，以保证供电系统的正常运行。

② 因逆变器故障或其他原因使光伏电站系统无法供电时，启动柴油发电机组，经交流配电系统直接向用户供电。

根据实际情况及当时双湖拥有的柴油发电机状态，光伏电站系统以当时正在运行的 50kV·A 柴油发电机配套使用。这台柴油发电机为 1983 年产品，已操作运行 10 年以上。从保证电站供电的可靠性及将来的扩容考虑，计划尽快修复原有的 120kV·A 柴油发电机，或在条件允许时购置一台新的 120kV·A 柴油发电机配套使用。

9）供电用电系统

根据双湖电站现场勘察结果，需对当地的供、用电线路进行改造。

按照总体设计方案，采用两路输出方式供电。在当时的情况下，将两种配电总干线并联地接到交流配电柜中一台 30kV·A 逆变器的供电输出端，待将来增容后再分开输出。两种配电主干线长度为 2×260m，三相四线，选用截面积为 35mm^2 的铝钢芯裸线。支路为单相双线，按均衡负荷原则分别接入主干线 A、B、C 三相，总长度为 1400m。入户线、室内线根据实际情况施工。

10）房屋土建工程

房屋土建工程包括电站机房及光电场建设两部分，全部委托地方用户部门承包进行施工设计与工程建设。

① 机房主体部分包括控制室、蓄电池室及库房等。建筑面积 203m^2，使用面积 120m^2。机房建成被动式太阳能采暖房，外墙为保温墙，北墙内建防寒通道，南墙外是双层玻璃的太阳能吸热通道，以保证在严冬时室内温度在 5℃以上。控制室内预置电缆沟道。蓄电池室有高 20cm 的放置台，建有小排水沟，安排了气扇，并对地面进行防酸处理。库房在扩容需要时可改做蓄电池室。

② 柴油发电机房和油库与太阳能机房主体分开另建。根据双湖现场情况，将原柴油发电机房进行分隔改建和重新装修。机房使用面积大于 50m^2。

③ 光电场位于太阳房南面，共 16 个支架，分两行排列。场内预建混凝土方阵支架基础，预留电缆沟道。光电场及太阳房占地总面积 2600m^2(40m×65m)，周围建有围墙，以保障光伏电站的安全。此外，为了美化场地环境，在场内空地植有草皮，这样做同时可以减少风沙对太阳电池组件的侵害。

11）其他

双湖光伏电站太阳电池容量在设计时确定为 25kW。而当时用电负荷已达 47.2kV·A，每日用电量约为 142.9kW·h。因此，我们对 25kW 光伏电站负载予以规范，并采取各种措施节电、限电，以保证光伏电站的正常运行。

① 采用新型高效节能灯具，使每只灯具平均功率不超过 20W。少数大房间安装 40W 日光灯，配用电子镇流器，以达到节电的目的。灯具总数为 600 套，另配灯管 400 只备用。

② 双湖光伏电站的供电重点是解决居民夜间照明、看电视及其他小功率家用电器用电。因此在用户单位安装了负荷限定器，限定 500W 负荷，以防止使用电炉等大功率负载。同时安装电度表，以便于用电管理。

③ 为防止电站在合闸工作时负载对逆变器的冲击，在配电输出各相线上均安装有延时器，使各支路负荷分散入网。延时器由时间继电器和接触器组成，共有 6 套，安装在各支路起始端的电线杆上。

6. 双湖 25kW 光伏电站的运行状况及技术创新和特色

双湖 25kW 光伏电站自 1994 年 11 月 7 日建成发电，到 1995 年 6 月 20 日正式向用户供电，在半年多的时间内，一直运行良好。测试及实地考察结果表明，太阳电池的输出功率超过了 25kW，300V/1600A·h 储能蓄电池组工作正常，直流控制系统、逆变器、交流配电和整流充电等设备及供、用电系统全部达到设计标准。电站出力可达 30kV·A，平均每天发电 80kW·h，可保证每天向用户供电 5h，在连续阴雨三四天的情况下，每天可供电 3h。用户普遍反映电压稳定，供电质量良好。其主要创新和特色之处如下。

① 系统通过优化设计，效率高，所研制的关键设备技术性能良好，运行安全可靠，操作维护简便。

② 独立光伏电站控制系统采用 IPC 工业控制机，控制、检测、输出、打印等实现完全自动化，这在当时为国内首创。

③ 该电站是当时国内容量最大的光伏电站，亦为世界上 5000m 以上高海拔地区最大的光伏电站，它的研建成功在科技进步方面具有相当的显示度。

④ 设计建设规范化程度较高，如电站所有设备及太阳电池方阵支架均有良好的接地，控制室、电缆沟道及电气设备接线等均符合电站技术规范，以及太阳电池方阵总体布局合理等，为我国今后独立光伏电站设计建设的进一步规范化、标准化打下了基础。

7. 双湖光伏电站技术经济性能分析

1）系统效率分析

① 光伏系统的标称容量通常以光伏方阵太阳电池的总峰值功率来表示。峰值功率是在标准情况下测得的，即大气质量 AM1.5，太阳辐射强度为 1000W/m^2，太阳电池温度 T_C = 25℃。而太阳电池实际使用的情况与标准条件完全不同，因而光伏方阵实际转换得到的电能并不等于按标称容量计算得到的电能。我们把二者的比值称为光伏方阵的利用效率。

在计算双湖电站光伏方阵利用效率时考虑了下述因素。

表面尘埃及玻璃盖板老化等损失：5%。

温度影响损失：3%。

方阵组合损失：4%。

工作点偏离峰值功率点损失：5%。

计算得到的光伏方阵利用效率 η_a=84%。也就是说双湖电站 25kW 光伏方阵的实际转换功率为 21W。

② 对于光伏电站系统把太阳辐射能转换成交流电能的计算，还要考虑下述各种影响。

低值辐射能损失及过充保护能量损失：3%。

方阵支架固定倾角安装能量损失：25%。

蓄电池充、放电效率：75%。

逆变器转换效率：93%(平均值)。

线路损失：2%。

因此，双湖光伏电站的系统能量利用效率，即用户实际使用的交流电能与太阳电池标称功率转换得到的电能之比等于上述各部分效率之乘积，即

$$\eta_s = 0.84\times0.97\times0.75\times0.75\times0.93\times0.98\approx0.42$$

③ 双湖光伏电站的系统能量流程，如图 7.7 所示。

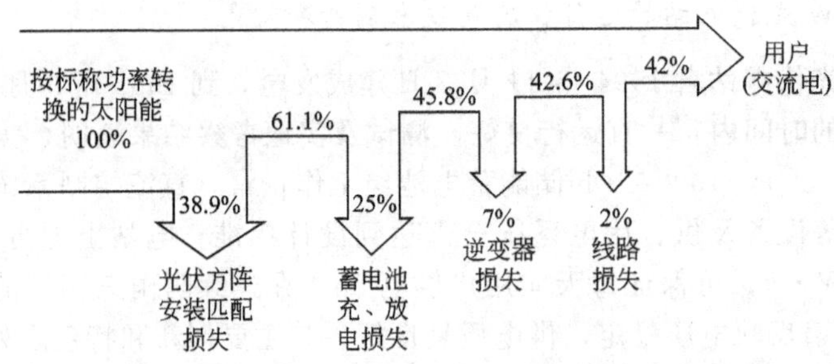

图 7.7　双湖光伏电站的系统能量流程图

2) 效益分析

据实测结果，双湖光伏电站平均每天可发电 80kW·h，全年发电量约 29200kW·h。电力部门提供的数据和双湖特别行政区政府提供的资料都表明，在不计运费、人员费和设备维修折旧费的情况下，当地柴油发电机发电的电价约为 2.8 元/kW·h。如不计投资还本付息，由光伏电站供电每年可节省 81760 元。有关资料中说明每年可节省的柴油费约有 10 万元，与此基本吻合。因为要保证 100%的供电率，在个别情况下还要启动柴油机发电，实际上仍有部分柴油费用的投入。在光伏发电系统造价尚且较高的情况下，用它解决无水力资源无电县的供电问题更重要的还是要看它的社会效益和环境效益。光伏发电的供电质量优于柴油发电机，保证了双湖特别行政区 342 户居民家庭的照明、看电视等生活用电及区政府各单位、邮电所、电视转播台等公共用电要求。同时，充分利用了当地丰富的太阳能资源，且无任何污染，对保护国家羌塘高原野生动物保护区的自然环境起到了重要作用。

7.1.4　光伏电站系统工程设计案例——“西藏卡玛多乡 25kW 光伏电站”

常州天合光能有限公司于 2002 年中标西藏昌都国家“送电到乡”工程项目的建设任务，现将其完成的类乌齐县卡玛多乡 25kW 光伏电站——西藏卡玛多乡 25kW 光伏电

站——的设计与建设要点介绍如下。

1. 概况

类乌齐县位于西藏东北部的昌都地区的北部，面积5887km²，2000年年底共有乡村人口38331人，其中农业人口17096人，辖2个镇、8个乡、105个村民委员会。

该县东部属典型的藏东高山峡谷地貌，西部属藏北高原地貌类型，沿澜沧江支流吉曲、柴曲和格曲由西北向东南呈西高东低趋势，平均海拔4500m。属高原温带半湿润气候类型，空气稀薄，光照充足，年温差小，日温差大。年日照时数为2163h，年无霜期50天左右。年降水量为56.4mm。自然灾害有干旱、冰雹、洪水、霜冻、大雪、害虫、泥石流、冻土、风沙等。其基本气象资料如表7-7所列。

表7-7 类乌齐县基本气象资料

月份	1	2	3	4	5	6	7	8	9	10	11	12
月平均风速/(m/s)	1.5	2.2	2.4	2.3	2.4	2.2	1.5	1.4	1.5	1.7	1.2	1.1
主风向	北、西北	南、东南	南、东南	南、东南	南、东南	南、东南	北、西北	北、西北	北、东北	南、东南	南、东南	南、东南
10年平均风速/(m/s)	1.4	1.7	2	2	2	1.7	1.3	1.2	1.3	1.5	1.2	1.2
最大风速/(m/s)	16	17	16	14	18	13	16	12	12	12	11	15
年平均风速/(m/s)	1.8											
月日照时数/h	202.6	169.6	175.6	172.2	204.5	174.3	165.2	168	149.4	179.6	208.4	207
太阳总辐射量/(10^8J/m²)	406.8	396.9	464.1	499.9	607.1	556.4	586.6	496.2	432.8	447.2	418.8	388.2
10年平均月日照时数/h	205.6	172.7	181.1	190	199.1	170.7	179.5	157.8	154.4	171.1	199.4	212.9
年日照时数/h	2176.4											
年总辐射量/(10^8J/m²)	5801											
年最高气温/℃	37.5											
年最低气温/℃	−28.6											
年平均气温/℃	2.4											
年降水量/mm	601.7											
降雪期	9月～次年6月											
无日照天数	140.8											
相对湿度	59%											
最长连续降水天数	26											

现广大城镇居民和农牧民的生活能源主要是干柴和牛粪。据初步统计，全地区每年用于生活能源的干柴达 $90\times10^4 m^3$、牛粪达 $20\times10^4 t$，严重破坏了当地的生态环境。有关资料表明，三江流域的生态系统是靠北上的印度洋暖湿气流维持的山地生态系统，该系统在本地区达到临界状态，如果该生态系统遭到破坏，在寒冷干燥的环境中，几乎不可能恢复，如果不能充分利用本地的太阳能资源，减少人为对生态环境的破坏，任其发展，势必会形成高原荒漠化。因此，积极开发利用可再生能源势在必行。

卡玛多乡位于县城西面 22km 处。该乡不但无煤、油、气等资源，而且缺乏水电资源，但却拥有极为丰富的太阳能。在此建设光伏电站的目的，是为了解决乡政府所在地各单位的办公用电和居民的照明、听收音机、看电视及 VCD 等的用电，对提高当地人民生活水平和科教文化水平具有很大意义。卡玛多乡的基本情况如表 7-8 所列。

表 7-8　卡玛多乡基本情况

乡基本情况	海拔高度/m	4100	交通状况	距县城距离/km	22
	地形地势	山谷		距地区行署距离/km	137
	全乡总人口/人	3853		最近的国道名称	317
	全乡总户数/户	575		最近的国道距离/km	0
	乡政府所在地人口/人	569		公路状况	通车
	乡政府所在地户数/户	96	公共设施	供销社用房/间	9
	乡政府所在地房间数	579		招待所用房/间	1
	电网距离/km	22		行政用房/间	13
	主要自然灾害	霜、雪、雹灾		会议室用房/间	2
中心小学	学生人数/人	398		信用社用房/间	4
	教职工人数/人	20		卫生所用房/间	4
	生活用房/间	37		兽医站用房/间	4
	教学办公用房/间	11		粮站用房/间	4
	人均收入/元	2102		总房间数/间	668

电站太阳电池方阵的总功率为 25kW，年发电量可达 53750kW·h，总投资为 263.8 万元。

电站于 2002 年 11 月正式建成发电投入试运行，于 2003 年 8 月通过了昌都地区计委和西藏自治区计委分别组织的初验和抽检。电站至今运行正常，深受当地广大藏族同胞的好评。

2. 电站构成及工作原理

电站是一座离网的小型光伏电站，采用阀控式密封铅酸蓄电池储能。

电站的发电系统由太阳电池方阵、蓄电池组、直流控制柜、逆变器、交流配电柜等设备组成。系统的工作原理是 20 个太阳电池子方阵经过直流控制柜向两组蓄电池组充电。每组蓄电池的标称电压为 220V，蓄电池组的上限电压定为 250V，充到此值后，由直流控制柜执行自动停充，将太阳电池方阵切离充电回路。当蓄电池回降到 234V 时，再将太阳电池方阵接入充电回路恢复充电。两组蓄电池均通过直流控制柜向逆变器供电。经由逆变器将直流电变换为单相交流电，再通过交流配电柜向低压配电线路供电。当蓄电池电压下降到 206V 时，为了不造成蓄电池组的过放电，直流控制柜将自动切断输出，逆变器停止工作。

配置 3 台逆变器，1 台为备用，以便在线任意 1 台或 2 台有故障时可以分别或同时代用，直接通过交流配电柜向输电线路供电，并由交流配电柜的互锁功能来保证供电的唯一性。

电站发电系统原理框图如图 7.8 所示。

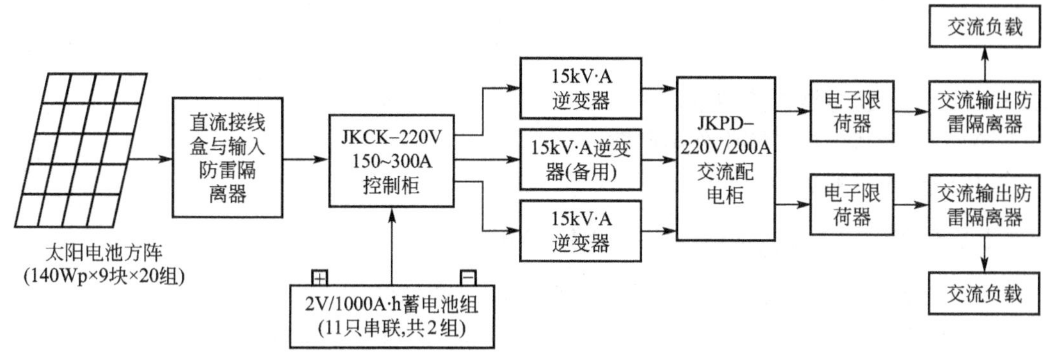

图 7.8　25kW 光伏电站发电系统原理框图

3. 光伏电站设计

1）光伏子系统设计

光伏子系统包括光伏组件、基础、支撑结构、内部电气连接、防护设施、接地等。

（1）负载日功耗 Q_L(W·h)计算。

主要依据：工程合同要求建设 1 座光伏电池组件装机容量为 25kW 的独立光伏电站；给出的当地年总辐射量为 6782.3MJ/m²。

计算公式为

$$Q_L = PK_{OP}H_L/(5618A\times365) \tag{7-13}$$

$$P = 25\text{kW} \tag{7-14}$$

$$H_L = 6782.3\text{MJ/m}^2 \tag{7-15}$$

式中，A——安全系数，取 1.2；

K_{OP}——最佳辐射系数，取 1.1；

H_L——水平面上年太阳总辐射量，kJ/m²；

P——光伏电池功率。

于是有

$$Q_L = 25\text{kW}\times1.1\times\frac{6782.3\text{MJ/m}^2}{5618\times1.2\times365}\approx75.8\text{kW}\cdot\text{h} \tag{7-16}$$

（2）光伏组件设计。

太阳电池组件总功率为 25kW·h。选用德国西门子公司生产的 140W 单晶硅太阳电池组件。其主要技术参数为：额定峰值功率 140W；额定峰值电压 34V；额定峰值电流 4.5A。设计发电系统的额定直流电压为 220V。

太阳电池组件串联数 N_s 的确定：

$$N_s = \frac{U_f + U_i}{U_m} \tag{7-17}$$

式中，U_f——蓄电池半浮充工作电压，DC303V；

U_i——串联回路线路电压降，3V；

U_m——光伏组件的峰值电压，DC34.0V。

于是有 $N_s=\frac{303+3}{34}=9$(块)，取 9 块。

接下来确定太阳电池组件并联数 N_p：

$$N_p=\frac{P}{N_s P_1} \tag{7-18}$$

式中，P——光伏电池方阵功率；

N_s——光伏电池方阵组件串联数；

P_1——组件峰值功率。

于是有 $N_p=\frac{25000W}{9\times 140W}\approx 19.8$(组)，取 20 组。

太阳电池组件实际数：$N=N_s\times N_p=9\times 20=180$(块)。

太阳电池组件实际总功率：$N_s\times N_p\times P_1=9\times 20\times 140=25200$(W)。

(3) 光伏方阵接线箱选型。

图 7.9　光伏方阵接线箱

接线箱装于光伏发电系统光伏方阵的输出端，其输入端连接各组子方阵，输出端连接控制器，具有防反充和防雷击功能。选用常州天合光能有限公司生产的 TRJX-3/1 光伏方阵接线箱 6 只和 TRJX-2/1光伏方阵接线箱 1 只(图 7.9)。

(4) 光伏方阵设计。

设计中需要注意以下两点：方阵场地的选择避免阴影影响，各子方阵间应有足够的间距，以保证全年每天当地时间上午 9 时至下午 3 时之间光伏组件无阴影遮挡；将方阵场地表面层填实夯实，并于场地周围设计排水沟。

方阵倾角设计计算：理论上可根据表 7-9 进行计算。

表 7-9　方阵倾角设计计算表

方式	时间	倾角
一年调整 2 次	4～9 月	使用地纬度－11°45′
	10 月～次年 3 月	使用地纬度＋11°45′
一年调整 4 次	2～4 月	使用地纬度
	5～7 月	使用地纬度－11°45′
	8～10 月	使用地纬度
	11 月～次年 1 月	使用地纬度＋11°45′
自动跟踪	全年	使方阵光伏组件表面始终与入射阳光垂直

根据当地地理、交通、居民文化水平等情况确定为采用固定式支架。为使全年均可较好地接受太阳辐射能量，方阵倾角确定为当地纬度加 5°，即 32°+5°=37°。

光伏方阵方位角选择：为使方阵全年接受日光照射的时间最长，选择的方位角为正南。

光伏方阵间距设计公式为

$$D=\frac{0.707H}{\tan\left[\arcsin(0.648\cos\phi-0.399\sin\phi)\right]} \tag{7-19}$$

$$H=1480\text{mm}\quad(\phi\ 取\ 37°) \tag{7-20}$$

于是有

$$D=\frac{0.707\times1480\text{mm}}{\tan[\arcsin(0.648\cos37°-0.399\sin37°)]}\approx3624\text{mm} \tag{7-21}$$

取间距为 3.7m。

光伏方阵支架设计：地面安装的光伏方阵支架采用钢结构，钢结构支架符合 GB/T 50205—2001的要求，以保证光伏组件与支架连接牢固可靠，底座与基础连接牢固，组件与地面距离设计为 0.6m。

支架采用直接接地，支架与预埋螺栓连接的接地体接地电阻不大于 10Ω，接地进行防腐及降阻处理。支架钢结构件采用热镀锌防锈处理，以满足长期室外使用要求。光伏组件和方阵使用的紧固件采用经表面热镀处理的镀锌螺栓。

连接电缆的选择：采用可满足室外使用要求的耐候性良好的电缆。电缆的线径通过计算可满足方阵最大输出电流的要求，以减少线路的损耗。电缆与接线端的连接紧固无松动。

2）储能子系统设计

① 蓄电池配置注意如下几点：每只蓄电池应有生产合格证，合格证上应标明蓄电池型号和生产日期，制造商应提供同型号产品国家认可质检机构出具的质检报告，蓄电池的生产时间靠近发货日期，存放时间应不超过 6 个月；同一路充放电控制的蓄电池应采用同一生产厂、同一规格和容量的产品，如果不属于同一批产品，生产日期的间隔时间应不超过 1 个月；蓄电池的工作环境气温宜保持在 5～30℃；蓄电池的外观无变形、漏液、裂纹及污迹，标志清晰；蓄电池的并联组数最多不超过 6 组。

② 蓄电池总容量计算。

计算公式为

$$C=(3\sim20)N\frac{Q_L}{1-D} \tag{7-22}$$

式中，C——蓄电池标称容量，kW·h；

N——用电同时率，取 80%；

Q_L——负载每天的总耗电量，kW·h；

D——放电深度，取 50%；

(3～20)——根据当地气象情况采用保证 3 天阴雨天，供电系数取 3.5。

于是有

$$C=\frac{3.5\times75.8\text{kW}\cdot\text{h}\times0.8}{1-0.5}=424.48\text{kW}\cdot\text{h} \tag{7-23}$$

因此可选工作电压为 2V 的 GFM 型系列蓄电池。蓄电池总容量为 424.48kW·h，即 212.24kA·h×2V。蓄电池串联块数为 220VDC/2V=110 块。单位蓄电池容量选型：

212240A·h/110 块=1929.45A·h/块。选用 1000A·h 蓄电池 110 块串联，并联 2 组，备用 2 块。实际蓄电池组总容量为 1000A·h×2V×110 块×2 组=440kW·h。

③ 蓄电池支架设计。

蓄电池支架必须牢固、可靠，连接螺栓应拧紧，结构件无锈蚀、变形、损坏现象。

④ 绝缘性能。

蓄电池对地的绝缘电阻应不低于 1MΩ(DC 500V)。

⑤ 蓄电池连接电缆。

图 7.10 蓄电池组

蓄电池连接电缆端头上设冷压铜接头。所选用的电缆铜接头和接线端子的设计及尺寸应使其流过最大电流时的温度不超过电缆绝缘的允许温度。电站安装的阀控式密封铅酸蓄电池组的外观如图 7.10 所示。

3）功率调节器设计

功率调节器主要由控制器、逆变器、交流配电柜、电子限荷器、输出防雷隔离器等设备组成。

① 一般要求。

功率调节器设备选型应满足光伏系统设计功能的需要，各功能设备间应考虑功能和(或)功率(容量)的协调及匹配。

功率调节器设备应是符合产品标准并通过检验的合格产品；出厂时应带有铭牌标志、接地标志、功能标志等，标识应清晰、正确。铭牌至少要标明制造商名称、出厂编号、生产日期及该设备的主要特征参数。

设备柜架应有足够的刚性并设有安装孔和(或)吊装装置；运行操作的器件应适宜于人员操作；应有可靠接地。

设备主要元器件应选用符合产品标准并经过定型试验的合格产品。元器件的安装应符合产品说明书、设计文件或图样中的规定。指示仪表量程应选择适度，测量最大值应达到满量程 85%以上。

设备绝缘性能应符合 GB/T 3859.1—1993 的要求。耐振动性能应满足频率在 10～55Hz 变化、振幅为 0.35mm 的三轴向各振动 30min 后正常工作。

② 产品的正常使用环境条件。

环境气温在 0～40℃范围内；在环境气温 20℃以下时，相对湿度不大于 90%；可在无腐蚀性气体和导电尘埃的室内使用。当产品的实际使用环境条件超出正常使用范围时，应与制造厂协商进行相应的修正处理。

③ 控制器选型。

技术要求：正常运行情况下，控制器及相关器件应提供至少 10 年的服务期。当没有 LED 发光时，控制器最大自身耗电量不得超过其额定充电电流的 1%。充电或放电回路电压降不得超过系统额定电压的 5%。控制器的调节点须根据具体蓄电池的特性在出厂前预调好过充点或过放点。

控制器应具有防止蓄电池过充电和过放电的保护、防止任何负载过流或短路的电路保护、防止任何负载极性反接的电路保护、防止太阳电池组件或蓄电池极性反接的电路保护、防止控制器内部短路的电路保护、在多雷区防止雷击引起击穿的保护、防止夜间蓄电池通太阳电池组件反向放电的保护等功能。

控制器选型：选用北京市计科能源新技术开发公司与常州天合光能有限公司研制生产的型号为 JKCK－220V/150～300A 的控制器 1 台，其额定电压为 DC 220V、负载电流为 150A。

④ 逆变器选型。

其功能是将直流电变换成交流电，具有断路、过流、过压、过热、防蓄电池过放电等保护功能。

逆变器容量计算公式为

$$P=\frac{L\cdot N}{S\cdot M}\cdot B \tag{7-24}$$

式中，L——负荷功率，为 25kW；

N——用电同时率，为 80%；

S——负荷功率因素，为 0.8；

M——逆变负荷率，为 85%；

B——各相负荷不平衡系数，取 1.2。

于是有

$$P=\frac{25\times 0.8}{0.8\times 0.85}\times 1.2\approx 35.29(\text{kV}\cdot\text{A})$$

根据计算，可选用合肥阳光电源有限公司生产的 15kV·A 单相逆变电源 3 台，其中 1 台为备用。

⑤ 交流配电柜选型。

可接入逆变器，对用户供电分配进行操作控制，装有用电计量电能表。

选用常州天合光能有限公司生产的型号为 JKPD－220V/200A 的交流配电柜 1 台。

⑥ 电子限荷器选型。

其功能为能精确地检测出供电线路上或用户端发生的短路和异常情况并进行快速、可靠的保护。

选用常州天合光能有限公司生产的型号为 JKDB 220V/100A 的限荷保护器 2 只。

⑦ 输出防雷隔离箱选型。

输出防雷隔离箱可安装在光伏电站控制机房的入口端和出口端，当遭到雷击或发生过流时，箱内防雷器件劣化，过流保护器自动跳出，自动脱扣脱离电路，以保证光伏电动跳出，自动脱扣脱离电路，以保证光伏电站设备的安全。

选用常州天合光能有限公司生产的型号为 JKFL－2 的输出防雷隔离箱 2 只。

4. 机房、围栏、防雷及低压配电线路设计与建设

1）电站机房设计与建设

① 电站机房的面积为 40.9m^2，包括蓄电池室、控制室和值班室。机房建设的原则为，结合当地的地理、气象条件，充分考虑蓄电池、控制器的最佳工作温度，符合当地的特殊地理、气象情况。

② 为满足对于机房的温度要求，将机房建为被动式太阳房，以确保冬天室内温度在

0℃以上。

③ 被动式太阳房采用钢结构，地面采用防火阻燃木地板。

④ 被动式太阳房的设计要充分考虑空气对流，采用良好的通风结构，以确保夏天温度不超过28℃。

⑤ 为优化机房周围环境，在机房周围设置了排水沟和散水坡。

2）电站围栏设计与安装

① 采用防盗式热浸塑墨绿色钢焊接网。

② 焊接网热浸塑PE粉，单边厚度为0.4～0.45mm。

③ 设置防盗4N网围栏。

④ 焊接网用的钢丝为冷拔状态，抗拉强度为640～800N/mm²，实际直径为ϕ4.5mm。

3）电站防雷设备设计与安装

① 电站系统线路不论是受到直接雷击还是间接雷击，都将产生过电压，若不能使雷电流迅速流入大地，雷电就会侵入房屋，损坏建筑物或设备，甚至会引起火灾，造成人身伤亡事故。因此，光伏电站必须采取有效措施防止雷击。

② 电站的避雷系统设计，采用安装输入避雷器和输出避雷器，以确保电站设备安全，并将所有设备的金属外壳接地，以确保电站管理人员人身安全。

4）低压配电线路设计与建设

按照GB/T 50258—2002电气装置安装工程1kV及以下配线工程施工及验收规范、DL/T 765.3—2004额定电压10kV及以下架空绝缘电线金具和绝缘部件、DL/T 5009.2—2009电力建设安全工作规程和DL/T 477—2010农村低压电气安全工作规程等的规定和要求进行设计和建设。

5. 电站的管理

1）人员培训

① 首先对地区计委、水电局分管领导和技术人员，各县分管副县长和水利局、科技局领导及技术人员进行集中培训，普及光伏发电知识。

② 由承建公司成立培训队，下到各个电站对管理人员进行系统培训。

③ 乡政府配备1名管理人员参与建站整个过程，进行全程培训。

④ 由承建公司昌都售后服务部技术人员定期下站点指导培训。

2）电站管理

① 为加强光伏电站的日常管理，在对电站管理人员培训合格后，结合电站的实际情况，制定了汉藏文的电站管理制度和藏汉文对照的标识，并配置了用户手册和培训教材，文字力求通俗易懂。

② 机房内配备了灭火器，并在电站设备和危险操作区均标注汉藏文警示标识，加强电站安全性和人性化管理。

③ 建立并实施《光伏电站管理制度》，主要有《太阳电池方阵维护管理》《蓄电池系统维护管理》《逆变系统维护管理》《测量控制系统维护管理》《低压配电线路维护管理》和《光伏电站用电管理》等制度。

④ 电费的收取。收费标准应根据当地人民的生活水平来确定。对收取的电费要进行严格管理，专款专用，确保用于电站的持续正常运行。

⑤ 建立电站档案。对电站的设计、施工、安装、测试、检验、维修及运行发电等都应记录在案。

该电站成功地建设与通电，解决了乡政府及周围98户人家、500多人的用电问题，取得了良好的社会效益和环境效益，受到广大藏族同胞的赞扬。

7.2 并网型太阳能光伏发电系统

并网系统就是将太阳能光伏系统与电力系统并网的系统，它可分为有逆潮流并网系统，无逆潮流并网系统、自立运行切换型系统、直/交流并网型系统、地域并网型系统及小规模电源系统等。

7.2.1 几种并网电力系统

1. 有逆潮流并网系统

有逆潮流并网系统如图7.11所示。太阳电池的出力供给负载后，若有剩余电能且剩余电能流向电网的系统，称为有逆潮流并网系统。对于有逆潮流并网系统来说，由于太阳电池产生的剩余电能可以供给其他的负载使用，因此可以发挥太阳电池的发电能力，使电能得到充分利用。当太阳电池的出力不能满足负载的需要时，则从电力系统得到电能。这种系统可用于家庭的电源、工业用电源等场合。

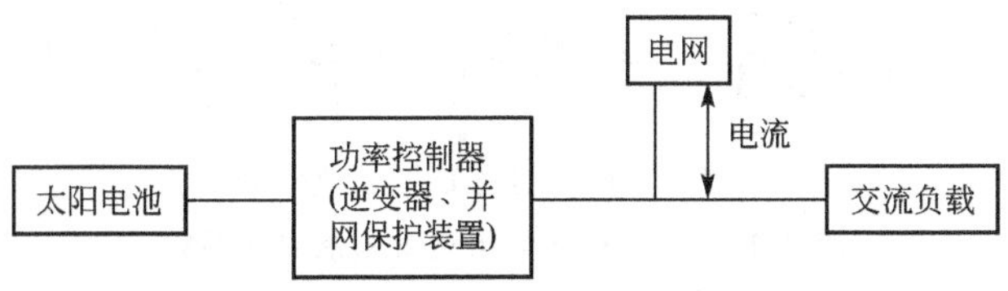

图7.11 有逆潮流并网系统

2. 无逆潮流并网系统

无逆潮流并网系统如图7.12所示。太阳电池的出力供给负载，即使有剩余电能，但剩余电能并不流向电网，此系统称为无逆潮流并网系统。当太阳电池的出力不能满足负载的需要时，则从电力系统得到电能。

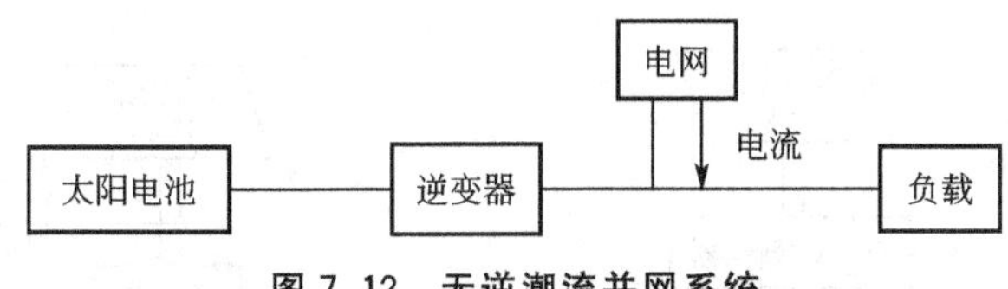

图7.12 无逆潮流并网系统

并网式系统的最大优点是可省去蓄电池。这不仅可节省投资，使太阳能光伏系统的成本大大降低，有利于太阳能光伏系统的普及，而且可省去蓄电池的维护、检修等费用，所以该系统是一种十分经济的系统。目前，这种不带蓄电池、有逆潮流的并网式屋顶太阳能光伏系统正得到越来越广泛的应用。

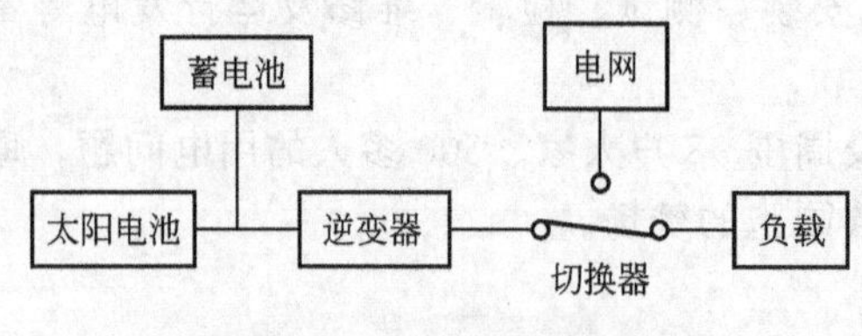

图 7.13　切换式并网系统

3. 切换式并网系统

切换式并网系统如图 7.13 所示。该系统主要由太阳电池、蓄电池、逆变器、切换器及负载等构成。正常情况下，太阳能光伏系统与电网分离，直接向负载供电。而当日照不足或连续雨天，太阳能光伏系统的出力不足时，切换器自动切向电网一边，由电网向负载供电。这种系统在设计蓄电池的容量时可选择较小容量的蓄电池，以节省投资。

4. 自立运行切换型太阳能光伏系统(防灾型)

自立运行切换型太阳能光伏系统一般用于灾害、救灾等情况。图 7.14 为自立运行切换型(防灾型)太阳能光伏系统。通常，该系统通过系统并网保护装置与电力系统连接，太阳能光伏系统所产生的电能供给负荷。当灾害发生时，系统并网保护装置动作使太阳能光伏系统与电力系统分离。带有蓄电池的自立运行切换型太阳能光伏系统可作为紧急通信电源、避难所、医疗设备、加油站、道路指示、避难场所指示及照明等的电源，当灾害发生时向灾区的紧急负荷供电。

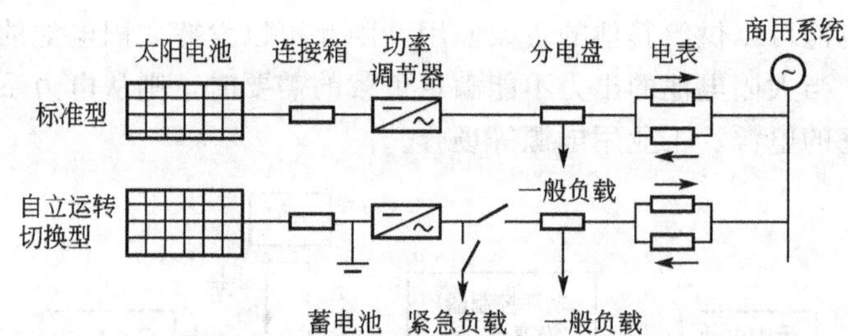

图 7.14　自立运行切换型太阳能光伏系统

5. 直/交流并网型太阳能光伏系统

图 7.15(a)所示为直流并网型太阳能光伏系统。由于情报通信用电源为直流电源，因此，太阳能光伏系统所产生的直流电可以直接供给情报通信设备使用。为了提高供电的可靠性和自立性，太阳能光伏系统也可同时与商用电力系统并用。图 7.15(b)为交流并网型太阳能光伏系统，它可以为交流负载提供电能。图中，实线为通常情况下的电能流向，虚线为灾害情况下的电能流向。

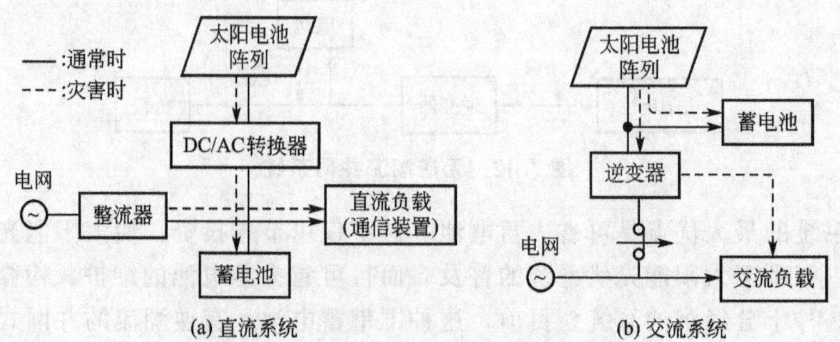

图 7.15　直/交流并网型太阳能光伏系统

6. 地域并网型太阳能光伏系统

传统的太阳能光伏系统如图 7.16 所示，该系统主要由太阳电池、逆变器、控制器、自动保护系统、负荷等构成。其特点是太阳能光伏系统分别与电力系统的配电线相连。各太阳能光伏系统的剩余电能直接送往电力系统(称为卖电)；各负荷的所需电能不足时，直接从电力系统得到电能(称为买电)。

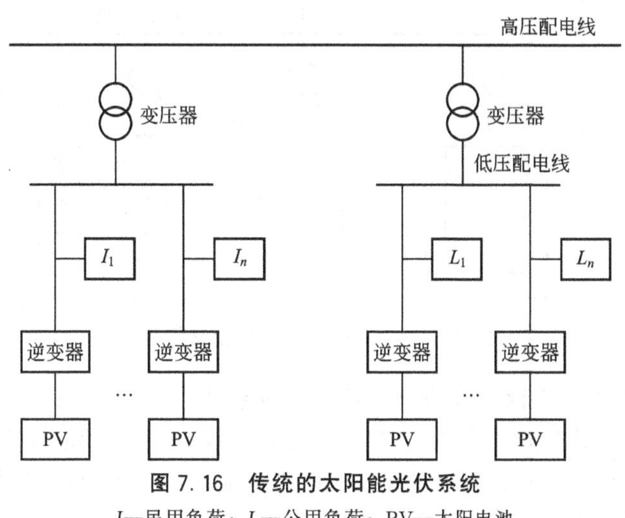

图 7.16 传统的太阳能光伏系统

I—民用负荷；L—公用负荷；PV—太阳电池

传统的太阳能光伏系统存在如下问题。

① 逆充电问题。所谓逆充电问题，是指当电力系统的某处出现事故时，尽管将此处与电力系统的其他线路断开，但此处如果接有太阳能光伏系统，太阳能光伏系统的电能会流向该处，有可能导致事故处理人员触电，严重的会造成人身伤亡。

② 电压上升问题。由于大量的太阳能光伏系统与电力系统并网，晴天时太阳能光伏系统的剩余电能会同时送往电力系统，使电力系统的电压上升，导致供电质量下降。

③ 太阳能发电的成本问题。目前，太阳能发电的价格太高是制约太阳能发电普及的重要因素，如何降低成本是人们最为关注的问题。

④ 负荷均衡问题。为了满足最大负荷的需要，必须相应地增加发电设备的容量，但这样会使设备投资增加，不经济。

为了解决上述问题，我们提出了地域并网型太阳能光伏系统。如图 7.17 所示，图中的虚线部分为地域并网太阳能光伏系统的核心部分。各负荷、太阳能发电站及电能储存系统与地域配电线相连，然后与电力系统的高压配电线相连。太阳能发电站可以设在某地域的建筑物的壁面，学校、住宅等的屋顶、空地等处，太阳能发电站、电能存储系统及地域配电线等设备由独立于电力系统的第三者(公司)建造并经营。

该系统的特点如下。

① 太阳能发电站发出的电能首先向地域内的负荷供电，有剩余电能时，电能存储系统先将其储存起来，若仍有剩余电能则卖给电力系统；太阳能发电站的出力不能满足负荷的需要时，先由电能储存系统供电，仍不足时则从电力系统买电。这种并网系统与传统的并网系统相比，可以减少买、卖电量。太阳能发电站发出的电能可以在地域内得到有效利用，可提高电能的利用率。

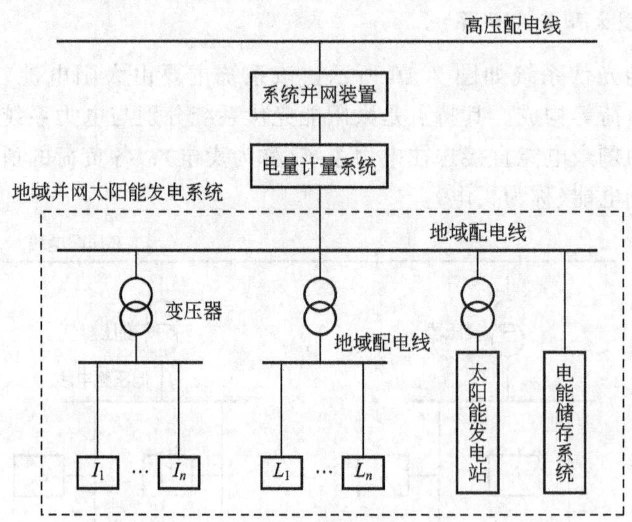

图 7.17　地域并网型太阳能光伏系统

② 地域并网太阳能光伏系统通过系统的并网装置(内设有开关)与电力系统相连。当电力系统的某处出现故障时，系统并网装置检测出故障，并自动断开开关，使太阳能光伏系统与电力系统脱离，防止太阳能光伏系统的电能流向电力系统，有利于检修与维护。因此这种并网系统可以很好地解决逆充电问题。

③ 地域并网太阳能光伏系统通过系统并网装置与电力系统相连，所以只需在并网处安装电压调整装置或使用其他方法，就可解决由于太阳能光伏系统同时向电力系统送电时所造成的系统电压上升问题。

④ 由上述的特点①可知，与传统的并网系统相比，太阳能光伏系统的电能首先供给地域内的负荷，若仍有剩余电能则由电能储存系统储存，因此，剩余电能可以得到有效利用，可以大大降低成本，有助于太阳能发电的应用与普及。

⑤ 负荷均衡问题。由于设置了电能储存装置，可以将太阳能发电的剩余电能储存起来，可在最大负荷时向负荷提供电能，因此可以起到均衡负荷的作用，从而大大减少调峰设备，节约投资。

7.2.2　光伏发电并网装置

1. 光伏发电并网装置的主电路

前面我们讲到了光伏发电并网的几种系统，下面介绍一个小功率的并网型光伏发电装置。该装置额定功率为 200W，可以直接安装在太阳电池板的背后，输出接 220V 交流电网。图 7.18 为该光伏发电并网装置的主电路。

图 7.18 所示主电路的左边直流侧直接与太阳电池的输出端相接，右边交流侧与电网相连。可以看出主电路由两部分组成，左侧为一个 DC/DC 变换器电路，右侧为一个 DC/AC 逆变器电路。因为 200W 的太阳电池板的输出电压只有几十伏，而要将能量反馈回 220V 的交流电网并获得较好的电流波形，则逆变器直流侧的电压(中间环节电压)应高于电网电压的峰值。因此需要 DC/DC 变换器完成升压的任务，这里 DC/DC 变换器的变

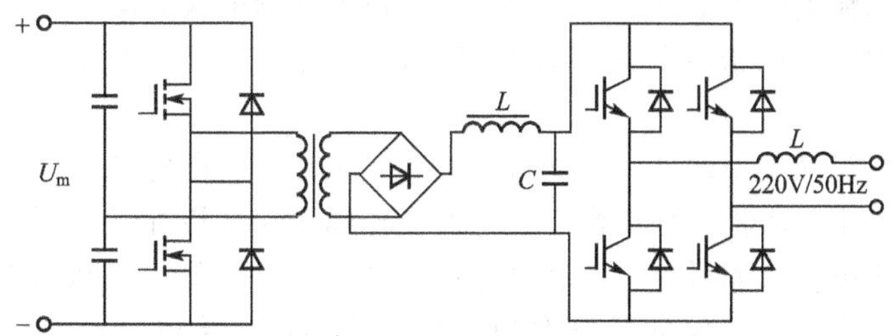

图 7.18　光伏发电并网装置的主电路

压器同时还起到了电气隔离的作用，就是使太阳电池与电网在电气上是隔离的。关于是否一定需要这种电气隔离，似乎并无定论，各国的规定也不尽相同，从目前市场上的产品来看，既有隔离的，也有不隔离的。我国目前还没有制定光伏发电并网的法规，因此对这一点也没有明确的规定。一般来说，隔离型的安全性要好一些，但效率要低一些，相应成本也要高一些。如采用不隔离的方式，则 DC/DC 变换器可改用升压渐波器。即使采用隔离的方式，也可将升压和隔离的任务交由安装在装置输出端的变压器来完成，但这一变压器应为工频变压器，这将使整个装置变得笨重，因此这里主电路采用高频隔离变压器。

图 7.18 所示主电路中采用的 DC/DC 变换器为半桥式电路，之所以采用半桥式电路是考虑到装置功率较小没必要采用全桥式电路，而与推挽式电路相比半桥式电路具有较强的抗不平衡能力。

设计逆变器直流侧的电压应保持在 400V 左右，由于电压较高，为了降低整流二极管的耐压等级使之便于选取，整流采用了全桥式整流电路。由于逆变器是电流输出控制，输出端的电感是用来滤除高次电流谐波的。

2. 光伏发电的最大功率点

太阳电池有其特有的输出特性(即伏安特性)，它的典型的输出特性如图 7.19 所示。此时太阳电池的输出功率为输出电压和输出电流之积。太阳电池可以工作在其输出特性的任一点上，工作点不一样则输出功率也不一样，输出功率的变化曲线如图 7.19所示。显然，当太阳电池工作在短路或开路时输出功率都为零。在太阳电池的输出特性曲线上，能使输出功率达到最大值的工作点称为最大功率点，其对应的电压和电流为最大功率点电压和最大功率点电流。

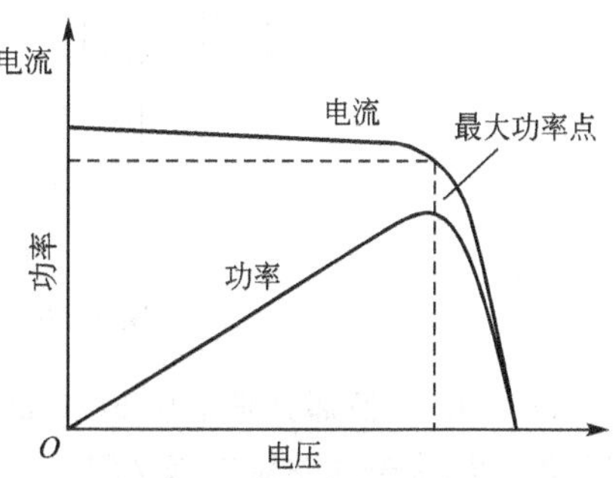

图 7.19　太阳电池的输出特性

注意，图 7.19 所示的太阳电池的输出特性只是在某一光强和温度下的输出特性。太阳辐射强度和温度的变化都会使太阳电池的输出特性产生变化，也就是说对应不同的光强和温度将得到一组输出特性曲线，因此最大功率点和最大功率点电压也是漂移的。

光伏发电从装置的体积、质量及其发电功率上看，其功率密度是比较低的。而且，就目前来说，光伏发电装置的成本还是较高的。为了充分利用太阳能和发挥光伏发电装置的作用，在技术上就要使太阳电池的输出始终处于最大功率点及其附近。在光伏发电系统中，使太阳电池的输出处于最大功率点也就是控制变换器的输入电压工作在最大功率点电压上，而最大功率点电压指令是随光强和温度的变化调节的。这就是最大功率点的跟踪问题。

最大功率点跟踪最常用的方法有两种。一种是试探法，即每隔一段时间将太阳电池的工作电压改变一个小的增量，如果由于这一改变使输出功率增加了，则下一次继续朝着相同的方向改变工作电压；如果这一改变使输出功率减少了，下一次则朝着相反的方向改变工作电压。另一种方法是，根据在最大功率点处功率对电压或电流的微分应该为零的原理，来判断是否工作在最大功率点处，并调整工作电压。

3. 光伏发电并网装置的控制

本节介绍的光伏发电并网装置主要由两部分组成，前级的DC/DC变换器和后级的DC/AC逆变器。DC/DC变换部分的控制核心芯片是SG3525，DC/AC变换部分的控制核心芯片是TMS320F240。在本系统中，太阳电池板可工作范围的输出电压为直流50～80V，这一电压通过DC/DC变换器被转换为约400V的直流电，然后经过DC/AC变换器逆变后就得到220V/50Hz的交流电。系统保证并网逆变器输出的220V/50Hz正弦电流与电网的相电压同步。

图7.20为该光伏发电并网装置的控制框图。核心控制芯片采用了TI公司的数字信号处理器(DSP)TMS320F240。因为逆变器的输出是电流控制，并要保证足够高的开关工作频率，因此这里采用了实时处理能力更强的DSP，而没有使用单片机。从图7.20中可以清楚看出系统输入和输出信号的情况。

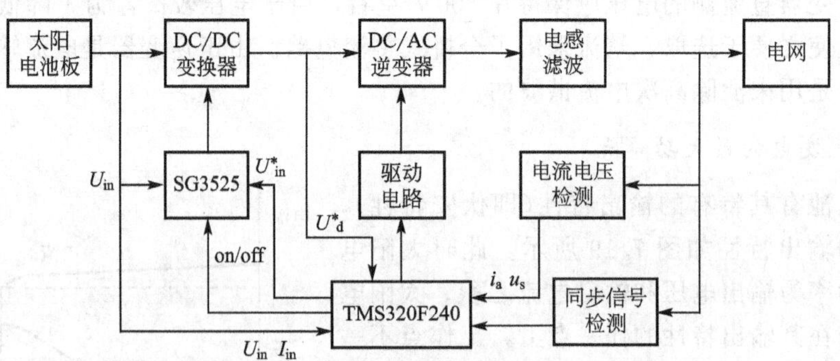

图7.20 光伏发电并网装置的控制框图

DC/DC变换部分是采用SG3525来控制的，它的功能是通过脉宽调制来保证太阳电池的输出电压维持在给定的最大功率点电压U_{in}上，这一指令由DSP给出。SG3525是开关电源常用的一种脉宽调制型控制器，它包括开关稳压器所需的全部控制电路，其中有误差放大器、振荡器、脉宽调制器、脉冲发生器、两只交替输出的开关管和电流保护关闭电路等。这里SG3525的工作相对独立，只是完成对太阳电池的输出电压的调节工作，它的启动和停止受DSP控制。

因此，最大功率点的跟踪，输出电流的幅值、频率、相位的调节等，都要由DSP来实现。从图7.20可以看出，DSP需要检测太阳电池板的输出电压、电流，中间环节电压U_d，以及交流侧电压和输出电流等信号，除了输出四路脉冲对逆变器的开关管进行控制之外，DSP还要给SG3525发出最大功率点电压指令U_{in}和启动、停止信号。

DSP根据检测到的太阳电池板的输出电压、电流，可以计算出太阳电池板的输出功率，利用试探法，每隔几秒钟给SG3525发出一个最大功率点电压指令U_{in}，以此对太阳电池板的最大功率点进行跟踪。

如果逆变器的输出功率不能与太阳电池板的输出功率保持一致(这里暂时忽略变换器的损耗)，这一功率差必然表现在该装置的中间环节电压U_d上。即如果太阳电池板的输出功率大于逆变器的输出功率，则U_d增加；反之则U_d减少。因此，中间环节电压U_d的值可以反映该装置输入、输出功率的平衡状态。对于逆变器来说，中间环节电压过高或过低都是有害的，其变动范围应是有限制的，所以既要满足太阳电池板工作在最大功率点又要使中间环节电压基本保持一定，就需要随时调节逆变器的输出功率，使之与太阳电池板的输出功率相同。

逆变器的输出功率是通过改变输出电流的幅值来调节的。DSP对于逆变器输出电流的控制如图7.21所示，将给定的中间环节电压U_d(这里设定为400V)和实际的中间环节电压U_d相比较后，其误差经过PI调节，得到输出电流幅值的指令I_0；将其与正弦表值$\sin\omega t$相乘，就得到交变的输出电流指令i_o；再将它与实际的输出电流i_o比较后，其误差经过比例P调节；与检测到的电网电压u_s相加后，所得到的波形再与三角波(三角波的频率为10kHz)比较，就产生了四路PWM调制信号，用以控制逆变器的4个IGBT的导通与关断。

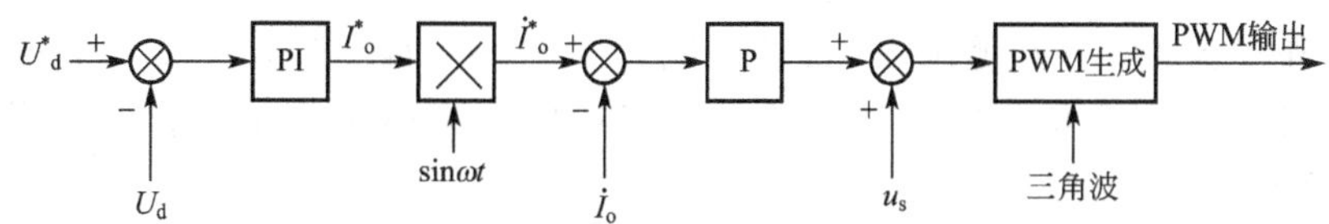

图7.21 DSP对于逆变器输出电流的控制

逆变器输出电流的频率和相位取决于图7.21中的正弦表读值$\sin\omega t$，因为它决定了输出电流指令i_o的频率和相位，实际的输出电流i_o是追随i'_o的。正弦表读值的频率信号是由检测到的电网电压的频率信号经锁相环电路得到，相位信号由电网电压的过零信号得到。如果电网质量比较高、频率较稳的地区也可以直接用电压的过零信号作为频率的周期复位信号，则可省去锁相环电路。

当输出电流指令i'_o的值很小的时候，说明此时的光强已经很弱，DSP会给SG3525发出停止工作的信号。当太阳电池板的开路电压达到足够大的值时，表明此时的光强已经可以发电，DSP会给SG3525发出启动的信号。

整个装置的控制电路由一个辅助的开关电源供电，开关电源的输入能量也来自太阳电池板。这个开关电源在较低的输入电压下就可以工作，如果太阳电池板的输出已不能满足开关电源的工作，整个装置就都停止工作了。一旦太阳电池板的输出能使开关电源工作，装置就处于待机状态了，只要光强达到一定程度，就可以自动发电并网。

逆变器输出端的电压、电流波形如图7.22所示。图中幅值较大的为电压波形(100V/div)，幅值较小且不太光滑的为电流波形(1A/div)。电流波形说明电流中除了正弦状的基波之外，还含有少量没有滤除掉的高次谐波。从图中可以看出，电压和电流波形基本同相位，使输出侧功率因数近似为1。

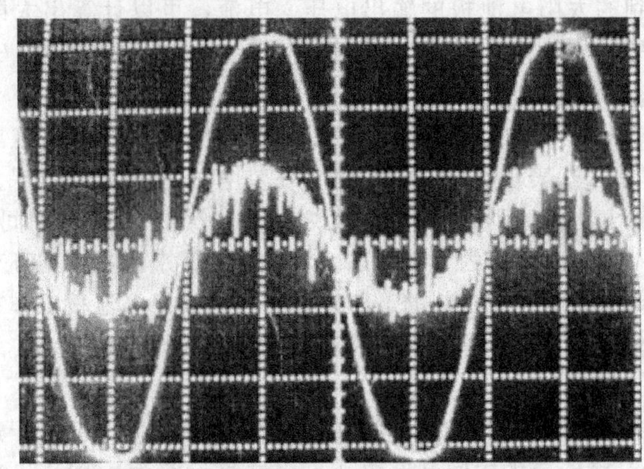

图 7.22　逆变器输出端的电压、电流波形

7.2.3　光伏并网发电案例

1. 1.4kW 光伏并网示范电站

河南理工大学为了研究太阳能光伏并网发电技术，投资 10 多万元购置了 8 块 175W 的多晶硅太阳电池板，并从德国 SMA 公司购置了 Sunny Boy Control、Netherlands 的电源质量分析器 FLUKE 和中国台湾泰仕电子工业股份有限公司的光照计，设计建造了 1.4kW 的光伏并网小型电站。

1）小功率太阳能光伏并网系统

太阳能光伏并网发电系统主要由太阳电池阵列、逆变器、配电箱、电量计量装置等组成。

① 太阳电池阵列。

图 7.23　1.4kW 太阳电池阵列

太阳电池阵列由 8 块 175W 的太阳电池板组成，如图 7.23 所示。采用直接串联连接，直流工作开路电压 44.4V，短路电流 5A。太阳电池板方位朝向正南，方阵的设计倾角为 30°。遵循光伏阵列安装的基本原则，综合考虑了房顶的结构、防水、承重、防风等因素，为了便于观看示范，电站安装在电气学院楼顶的偏西方(在电池板的东边有一障碍物，但不遮蔽阳光，同时可以防止大风把电池板掀起)，初步实现了与建筑一体化的要求。

② 并网逆变器。

并网逆变器可将光伏阵列产生的直流电转换成交流电，并通过其最大功率跟踪功能使光伏阵列最大限度地输出功率。实验系统中采用 SMA 公司的 Sunny Boy 2100 型并网逆变器，输入直流工作电压为 125～600V，输出电压为交流 230V，输出频率为(50±0.2)Hz。

并网逆变器的主要功能：自动切入或脱离电网；根据工作环境，可在定电压运行与最大功率跟踪运行模式之间切换；低功率时自动休眠功能；直接输入电压过欠压、电流保护，交流输出过流保护、电网波动影响(电网电压、频率)保护；“孤岛效应”保护；实时数据和状态显示；故障显示。该逆变器的多功能保障了系统正常平稳运行。

③ 变压器。

由于逆变器输出的电压相对较低，不能直接输送给电网，所以还需要对其进行一定的处理之后才能并入电网。系统采用的是额定 2kV・A，50Hz 的变压器，经过变压之后将太阳能发的电输送给电网。

2) 光伏并网示范电站监控系统的设计

① 监控系统的硬件基础。

TMS320LF2407 提供的串行通信接口(SCI)模块支持 CPU 使用标准 NRZ(非归零)格式的异步设备之间的数字通信，通过引脚 SCIRXD(串行数据接收端)和 SCITXD(串行数据发送端)进行串行通信。具有以下特点：具有一个可编程序的波特率发生器，数据传输的速度可以被编程为 65535 多种不同的方式；接收器和发送器是双缓冲的，可以同时或者独立工作；SCI 为接收器和发送器提供独立的中断请求和中断向量。

TMS320LF2407 与计算机的异步通信通过其串行通信接口与 RS232 进行。

图 7.24 为 TMS320LF2407 串行通信接口电路，该电路采用符合 RS232 标准的驱动芯片 MAX232 进行串行通信。MAX232 芯片功耗低，集成度高，具有两个接收和发送通信。整个接口电路简单，可靠性高。

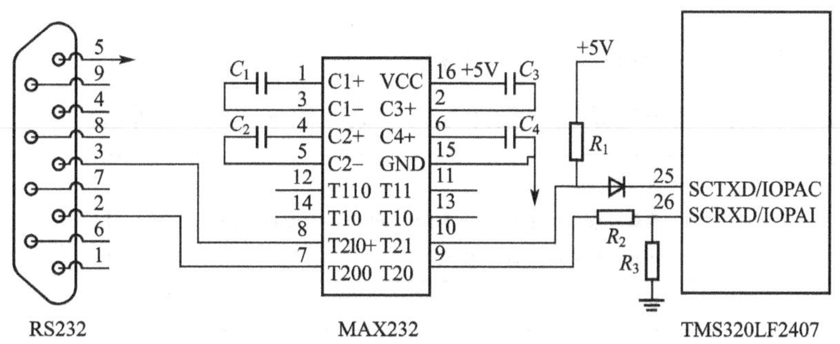

图 7.24 TMS320LF2407 串行通信接口电路

② 串行通信的软件设计。

TMS320LF2407 串行通信的软件设计可以采用查询和中断两种不同的方式。该示范电站采用中断方式；当串行口产生中断时，先向 DSP 申请中断，DSP 响应中断后暂时中断自己的程序，执行相应的串口中断服务程序，执行完后又返回主程序，使信息得到及时处理。

F2407 的 SCI 的接收和发送都采用非归零码，它是标准异步通信方式，一帧数据包括 1 个起始位，8 个数据位，1 个奇偶校验位(可选)，1 个或 2 个停止位。本文中的帧数据由 10 位组成，即没有奇偶校验位并选择一个停止位。通信数据由 14 个字节组成。

F2407 的 SCI 的初始化工作放在主程序的开始部分，包括 SCI 的中断设置、波特率、数据位和停止位的设置等。具体的流程如图 7.25 所示。

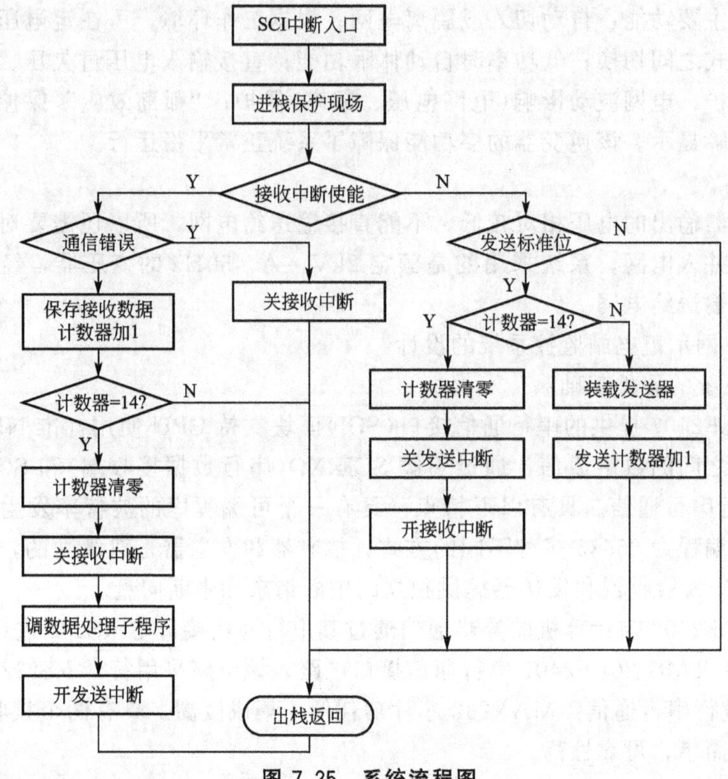

图 7.25 系统流程图

2. 东方公司 20kW 太阳能发电工程系统设计

(1) 该 20kW 太阳能发电系统的设计与施工流程图如图 7.26 所示。

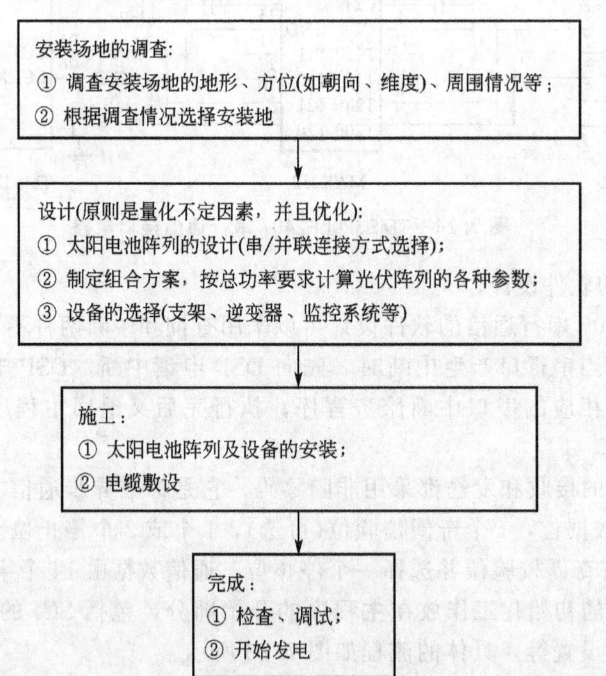

安装场地的调查:
① 调查安装场地的地形、方位(如朝向、维度)、周围情况等;
② 根据调查情况选择安装地
设计(原则是量化不定因素，并且优化):
① 太阳电池阵列的设计(串/并联连接方式选择);
② 制定组合方案，按总功率要求计算光伏阵列的各种参数;
③ 设备的选择(支架、逆变器、监控系统等)
施工:
① 太阳电池阵列及设备的安装;
② 电缆敷设
完成:
① 检查、调试;
② 开始发电

图 7.26 东方公司 20kW 太阳能发电系统的设计与施工流程图

(2) 该工程的设计总则。

太阳能发电系统的设计首先必须综合考虑安装地点的环境，了解所在地的经纬度、系统的最大负载功率、系统的输出电压及交直流方式等因素，在此基础上，制定相应的设计方案。此工程的总体设计应遵循以下原则。

① 由于此工程是安装在屋顶一圆弧形状的平台上，因此在阵列设计时不但要使安装后的阵列获得最大功率，同时还应考虑与建筑物的完美结合，使安装效果美观。

② 考虑到并网系统在安装及使用过程中的安全及可靠性，在并网逆变器直流输入端安装直流汇线箱。

③ 结合直流汇线箱的数量(6 个)，决定电池组件连接时进入每个直流汇线箱的具体结构形式。

④ 并网逆变器与电网连接采用三相四线制的输出方式。

整体安装示意图如图 7.27 所示。

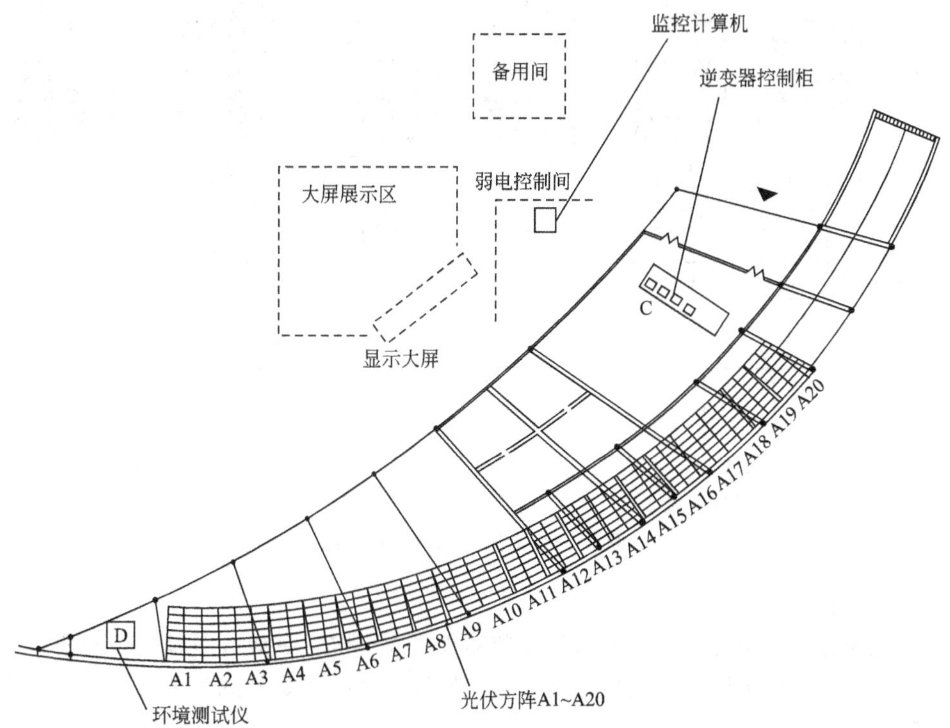

图 7.27 太阳能发电工程安装示意图

(3) 电池组件的选型考虑。

① 采用单晶硅太阳电池板，型号为 STP77S－12/Bb。

② 主要技术参数。

开路电压：21.26V；短路电流：5.0A；额定电压：17.5V；额定电流：4.40A；输出功率：77W；最大系统电压：DC 715V；工作温度：－40～＋85℃；外形尺寸：1195mm×541mm×30mm；质量：8kg。

③ 电池板 20 年内转换效率(或输出功率)衰减：＜10％。

(4) 太阳电池方阵的设计考虑。

① 总体要求。

太阳能发电系统设计容量约为20kW，通过电池阵列直接将太阳辐射能转换成直流电能，再通过直流汇线箱与并网逆变器相连，将直流电能逆变成交流电能，再并入AC 220V电网侧。

② 方阵连接。

方阵总体由280块规格为77W_p的组件构成，77W_p×280＝21.56kW_p。配有6个直流汇线箱。太阳电池方阵连接方式设计时要按用电量、功率、电压及光照情况，确定光伏电池组的总量及串/并联的方式。此工程将每14块电池组件串联成1路，共有20路。14块×20＝280块。

前4个汇线箱中进3路，后2个汇线箱中进4路。

方阵连接形式如图7.28所示。

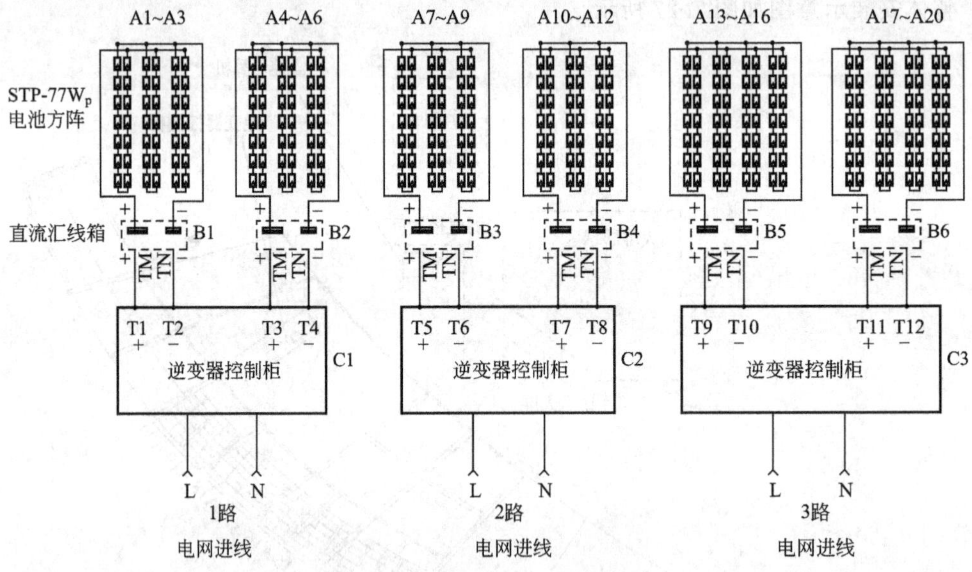

图7.28 太阳电池方阵接线图

(5) 太阳电池方阵的设计。

太阳电池方阵支架的设计主要根据安装的方式来决定，一般有跟踪安装和固定安装两种方式。由于此工程为固定式光伏阵列，在支架设计时则需要考虑安装支架的倾角及支架的承重情况。

固定式光伏方阵安装应尽可能朝向赤道倾斜安装，这样一可增加全年接收到的太阳辐照量，二能提升冬季方阵面上的太阳辐照量，降低夏季的辐照量，同时倾角的选择还要考虑当地纬度。这项工程安装在成都，结合其地理因素，本支架的设计倾角为30°。

对于支架材质的选择，应根据电池阵列的负荷来估算选择支架的材质及承受强度；同时，电池方阵的倾斜角和方位角及电池组件的尺寸、安装地区的最大风速等因素也决定支架的设计。此工程采用GB 707—2008标准的热轧角钢，支架采用50mm×50mm×50mm的角钢，地脚采用80mm×80mm×80mm的角钢。

由于安装基础非平面结构，为了支架安装的稳定性，在安装前需要构造一个水平基础。此次工程采用槽钢标桩找平。其方阵安装支架图如图7.29所示。

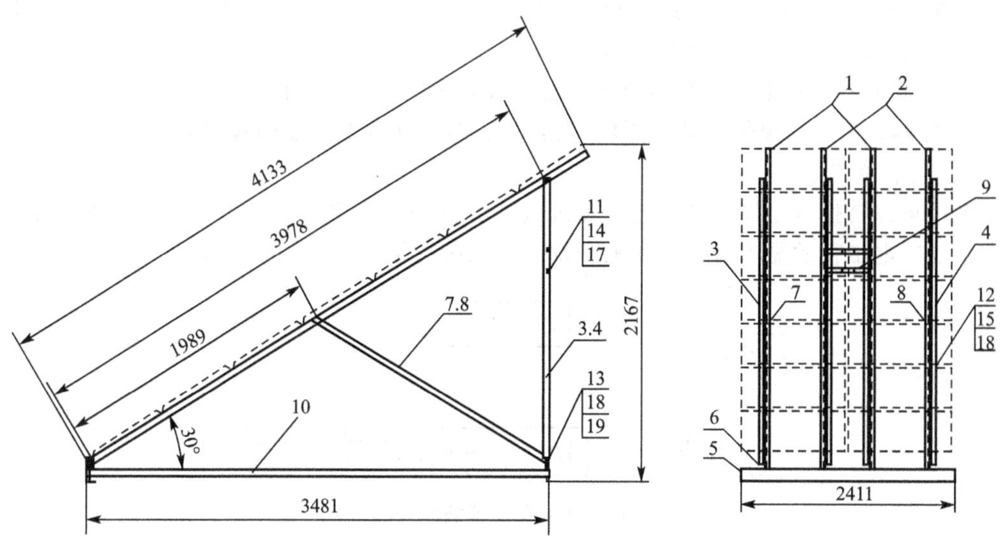

图 7.29 太阳电池方阵安装支架图

(6) 并网逆变器。

并网逆变器采用最大功率跟踪技术，最大限度地把太阳电池板转换的电能送入电网。逆变器自带的显示单元可显示太阳电池方阵电压、电流，逆变器输出电压、电流、功率，累计发电量、运行状态、异常报警等各项电气参数。同时具有标准电气通信接口，可实现远程监控。具有可靠性高、具有多种并网保护功能(如孤岛效应等)、多种运行模式、对电网无谐波污染等特点。

逆变器的选择除了要考虑太阳电池阵列的输出电压，还必须考虑并网的电压及相数。此工程逆变器采用东方自控自主研发的 5kV·A 并网型控制逆变器模块，主要技术参数如下。

① MPPT 电压范围：120～750V。

② 额定负载下逆变输出效率：≥90%。

③ 允许电网电压范围(单相)：165～265V。

④ 允许单位频率范围：47～51.5Hz。

⑤ 输出谐波畸变率：≤5%。

⑥ 最大阵列开路电压：750V；最大直流输入电流：25A。

这个系统配有 3 台逆变器柜，每台柜内装有 2 个并网型控制逆变器模块。逆变器柜提供了数字化的操作界面，可以方便灵活地操作，也可以将各种状态信息显示出来。

(7) 与电网的连接。

从 3 台逆变器柜分别出来 3 路 220V 交流电，分别接到低压配电柜的端子上。

(8) 系统的防雷接地。

太阳能阵列的安装位置决定了容易受到雷电引起的过高电压影响，所以必须采取相应的防雷措施。为了保证系统在雷雨等恶劣天气下能够安全运行，则需要发电系统采取防雷措施。主要有以下几个方面。

① 本系统采用的单晶硅太阳电池组件、连接电缆均带有防雷接地，每块电池板通过

接地线缆与安装支架连接在一起，再经过支架引出。方阵总接地电缆再通过 PVC 管埋入配电室，与大楼总体接地连接在一起。

② 直流汇线箱在整个系统中起到二级防雷的作用，进一步提高了系统的可靠性。

③ 并网逆变器交流输出线采用防雷箱一级保护(并网逆变器内有交流输出防雷器)。

(9) 监控系统。

采用东方自控自主设计开发的计算机监控系统 DEA - SolarMonitor，该监控系统是根据太阳能发电工程的需求有针对性地开发的。系统的结构形式如图 7.30 所示。

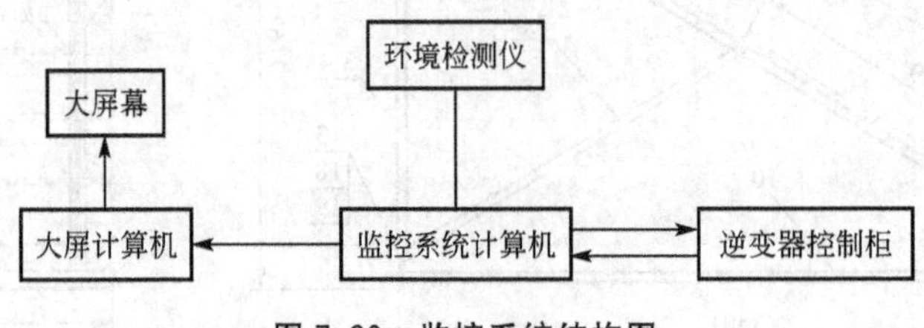

图 7.30 监控系统结构图

通过计算机与太阳能发电系统的各相关设备连接，并安装专用的监控组态软件，可以实现对工艺流程画面的组态，并可以对光伏系统的运行状况进行实时监测与控制。

通过监控系统可以在计算机上投入或切除逆变器，通过通信的方式，还可将发电系统中的环境检测仪的参数、逆变器的参数等在计算机上显示出来。该监控系统也可以与大屏相连。

(10) 20kW 光伏并网发电系统的施工。

这个工程的施工包括：太阳电池支架的加工及安装、太阳电池方阵组件的安装、方阵间电缆的连接、直流汇线箱的安装、逆变器柜的安装、各设备间电缆的敷设、电气设备的调试、系统的并网运行调试。整个施工的过程如下。

① 图纸、资料等技术准备。

在项目施工前，必须有完善的施工技术准备，技术准备是决定施工质量的关键因素，它主要包含以下几个方面的内容：先对实地进行勘测和调查后，完成安装支架的设计，并提交用于加工的最终设计图纸；完成现场施工图纸，其中包括施工进度表、施工图册等有关资料，并组织施工队熟悉图纸和规范；完成工程验收大纲及施工所需各种记录表格；设备发货需提供工程说明书，便于现场使用和维护。

② 安装。

首先是太阳电池组件安装和检验。由于本太阳电池方阵安装在屋顶，其中有一部分安装区域非水平面，需要整体做基础，直至基础符合标准再进行支架安装。然后检测单块电池板电流、电压，合格后进行太阳电池组件的安装。最后检查接地线、支架紧固件是否紧固，接线盒、接插头须进行防水处理。检测太阳电池阵列直流汇线箱的输入及输出是否连接正确。

接下来是逆变器的安装。根据提供的逆变器安装说明书的要求，对并网逆变器与太阳电池组件、交流电网的配电柜进行相应连接，观察并网逆变器的各项运行参数，并做好相应记录，为以后的调试做准备。

③ 调试。

根据现场考察的要求，检查施工方案是否合理，能否全面满足要求；根据设计要求、供货清单，检查配套元件、器材、仪表和设备是否按照要求配齐；对一些工程所需的关键设备和材料，可视具体情况，按照相关技术规范和标准在设备和材料制造厂或交货地点进行抽样检查；按设备规格对已完成安装的设备在各种工作模式下进行试验和参数调节、系统调试，按设备技术手册中的规定和相关安全规范进行，达标后才具备验收条件；运行监控系统，对各设备进行调试。

3. 3×20kW 光伏并网发电系统主电路设计

为了推动我国太阳能光伏并网技术的发展，在国家科技部新能源行动计划和新疆清洁能源示范工程项目的支助下，由新疆新能源研究所、合肥工业大学电气与自动化工程学院、合肥阳光电源有限公司三方合作，联合开发了具有自主知识产权的技术先进的 3×20kW 太阳能光伏并网示范电站。

该项目所要研究的 3×20kW 光伏并网发电系统主要用在大功率等级的逆变输出级。考虑电网的特殊情况，该逆变系统输出电压要与电网电压实现同步跟踪，以满足电网供电由逆变器与电网之间进行切换的要求。另外还要实现并网发电的各种复杂的逻辑关系。

3×20kW 光伏并网发电系统主要由太阳能光伏电池方阵、直流配电系统、控制系统、并网逆变装置、交流配电和计量系统、负载组成。其结构如图 7.31 所示。

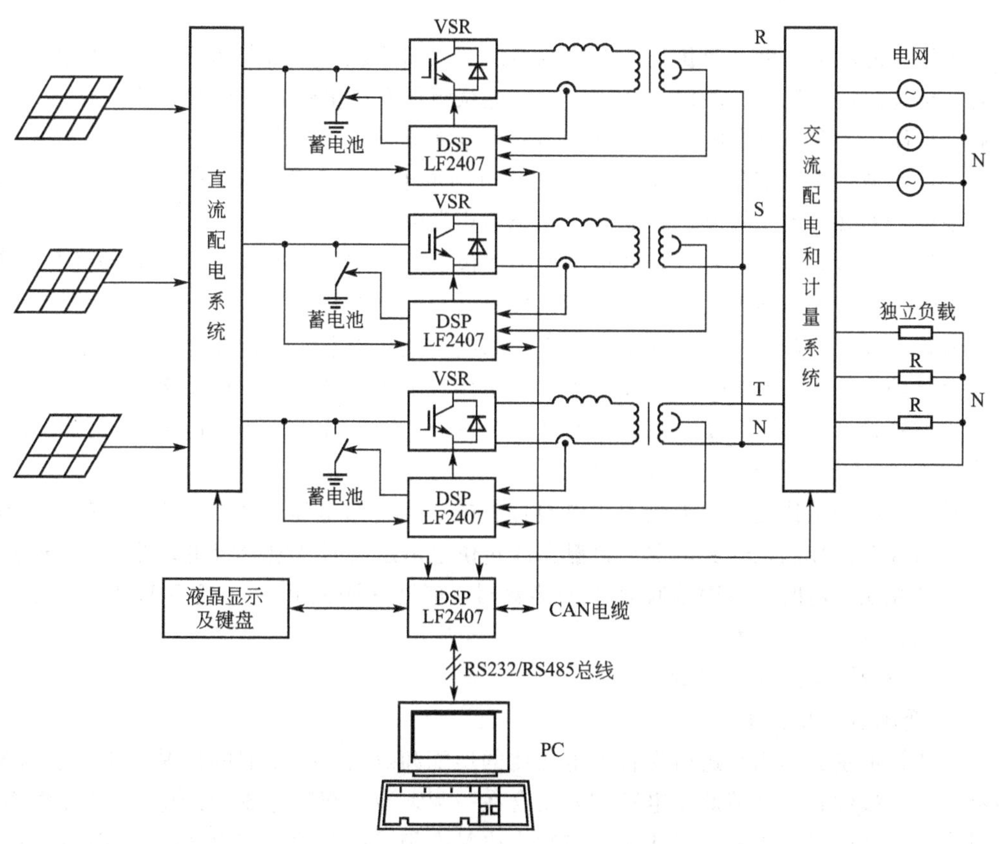

图 7.31 3×20kW 光伏并网系统结构图

1) 主电路设计方案

本系统是三相四线制系统，主电路结构如图 7.32 所示。采用三组 H 桥逆变回路分别独立控制电网的三相，实现了对三相电网的完全解耦控制。结构简单、可靠性高、抗冲击性能好、安全性能良好、电网不平衡时对光伏电站发电无影响。由于本系统的三组 H 桥电路是完全独立的，共 12 个开关管，3 个 20kW 交流变压器，现特以 A 组为例进行主电路设计。

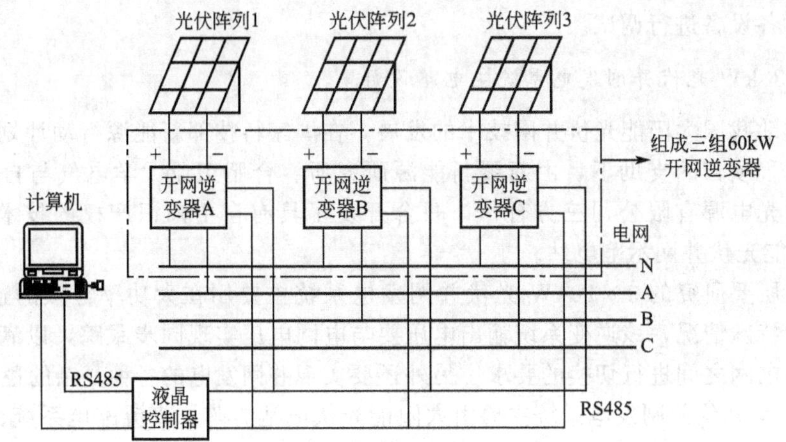

图 7.32　主电路结构

控制电源取电回路：光伏发电的特点是白天太阳照射，太阳电池板发电，晚上无太阳照射，电池板停止工作。所以本系统为了使光伏组件发电量最大，能耗最小，设计了一个自启动电路，避免系统在晚上自耗电。当白天电池板有电时，启动继电器吸合，控制电路的开关电源通过隔离变压器和滤波器向交流电网取电，整个系统工作；晚上电池板没电，启动继电器断开，整个控制电路断电，系统停止发电。

接触器线包取电回路：选取的接触器为线包电压 24V。当光伏启动继电器吸合，市电通过 220V/20V 变压器和二极管整流桥向接触器线包供电。

避雷器和反并联二极管：为了防止雷击和电流倒灌给电池板，在光伏电池板输入侧和交流电网输出侧接入避雷器；在光伏输入的正接口串入二极管，防止反流。

滤波器设计：由于系统是高频 PWM 斩波发生，为了减小装置对电网的干扰，在变压器高压侧接入 110A/250V 交流滤波器。

整个系统的工作过程：天亮太阳电池板有电，当开路电压达到 240V 左右时，光伏启动继电器吸合，控制板开关电源和接触器线包供电电压同时从电网得电，当 DSP 通过 485 通信确认光伏发电时，顺序地吸合 4 个接触器，时间间隔是 0.5s，然后 DSP 通过自检程序后开始正常工作并网发电。

2）功率器件的设计和选取

① 变压器参数设计。

变压器的主要作用是进行交直流电压比的适配和隔离。变压器的最基本形式包含两组绕有导线的线圈，并且彼此以电感方式结合在一起。当一交流电流（具有某一已知频率）流于其中一组线圈时，于另一组线圈中将感应出具有相同频率的交流电压，而感应的电压大小取决于两线圈耦合及磁交链的程度。一般将连接交流电源的线圈称为一次线圈；而跨于此线圈的电压称为一次电压。在二次线圈的感应电压可能大于或小于一次电压，是由一次线圈与二次线圈间的匝数比所决定的。因此，变压器区分为升压与降压变压器两种。

由于我们的系统要保证在直流200V的时候正常运行，通过此拓扑的交直流电压比关系，交流电压最大为200/1.414≈142(V)。再考虑一定的裕量和电网的波动，我们选用工频242V/148V(20kW)的交流变压器。

② 电抗器参数设计。

电感取值需要满足逆变器瞬态电流跟踪指标要求，既要快速电流跟踪，又不能使谐波电流过大。当电网电压和电流四象限运行，电流过零时(图7.33)，其电流变化率最大，此时电感取值应足够小以满足快速跟踪电流要求；另外，谐波电流脉动在正弦波电流峰值最严重(图7.34)，此时电感取值应足够大以满足抑制谐波电流要求。

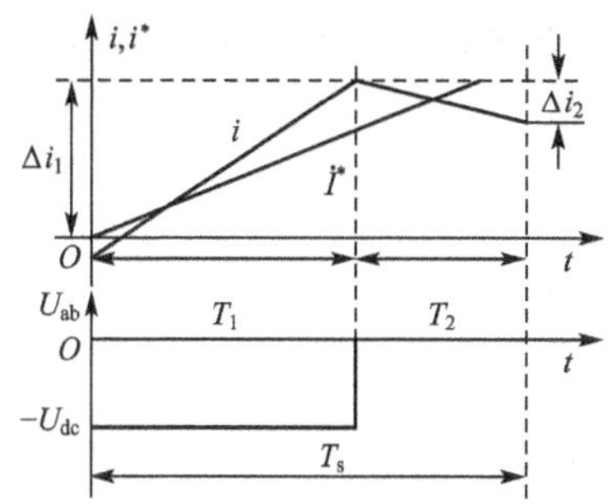

图7.33 单极性VSR调制电流过零附近一个PWM开关周期电流跟踪波形

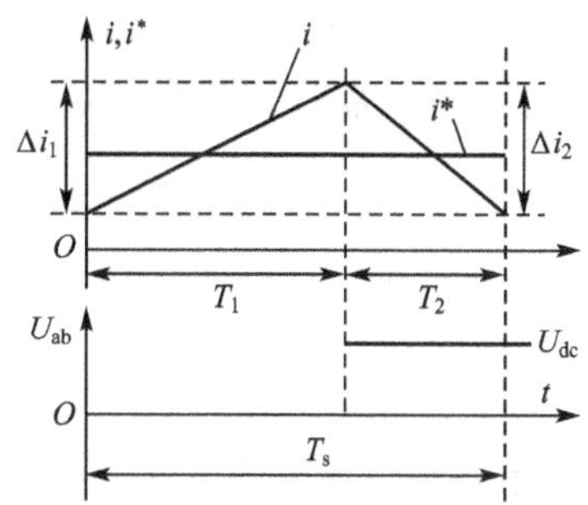

图7.34 极性VSR调制电流峰值附近一个PWM开关周期电流跟踪波形

对于采用PWM调制控制的单相VSR(电压源型逆变器)，忽略了VSR交流侧电阻，其交流侧等效电路如图7.35所示，图中e_s为交流电网电势，U_{ab}为VSR交流侧电压，L为VSR交流侧电感，i为VSR交流侧电流。

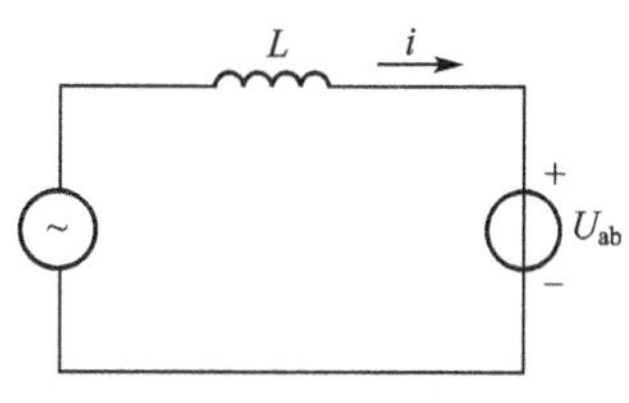

图7.35 交流侧等效电路

电网电压和电流四象限运行，即电流$i_m=I_m\sin(\omega t-\theta)$，电压为$e_m=E_m\sin(\omega t)$。

首先考虑满足快速电流跟踪要求时电感取值。当VSR电流过零时，其电流变化率最大，此时电感取值应足够小以满足快速性，图7.34示出指令电流(I')过零附近($\omega t-\theta=0$)一个开关周期(T_s)中电流响应过程。稳态条件下，在一个开关周期中，当$0\leqslant t\leqslant T_1$时，

$$e_s-U_{ab}=E_m\sin\theta+U_{dc}\approx L\frac{|\Delta i_1|}{T_1} \tag{7-25}$$

当$T_1\leqslant t\leqslant T_s$时，

$$e_s-U_{ab}=E_m\sin\theta-0\approx -L\frac{|\Delta i_2|}{T_2} \tag{7-26}$$

要满足快速电流跟踪，则需要

$$\frac{|\Delta i_1|-|\Delta i_2|}{T_s}\geqslant\frac{I_m\sin\omega T_s}{T_s}\approx I_m \tag{7-27}$$

式中，Δi_1、Δi_2——T_1、T_2时段电流变化量。

综合式(7-25)~式(7-27)得

$$L\leqslant\frac{E_m\sin\theta}{I_m\omega}+\frac{U_{dc}T_1}{I_m\omega T_s} \tag{7-28}$$

当 PWM 占空比(T_1/T_2)最大时，即 $T_1=T_s$ 时应取得最快的电流跟踪响应，为此电感应足够小且满足

$$L\leqslant\frac{E_m\sin\theta}{I_m\omega}+\frac{U_{dc}}{I_m\omega} \tag{7-29}$$

当 $\theta=3\pi/2$ 时，也即当电流过零且有增大趋势，电网电压为负峰值时或当电流过零($\omega t-\theta=\pi$)且有减小趋势，电网电压在正峰值时，最难跟踪。此时：

$$L\leqslant\frac{U_{dc}-E_m}{I_m\omega} \tag{7-30}$$

另外，电感取值应足够大以抑制谐波电流，而谐波电流在正弦波电流峰值附近脉动最严重，考虑电流峰值处($\omega t-\theta=\pi/2$)附近一个 PWM 开关周期中电流跟踪瞬态过程，如图 7.34 所示，稳态条件下，在一个 PWM 开关周期中，当 $0\leqslant t\leqslant T_1$ 时：

$$e_s-U_{ab}=E_m\sin\left(\frac{\pi}{2}+\theta\right)-0\approx L\,\frac{|\Delta i_1|}{T_1} \tag{7-31}$$

当 $T_1\leqslant t\leqslant T_s$ 时：

$$e_s-U_{ab}=E_m\sin\left(\frac{\pi}{2}+\theta\right)-U_{dc}\approx -L\,\frac{|\Delta i_2|}{T_2} \tag{7-32}$$

考虑到稳态时，正弦波电流峰值附近一个 PWM 开关周期中：

$$|\Delta i_1|=|\Delta i_2| \tag{7-33}$$

综合式(7-31)～式(7-33)得

$$E_m\sin\left(\frac{\pi}{2}+\theta\right)T_1=\left[U_{dc}-E_m\sin\left(\frac{\pi}{2}+\theta\right)\right]T_2 \tag{7-34}$$

又因为 $T_1+T_2=T_s$，则

$$T_1=\frac{\left[U_{dc}-E_m\sin\left(\frac{\pi}{2}+\theta\right)\right]T_s}{U_{dc}} \tag{7-35}$$

令谐波电流脉动赋值最大允许值为 Δi_{max}，则有电感取值应足够大且需满足：

$$L\geqslant\frac{E_m\sin\left[\frac{\pi}{2}+\theta\right]T_1}{\Delta i_{max}}=\frac{\left[U_{dc}-E_m\sin\left(\frac{\pi}{2}+\theta\right)\right]E_m\sin\left(\frac{\pi}{2}+\theta\right)}{\Delta i_{max}U_{dc}}T_s \tag{7-36}$$

由二次函数特性，当 $E_m\sin\left(\frac{\pi}{2}+\theta\right)=\frac{U_{dc}}{2}$时，式(7-36)取的最大值为

$$L\geqslant\frac{U_{dc}}{4\Delta i_{max}}T_s \tag{7-37}$$

也即电感应大于此值，才能保证四象限运行时，电流脉动量在要求范围内。

综合上述两方面考虑，为满足电网电压和电流四象限运行时电流的跟踪特性和脉动量在规定要求内，电感取值为

$$\frac{U_{dc}}{4\Delta i_{max}}T_s\leqslant L\leqslant\frac{U_{dc}-E_m}{I_m\omega} \tag{7-38}$$

上限和下限分别是电流和电压相位角 $\theta=3\pi/2$ 和 $\theta=\arccos(U_{dc}/2E_m)-\pi/2$、$-\arccos(U_{dc}/2E_m)-\pi/2$ 的取值。

要使式(7-38)成立，需有

$$\frac{U_{dc}-E_m}{I_m\omega}\geqslant\frac{U_{dc}}{4\Delta i_{max}}T_s\text{，即}\quad\frac{\Delta i_{max}}{I_m}\geqslant\frac{\omega T_sU_{dc}}{4(U_{dc}-E_m)} \tag{7-39}$$

此系统中，$U_{dc}=220\sim280V$，$T_s=100\mu s$，$E_m=190V$，$I_m=210A$，考虑到电流允许最大脉动10%，$\Delta i_{max}=200\times10\%=21(A)$。由计算，电抗器最终选为0.4mH。

3）智能功率模块的选取

智能功率模块(intelligent power modules，IPM)是先进的混合集成功率器件，由高速、低功耗的IGBT芯片和优选的门极驱动及保护电路构成。与其他功率模块相比，选用IPM，可以简化系统硬件电路，减小尺寸，提高可靠性，并缩短系统的开发时间。由于IPM通态损耗和开关损耗都比较低，使得散热器减小，因而系统尺寸也减小。尤其IPM集成了驱动和保护电路，使系统的硬件电路简单可靠，并提高了故障情况下的自保护能力。

IPM内置保护功能有控制电源欠压锁定、过热保护、过流保护、短路保护。如果IPM中有一种保护电路动作，IGBT栅驱动单元就会关断电流并输出一个故障信号(FO)。各种保护功能简单介绍如下。

① 控制电源欠压锁定。

内部控制电路由一个15V直流电源供电。如果由于某种原因这一电源电压低于规定的欠压动作值，IGBT将被关断并输出一个故障信号。但是小毛刺干扰时，欠压保护电路不动作。应该注意的是，在控制电源上电后未稳定之前，如果主电路直流母线电压上升速率大于20V/μs，则可能会损坏功率器件。控制电源的电压毛刺的dU/dt大于5V/μs时，也有可能引起欠压锁定误动作。

② 过热保护。

在靠近IGBT芯片的绝缘基板上安装了温度传感器，如果基板温度超出过热动作值(OT)，IPM内部控制电路将截止栅驱动，不响应控制输入信号，直到温度恢复正常，从而保护了功率器件。过热保护的动作是一种只能工作几次的苛刻操作，应避免反复动作。

③ 过流保护。

如果流过IGBT的电流超出过流动作值(OC)的时间大于t_{off}(OC)，IGBT将被关断。超出OC数值但时间很短［小于t_{off}(OC)］的电流短脉冲并不危险，所以过流保护电路将不动作。不同于普通系统采用去饱和母线电流传感设计，IPM采用带电流传感器的IGBT来测量器件实际电流。这一电流监控技术能检测到各类过流故障，包括电阻性的和电感性的接地短路。

④ 短路保护。

如果负载发生短路或系统控制器故障而导致上下臂同时导通，IPM内置短路保护电路将关断IGBT。当流经IGBT的电流超出短路动作值(SC)时，软关断立即起动并输出一个故障信号。过流和短路保护的动作都是IGBT的强应力运行，应避免其反复动作。

功率模块是整个系统的工作核心，正确地选取功率模块对整个系统的可靠运行起决定性作用。

电压等级的选取：直流电容电压决定模块工作电压，系统直流工作在200～350V，一般工作在250V左右，根据选取原则，考虑到引线电感引起的尖峰电压和裕量，选取600V模块。

电流等级的选取：电流的选取决定于交流侧电流的峰值，经计算，交流电流峰值为210A，考虑到过载和裕量，选400A模块。

最终选取功率模块是东芝，311K，MIG400Q2CMB1X。

3. 信号检测及保护电路设计

该系统中被采集的信号主要有交流电流、交流电压、直流电压、直流电流，以下是分别用来检测系统中交流电流、交流电压、直流电压和直流电流的电路。

1）电流信号检测及调理电路

检测交流电流信号时使用霍尔传感器，传感器把电流信号转化为电压信号输入到检测电路，通过调节电位器检测电路获得适当的放大系数。由于 DSP 只能对 0～3.3V 的信号采样，R_{63}和R_{64}与 3.3V 电源组成正弦信号提升电路，使采样输入的采样信号大于 0。根据线性电路的叠加原理，提升电路可使输入信号提升 1.65V。然后经过稳压管后输入到 DSP 的一路 A/D 引脚上。调理电路如图 7.36 所示。工作说明如下。

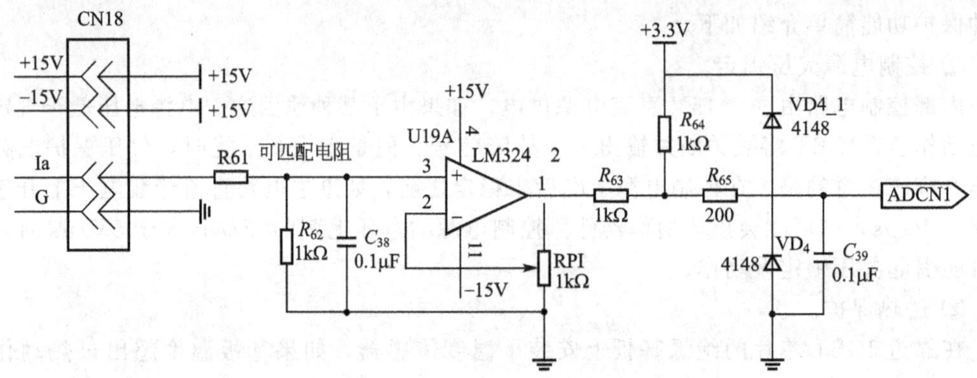

图 7.36　交流电流采样调理电路

R_{61}是一个可匹配的电阻，其作用是当主电路电流较大且传感器的变化范围有限时，选择适当大小起到分压保护作用。

R_{62}和C_{38}作为 RC 滤波环节，可以消除对采用信号的干扰。

LM324 是具有高输入阻抗的运算放大器，本电路利用运放的电压跟随器的高输入阻抗，低输出阻抗特性使输入的采样信号无干扰，输出的信号无损耗。

R_{65}起到终端电阻匹配的作用，消除由于终端电阻不匹配产生的信号反弹。

二极管 VD_4 和 VD_{4-1}起到钳位作用，使输入信号在 0～3.3V 保护 CPU。

C_{39}是去耦电容，可提高采样精度。

如图 7.37 所示为直流电流采样调理电路，直流电流采样调理电路的工作方式和交流电流采样调理电路基本相同，只是直流电流调理电路中无 1.65V 的提升电路。

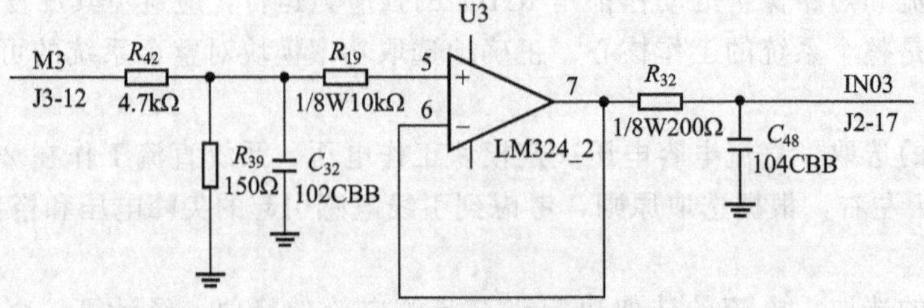

图 7.37　直流电流采样调理电路

2）电压信号检测及调理电路

交流电压经霍尔电压传感器后，获得与电网电压成比例的交流电压信号，经过U18A可以获得适当的放大倍数，然后把中心点电压提高到1.65V，并经过稳压管后输入DSP的A/D引脚。

电网过零捕获电路如图7.38所示，主电路交流的大电压经电压传感器变为小电压信号后经过U20A运算放大器组成的电压过零比较电路后变成方波信号。输入到DSP的CAP口。R_{76}和C_{44}组成RC滤波环节，稳压管DW_1起到稳压限幅的作用。方波信号经过74HC14反相器使方波的沿变得较抖，提高捕获精度。

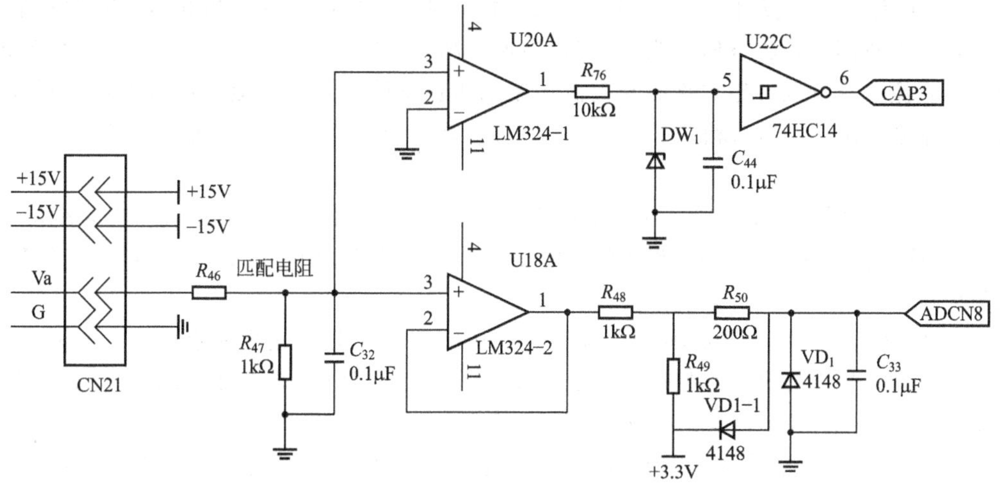

图7.38 交流电压采样调理电路

由于主电路中的直流电压为强电信号，故对直流电压的检测要使强电和检测回路的弱电信号完全隔离，在这里采用光耦来隔离，如图7.39所示。

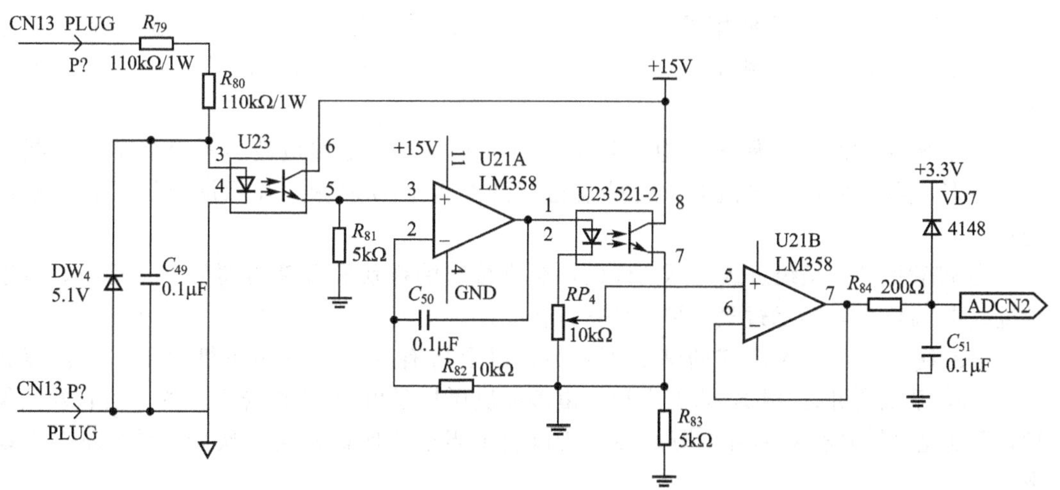

图7.39 直流电压采样调理电路

其工作原理为，本电路的特点是直流电压通过光耦隔离变成可检测范围的小电压信号，输入电压和输出电压之间有负反馈电路，其可以使输出电压快速跟踪输入电压。R_{82}、R_{83}组成反馈电路，直流电压经过R_{79}和R_{80}变成小电流信号再经过光耦 U23 传输，接着再经过电阻R_{81}变成电压信号，接着经过运放 U21A 组成的积分电路使输入电压、输出电压无偏差。接着信号经过光耦后进入 U21B 组成的电压跟随器后进入 AD 口。

3）保护及抗干扰

系统保护及抗干扰是保证系统安全可靠运行的关键。当发生任何异常情况会影响系统安全工作时，进行系统保护。在本课题研究的逆变系统中，采用的保护主要有以下几种。

① 直流过压，欠压保护。直流过压会直接导致直流侧电容损坏和 IGBT 开关管的过压击穿，所以我们取直流过压值为 430V，当连续超过 430V 1s 时，过压保护，系统停止工作。而直流电压过低会导致直流与交流调制电压比不能满足，交流侧电流波形严重变形，所以根据系统结构，取直流欠压为 160V，当连续低于 160V 1s 时，欠压保护，系统停止工作。

② 交流过压，欠压保护。交流电网正常是保证系统可靠运行的基础，本系统取交流过压 270V，欠压 190V。当交流连续超过 270V 1s，交流过压，当交流连续低于 190V 1s，交流欠压。

③ 电网频率异常。普通国内电网频率是 50Hz，如果频率超出一定范围，就说明电网此时不正常，根据标准，我们取允许电网波动 1%，即当电网频率连续超过 50.5Hz 1s 或频率连续低于 49.5Hz 1s，系统频率异常，停止工作。

④ 孤岛保护。本系统采用被动式孤岛保护，当系统频率超过 10%且 5 个周期或连续 3.5 个周期频率检测不到，系统判定为孤岛保护，停止工作。

⑤ DSP 异常。本系统的正常运行是基于 DSP 的采样正常情况下的。在系统运行之前，有一个自检功能，检测 DSP 模块的采样功能是否正常。如果 DSP 采样电路或采样通道有 5%的偏差，系统为 DSP 异常，不进行工作。

⑥ 模块保护。系统使用的是日本东芝 IPM 模块，此模块有自动保护功能，当过流、过热时，模块自动封锁并发出一个 F0 信号，DSP 板检测到 F0 信号后，显示模块保护。

⑦ 直流接地漏电流保护。为了防止太阳电池板有对地漏电流，系统加了一个漏电流传感器，当系统有漏电流时，传感器检测到并传给 DSP 板，显示漏电流保护，系统停止。

⑧ 过载保护。系统过载是不允许的，会直接影响模块管和变压器的安全运行，本系统过载 40%1s 时，显示过载保护，停止运行。

考虑到系统在无人值守的情况下运行，以上所有的保护都是可恢复的。保护停止 5min 后，系统会进行尝试，重新运行。由于模块保护是由 IPM 自身产生的，当它发生保护，可能是系统确实有不可恢复故障，所以设定当模块保护发生 3 次后，系统不会自动恢复。

针对抗干扰：为了减少系统对电网的干扰，在变压器与电网之间接入交流滤波器，在电网给开关电源供电处加入交流滤波器。整个机柜与 DSP 控制板的信号地通过电容连接并与大地连接，这样可有效地提高系统抗干扰能力和安全性。

习　题

1. 独立光伏系统的特点有哪些？
2. 传统的太阳能光伏系统存在哪些问题？
3. 请分析独立光伏系统与并网光伏系统的异同。

参考文献

[1] 刘柏谦，洪慧，王立刚. 能源工程概论 [M]. 北京：化学工业出版社，2009.
[2] 黄素逸，高伟. 能源概论 [M]. 北京：高等教育出版社，2004.
[3] 闫强，王安建，王高尚，等. 全球生物质能资源的评价 [J]. 中国农学通报，2009，25(18).
[4] 朱成章. 关于中国风能资源储量的质疑 [J]. 中外能源，2010，15(4).
[5] 沈镭，刘立涛，高天明，等. 中国能源资源的数量、流动与功能分区 [J]. 资源科学，2012，34(9).
[6] 傅秦生. 能量系统的热力学分析方法 [M]. 西安：西安交通大学出版社，2005.
[7] BP公司. BP世界能源统计年鉴 [R]. 伦敦：BP公司，2012.
[8] 陈鹏. 中国煤炭性质、分类和利用 [M]. 北京：化学工业出版社，2001.
[9] 张希良. 风能开发利用 [M]. 北京：化学工业出版社，2005.
[10] 袁振宏，吴创之，马隆龙，等. 生物质能利用原理与技术 [M]. 北京：化学工业出版社，2005.
[11] 王长贵，崔容强，周篁. 新能源发电技术 [M]. 北京：中国电力出版社，2003.
[12] 陈砺，王红林，方利国. 能源概论 [M]. 北京：化学工业出版社，2009.
[13] 魏双燕，谢刚. 能源概论 [M]. 沈阳：东北大学出版社，2007.
[14] 沈孝辉. 能源与污染(下) [J]. 太阳能，1988，(1).
[15] 赵富鑫，魏彦章. 太阳电池及其应用 [M]. 北京：国防工业出版社，1985.
[16] 顾坚. 太阳能利用的现状和前景 [J]. 太阳能学报，1981，2(2).
[17] 王炳忠. 中国太阳能资源利用区划 [J]. 太阳能学报，1983，4(3).
[18] 王革华，等. 能源与可持续发展 [M]. 北京：化学工业出版社，2005.
[19] 罗运俊，何梓年，王长贵. 太阳能利用技术 [M]. 北京：化学工业出版社，2005.
[20] 李申生. 太阳能物理学 [M]. 北京：首都师范大学出版社，1996.
[21] 张鹤飞. 与太阳辐射量有关角度的定义和计算公式 [J]. 能源工程，1986(3).
[22] 张嵩英，等. 太阳能应用工程学 [M]. 郑州：河南人民出版社，1982.
[23] 朱志辉. 任意方位倾斜面上的总辐射计算 [J]. 太阳能学报，1981，2(2).
[24] 祝昌汉. 我国散射辐射的计算方法及其分布 [J]. 太阳能学报，1984，6(3).
[25] 祝昌汉. 我国直接辐射的计算方法及分布特征 [J]. 太阳能学报，1985，8(1).
[26] 施钰川. 太阳能原理与技术 [M]. 西安：西安交通大学出版社，2009.
[27] 黄文雄. 太阳能之应用及理论 [M]. 台北：协志工业出版社，1978.
[28] 赵争鸣，刘建政，孙晓瑛，等. 太阳能光伏发电及其应用 [M]. 北京：科学出版社，2005.
[29] 施钰川，李新德. 太阳能应用 [M]. 西安：陕西科学技术出版社，2001.
[30] 石广玉. 大气辐射学 [M]. 北京：科学出版社，2007.
[31] 吴北婴，等. 大气辐射传输实用算法 [M]. 北京：气象出版社，1998.
[32] 张鹤飞. 太阳能热利用原理与计算机模拟 [M]. 2版. 西安：西北工业大学出版社，2007.
[33] 赵明智. 槽式太阳能热发电站微观选址的方法研究 [D]. 呼和浩特：内蒙古工业大学，2009.
[34] 喜文华. 太阳能实用工程技术 [M]. 兰州：兰州大学出版社，2001.
[35] 李柯，何凡能. 中国陆地太阳能资源开发潜力区域分析 [J]. 地理科学进展，2010，29(9).
[36] 阎守胜. 现代固体物理学导论 [M]. 北京：北京大学出版社，2008.
[37] 刘恩科. 半导体物理学 [M]. 4版. 北京：国防工业出版社，1994.
[38] 黄昆，韩汝琦. 固体物理学 [M]. 北京：高等教育出版社，1988.
[39] 曾谨言. 量子力学教程 [M]. 北京：科学出版社，2003.
[40] 刘树林，张华曹，柴常春. 半导体器件物理 [M]. 北京：电子工业出版社，2005.
[41] 叶勇. 电子技术基础 [M]. 北京：电子工业出版社，2005.

[42] 杨德仁. 太阳电池材料 [M]. 北京：化学工业出版社，2007.
[43] 梁瑞林. 半导体器件新工艺 [M]. 北京：科学出版社，2008.
[44] 郑子樵. 新材料概论 [M]. 长沙：中南大学出版社，2009.
[45] [澳]马丁·格林. 太阳电池工作原理、工艺和系统的应用 [M]. 李秀文，等译. 北京：电子工业出版社，1987.
[46] 黄汉云. 太阳能光伏发电应用原理 [M]. 北京：化学工业出版社. 2009.
[47] H F Wolf. Silicon Semiconductor Data [M]. New York：pergamon Press，1969.
[48] 刘峰，张俊，李成辉，等. 光伏组件封装材料进展 [J]. 无机化学学报，2102，(3).
[49] 罗海燕，黄光周，马国欣，等. 减反膜制备工艺及其应用 [J]. 真空电子技术，2009，3.
[50] [美]施敏，半导体器件物理[M]. 黄振刚，译. 北京：电子工业出版社，1987.
[51] 宣大荣，韦文兰，王德贵. 表面组装技术 [M]. 北京：电子工业出版社，1994.
[52] 王炳忠. 太阳辐射能的测量与标准 [M]. 北京：科学出版社，1988.
[53] 薛君敖，李在清，朴大植，等. 光辐射测量原理和方法 [M]. 北京：中国计量出版社，1981.
[54] 全国太阳能光伏能源系统标准化技术委员会. GB/T 6495.1—1996 光伏器件第 1 部分：光伏电流-电压特性的测量 [S]. 北京：中国标准出版社，1996.
[55] 全国太阳能光伏能源系统标准化技术委员会. GB/T 6495.2—1996 光伏器件第 2 部分：标准太阳电池的要求 [S]. 北京：中国标准出版社，1996.
[56] 全国太阳能光伏能源系统标准化技术委员会. GB/T 6495.3—1996 光伏器件第 3 部分：地面用光伏器件的测量原理及标准光谱辐照度数据 [S]. 北京：中国标准出版社，1996.
[57] 全国太阳能光伏能源系统标准化技术委员会. GB/T 6495.4—1996 光伏器件第 4 部分：晶体硅光伏器件的 $I-V$ 实测特性的温度和辐照度正方法 [S]. 北京：中国标准出版社，1996.
[58] 全国太阳能光伏能源系统标准化技术委员会. GB/T 6497—1986 地面用太阳电池标定的一般规定 [S]. 北京：中国标准出版社，1996.
[59] 孙皓. 太阳电池及相关测试设备的计量方法研究 [D]. 北京：中国计量科学研究院，2010.
[60] 潘涛. 基于虚拟仪器和 Matlab 的太阳电池测试系统 [D]. 武汉：华中科技大学，2008.
[61] 张岳同. 太阳电池板综合测试系统的研究 [D]. 合肥：合肥工业大学，2012.
[62] 王长贵，王斯成. 太阳能光伏发电实用技术 [M]. 北京：化学工业出版社，2005.
[63] 邢运民，陶永红. 现代能源与发电技术 [M]. 西安：西安电子科技大学出版社，2007.
[64] 车孝轩. 太阳能光伏系统概论 [M]. 武汉：武汉大学出版社，2006.
[65] 李安定. 太阳能光伏发电系统工程 [M]. 北京：北京工业大学出版社，2001.
[66] 李安定. 太阳能光发电系统用逆变器 [J]. 电工电能新技术，1988(4).
[67] 沈辉，曾祖勤. 太阳能光伏发电技术 [M]. 北京：化学工业出版社，2005.
[68] 罗玉峰，廖卫兵，刘波. 光伏科学概论 [M]. 南昌：江西高校出版社，2009.
[69] 伍思，李德强，徐洪军. 光伏电站施工工艺之体会 [C]. 第十一届中国光伏大会暨展览会会议论文集，2010.
[70] 唐鹏程. 光伏并网发电设备的安装调试 [J]. 中国科技博览，2011，(31).
[71] 张育红，杨海柱. 1.4kW 光伏并网示范电站 [J]. 太阳能，2008，6.
[72] 吴琪. 20kW 太阳能光伏并网发电系统设计及施工 [A]. //中国动力工程学会透平专业委员会 2011 年学术研讨会论文集 [C]，2011.
[73] 张艳红. 3×20kW 光伏并网发电系统的设计 [D]. 合肥：合肥工业大学，2008.